Streifzüge durch die Kontinuumsth

Wolfgang H. Müller

Streifzüge durch die Kontinuumstheorie

Prof. Dr. rer. nat. Wolfgang H. Müller
Technische Universität Berlin
Institut für Mechanik
Einsteinufer 5
10587 Berlin
wolfgang.h.mueller@tu-berlin.de

ISBN 978-3-642-19869-4 e-ISBN 978-3-642-19870-0
DOI 10.1007/978-3-642-19870-0
Springer Heidelberg Dordrecht London New York

Die Deutsche Nationalbibliothek verzeichnet diese Publikation in der Deutschen Nationalbibliografie; detaillierte bibliografische Daten sind im Internet über http://dnb.d-nb.de abrufbar.

Einbandentwurf: WMXDesign GmbH, Heidelberg

Gedruckt auf säurefreiem Papier

Springer ist Teil der Fachverlagsgruppe Springer Science+Business Media (www.springer.com)

Nochmals für T.R.

„Мне так страшно уходить во тьму“
(aus „Последнее письмо“, Sergei Alexandrowitsch Jessenin)

Vorwort

Um es vorab klar zu sagen: Dies ist kein Lehrbuch für den Spezialisten, der ein Kompendium zur Kontinuumstheorie sucht. Mit diesem Buch versuche ich vielmehr eine Lücke zu schließen, die sich insbesondere nach der Exterminierung der Diplomingenieurstudiengänge weiter geöffnet hat:

Studierende der Ingenieurwissenschaften haben eine notorische Abneigung gegen mathematische Formulierungen und suchen gerne den schnellen Lösungsweg, insbesondere dann, wenn es ihnen um die Modellierung des Verhaltens komplexer Materialien in technischen Systemen geht. Ein solch' bequemes Vorgehen ermöglichen ihnen die gängigen Lehrbücher über Kontinuumstheorie nicht, und auch der Ausweg über das User Manual der dann gerne konsultierten FE-Codes ist blockiert, da dort die gleichen kryptischen Symbole lauern. Bei Physikstudenten hingegen beginnen die Schwierigkeiten bereits damit, dass sie viel über diskrete Systeme hören, in der Mechanik und in der Thermodynamik. Von einer Feldformulierung hingegen hören sie jedoch zum ersten Mal vielleicht in der Elektrodynamik oder in der Quantenmechanik. Beiden Studentengruppen ist gemeinsam, dass in ihrer Ausbildung ein Unterschied zwischen allgemeinem Naturgesetz (den Bilanzen) und Materialgleichung nicht gemacht, sondern beides gut verquirlt miteinander verwoben wird. Auch wird jedes Fach möglichst ohne Berührung zum nächsten gelehrt, also nach der Mechanik die Thermodynamik, dann die Elektrodynamik, u.s.w. Dies ist von der Beschreibung unserer Welt im Sinne eines Multi-Physics-Zuganges weit entfernt.

Die Kontinuumstheorie kann hier helfen. Sie überbrückt die verschiedenen Teilgebiete, indem sie die gemeinsame Struktur herausarbeitet und die Verbindungen betont. Eine wesentliche Verbindung dabei sind die Materialgesetze.

Das vorliegende Buch setzt hier genau ein. Es ist aus zwei Modulen mit jeweils vier Semesterwochenstunden entstanden, wie sie an der TU Berlin insbesondere für den Studiengang Physikalische Ingenieurwissenschaft angeboten werden. Die im Buch zusammengestellten Übungsaufgaben spielen dabei eine ganz wesentliche Rolle: Zwei Stunden pro Woche sind in meiner Veranstaltung für ein Seminar vorgesehen, in dem Studierende im Wechsel jeweils über eine Aufgabe vortragen. Weitere Aufgaben werden wöchentlich sorgsam schriftlich bearbeitet. Dadurch sind sie einerseits gezwungen, sich während des ganzen Semesters mit dem Stoff kontinuierlich zu beschäftigen und nicht deltafunktionsartig für eine Abschlussprüfung zu lernen, um danach alles wieder zu vergessen. Andererseits wird damit auch sichergestellt, dass sie sich nicht nur mit einem Aspekt der Kontinuumstheorie beschäftigen und den Rest ignorieren. Und schließlich lernen sie voneinander, auch wenn in der Gruppe nicht notwendigerweise immer das Heil liegt.

Ein weiterer wesentlicher Aspekt des Buches ist die Studierenden nicht nur im abstrakten Tensorkalkül auszubilden. Der Ingenieur und Physiker muss rechnen können, und das bedeutet, dass man auch gelernt haben muss, auf die Indexebene hinabzusteigen. Beide Schreibweisen werden hier gepflegt.

Abschließend sei allen gedankt, die an diesem Buch mitgearbeitet haben. Da wären zunächst einmal die Herren Prof. Albert Duda und Priv.- Doz. Dr. Wolf Weiss, die Korrektur gelesen haben. Weiterer Dank gebührt den studentischen Helfern cand. ing.'s Matti Blume und Felix-Joachim Müller, die den endgültigen Schliff besorgten. Schließlich ist auch der Springer-Beistand durch Frau Birgit Kollmar-Thoni und Eva Hestermann-Beyerle dankbar zu erwähnen.

Berlin im Mai 2011

Wolfgang H. Müller

Beginnen wir nun also unsere

Inhalt

Roboter ... reagieren rein mathematisch,
nicht vernünftig.

Commander Clifford McLANE, Raumpatrouille Orion, „Hüter des Gesetzes“

1. Prolog

1.1 Bemerkungen zu den Zielsetzungen dieses Buches

„Schon wieder ein Lehrbuch über Kontinuumsmechanik?“, so wird man fragen. Was ist daran anders als in der etablierten Literatur? Zunächst einmal sollte man in diesem Zusammenhang sagen, was dieses Buch nicht will: Es ist *keine* vollständige Darstellung der Kontinuumsmechanik, nicht einmal ansatzweise. Vielmehr werden erste Eindrücke vermittelt, und zwar sowohl in Richtung Festkörper als auch in Richtung Fluide. Es ist also kein Lehrbuch für den Spezialisten oder den weit Fortgeschrittenen, sondern wendet sich an Anfänger, denen gezeigt werden soll, wo Kontinuumstheorie überall nützlich ist und wie sie prinzipiell vorgeht. Begriffe wie Bilanzen im Unterschied zu Materialgleichungen sollen vermittelt werden, und es ist in diesem Kontext das Ziel, relativ einfache, analytisch lösbare Probleme zu bewältigen.

Zur Untersuchung solcher Probleme ist geeignete Ingenieurmathematik nötig, und dies ist hier zunächst einmal vornehmlich die *Tensorrechnung*, die im Mathematikkanon der Ingenieurausbildung i. a. nicht gelehrt wird. Aus diesem Grunde wird in Kapitel 2 mit der *Tensoralgebra* und der Darstellung von Tensoren in beliebigen Koordinatensystemen begonnen, bevor auf die Kontinuumstheorie weiter eingegangen wird. Die Betonung liegt wie gesagt auf dem „Rechnen“. Daher ist die hier gewählte Darstellung der Tensortheorie vorzugsweise indexbezogen. Damit man aber auch weiterführende Lehrbücher verstehen kann, wird die Indexdarstellung immer dem symbolischen Tensorkalkül gegenübergestellt, allerdings wieder mit Abstrichen hinsichtlich mathematischer Präzision.

Der Engländer Robert HOOKE wurde am 18. Juli 1635 in Freshwater auf der Isle of Wight geboren und starb am 3. März 1703 in London. Er war ein Zeitgenosse NEWTONs und ungleich diesem in Physik *und* Biologie tätig. Seine Experimente mit Federn führten ihn auf mehr oder weniger verbale Formen des nach ihm benannten Gesetzes, das er in einem Anagramm wie folgt zusammenfasste: CEIIINOSSSTTUU. Dechiffriert bedeutet dies „ut tensio sic vis“, was man mit „wie die Verspannung, so die Kraft“ übersetzen mag. (Bild von Rita GREER, Oxford University)

Kapitel 3 ist den *Bilanzen für Masse, Impuls und Energie* gewidmet, also den Erhaltungssätzen der klassischen Physik. Dabei werden die Bilanzen sowohl integral (über materielle Volumina) als auch lokal – in regulären und singulären Punkten des Kontinuums – formuliert. Indem der Gesamtenergie, also auch den nichtisothermen Vorgängen, in diesem Buch ein relativ breiter Rahmen eingeräumt

W.H. Müller, *Streifzüge durch die Kontinuumstheorie*,
DOI 10.1007/978-3-642-19870-0_1, © Springer-Verlag Berlin Heidelberg 2011

wird, erhebt es sich bereits über die traditionelle Kontinuums*mechanik*, und man kann daher von einer Einführung in die Kontinuums*physik* sprechen.

Um die Bilanzen allgemein in beliebigen und speziell auch in technisch wichtigen Koordinatensystemen (wie Zylinder-, Kugel- und elliptischen Koordinaten) auswerten zu können, ist es nötig, mehr über Ortsableitungen von Tensorfeldern zu wissen. Hierbei hilft Kapitel 4, das den Anfangsgründen der *Tensoranalysis* gewidmet ist. Das Erlernte wird in Kapitel 5 dann konkret auf die Bilanzgleichungen angewendet.

Claude Louis Marie Henri NAVIER wurde am 10. Februar 1785 in Dijon geboren und starb am 21. August 1836 in Paris. Von 1819 an war er als Professor für Mechanik an der École des Ponts et Chaussées verantwortlich und wurde 1831 schließlich CAUCHYs Nachfolger an der École Polytechnique. Er arbeitete auf vielen für den Maschinenbau wichtigen Gebieten, wie der Elastizitätstheorie und der Flüssigkeitsmechanik. Als Schüler FOURIERs leistete er wichtige Beiträge zu FOURIER-Reihen und entwickelte die nach ihm mitbenannte NAVIER–STOKES-Gleichung.

In Kapitel 6 wird der Begriff der *Materialgleichung* konkretisiert. Ziel ist es hier, nicht im materialtheoretischen Sinne vorzugehen und Materialgleichungen als Konsequenzen übergeordneter Prinzipe herzuleiten. Vielmehr werden für den Ingenieur wichtige Materialgleichungen angegeben und ihre Handhabung in beliebigen Koordinatensystemen besprochen. In diesem Zusammenhang werden das HOOKEsche Gesetz für den anisotropen und isotropen linearen Festkörper, das NAVIER-STOKES-Gesetz für reibungsbehaftete Flüssigkeiten, die thermischen und kalorischen Zustandsgleichungen für das ideale Gas, der Zusammenhang zwischen spezifischen Wärmen und der inneren Energie für einfache Festkörper nach DULONG-PETIT und die FOURIERsche Gleichung für den Wärmeflussvektor behandelt.

George Gabriel STOKES wurde am 13. August 1819 in Skreen, County Sligo, Irland geboren und starb am 1. Februar 1903 in Cambridge, England. Nach einem Umweg über das Bristol College beginnt er in Cambridge am Pembroke College Mathematik zu studieren und graduiert 1841 mit dem höchsten Rang im Mathematical-Tripos-Examen als Senior Wrangler. 1849 wird STOKES einer der Nachfolger NEWTONs auf dem berühmten Lucasian Chair der Universität Cambridge.

Nachdem man nun Bilanz- und (einfache) Materialgleichungen kennengelernt hat, zielt Kapitel 7 darauf ab, beides zu vereinen und *Feldgleichungen* zu generieren, mit denen es für einfache Geometrien und Anfangs-Randwertvorgaben gelingt, das Grundproblem der Kontinuumstheorie wirklich zu lösen. Dieses besteht darin, die fünf Felder der Massendichte, der Geschwindigkeiten und der Temperatur in jedem Punkt und zu allen Zeiten eines materiellen Körpers zu berechnen.

Pierre Louis DULONG wurde am 12. Februar 1785 in Rouen geboren und starb am 19. Juli 1838 in Paris. Er war ein französischer Physiko-Chemiker. Auch er studierte an der École Polytechnique in Paris und wurde 1820 dort Professor. Außerdem war er seit 1823 Mitglied der Académie des Sciences und seit 1832 deren ständiger Sekretär. Chemiker leben gefährlich: In Ausübung seiner Forschung bei der Untersuchung von Stickstofftrichlorid verlor DULONG tragischerweise ein Auge und drei Finger.

Alexis Thérèse PETIT wurde am 2. Oktober 1791 in Vesoul geboren und verstarb am 21. Juni 1820 in Paris. Er war französischer Physiker und studierte ebenfalls an der École Polytechnique. Dort wurde der Nachfolger von Pierre-Simon LAPLACE. Das nach ihm bekannte Gesetz entdeckte er mit DULONG im Jahre 1819.

Kapitel 8 ist einer relativ abstrakten Frage gewidmet: Wie verhalten sich die Bilanz- und Materialgleichungen beim Übergang zwischen beliebig gegeneinander bewegten Systemen, d. h. bei den sogenannten *EUKLIDischen Transformationen*? Dies berührt die beinahe philosophisch anmutende Forderung, wonach eine physikalisch richtige Theorie unabhängig vom Beobachter stets dieselbe Form haben muss.

Der Geometer und Mathematiker EUKLID wurde um das Jahr 360 v.u.Z. vermutlich in Athen geboren und starb um das Jahr 280 v.u.Z vermutlich in Alexandria. Seine große Hinterlassenschaft besteht aus Lehrbüchern, den „Elementen“, in denen er das damalige Wissen über Mathematik zusammenfasste. Die wohl bekannteste Anekdote über ihn handelt von der Begegnung mit dem Pharao PTOLEMAIOS, der ihn als pfiffiger Politiker fragte, ob es für die Geometrie einen kürzeren Weg gäbe, als die Lehre der Elemente. EUKLID sagte darauf, dass zur Geometrie keinen Königsweg existiert.

Die Kapitel 9-11 gewähren einen ersten, rudimentären Einblick in drei große Sachgebiete der Kontinuumsphysik: *lineare Elastizitätstheorie*, *reibungsbehaftete Fluidmechanik* und *zeitunabhängige Plastizitätstheorie*, wobei letztere eine gewisse Brücke zwischen dem Festkörper und den Flüssigkeiten schlägt.

Carl Henry ECKART wurde am 4. Mai 1902 in St. Louis, Missouri geboren und starb am 23. Oktober 23, 1973 in La Jolla, Kalifornien. Er war ein vielseitiger amerikanischer Wissenschaftler und arbeitete sowohl auf dem Gebiet der theoretischen Physik als auch der Geologie und Ozeanographie. In der Quantenmechanik trug er insbesondere zum Nachweis bei, dass die HEISENBERGsche und die SCHRÖDINGERsche Formulierung einander äquivalent sind. Auch als Verwalter in akademischen Fragen war er tüchtig, was zeigt, dass beides miteinander vereinbar ist. (Photo public domain, credit SIO Archives/UCSD)

Kapitel 12 zielt auf die Zukunft: Will man materialtheoretische Bücher lesen, so sind Grundkenntnisse im Zusammenhang mit dem Begriff *Entropie* nötig. Diese werden hier erarbeitet: Die Entropie wird als bilanzierbare Größe eingeführt und somit in unmittelbaren Kontext mit den bereits verwendeten additiven Größen Masse, Impuls und Energie gebracht. Ferner wird die Angst vor der Entropie dadurch genommen, dass man sie (für einfache aber prägnante Fälle) berechnet und als Maß der bestehenden Unordnung eines Systems begreift. In gleicher Weise wird die Entropieproduktion für einfache Fälle behandelt und berechnet und als Maß für den Unwillen zur zeitlichen Umkehrung eines „natürlichen" Prozesses begriffen. Den Abschluss in diesem Kapitel bildet eine Einführung in die Theorie irreversibler Prozesse nach ECKART. Diese mag die Grundlage beim weiterführenden Studium von Entropieprinzipen bilden.

Im letzten Kapitel 13 wird das Wirkungsfeld der Kontinuumsphysik auf *elektromagnetische Felder* erweitert. Hier liegt die Betonung auf einer rationalen Darstellung der Grundlagen: Worauf beruhen die MAXWELLschen Gleichungen, wie werden die darin auftretenden Feldgrößen im Prinzip gemessen, wie sind sie miteinander verknüpft? Dabei wird die schon im Zusammenhang mit den mechanischen Feldern gestellte Frage nach Invarianz der Gleichungen bei Beobachterwechsel wichtig, was uns bis an die allgemein-relativistische Feldtheorie heranführt. Den Abschluss in diesem Kapitel bilden einfache Materialgleichungen, mit deren Hilfe elektro-magnetische und mechanische Phänomene gekoppelt werden können.

James Clerk MAXWELL wurde am 13. Juni 1831 in Edinburgh, Schottland geboren und starb am 5. November 1879 in Cambridge, Cambridgeshire, England. MAXWELL prägte die Physik des 19. Jahrhunderts wie kein zweiter. So legte er Grundlagen auf den verschiedensten Gebieten der Physik, angefangen mit der Mechanik, über die kinetische Gastheorie und Thermodynamik bis hin zur Elektrodynamik. Berühmt und berüchtigt ist seine bissig-scharfe Kontroverse über die Entropie und Wiederkehr mit seinem österreichischen Kollegen BOLTZMANN.

Um das Erlernte nachhaltig zu festigen, sind zahlreiche Übungsaufgaben in den fließenden Text mit eingebaut. Dabei wird unmittelbar Gesagtes, aber nicht vollständig Bewiesenes, weiter untersucht, und es werden auf dem Gesagten aufbauende Textaufgaben gestellt. Maximalen Nutzen wird der Leser dann haben, wenn er *alle* Übungsaufgaben löst. Eine oberflächliche Lektüre ist aber auch möglich, wenn man sich nur die Bedeutung der jeweils angegebenen Lösungen klarmacht. Ferner findet sich am Ende jedes Kapitels ein Ausblick auf weiterführende Literatur zum jeweiligen Thema mit einer relativ detaillierten Vorbesprechung der jeweiligen Referenz: *Would you like to know more?*

Schließlich werden auch zur Unterhaltung und Erbauung des Lesers bei jedem im Text erwähnten Forscher sein Bild gezeigt und interessante Details zu seinem Leben verraten.

Wir beginnen mit einer ersten Motivation zum Erlernen der Kontinuumstheorie.

Jean Baptiste Joseph Baron de FOURIER wurde am 21. März 1768 in Auxerre in der Bourgogne geboren und starb am 16. Mai 1830 in Paris. Er überlebt die Wirren der Französischen Revolution (anfangs war er nicht adlig) und beginnt an der École Normale in Paris zu studieren. Sein Lehrer LAGRANGE sieht ihn als einen der ersten Wissenschaftler Europas an, und er wird 1797 LAGRANGEs Nachfolger und auf den Lehrstuhl für Analysis und Mechanik der École Polytechnique berufen. Außerdem ist er einer der Wissenschaftler unter Napoleons Ägyptenfeldzug.

1.2 Erinnerung an Skalare, Vektoren und Tensoren

Viele in der Kontinuumstheorie verwendete Größen sind keine Skalare, also richtungsunabhängige Größen, sondern sie tragen einen „Richtungssinn" in sich, und man spricht von ihrem vektoriellen oder sogar auch noch „höherwertigen", tensoriellen Charakter. Bei den in der Technischen Mechanik gebräuchlichen Vektoren denkt man beispielsweise an den *Ort* $\boldsymbol{x}$ und seine Zeitableitungen, d. h. die *Geschwindigkeit* $\boldsymbol{\upsilon}$ und die *Beschleunigung* $\boldsymbol{a}$ oder an die *Kraft* $\boldsymbol{F}$ *respektive die Kraftdichte** $\boldsymbol{f}$. Weitere aus der Mechanik bekannte Vektoren sind die Winkelgeschwindigkeit $\boldsymbol{\omega}$ oder das Moment $\boldsymbol{M}$. Aus dem Physikunterricht wissen wir, dass es sich dabei im Gegensatz zu den vorher genannten Größen um Vektoren mit einem Drehsinn, d. h. sog. axiale bzw. polare Vektoren handelt. In der Thermodynamik trifft man auf den *Wärmefluss* $\boldsymbol{q}$ bzw. auf den *Temperaturgradienten* grad T. In der Elektrotechnik schließlich spricht man von der *elektrischen Feldstärke* $\boldsymbol{E}$, der *dielektrischen Verschiebung* $\boldsymbol{D}$, der *Polarisation* $\boldsymbol{P}$ oder den *Magnetfeldern* $\boldsymbol{H}$ und $\boldsymbol{B}$. Ähnlich wie in der Mechanik handelt es sich bei manchen dieser Größen ebenfalls um polare Vektoren. Schließlich sollte man auch an zur Beschreibung der Geometrie eines Körpers wichtige Vektoren denken, wie etwa die *Oberflächeneinheitsnormale* $\boldsymbol{n}$, das gerichtete *Oberflächenelement* $\mathrm{d}\boldsymbol{A}$, den *Tangenteneinheitsvektor* $\boldsymbol{\tau}$ oder die *gerichtete Bogenelementlänge* $\mathrm{d}\boldsymbol{s}$. Wenn man will, kann man Vektoren auch als tensorielle Größen erster Stufe bezeichnen. Skalare Größen wie etwa die *Massendichte* ρ, die *Temperatur* T oder die elektrische Spannung bzw. das Potential U bezeichnet man in analoger Weise salopp manchmal auch als Tensoren nullter Stufe. Später werden wir diese Sprechweisen präzisieren.

Bekannte tensorielle Größen zweiter Stufe aus der Mechanik sind die *Spannung* $\boldsymbol{\sigma}$, die lineare *Verzerrung* $\boldsymbol{\varepsilon}$ oder der *Geschwindigkeitsgradient* grad $\boldsymbol{\upsilon}$. Im HOOKEschen Gesetz für anisotrope Werkstoffe kommt außerdem ein Tensor vierter Stufe vor, nämlich die *Steifigkeitsmatrix* $\boldsymbol{C}$. In Materialgesetzen der Elektrotechnik exis-

---

* Ein bekanntes Beispiel hierfür ist die Erdschwere $\boldsymbol{g}$.

tieren auch Tensoren dritter Stufe mit physikalischer Bedeutung, wie etwa die *piezoelektrische Koeffizientenmatrix* $\mathbf{d}$.

Wann immer wir den Vektor- bzw. Tensorcharakter einer physikalischen Größe als solchen, unabhängig von einem Koordinatensystem bzw. einer Koordinatenbasis, herausstellen wollen, werden wir die betreffende Größe durch einen fettgeduckten Buchstaben kennzeichnen, etwa $\boldsymbol{F}$. Dies ist in der einschlägigen Literatur üblich und weiter oben bereits mehrfach geschehen. Andere symbolische Schreibweisen sind (je nach Wertigkeit auch mehrfache) Unterstriche ($\underline{F}$) oder Pfeile $\vec{F}$. Zum Lösen konkreter Probleme ist es jedoch meist nötig, sich auf eine geeignete *Basis* zu beziehen und die betreffende physikalische Größe bezüglich dieser Basis mit ihren *Koordinaten* darzustellen. Neben einer ersten Einführung in wichtige kontinuumstheoretische Begriffe sollen in diesem Buch auch die zum Lösen von Problemen nötigen „Rechenregeln" hergeleitet und eingeübt werden. Zuvor jedoch wollen wir an Beispielen aus der „Ingenieurpraxis" zeigen, wie wichtig es ist, solides Wissen über das Formulieren von Vektor- und Tensorgleichungen in beliebigen Koordinatensystemen zu besitzen.

1.2.1 Beispiel 1: Glasfaseroptik - Einpressen einer Kugellinse in eine Hülse

Als Teil eines optischen Steckers wird eine aus Glas oder Saphir gefertigte Kugellinse (∅ 1 mm) in eine Stahlhülse mit einer etwas geringeren lichten Weite (∅ 0,995 mm) eingepresst (vgl. Abb. 1.1). Längs des Äquators der Kugel entstehen Presskräfte, die infolge der Druckverformung zu Zugspannungen im Kugelinneren führen.

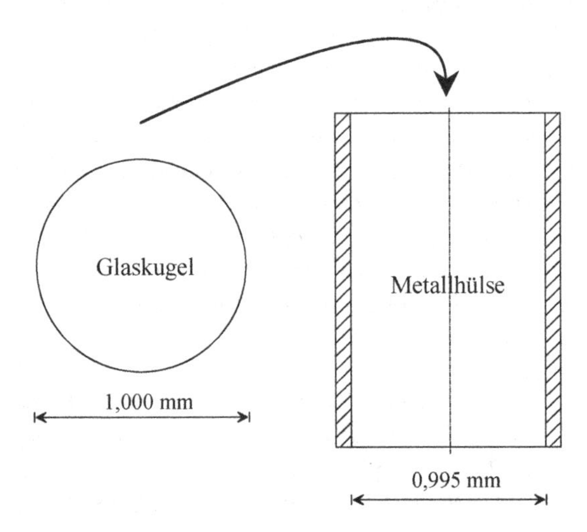

Abb. 1.1: Einpressen einer Glaskugel in eine Metallhülse.

Spröde Werkstoffe wie Glas oder Saphir reagieren jedoch sehr empfindlich auf Zugspannungen. Selbst wenn diese Zugspannungen nicht groß genug sind, um zum sofortigen Zerbersten der Kugel zu führen, kann es aber aufgrund des sog. *unterkritischen Risswachstums* über längere Zeit zum Fehlversagen kommen. Hierbei handelt es sich um folgendes Phänomen: In der Luft stets vorhandener Wasserdampf diffundiert unter Wirkung der Zugspannungen bevorzugt zu den Spitzen im Glas vorhandener Mikrorisse, lockert dort die Atombindungen und führt so schrittweise zur Vergrößerung der Risse.

In dem Moment, wo der erste Mikroriss eine kritische Größe erreicht, versagt die Glaskugel. Und in der Tat: In Experimenten wurde gezeigt, dass der Bruch vom Äquatorinneren der Kugel ausgeht, eben dort, wo man intuitiv die größten Zugspannungen erwartet (Abb. 1.2). Die Frage ist nun, welche Fehlpassung bzw. welche Passungstoleranz beim Fertigen der Kugeln und der Stahlhülsen zu einer Versagensrate führt, die gemessen an der Garantiezeit des gesamten Systems akzeptabel ist.

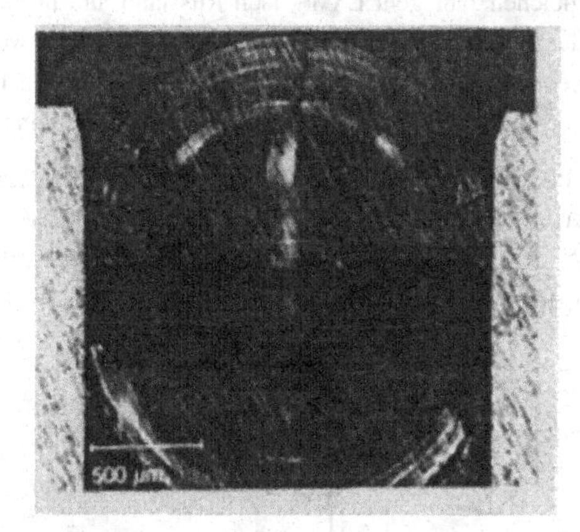

Abb. 1.2: Eine zerbrochene Glaskugellinse nach dem Einpressen.

Um diese Frage zu beantworten, müssen die in der Kugel herrschenden Spannungen genau bekannt sein. Ihre Berechnung gelingt im Prinzip wie folgt. Im ersten Schritt wird eine geeignete Differentialgleichung für die Spannungen aufgestellt. Wie wir noch im Detail erläutern werden, erhält man diese aus der auf statische Verhältnisse reduzierten *Impulsbilanz*:

$$\operatorname{div} \boldsymbol{\sigma} = \mathbf{0} . \tag{1.2.1}$$

Das Kürzel „div" kennzeichnet die sog. Differentialoperation *Divergenz*, die, wie wir später noch sehen werden, eine bestimmte Ableitung nach dem Ort beinhaltet. In die Gleichung (1.2.1) muss nun noch ein geeignetes Materialgesetz für den Spannungstensor eingesetzt werden. Bei Glas bietet sich das *HOOKEsche Gesetz* an, das die *Spannung* $\boldsymbol{\sigma}$ und die *Verzerrung* $\boldsymbol{\varepsilon}$ über den *Steifigkeitstensor* $\mathbf{C}$ linear miteinander verknüpft:

$$\boldsymbol{\sigma} = \mathbf{C} : \boldsymbol{\varepsilon} . \tag{1.2.2}$$

Das Symbol „:“ steht hierin für das doppelte Skalarprodukt. Wie dieses genau zu verstehen ist, werden wir später sehen. Es genügt an dieser Stelle zu sagen, dass die Darstellung nach Gleichung (1.2.2) sehr allgemein ist und für beliebig *anisotrope*, linear elastische Materialien gilt. Im Falle eines *isotropen* linearelastischen Materials vereinfacht sich die obige Gleichung erheblich, und aus dem zunächst noch ominösen doppelten Skalarprodukt verbleibt mit den sog. *LAMÉschen Elastizitätskonstanten* λ und μ :

$$\sigma = \lambda \operatorname{Sp}(\varepsilon)\mathbf{1} + 2\mu\,\varepsilon\,. \tag{1.2.3}$$

Gabriel LAMÉ wurde am 22. Juli 1795 in Tours geboren und starb am 1. Mai 1870 in Paris. Er tritt 1813 der École Polytechnique in Paris bei und graduiert 1817 ebenda. Es folgen weitere Lehrjahre an der berühmten École des Mines, die er 1820 mit einem weiteren Abschluss beendet. Im gleichen Jahr geht LAMÉ nach Russland, um in St. Petersburg Direktor der Hochschule für Verkehrswegeingenieure zu werden. Im Jahre 1832 kehrt er nach Paris zurück, gründet zunächst ein Ingenieurbüro und übernimmt endlich den Lehrstuhl für Physik an seiner ersten Alma Mater.

In dieser Gleichung bezeichnen „**1**“ den *Einheitstensor* und „Sp“ die Operation *Spurbildung*. Wir werden später noch sehen, dass die LAMÉschen Konstanten λ und μ mit den dem Ingenieur bekannteren Größen *Elastizitätsmodul* E und *Schubmodul* G wie folgt zusammenhängen:

$$\lambda = \frac{G(E-2G)}{3G-E}\;,\quad \mu = G\,. \tag{1.2.4}$$

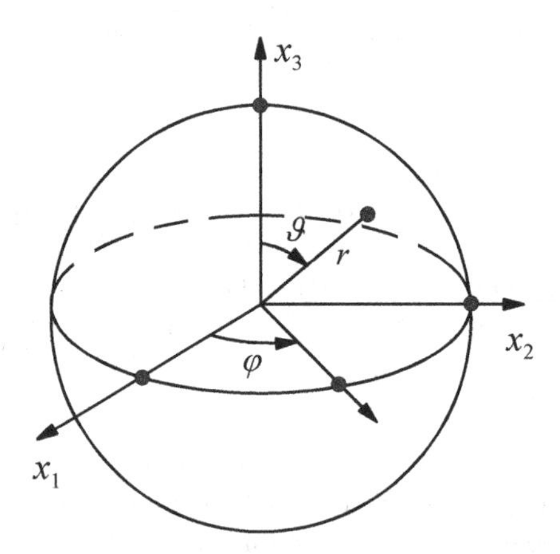

Abb. 1.3: Zum Begriff der Kugelkoordinaten.

Ersetzt man nun die Spannung σ in Gleichung (1.2.1) durch (1.2.3), so erhält man eine Differentialgleichung zweiter Ordnung im Ort für den *Verschiebungsvektor*

$\boldsymbol{u}$, da der *Verzerrungstensor* ε erste Ableitungen der *Verschiebung* $\boldsymbol{u}$ nach dem Ort enthält. Schließlich wählt man zur konkreten Lösung noch geeignete *Randbedingungen*. Zum Beispiel muss die Normalspannung in der Nähe des Äquators der Kugel gleich dem vorgegebenen *Pressdruck* p_0 sein, und außerdem müssen die Spannungen im Kugelinneren endlich bleiben.

Damit wäre für den Mathematiker das Problem eindeutig definiert, und er könnte die Existenz einer Lösung beweisen. Dem Ingenieur jedoch ist damit noch lange nicht geholfen. Um die Spannungen nämlich wirklich zu berechnen, muss man als erstes ein geeignetes Koordinatensystem wählen. Im vorliegenden Fall bieten sich *Kugelkoordinaten* r, φ, ϑ an, wobei man das Koordinatensystem sinnvollerweise in das Zentrum der Glaskugel legt (vgl. Abb. 1.3). Es bezeichnet r den *Radialabstand* eines Punktes in der Glaskugel, φ ist der sogenannte *Azimutal-* und ϑ der sog. *Polarwinkel*.

Zur Lösung ist es erforderlich, die Gleichungen (1.2.1) und (1.2.2) in Kugelkoordinaten auszuwerten. Dies beinhaltet zweierlei. Erstens muss man in der Lage sein, die physikalischen Größen wie Spannung, Verzerrung und Verschiebung richtig in Kugelkoordinaten zu schreiben. Zweitens ist es nötig, die Ableitungen nach dem Ort, also die Operation div, aber auch den Zusammenhang zwischen Verzerrung und Verschiebung, der wie angedeutet eine Ortsableitung beinhaltet, in Kugelkoordinaten auszudrücken. Wie dies geschieht, wird in den Kapiteln 2 bis 4 beschrieben.

Adrien Marie LEGENDRE wurde am 18. September 1752 in Paris geboren und starb ebenda am 10. Januar 1833. Sein Leben fällt in die Blütezeit der Französischen Revolution, und in der Tat war er auch ihr Diener, denn er beschäftigte sich u. a. mit rationalen Maßen, unabhängig vom Gewicht und der Armlänge des jeweils amtierenden Herrschers. 1791 wird er Mitglied des entsprechenden Komitees der Akademie und beginnt 1792 Logarithmentafeln zu erstellen. Wohlgemerkt, er macht das nicht alleine, sondern zeitweilig helfen ihm dabei ca. 80 (!) Assistenten.

Ist es schließlich gelungen, eine partielle Differentialgleichung in Kugelkoordinaten aufzustellen, muss man diese unter Verwendung der bereits erwähnten Randbedingungen lösen. Man kann zeigen, dass im vorliegenden Fall ein Separationsansatz bzgl. der Variablen r und ϑ weiterhilft, wobei der radiale Anteil sich in die LEGENDREsche Differentialgleichung überführen lässt. Derartige Lösungsverfahren für partielle Differentialgleichungen können wir hier nicht in voller Allgemeinheit besprechen. Allerdings werden wir für den einfachsten Fall reiner Radialabhängigkeit einen ersten Eindruck davon bekommen, wenn wir in Kapitel 9 elastizitätstheoretische Probleme behandeln.

1.2.2 Beispiel 2: Verbundwerkstoffe - Thermospannungen um Fasern

Materialien, die mit Kohlenstoff- oder Siliziumkarbidfasern verstärkt sind, werden in zunehmendem Maße als Werkstoffe bei Hochleistungskonstruktionen eingesetzt. Abb. 1.4 zeigt eine typische hexagonale Einheitszelle eines solchen Verbundes. Ein Problem bei der späteren Handhabung bereiten die i. a. recht unterschiedlichen thermischen Ausdehnungskoeffizienten der verwendeten Matrizen und Fasern. Hieraus können beträchtliche Eigenspannungen resultieren, die eventuell zu Rissen im Material führen. Ist beispielsweise der Ausdehnungskoeffizient der Matrix größer als der Ausdehnungskoeffizient der Faser, so schrumpft beim Abkühlen die Matrix auf das Teilchen, und es entstehen in der Matrix Zugspannungen senkrecht zur radialen Richtung (vgl. Abb. 1.5), welche die Bildung und das Wachstum radialer Risse begünstigen. Andererseits führt ein zu geringer Ausdehnungskoeffizient der Matrix zu radialen Zugspannungen entlang des Faserumfanges, und die Matrix kann sich von der Faser ablösen (vgl. Abb. 1.6).

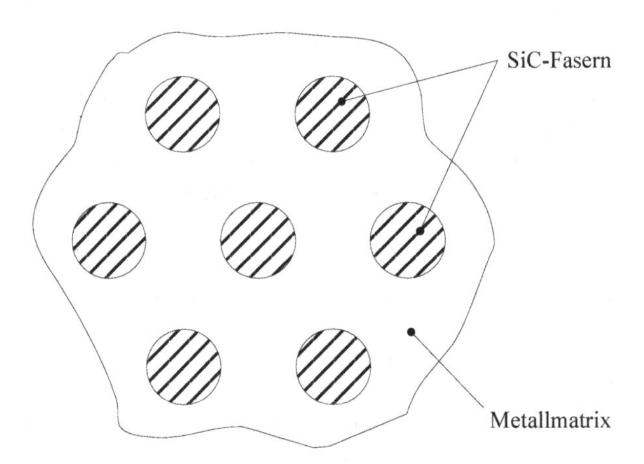

Abb. 1.4: Ein hexagonaler Faserverbund.

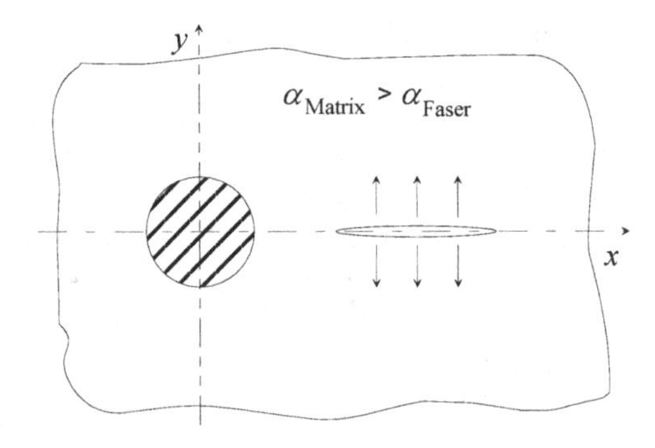

Abb. 1.5: Zum Entstehen radialer Risse in Verbundwerkstoffen (Thermospannungen).

Um solche Thermospannungen zu berechnen, wird der Verbund zunächst idealisiert und durch das in Abb. 1.7 dargestellte System ersetzt: Ein Vollzylinder „1" (die Faser) ist in einen Hohlzylinder „2" (die Matrix) eingesetzt. Beide Zylinder besitzen unterschiedliche LAMÉsche Konstanten λ_1, μ_1 bzw. λ_2, μ_2, sowie unterschiedliche thermische Ausdehnungskoeffizienten α_1 und α_2. Eine Wechselwirkung zwischen den einzelnen Fasern des Verbundes wird in diesem simplen Modell vernachlässigt.[†]

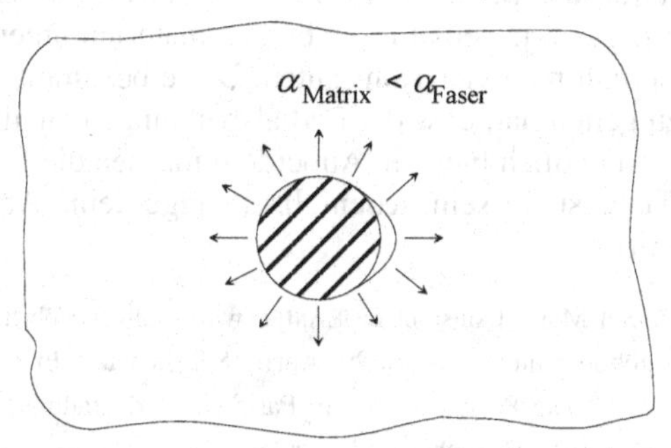

Abb. 1.6: Ablösen einer Faser von der Matrix durch Thermospannungen.

Bei der Berechnung geht man wiederum von der Impulsbilanz der Elastostatik (1.2.1) aus, die diesmal sinnvollerweise in *Zylinderkoordinaten r, ϑ, z* ausgewertet wird. Dabei muss man das um thermische Spannungen *erweiterte HOOKEsche Gesetz nach DUHAMEL-NEUMANN* als Materialgleichung verwenden:

$$\sigma = -(3\lambda + 2\mu)\alpha\left[T - T_{\text{R}}\right] + \lambda\,\text{Sp}(\varepsilon)\mathbf{1} + 2\mu\,\varepsilon\,. \tag{1.2.5}$$

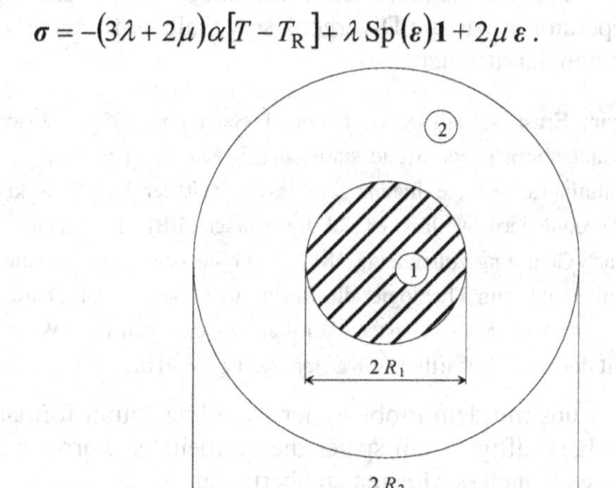

Abb. 1.7: Einfaches Zylindermodell für einen Matrix-Faserverbund.

[†] Wie eine genauere Untersuchung zeigt, ist dies bis zu ca. 40 % Faservolumenanteil zulässig.

In dieser Gleichung bezeichnet T die aktuelle und T_R die Herstellungs- oder Referenztemperatur, bei welcher der Verbund spannungsfrei ist.

Man beachte, dass bei der Lösung zwischen zwei mit unterschiedlichen Materialien ausgefüllten Gebieten zu unterscheiden ist. Konkret geht man so vor, dass die aus den Gleichungen (1.2.1) und (1.2.5) folgende Differentialgleichung zunächst für einen Hohlzylinder gelöst wird. Wir werden später sehen, dass in den resultierenden Ausdrücken für die Spannungen zwei Integrationskonstanten auftreten. Setzt man diese Lösung nun jeweils für die beiden materiell unterschiedlichen Zylindergebiete an, so erhält man vier Konstanten. Diese bestimmt man aus Randbedingungen, wobei zu gelten hat, dass die Radialspannungen an allen Grenzflächen stetig und sonst überall endlich bleiben. Außerdem müssen die Verschiebungen an der inneren Grenzfläche stetig sein, jedenfalls solange keine Ablösung zwischen Faser und Matrix auftritt.

Jean Marie Constant DUHAMEL wurde am 5. Februar 1797 in St. Malo geboren und starb am 29. April 1872 in Paris. Er schreibt sich 1814 an der École Polytechnique in Paris ein und graduiert 1816 im Fach Mathematik. Danach wendet er sich nach Rennes, um Jura zu studieren, praktiziert, aber geht schließlich doch nach Paris zurück, um Mathematik an verschiedenen höheren Schulen zu lehren. Im Jahre 1830 wird er der Nachfolger von CORIOLIS, der Differenzial- und Integralrechnung an DUHAMELs alter Alma Mater lehrt.

Im Übrigen gelten sinngemäß die im Zusammenhang mit der eingepressten Glaskugel bereits für Kugelkoordinaten gemachten Bemerkungen. D. h. zur expliziten Lösung ist es nötig, Operatoren wie die Divergenz sowie alle auftretenden Tensoren in Zylinderkoordinaten darzustellen.

Franz Ernst NEUMANN wurde am 11. September 1798 in Joachimsthal, Brandenburg geboren und starb am 23. Mai 1895 in Königsberg (nun Kaliningrad). Seine Jugend fällt in die Zeit der Befreiungskriege und konsequenterweise lässt er sich für Marschall Blücher halbtot schlagen. Nach Genesung vollendet er 1817 das Gymnasium, geht auf die Berliner Universität, um Theologie, die Rechte und Naturwissenschaften zu studieren. Nach einer Assistenz bei dem Mineralogen E.C. WEISS geht es mit der wissenschaftlichen Karriere steil aufwärts.

In Kapitel 2 werden wir uns mit dem Problem der Koordinatentransformation zunächst ganz allgemein beschäftigen, um später die erarbeiteten Formeln auf den Spezialfall Zylinder- bzw. Kugelkoordinaten zu übertragen.

1.2.3 Beispiel 3: Risse

In den vorherigen Beispielen wurde bereits der Begriff des Risses erwähnt. Vom Standpunkt des Mechanikers kann man verallgemeinert auch von *Spannungskonzentratoren* reden. Das erste zweidimensionale mathematische Modell für einen scharfen Riss in einem spröden Festkörper wurde in den zwanziger Jahren von dem Engländer A.A. GRIFFITH vorgeschlagen und berechnet.

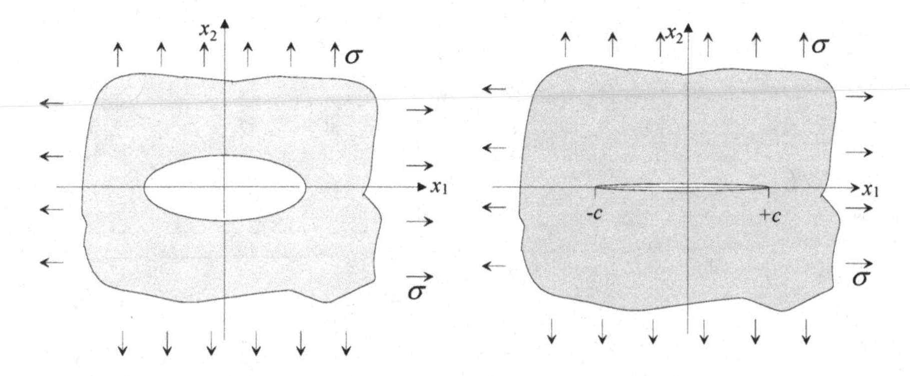

Abb. 1.8: Das GRIFFITHsche Modell eines elliptischen Risses.

GRIFFITH betrachtete, wie in Abb. 1.8 angedeutet, eine Folge von Ellipsen mit sich verringender kleiner Halbachse. Mathematisch lässt sich diese Ellipsenschar durch sog. *elliptische Koordinaten* charakterisieren (vgl. Kapitel 2 und 9), die man, wie wir noch sehen werden, sich als aufeinander senkrecht stehende Linien von Ellipsen und Hyperbeln vorstellen kann. Die elliptischen Koordinaten sind dem Problem besonders gut angepasst, und es ist nicht verwunderlich, dass mit ihnen dann auch die für elliptische Strukturen zu lösenden Gleichungen der linearen Elastizitätstheorie eine besonders einfache mathematische Form annehmen.

Alan Arnold GRIFFITH wurde am 13. Juni 1893 in London geboren und starb am 13. Oktober 1963. Er graduierte an der University of Liverpool. Schon früh interessierten ihn der Flugzeugbau und die damit allzu oft verbundenen Probleme der Materialermüdung und des Bruchs. 1920 publizierte er seinen berühmten Aufsatz über Sprödbruch, der bereits das später unter seinem Namen bekannte Bruchkriterium enthielt, allerdings mit einem falschen Faktor, den er bald darauf korrigierte – ohne Details. Es dauerte bis in die sechziger Jahre, bis ein weiterer Aufsatz erschien, in dem die korrigierte Version bewiesen wurde und zwar nicht von ihm.

Capt. Terrell: Chekov, are you sure these are the correct coordinates?
Chekov: Captain, this is the garden spot of Ceti Alpha Six!

Star Trek II, The Wrath of Khan

2. Koordinatentransformationen

2.1 Eine (persönliche) Vorbemerkung

In der Kontinuumstheorie gibt es zwei auf das Erbittertste einander feindlich gesinnte, ideologische Lager, nämlich die Anhänger der symbolischen und die Anhänger der indexbezogenen Schreibweise. Die ersteren betonen den absoluten Charakter, den Natur- und Materialgesetze haben müssen, d. h. dass diese unabhängig vom Beobachter und – damit einhergehend – unabhängig vom gewählten Koordinatensystem formulierbar sind. Ob das prinzipiell gelingt, d. h. ob die formulierten Zusammenhänge zwischen tensoriellen Größen, welche die Natur- und Materialgesetze in mathematische Form zwängen, „richtig" sind, ist eine zutiefst philosophische Frage und kann letztlich nur durch Experimente entschieden werden. Dazu jedoch bedarf es Messungen in Zeit und Raum, durch einen Beobachter, und genau dieses wird durch die Indexschreibweise der Gleichungen implizit betont. Die symbolische Schreibweise hat sicherlich einen gewissen ästhetischen Appeal, der sofort sichtbar wird, wenn man sie dem schwerfälligen Indexkalkül gegenüberstellt. Aber zum Rechnen und zum Lösen konkreter ingenieurwissenschaftlicher Probleme taugt die symbolische Schreibweise nur begrenzt. Es ist genauso wie mit Kleidungsstücken: Ein Smoking mag für Bayreuth angemessen sein und den Träger verschönen, aber für Gartenarbeit ist er total unpraktisch.

Da man als Ingenieur aber auch in der Lage sein muss, die einschlägige Literatur zu lesen und mit den darin vorgestellten Ergebnissen konkret weiter zu arbeiten, werden wir in diesem Buch immer beide Schreibweisen vorstellen und (hoffentlich) die jeweiligen Vorteile schätzen lernen, ohne dabei ideologisch entarten zu wollen.

2.2 Erste Definitionen und Begriffe in Indexschreibweise

Wir nehmen zunächst den „indizistischen" Standpunkt ein, der den Begriff des Basis(einheits)-vektors umgeht und betrachten ein räumliches *kartesisches* Koordinatennetz, das aus drei Gitterlinien x_1, x_2, x_3 besteht, die aufeinander senkrecht stehen. Der Kürze wegen schreiben wir dafür in Zukunft einfach x_k und wollen automatisch daran denken, dass ein lateinischer Index von 1 bis 3 läuft. Betrachten wir ferner nun beliebige andere, eventuell krummlinige Koordinatenlinien z^i. Wir wollen annehmen, dass beide Netzlinien ineinander umgerechnet werden können, d. h. dass invertierbare Beziehungen folgender Art bestehen:

W.H. Müller, *Streifzüge durch die Kontinuumstheorie*,
DOI 10.1007/978-3-642-19870-0_2,

$$z^i = z^i(x_1, x_2, x_3) \equiv z^i(x_k) \quad \text{und} \quad x_k = x_k(z^1, z^2, z^3) \equiv x_k(z^i). \tag{2.2.1}$$

Diesen umkehrbar eindeutigen Zusammenhang bezeichnet man in der Mathematik auch gerne als *umkehrbar eindeutig* bzw. als *Isomorphismus*. Der Abstand s zweier Punkte (1) und (2) mit den dazugehörigen kartesischen Koordinaten $\overset{(1)}{x_i}$ bzw. $\overset{(2)}{x_i}$ lässt sich einfach nach PYTHAGORAS berechnen:

$$s = \sqrt{\left(\overset{(1)}{x_1} - \overset{(2)}{x_1}\right)^2 + \left(\overset{(1)}{x_2} - \overset{(2)}{x_2}\right)^2 + \left(\overset{(1)}{x_3} - \overset{(2)}{x_3}\right)^2}\,. \tag{2.2.2}$$

PYTHAGORAS von Samos lebte ca. 580 – 500 v.u.Z. Er war ein vielseitiger Mensch und beschäftigte sich mit Philosophie, Mystizismus, Mathematik, Astronomie, Musik, Heilkunde, Ringkampf und Politik. Im Jahre 532 v.u.Z. verlässt er Samos, flieht vom dortigen Tyrannen und zieht nach Süditalien. In Croton gründet er seine philosophisch-religiöse Schule: die sog. Pythagoräer. Er war sicherlich nicht der Erste, der den Pythagoräischen Lehrsatz kannte, aber als Mathematiker war er vielleicht einer der wenigen, die sich auch für einen Beweis interessierten.

Im allgemeinen gilt eine entsprechende Formel unter Verwendung beliebig krummliniger Koordinaten z^i jedoch nicht:

$$s \neq \sqrt{\left(\overset{(1)}{z^1} - \overset{(2)}{z^1}\right)^2 + \left(\overset{(1)}{z^2} - \overset{(2)}{z^2}\right)^2 + \left(\overset{(1)}{z^3} - \overset{(2)}{z^3}\right)^2}\,. \tag{2.2.3}$$

Allerdings, wenn die Punkte (1) und (2) infinitesimal voneinander entfernt sind, lässt sich eine zu Gleichung (2.2.2) recht ähnliche Beziehung ableiten. Zunächst definieren wir:

$$\mathrm{d}x_i = \overset{(1)}{x_i} - \overset{(2)}{x_i} \quad \text{bzw.} \quad \mathrm{d}z^k = \overset{(1)}{z^k} - \overset{(2)}{z^k} \tag{2.2.4}$$

und bilden das totale Differential mit Gleichung $(2.2.1)_2$ wie folgt:

$$\mathrm{d}x_i = \frac{\partial x_i}{\partial z^1}\mathrm{d}z^1 + \frac{\partial x_i}{\partial z^2}\mathrm{d}z^2 + \frac{\partial x_i}{\partial z^3}\mathrm{d}z^3\,. \tag{2.2.5}$$

Letzteres wollen wir kürzer schreiben als:

$$\mathrm{d}x_i = \frac{\partial x_i}{\partial z^k}\mathrm{d}z^k\,, \tag{2.2.6}$$

d. h. wir vereinbaren, *dass über in einem Produkt doppelt vorkommende Indizes, hier der Index k, automatisch von 1 bis 3 (oder bis 2, bei ebenen Problemen) zu* *summieren ist*. In der Literatur ist dies als die *EINSTEINsche Summationsregel* bekannt und man spricht in diesem Zusammenhang auch von sog. *gebundenen Indizes* in der Gleichung (hier der Index k). Im Gegensatz dazu heißen die nicht doppelt vorkommenden Indizes auch *freie Indizes* (hier i). Den infinitesimalen Abstand ds zwischen den beiden infinitesimal benachbarten Punkten (1) und (2) können wir jetzt mit Gleichung (2.2.2) berechnen, indem wir die Gleichungen (2.2.4) und (2.2.6) einsetzen. Man erhält:

$$\mathrm{d}s = \sqrt{\mathrm{d}x_i \mathrm{d}x_i} = \sqrt{\frac{\partial x_i}{\partial z^k} \frac{\partial x_i}{\partial z^j} \mathrm{d}z^k \mathrm{d}z^j} \ . \tag{2.2.7}$$

Albert EINSTEIN wurde am 14. März 1879 in Ulm geboren und starb am 18. April 1955 in Princeton. Er ist sicherlich die überragende naturwissenschaftliche Persönlichkeit des zwanzigsten Jahrhunderts. Gleich NEWTON oder MAXWELL bereicherte er die Physik um mehrere fundamentale Erkenntnisse aus verschiedenen Gebieten. Die Entwicklung der allgemeinen Relativitätstheorie und der darin benutzte Tensorkalkül zur Beschreibung der Raum-Zeit ist wohl sein bekanntester Beitrag. Dafür bekam er allerdings nicht den NOBELpreis. Vielmehr wurde ihm dieser für etwas weniger Obskures gewährt, nämlich für seine Erklärung des photoelektrischen Effekts.

Übung 2.2.1: ***Linienelement***

Man beweise Gleichung (2.2.7). Dabei verdeutliche man sich insbesondere die Bedeutung der einzelnen Indizes durch explizites Hinschreiben aller Terme gemäß der EINSTEINschen Summationsregel und realisiere, dass in Gleichung (2.2.7) eine Doppelsumme auftritt.

Offenbar ist es „fast“ möglich, den infinitesimalen Abstand auch durch ein Produkt in dz^k auszudrücken, aber eben nur fast, denn wie Gleichung (2.2.7) lehrt, muss man immer noch mit Ableitungen der kartesischen Koordinaten x_i nach den krummlinigen Koordinaten z^k multiplizieren. Diese Ableitungen haben einen besonderen Namen. Man nennt sie die Komponenten des *metrischen Tensors* **g** und definiert wie folgt:

$$g_{kj} = \frac{\partial x_i}{\partial z^k} \frac{\partial x_i}{\partial z^j} \ . \tag{2.2.8}$$

Dieser Tensor bezieht sein Adjektiv *metrisch* von dem griechischen Wort für messen, denn mit seiner Hilfe lassen sich Längen bestimmen, vgl. Gleichung (2.2.7), wenn die Koordinatendifferenzen dz^k gegeben sind. Wir können also Gleichung (2.2.7) kompakt umschreiben in:

$$\mathrm{d}s = \sqrt{g_{kj} \mathrm{d}z^k \mathrm{d}z^j} \ . \tag{2.2.9}$$

Um g_{kj} für eine bestimmte Koordinatentransformation zu bestimmen, genügt es „eine Hälfte", also etwa die Indexfolge $(k, j) = (1,1), (1,2), (1,3), (2,2), (2,3), (3,3)$ zu berechnen, da der metrische Tensor *symmetrisch* ist:

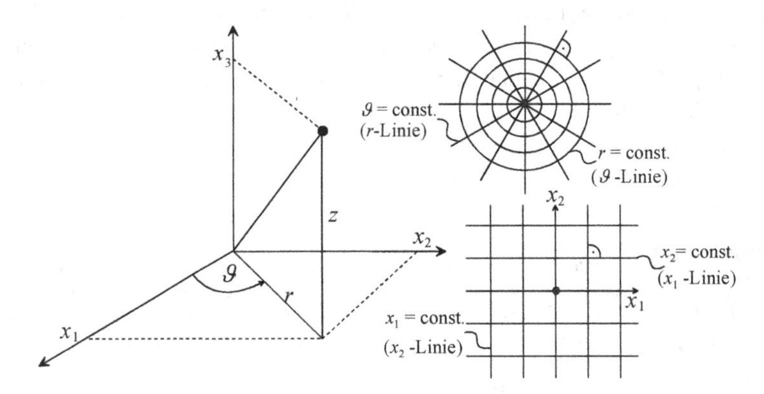

Abb. 2.1: Zum Begriff der Zylinderkoordinaten.

$$g_{kj} = \frac{\partial x_i}{\partial z^k}\frac{\partial x_i}{\partial z^j} = \frac{\partial x_i}{\partial z^j}\frac{\partial x_i}{\partial z^k} = g_{jk} \,. \tag{2.2.10}$$

Als konkretes Beispiel für krummlinige Koordinaten, den Metriktensor und das zugehörige Linienelement sollen Zylinderkoordinaten betrachtet werden. Einen Punkt im Raum charakterisiert man dabei durch Angabe eines radialen Abstandes r, eines Polarwinkels ϑ und einer Höhenkoordinate z: (r, ϑ, z), $r \in [0, \infty)$, $\vartheta \in [0, \pi)$, $z \in (-\infty, +\infty)$. Wie kartesische Koordinatenlinien stehen auch die Zylinderkoordinatenlinien aufeinander senkrecht. Im Gegensatz zu diesen jedoch sind sie nicht alle „gradlinig". Insbesondere sind die Linien konstanten Radialabstandes kreisförmig (vgl. Abb. 2.1). Die folgenden Zusammenhänge zwischen kartesischen Koordinaten (x_1, x_2, x_3) und Zylinderkoordinaten folgen aus einfachen geometrischen Überlegungen unmittelbar bei Betrachten von Abb. 2.1:

$$\begin{aligned}
z^1 &\equiv r = \sqrt{x_1^2 + x_2^2}\,, & x_1 &= r\cos(\vartheta) = z^1\cos\left(z^2\right),\\
z^2 &\equiv \vartheta = \arctan\left(\frac{x_2}{x_1}\right), & x_2 &= r\sin(\vartheta) = z^1\sin\left(z^2\right),\\
z^3 &= z = x_3\,, & x_3 &= z = z^3.
\end{aligned} \tag{2.2.11}$$

Damit erhält man z. B.:

$$g_{11} = \frac{\partial x_1}{\partial z^1}\frac{\partial x_1}{\partial z^1} + \frac{\partial x_2}{\partial z^1}\frac{\partial x_2}{\partial z^1} + \frac{\partial x_3}{\partial z^1}\frac{\partial x_3}{\partial z^1} = \cos^2\left(z^2\right) + \sin^2\left(z^2\right) + 0 = 1\,,$$

$$g_{12} = \frac{\partial x_1}{\partial z^1}\frac{\partial x_1}{\partial z^2} + \frac{\partial x_2}{\partial z^1}\frac{\partial x_2}{\partial z^2} + \frac{\partial x_3}{\partial z^1}\frac{\partial x_3}{\partial z^2} = \tag{2.2.12}$$

$$-z^1 \sin\left(z^2\right)\cos\left(z^2\right) + z^1 \sin\left(z^2\right)\cos\left(z^2\right) = 0\,,$$

und in derselben Weise beweist man, dass:

$$g_{kj} = \begin{pmatrix} 1 & 0 & 0 \\ 0 & r^2 & 0 \\ 0 & 0 & 1 \end{pmatrix}. \tag{2.2.13}$$

Mit den Gleichungen (2.2.9/13) ist es nun sofort möglich, das Linienelement in Zylinderkoordinaten hinzuschreiben. Man erhält:

$$\mathrm{d}s = \sqrt{g_{kj}\mathrm{d}z^k \mathrm{d}z^j} = \sqrt{\begin{pmatrix}\mathrm{d}r & \mathrm{d}\vartheta & \mathrm{d}z\end{pmatrix} \cdot \begin{pmatrix} 1 & 0 & 0 \\ 0 & r^2 & 0 \\ 0 & 0 & 1 \end{pmatrix} \cdot \begin{pmatrix}\mathrm{d}r \\ \mathrm{d}\vartheta \\ \mathrm{d}z\end{pmatrix}} = \tag{2.2.14}$$

$$\sqrt{\mathrm{d}r^2 + r^2 \mathrm{d}\vartheta^2 + \mathrm{d}z^2}\,.$$

Wir haben dabei von den Rechenregeln der Matrixmultiplikation Gebrauch gemacht. Man beachte, dass dies nicht zwingend notwendig ist, sondern lediglich aus praktischen Erwägungen geschah. Es wäre dasselbe herausgekommen, wenn man alternativ die Doppelsumme „expandiert" hätte, d. h. jeden Term derselben hingeschrieben und dann ausgewertet hätte. Letzteres ist immer möglich, auch wenn dreifache, vierfache oder noch höhere Summationen anstehen. Die so schöne Matrixschreibweise gelingt jedoch nicht immer.

Übung 2.2.2: ***Metrischer Tensor für*** **Kugelkoordinaten**

Man beweise mit geometrischen Überlegungen und unter Verwendung von Abb. 1.3, dass zwischen kartesischen Koordinaten (x_1, x_2, x_3) und den Kugelkoordinaten (r, φ, ϑ), $r \in [0,\infty)$, $\varphi \in [0,2\pi)$, $\vartheta \in [0,\pi)$ die folgenden Beziehungen bestehen:

$$z^1 \equiv r = \sqrt{x_1^2 + x_2^2 + x_3^2}\,,\quad x_1 = r\cos(\varphi)\sin(\vartheta) = z^1\cos\left(z^2\right)\sin\left(z^3\right),$$

$$z^2 \equiv \varphi = \arctan\left(\frac{x_2}{x_1}\right),\quad x_2 = r\sin(\varphi)\sin(\vartheta) = z^1\sin\left(z^2\right)\sin\left(z^3\right), \tag{2.2.15}$$

$$z^3 \equiv \vartheta = \arccos\left(\frac{x_3}{x_1^2 + x_2^2 + x_3^2}\right), \quad x_3 = r\cos(\vartheta) = z^1 \cos\left(z^3\right).$$

Man diskutiere den Verlauf der Koordinatenlinien konstanten Radialabstandes, Azimutal- und Polarwinkels und weise geometrisch nach, dass diese Linien aufeinander senkrecht stehen. Man zeige schließlich, dass für die Komponenten des Metriktensors gilt:

$$g_{kj} = \begin{pmatrix} 1 & 0 & 0 \\ 0 & r^2\sin^2(\vartheta) & 0 \\ 0 & 0 & r^2 \end{pmatrix}. \tag{2.2.16}$$

Als triviales Beispiel zur Anwendung der Formel für das Linienelement (2.2.9) berechnen wir den Umfang U eines Kreises C_R mit Radius R. In diesem Fall gilt nämlich $\mathrm{d}r = 0$ und $\mathrm{d}z = 0$ und man erhält:

$$U = \oint_{C_R} \mathrm{d}s = \int_0^{2\pi} R\,\mathrm{d}\vartheta = 2\pi\, R. \tag{2.2.17}$$

Als ein etwas komplizierteres Beispiel zur Anwendung der Gleichung (2.2.14) betrachten wir die in der Abb. 2.2 dargestellte Situation. Gesucht ist die Länge L der Diagonalen eines Rechtecks der Höhe H und der Breite $2\pi\, R$. Dies ist eine einfache Anwendung des Satzes von PYTHAGORAS:

$$L = \sqrt{H^2 + (2\pi R)^2} \tag{2.2.18}$$

und hat zunächst einmal nichts mit Gleichung (2.2.14) zu schaffen. Nun jedoch rollen wir das Rechteck wie in Abb. 2.2 gezeigt zu einem Zylinder zusammen. Es entsteht eine dreidimensionale gekrümmte Linie.

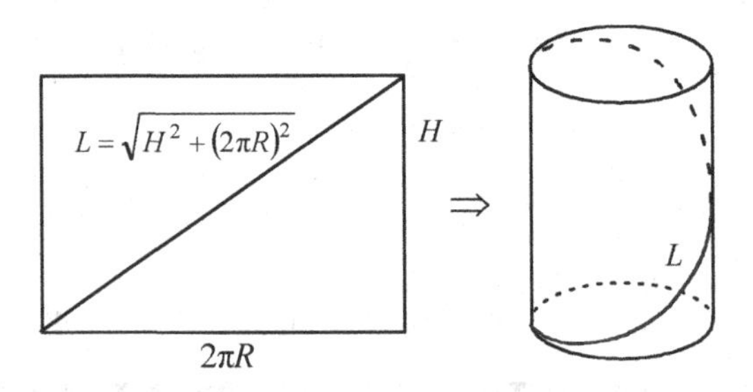

Abb. 2.2: Verwandlung einer geraden Linie in der Ebene zu einer räumlichen Kurve.

Es bietet sich nun an, die Länge dieser Linie mit Hilfe räumlicher Polarkoordinaten zu erfassen. Wir stellen zunächst fest, dass sich der Radialabstand der Linie auf dem Zylindermantel nicht ändert:

$$r = R = \text{const.}\,, \tag{2.2.19}$$

und folglich vereinfacht sich Gleichung (2.2.14) zu:

$$\mathrm{d}r = 0 \quad \Rightarrow \quad \mathrm{d}s = \sqrt{R^2 \mathrm{d}\vartheta^2 + \mathrm{d}z^2}\,. \tag{2.2.20}$$

Nun halten wir noch fest, dass sich die Höhe z linear proportional zum Winkel ϑ verhält:

$$z = A\vartheta + B\,. \tag{2.2.21}$$

Natürlich muss gelten:

$$z(\vartheta = 0) = 0 \quad \text{und} \quad z(\vartheta = 2\pi) = H\,, \tag{2.2.22}$$

und damit ergeben sich die Konstanten A und B zu:

$$A = \frac{H}{2\pi} \quad \text{und} \quad B = 0\,. \tag{2.2.23}$$

Eingesetzt in Gleichung (2.2.20) folgt so:

$$\mathrm{d}z = \frac{H}{2\pi}\mathrm{d}\vartheta \Rightarrow \quad s = \int\limits_{\vartheta=0}^{\vartheta=2\pi} \sqrt{R^2 + \left(\frac{H}{2\pi}\right)^2}\,\mathrm{d}\vartheta = \sqrt{R^2 + \left(\frac{H}{2\pi}\right)^2}\,2\pi\,, \tag{2.2.24}$$

also das mit Gleichung (2.2.18) identisches Ergebnis.

Übung 2.2.3: ***Linienelement in Kugelkoordinaten***

Man beweise unter Verwendung des Metriktensors aus Übung 2.2.2, dass für das Linienelement $\mathrm{d}s$ in Kugelkoordinaten gilt:

$$\mathrm{d}s = \sqrt{\mathrm{d}r^2 + r^2 \sin^2(\vartheta)\,\mathrm{d}\varphi^2 + r^2 \mathrm{d}\vartheta^2}\,. \tag{2.2.25}$$

Man beweise nun mit diesem Ergebnis, dass für den Äquatorumfang sowie den Großkreis einer Kugel mit Radius R gilt:

$$U = 2\pi\, R\,. \tag{2.2.26}$$

Übung 2.2.4: ***Dekoration***

Ein Produzent der Huttracht einer Ordensgemeinschaft steht vor dem Problem, ein Zierband ausreichender Länge L auf einer viertelkreisförmigen Filzunterlage befestigen zu müssen, die anschließend zu einem Kegelhut zusammengerollt wird, so wie in Abb. 2.3 dargestellt. Der Radialabstand r der Bandlinie entwickelt sich proportional zum Polarwinkel ϑ stetig von Null bis zum Viertelkreisradius R.

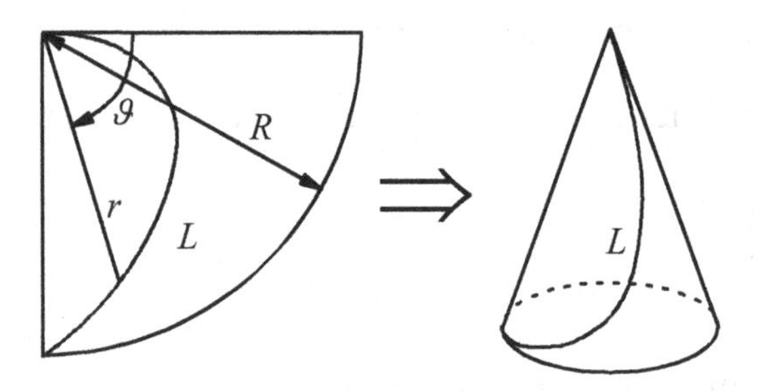

Abb. 2.3: Entstehen einer Dekoration.

Man berechne die Länge L der erzeugten Linie

(a) in ebenen Polarkoordinaten (Abb. 2.3, links)

(b) in räumlichen Zylinderkoordinaten (Abb. 2.3, rechts)

und zeige jeweils, dass $L \approx 1{,}324R$ gilt.

Selbstverständlich muss unabhängig von der Vorgehensweise dasselbe Ergebnis resultieren. Man diskutiere die Vor- und Nachteile der beiden Verfahren, insbesondere auch im Vergleich mit dem zuvor diskutierten Problem der Zylinderlinie.

Wir haben bereits folgendes festgestellt: Während kartesische Koordinaten in der Ebene ein schachbrettförmiges, bzw. im Raum ein würfelförmiges Gitternetz bilden und geradlinig sind, gestalten sich Polarkoordinaten (also die Zylinderkoordinaten der Ebene) spinnennetzförmig dergestalt, dass Linien von konstantem Radius konzentrische Kreise um den Ursprung und Linien konstanten Winkels Geraden durch den Ursprung bilden. Erstere sind offenbar krummlinig, letztere geradlinig, aber beide aufeinander senkrecht stehend. Man wird sich daherfragen, wie denn *schiefwinklige* Netze aussehen? Ein Beispiel ist in Abb. 2.4 dargestellt, wo neben dem traditionellen kartesischen x-System die *scherenförmigen* Koordinatenlinien eines mit z bezeichneten Systems zu sehen sind. Offenbar benötigt man die beiden Winkel α und β, um die Schiefwinkligkeit des z-Systems zu charakterisieren. In der Übung 2.3.1 wird gezeigt, dass in einem solchen Fall die zugehörige Metrik *nicht* diagonal ist, so wie es in den bisherigen Beispielen zu Polar-, Zylinder- und Kugelkoordinaten war. Das liegt daran, dass es sich bei diesen um *orthogonale* Koordinatensysteme handelte und das Scherensystem kein orthogonales System ist. Wir werden nämlich gleich sehen, dass sich die Metrikkoeffizienten als Skalarprodukte zwischen in die Achsrichtungen weisenden Vektoren interpretieren lassen, und falls diese aufeinander senkrecht stehen, sind gewisse Skalarprodukte gleich Null.

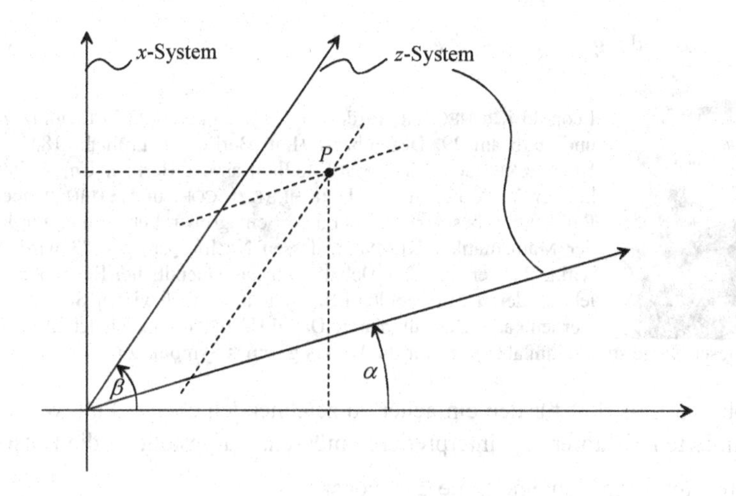

Abb. 2.4: Schiefwinkliges Koordinatensystem.

2.3 Vektorielle Interpretation der Metrik

Wir kommen nochmals auf das Problem der Abstandsberechnung zwischen zwei infinitesimal benachbarten Punkten zurück, das wir bereits mit Gleichung (2.2.6) komponentenmässig untersucht haben. Im absolut vektoriellen Sinne bezeichnen wir den Abstandsvektor zwischen beiden Punkten mit $\mathrm{d}\boldsymbol{x}$ und mit $\boldsymbol{e}_1$, $\boldsymbol{e}_2$ und $\boldsymbol{e}_3$ (kurz $\boldsymbol{e}_i$, $i = 1, 2, 3$) drei kartesische Einheitsvektoren mit der zugehörigen *Orthonormalitätseigenschaft*:

$$\boldsymbol{e}_i \cdot \boldsymbol{e}_j = \delta_{ij} , \tag{2.3.1}$$

wobei das sog. *KRONECKERsymbol* eingeführt wurde:

$$\delta_{ij} = \begin{cases} 1 \text{, falls } i = j \\ 0 \text{, falls } i \neq j. \end{cases} \tag{2.3.2}$$

Wir können unter Beachtung der funktionellen Abbildungen (2.2.1) zwischen den Koordinaten x_i und z^k schreiben:

$$\mathrm{d}\boldsymbol{x} = \mathrm{d}x_i \boldsymbol{e}_i = \frac{\partial x_i}{\partial z^k} \mathrm{d}z^k \boldsymbol{e}_i , \tag{2.3.3}$$

wobei wir wieder Gleichung (2.2.6) eingesetzt haben und weiterhin die EINSTEIN-sche Summenkonvention (diesmal zwischen Koordinatenlinienausdrücken und Vektoren beachten. Umsortieren in der Beziehung (2.3.3) bringt:

$$\mathrm{d}\boldsymbol{x} = \mathrm{d}z^k \boldsymbol{g}_k \ , \ \boldsymbol{g}_k = \frac{\partial x_i}{\partial z^k} \boldsymbol{e}_i . \tag{2.3.4}$$

Leopold KRONECKER wurde am 7. Dezember 1823 in Liegnitz geboren und starb am 29. Dezember1891 in Berlin. Im Frühjahr 1841 beginnt KRONECKER sein Mathematikstudium an der Berliner Universität. Dort hört er Vorlesungen von DIRICHLET, JACOBI und STEINER aber auch Philosophisches von SCHELLING. Sein großer Lehrer und Förderer ist der Mathematiker KUMMER, dessen Nachfolger er 1883 wird. Skurril wirkt, dass er, in einer Debatte um das Unendliche, Behauptungen ablehnte, deren Entscheidbarkeit nicht in endlich vielen Schritten belegt werden kann. Deshalb nannte David HILBERT ihn auch den „Verbotsdiktator". Dieser Name stünde ihm aber auch für die Wirkung seines Symbols zu.

Die Abb. 2.5 illustriert für den einfacher zu zeichnenden ebenen Fall, wie wir die neu definierten Vektoren $\boldsymbol{g}_k$ interpretieren müssen. Dargestellt ist die Entstehung des Tangentenvektors an eine Linie $z^1 = \text{const.}$:

$$\mathrm{d}\boldsymbol{x} = \lim_{\Delta\boldsymbol{x}\to 0} \Delta\boldsymbol{x} = \lim_{\Delta\boldsymbol{x}\to 0} \Delta x_i \boldsymbol{e}_i = \tag{2.3.5}$$

$$\lim_{\Delta\boldsymbol{x}\to 0} \frac{x_i\left(z^1, z^2 + \Delta z^2, z^3\right) - x_i\left(z^1, z^2, z^3\right)}{\Delta z^2} \Delta z^2 \boldsymbol{e}_i \equiv \frac{\partial x_i}{\partial z^2} \boldsymbol{e}_i \mathrm{d}z^2 .$$

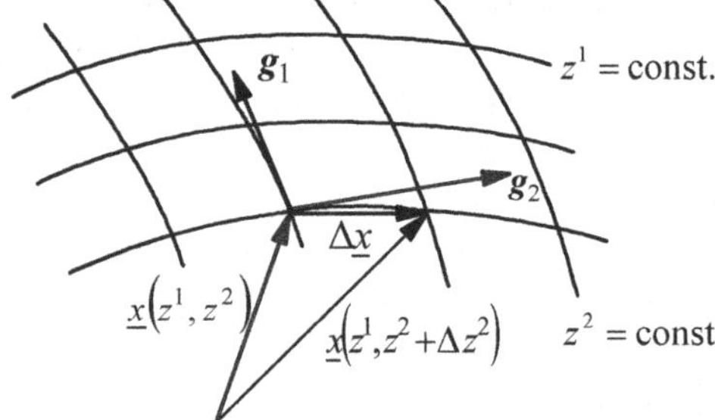

Abb. 2.5: Tangentenvektoren an Netzlinien bei schiefwinklig / krummlinigen Koordinaten.

Also in diesem Fall:

$$\frac{\mathrm{d}\boldsymbol{x}}{\mathrm{d}z^2} = \frac{\partial x_i}{\partial z^2}\boldsymbol{e}_i \equiv \boldsymbol{g}_2 \,. \tag{2.3.6}$$

Man wird jetzt sicher die irritierte Frage stellen, warum wir mit $\boldsymbol{g}_2$ ausgerechnet den Tangentenvektor zu den durch $z^1 = \text{const.}$ gekennzeichneten Linien bezeichnen? Die Lösung zu diesem Verwirrspiel bietet Abb. 2.1: Im Kartesischen sind beispielsweise Linien auf welchen $x_1 = \text{const.}$ gilt, parallel zur Ordinate x_2. Konsequenterweise sprechen wir bei ihnen auch von x_2-Linien. Folgerichtig übertragen sind also (vgl. wieder Abb. 2.1) Linien, bei denen $r = \text{const.}$ gilt, ϑ-Linien und umgekehrt. Allerdings sind das lediglich Bezeichnungen, die beliebig verwirren. Die wichtige Berechnungsvorschrift für die neuen Basisvektoren $\boldsymbol{g}_k$ steht in Gleichung $(2.3.4)_2$. Welche Bezeichnung wir ihnen geben, steht letztlich auf einem anderen Blatt.

Die Argumentation ist auf drei Dimensionen analog zu übertragen. Mithin handelt es sich bei $\boldsymbol{g}_k$ ganz generell um (nicht normierte) Tangentenvektoren an die Linien $z^j = \text{const.}$ Mit den soeben definierten Tangentenvektoren bilden wir nun das folgende Skalarprodukt und formen um:

$$\boldsymbol{g}_k \cdot \boldsymbol{g}_l = \left(\frac{\partial x_i}{\partial z^k}\boldsymbol{e}_i\right)\cdot\left(\frac{\partial x_j}{\partial z^l}\boldsymbol{e}_j\right) = \frac{\partial x_i}{\partial z^k}\frac{\partial x_j}{\partial z^l}\boldsymbol{e}_i \cdot \boldsymbol{e}_j = \tag{2.3.7}$$

$$\frac{\partial x_i}{\partial z^k}\frac{\partial x_j}{\partial z^l}\delta_{ij} = \frac{\partial x_i}{\partial z^k}\frac{\partial x_i}{\partial z^l} \equiv g_{kl} \,,$$

wobei das KRONECKERsymbol aus Gleichung (2.3.2) verwendet wurde. Man beachte: Das KRONECKERsymbol wirkt im Zusammenhang mit gebundenen Indizes einer Gleichung wie ein Befehl, der da sagt, ersetze den gebundenen Index des KRONECKERsymbols durch den verbliebenen. Die Richtigkeit dieser Aussage lässt sich z. B. dadurch beweisen, dass man die Summen ausschreibt und dann unter Beachtung von Gleichung (2.3.2) analysiert.

Wir stellen fest, dass das Skalarprodukt zwischen den beiden Tangentenvektoren nichts anderes als die Metrikkomponenten bezeichnet. Mit der bekannten Interpretation des Skalarproduktes zweier Vektoren, bei welcher der Kosinus des Zwischenwinkels eingeht, erkennt man nun sofort, dass die Nichtdiagonalkomponenten der Metrik verschwinden, wenn es sich bei den krummlinigen Koordinaten um *orthogonale* Koordinaten handelt, wie es beispielsweise bei Zylinder- und Kugelkoordinaten der Fall ist. Mithin erübrigt sich in solchen Fällen eine explizite Berechnung, die man zur Übung selbstverständlich durchführen kann, so wie dies z. B. in der Gleichung $(2.2.12)_2$ auch geschehen ist.

Als konkretes Beispiel untersuchen wir den Fall ebener Polarkoordinaten, für den sich die Tangentenvektoren an die Koordinatennetzlinien explizit errechnen lassen. Wir verwenden die Gleichungen (2.2.11) im Verbund mit der Beziehung $(2.3.4)_2$ und erhalten:

$$\boldsymbol{g}_1 = \frac{\partial x_1}{\partial z^1}\boldsymbol{e}_1 + \frac{\partial x_2}{\partial z^1}\boldsymbol{e}_2 = \cos(\vartheta)\boldsymbol{e}_1 + \sin(\vartheta)\boldsymbol{e}_2 \equiv \boldsymbol{e}_r, \tag{2.3.8}$$

$$\boldsymbol{g}_2 = \frac{\partial x_1}{\partial z^2}\boldsymbol{e}_1 + \frac{\partial x_2}{\partial z^2}\boldsymbol{e}_2 = -r\sin(\vartheta)\boldsymbol{e}_1 + r\cos(\vartheta)\boldsymbol{e}_2 \equiv r\boldsymbol{e}_\vartheta .$$

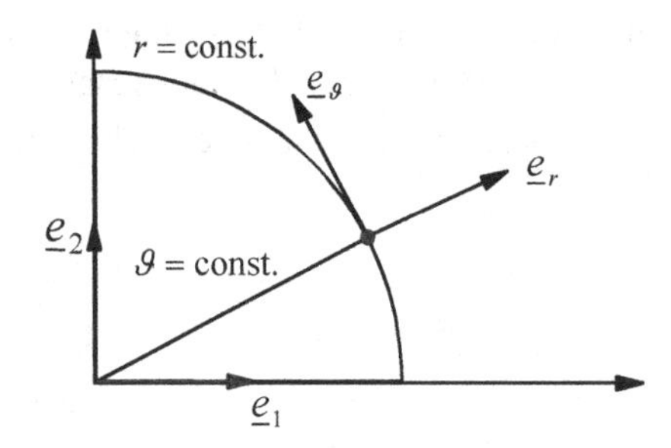

Abb. 2.6: Ebene Polarkoordinaten und die dazugehörigen Einheitsvektoren.

Dabei haben wir die aus der Mathematik geläufigen Polarkoordinateneinheitsvektoren $\boldsymbol{e}_r$ und $\boldsymbol{e}_\vartheta$ verwendet, die in Abb. 2.6 eingezeichnet sind. Insbesondere sieht man so an der zweiten Gleichungskette, dass es sich bei den Tangentenvektoren $\boldsymbol{g}_i$ nicht notwendigerweise um normierte Vektoren handeln muss.

Übung 2.3.1: ***Metrik eines ebenen schiefwinkligen Koordinatensystems***

Man zeige „auf indizistische Weise“, dass im Falle der in Abb. 2.4 dargestellten Scherenkoordinaten für die Metrik gilt:

$$x_1 = \cos(\alpha)z^1 + \cos(\beta)z^2 \ , \ x_2 = \sin(\alpha)z^1 + \sin(\beta)z^2 , \tag{2.3.9}$$

und:

$$g_{kj} = \begin{pmatrix} 1 & \cos(\alpha-\beta) \\ \cos(\alpha-\beta) & 1 \end{pmatrix}. \tag{2.3.10}$$

Man diskutiere und interpretiere insbesondere den Fall, dass $\alpha - \beta = \pi/2$, zeige, dass für die Tangentialvektoren gilt:

$$\boldsymbol{g}_1 = \cos(\alpha)\boldsymbol{e}_1 + \sin(\alpha)\boldsymbol{e}_2 \ , \ \boldsymbol{g}_2 = \cos(\beta)\boldsymbol{e}_1 + \sin(\beta)\boldsymbol{e}_2 \tag{2.3.11}$$

und bestätige damit auf vektorielle Weise die Gleichung (2.3.10).

Übung 2.3.2: ***Elliptische Koordinaten***

Zwischen den sog. elliptische Koordinaten z^1, z^2 sowie den kartesischen Koordinaten x_1, x_2 der Ebene besteht folgender Zusammenhang:

$$x_1 = c\cosh\left(z^1\right)\cos\left(z^2\right),\quad x_2 = c\sinh\left(z^1\right)\sin\left(z^2\right), \tag{2.3.12}$$
$$z^1 \in [0,\infty),\ z^2 \in [0,2\pi).$$

Man forme geeignet um und zeige, dass sich Linien konstanter Werte z^1 und z^2 sich als Scharen konfokaler Ellipsen und Hyperbeln deuten lassen. Dabei sind beide Halbachsen der Ellipsen in Form des in Gleichung (2.3.12) angegebenen Parameters c zu identifizieren. In welchem Grenzfall entsteht ein scharfer Schlitz mit welcher Länge? Man zeige, dass für die Metrik gilt:

$$g_{ij} = \frac{c^2}{2}\begin{pmatrix} \cosh\left(2z^1\right) - \cos\left(2z^2\right) & 0 \\ 0 & \cosh\left(2z^1\right) - \cos\left(2z^2\right) \end{pmatrix}, \tag{2.3.13}$$

bestätige, dass sich die Tangentialvektoren wie folgt schreiben:

$$\boldsymbol{g}_1 = c\sinh\left(z^1\right)\cos\left(z^2\right)\boldsymbol{e}_1 + c\cosh\left(z^1\right)\sin\left(z^2\right)\boldsymbol{e}_2, \tag{2.3.14}$$
$$\boldsymbol{g}_2 = -c\cosh\left(z^1\right)\sin\left(z^2\right)\boldsymbol{e}_1 + c\sinh\left(z^1\right)\cos\left(z^2\right)\boldsymbol{e}_2$$

und gelange zur Gleichung (2.3.13) auf vektorielle Weise.

2.4 Ko- und kontravariante Komponenten

In diesem Abschnitt sollen die Begriffe *ko-* und *kontravariant* eingeführt werden, die im Zusammenhang mit der komponentenweisen Darstellung von Vektoren und Tensoren in beliebigen, krummlinigen Koordinatensystemen wichtig sind. Betrachten wir zu diesem Zweck die in Abb. 2.7 dargestellten Situationen. Ein Vektor $\boldsymbol{A}$ ist einmal bzgl. eines kartesischen Koordinatensystems, genannt x, zerlegt und besitzt bzgl. dieser Basis die Komponenten $\underset{(x)}{A}_1$ und $\underset{(x)}{A}_2$. Dass es sich um Komponenten in der kartesischen Basis handelt, verdeutlichen wir durch den darunter gestellten Zusatz „(x)".

Neben dem kartesischen System ist noch ein schiefwinkeliges Koordinatensystem, genannt z, eingezeichnet. Den Vektor $\boldsymbol{A}$ kann man nun auf zweierlei Arten bzgl.

dieses Systems aufspalten. Die nächstliegende Methode ist, ihn *parallel* zu den Koordinatenachsen z^1 und z^2 zu projizieren: Abb. 2.7 (rechts). Man erhält so die Komponenten $\underset{(z)}{A}^1$ und $\underset{(z)}{A}^2$. Dass es sich um Komponenten im schiefwinkligen System handelt, wird durch den Zusatz „(*z*)" verdeutlicht. Diese Komponenten werden auch *kontravariant* genannt, bzw. man spricht von der kontravarianten Darstellung des Vektors $\boldsymbol{A}$ in der z-Basis und charakterisiert dies durch *hochgestellte Indizes* am Vektorsymbol. In der Tat haben wir bereits ohne es zu wissen, Größen in dieser Weise dargestellt, nämlich die Ortskoordinaten z^i aus Abschnitt 2.2. Als Eselsbrücke mag man an die parallelen Saiten eines Kontrabasses denken, an denen der Bassist oben festhält.

Nun ist aber noch eine andere Darstellung von Vektoren in schiefwinkeligen bzw. krummlinigen Koordinatensystemen gebräuchlich. Man kann nämlich daran denken, den Vektor $\boldsymbol{A}$ *senkrecht* auf die z-Achsen zu projizieren, so wie dies in Abb. 2.7 (links) geschehen ist. In diesem Fall erhält man die Komponenten $\underset{(z)}{A}_1$ und $\underset{(z)}{A}_2$, welche *kovariant* genannt werden.

Man beachte, dass in kartesisch rechtwinkeligen Koordinatensystemen, also im x-System, die Unterscheidung zwischen ko- und kontravariant *ohne* Bedeutung ist. Aus diesem Grunde haben wir weiter oben für die Komponenten des Ortsvektors x_i geschrieben, hätten aber genauso gut auch x^i schreiben können.

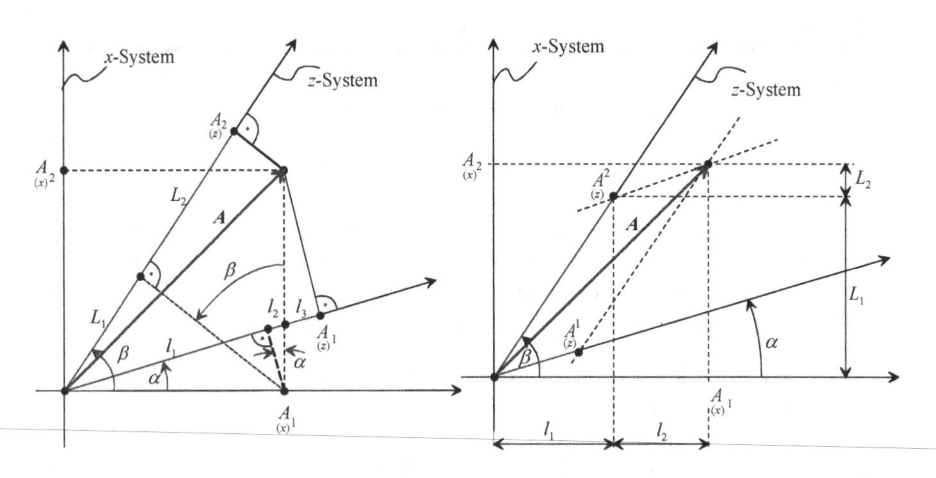

Abb. 2.7: Zum Begriff ko- und kontravarianter Koordinaten.

Als nächstes wollen wir am Spezialfall für zwei Dimensionen eine Transformationsformel für Vektorkomponenten beweisen, die ganz allgemein auch im Raum gilt. Die Komponenten $\underset{(x)}{A}_i$ eines Vektors A bezüglich eines rechtwinkeligen Koordinatensystems x lassen sich in die ko- und kontravarianten Komponenten $\underset{(z)}{A}_i$ bzw. $\underset{(z)}{A}^i$ bzgl. einer schiefwinkeligen oder krummlinigen Basis z durch Differentiation der Koordinatentransformation aus Gleichung (2.2.1) wie folgt umrechnen:

$$\underset{(z)}{A}^i = \frac{\partial z^i}{\partial x_k} \underset{(x)}{A}_k \;, \quad \underset{(z)}{A}_i = \frac{\partial x_k}{\partial z^i} \underset{(x)}{A}_k \,. \tag{2.4.1}$$

Zum Beweis betrachten wir die in Abb. 2.8 dargestellten Systeme x und z und stellen fest, dass in diesem Fall die Koordinatentransformation aus Gleichung (2.2.1) geschrieben werden kann (siehe auch Übung 2.3.1):

$$\begin{aligned} x_1 &= \cos(\alpha) z^1 + \cos(\beta) z^2 \;, \;, z^1 = H\left[\sin(\beta) x_1 - \cos(\beta) x_2\right] , \\ x_2 &= \sin(\alpha) z^1 + \sin(\beta) z^2 \;, \; z^2 = H\left[-\sin(\alpha) x_1 + \cos(\alpha) x_2\right] , \\ H &= \left[\cos(\alpha)\sin(\beta) - \sin(\alpha)\cos(\beta)\right]^{-1} . \end{aligned} \tag{2.4.2}$$

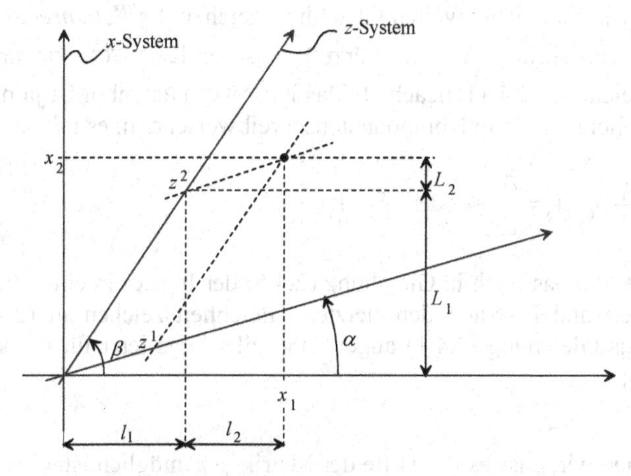

Abb. 2.8: Beschreibung der Lage eines Ortes im kartesischen und im schiefwinkeligen Koordinatensystem.

Wenn man Abb. 2.7 näher betrachtet, so fällt auf, dass für die kontravarianten Komponenten gilt:

$$\underset{(z)}{A}^1 = H\left[\sin(\beta) \underset{(x)}{A}_1 - \cos(\beta) \underset{(x)}{A}_2\right] , \underset{(z)}{A}^2 = H\left[-\sin(\alpha) \underset{(x)}{A}_1 + \cos(\alpha) \underset{(x)}{A}_2\right] \tag{2.4.3}$$

und für die kovarianten:

$$\underset{(z)}{A}_1 = \cos(\alpha)\underset{(x)}{A}_1 + \sin(\alpha)\underset{(x)}{A}_2\ ,\quad \underset{(z)}{A}_2 = \cos(\beta)\underset{(x)}{A}_1 + \sin(\beta)\underset{(x)}{A}_2\ . \tag{2.4.4}$$

Durch Differentiation der Gleichungen (2.4.2) zeigt man dann sofort, dass Gleichung (2.4.1) gilt. Die Summation darf man allerdings nur von 1 bis 2 laufen lassen, denn es handelt sich ja um ein ebenes Problem.

Übung 2.4.1: ***Transformationsformel für ein rechtwinkliges auf ein schiefwinkliges Koordinatensystem in der Ebene***

Man beweise nacheinander mit Hilfe der in Abb. 2.7 eingetragenen Hilfsgrößen l_1, l_2, l_3, L_1, L_2 die Gleichungen (2.4.3), (2.4.4) und (2.4.1).

Als nächstes multiplizieren wir in Gleichung (2.4.1) $\underset{(z)}{A}^i$ mit der Metrik g_{ni} gemäß Gleichung (2.2.8) und erhalten:

$$g_{ni}\underset{(z)}{A}^i = \frac{\partial x_l}{\partial z^n}\frac{\partial x_l}{\partial z^i}\frac{\partial z^i}{\partial x_k}\underset{(x)}{A}_k = \frac{\partial x_l}{\partial z^n}\delta_{lk}\underset{(x)}{A}_k = \frac{\partial x_k}{\partial z^n}\underset{(x)}{A}_k = \underset{(z)}{A}_n\ . \tag{2.4.5}$$

Dabei haben wir nach dem zweiten Gleichheitszeichen die *Kettenregel* angewandt (oder, salopp ausgedrückt, ∂z^i „gekürzt"), was das KRONECKERsymbol δ_{lk} erzeugt und Gleichung $(2.4.1)_2$ beachtet. Das KRONECKERsymbol ist ja nichts anderes als die Einheitsmatrix in Komponentenschreibweise, d. h. es gilt:

$$\frac{\partial x_l}{\partial z^n}\delta_{lk}\underset{(x)}{A}_k = \frac{\partial x_k}{\partial z^n} \quad \text{oder} \quad \delta_{lk}\underset{(x)}{A}_k = \underset{(x)}{A}_l\ , \tag{2.4.6}$$

was zur Folge hat, dass sich in Gleichung (2.4.5) der Index l in einen Index k bzw. umgekehrt verwandelt. Nach dem letzten Gleichheitszeichen in (2.4.5) wurde dann nochmals Gleichung (2.4.1) angewandt, allerdings jetzt für die kovarianten Komponenten $\underset{(z)}{A}_n$.

Damit erkennen wir, dass es mit Hilfe der Metrik g_{lk} möglich ist, einen kontravarianten Index in einen kovarianten zu überführen. Man spricht auch vom *Überschieben* mit der Metrik g_{lk} zum *Herabziehen* eines Index. Führt man noch die Inverse zur Metrik g_{lk} wie folgt ein:

$$g^{lk} = \frac{\partial z^l}{\partial x_p}\frac{\partial z^k}{\partial x_p}, \tag{2.4.7}$$

so lässt sich zusammenfassend schreiben:

$$\underset{(z)}{A}^i = g^{ij} \underset{(z)}{A}_j , \quad \underset{(z)}{A}_i = g_{ij} \underset{(z)}{A}^j . \tag{2.4.8}$$

In ersten Fall spricht man auch vom *Überschieben* des Ausdruckes mit der Metrik g^{ij} zum *Hochziehen* eines Index.

Übung 2.4.2: ***Kontravariante Metrikkomponenten***

Man überzeuge sich durch explizites Nachrechnen unter Verwendung der Kettenregel, dass Gleichung (2.4.7) tatsächlich die Inverse der Metrik g_{lk} darstellt.

Übung 2.4.3: ***Überführen kovarianter in kontravariante Komponenten***

Man zeige analog zu den Ausführungen für kontravariante Komponenten im Text, dass sich kovariante Komponenten gemäß der ersten Beziehung aus (2.4.8) in kontravariante Komponenten überführen lassen.

Überhaupt darf man mit den Gleichungen (2.4.1) rechnen wie mit Brüchen, d. h. es gilt:

$$\underset{(x)}{A}_k = \frac{\partial x_k}{\partial z^i} \underset{(z)}{A}^i , \quad \underset{(x)}{A}_k = \frac{\partial z^i}{\partial x_k} \underset{(z)}{A}_i . \tag{2.4.9}$$

Dieses ist alles eine Konsequenz der Kettenregel. Denn wenn man beispielsweise Gleichung $(2.4.1)_1$ mit dem Ausdruck $\partial x_m / \partial z^i$ multipliziert, so wird:

$$\frac{\partial x_m}{\partial z^i} \underset{(z)}{A}^i = \frac{\partial x_m}{\partial z^i} \frac{\partial z^i}{\partial x_k} \underset{(x)}{A}_k = \frac{\partial x_m}{\partial x_k} \underset{(x)}{A}_k = \delta_{mk} \underset{(x)}{A}_k = \underset{(x)}{A}_m , \tag{2.4.10}$$

also bei Indexumbenennung $m \to k$ gerade die Gleichung $(2.4.9)_1$. In ähnlicher Weise weist man die Richtigkeit von Gleichung $(2.4.9)_2$ nach.

Wir haben weiter oben schon ausgeführt, siehe etwa Gleichung (2.2.9), dass die Metrik dazu dient, Streckenabstände zu berechnen. Wir werden jetzt zeigen, dass sie auch in der Lage ist, die Länge eines Vektors, also seinen Betrag zu ermitteln. Dazu starten wir von der Grunddefinition der Länge eines Vektors aus dem Skalarprodukt, das wir zunächst bei kartesischer Darstellung des Vektors auswerten:

$$A = \sqrt{\boldsymbol{A} \cdot \boldsymbol{A}} = \sqrt{(\underset{(x)}{A}_i \boldsymbol{e}_i) \cdot (\underset{(x)}{A}_j \boldsymbol{e}_j)} = \sqrt{\underset{(x)}{A}_i \underset{(x)}{A}_j \boldsymbol{e}_i \cdot \boldsymbol{e}_j} = \tag{2.4.11}$$

$$\sqrt{\underset{(x)}{A}_i \underset{(x)}{A}_j \delta_{ij}} = \sqrt{\underset{(x)}{A}_i \underset{(x)}{A}_i} \ .$$

Dabei wurde wieder von den Gleichungen (2.3.1/2) und den Eigenschaften des KRONECKERsymbols Gebrauch gemacht. Mit der Gleichung $(2.4.9)_1$ und der Grunddefinition der Metrik (2.2.8) wird hieraus:

$$A = \sqrt{\frac{\partial x_i}{\partial z^k} \underset{(z)}{A}^k \frac{\partial x_i}{\partial z^l} \underset{(z)}{A}^l} = \sqrt{\frac{\partial x_i}{\partial z^k} \frac{\partial x_i}{\partial z^l} \underset{(z)}{A}^k \underset{(z)}{A}^l} = \sqrt{g_{kl} \underset{(z)}{A}^k \underset{(z)}{A}^l} \ , \tag{2.4.12}$$

bzw. mit $(2.4.9)_2$ und der Gleichung (2.4.7) für die inverse Metrik:

$$A = \sqrt{\frac{\partial z^k}{\partial x_i} \underset{(z)}{A}_k \frac{\partial z^l}{\partial x_i} \underset{(z)}{A}_l} = \sqrt{\frac{\partial z^k}{\partial x_i} \frac{\partial z^l}{\partial x_i} \underset{(z)}{A}_k \underset{(z)}{A}_l} = \sqrt{g^{kl} \underset{(z)}{A}_k \underset{(z)}{A}_l} \ . \tag{2.4.13}$$

Man beachte, dass man einmal im Sinne der Summenkonvention vergebene Indizes nicht doppelt verwenden darf (daher die Unterscheidung zwischen k und l). Ferner zeigt sich eine bei der Überprüfung auf Richtigkeit von Tensorgleichungen im Indexkalkül nützliche Eigenschaft: In Produkten gebundene ko- und kontravariante Indizes müssen „über Kreuz stehen" (siehe z. B. das k im g^{kl} in Verbindung mit $\underset{(z)}{A}_k$). Diese Eigenschaft wird auch in der folgenden dritten alternativen Schreibweise für die Länge eines Vektors sichtbar:

$$A = \sqrt{\frac{\partial x_i}{\partial z^k} \underset{(z)}{A}^k \frac{\partial z^l}{\partial x_i} \underset{(z)}{A}_l} = \sqrt{\frac{\partial x_i}{\partial z^k} \frac{\partial z^l}{\partial x_i} \underset{(z)}{A}^k \underset{(z)}{A}_l} = \tag{2.4.14}$$

$$\sqrt{\delta^l_k \underset{(z)}{A}^k \underset{(z)}{A}_l} = \sqrt{\underset{(z)}{A}^l \underset{(z)}{A}_l} \ .$$

Ganz analog zu Vektoren lassen sich auch *ko- und kontravariante Tensorkomponenten* einführen. Betrachten wir eine Größe $\boldsymbol{B}$, stellvertretend etwa für den Spannungstensor $\boldsymbol{\sigma}$ oder den Verzerrungstensor $\boldsymbol{\varepsilon}$, so können wir analog zu Gleichung (2.4.1) schreiben:

$$\underset{(z)}{B}^{ij} = \frac{\partial z^i}{\partial x_k} \frac{\partial z^j}{\partial x_l} \underset{(x)}{B}_{kl} \ , \quad \underset{(z)}{B}_{ij} = \frac{\partial x_k}{\partial z^i} \frac{\partial x_l}{\partial z^j} \underset{(x)}{B}_{kl} \ , \tag{2.4.15}$$

$$\underset{(z)}{B}^i{}_j = \frac{\partial z^i}{\partial x_k} \frac{\partial x_l}{\partial z^j} \underset{(x)}{B}_{kl} \ , \quad \underset{(z)}{B}_i{}^j = \frac{\partial x_k}{\partial z^i} \frac{\partial z^j}{\partial x_l} \underset{(x)}{B}_{kl} \ .$$

Die Komponenten in den beiden letzten Gleichungen in (2.4.15) nennt man aus naheliegenden Gründen auch *gemischte Komponenten* des Tensors $\boldsymbol{B}$. Alle Indizes lassen sich dabei analog wie für Vektoren mit der ko- bzw. kontravarianten Metrik aus den Gleichungen (2.4.8) herauf- und herunterziehen, z. B.:

$$\underset{(z)}{B}^{ij} = g^{ik} g^{jl} \underset{(z)}{B}_{kl} \,,\; \underset{(z)}{B}_{ij} = g_{ik} g_{jl} \underset{(z)}{B}^{kl} \,. \tag{2.4.16}$$

Auch das „Kürzen" geht in analoger Weise wie in Gleichung (2.4.9):

$$\underset{(x)}{B}_{kl} = \frac{\partial x_k}{\partial z^i} \frac{\partial x_l}{\partial z^j} \underset{(z)}{B}^{ij} \,,\quad \underset{(x)}{B}_{kl} = \frac{\partial z^i}{\partial x_k} \frac{\partial z^j}{\partial x_l} \underset{(z)}{B}_{ij} \,, \tag{2.4.17}$$

$$\underset{(x)}{B}_{kl} = \frac{\partial x_k}{\partial z^i} \frac{\partial z^j}{\partial x_l} \underset{(z)}{B}^{i}{}_{j} \,,\quad \underset{(x)}{B}_{kl} = \frac{\partial z^i}{\partial x_k} \frac{\partial x_l}{\partial z^j} \underset{(z)}{B}_{i}{}^{j} \,.$$

Der Beweis erfolgt wieder über (mehrfache) Anwendung der Kettenregel. Man beachte das „über Kreuz stehen" der gebundenen Indizes, die sich auf Größen im z-System beziehen.

Übung 2.4.4: ***Die Komponenten des Metriktensors als ko- und kontravariante Komponenten des Einheitstensors***

Man zeige mit Hilfe der (Definitions-) Gleichungen (2.2.8), (2.4.7) sowie der Anwendung der Kettenregel auf $\delta^i{}_j = \partial z^i / \partial z^j$, dass für das (ursprünglich in in einer kartesischen Basis) definierte KRONECKERsymbol gilt:

$$g^{ij} = \frac{\partial z^i}{\partial x_k} \frac{\partial z^j}{\partial x_l} \delta_{kl} \,,\quad g_{ij} = \frac{\partial x_k}{\partial z^i} \frac{\partial x_l}{\partial z^j} \delta_{kl} \,,$$

$$\delta^i{}_j = \frac{\partial z^i}{\partial x_k} \frac{\partial x_l}{\partial z^j} \delta_{kl} \,,\quad \delta_i{}^j = \frac{\partial x_k}{\partial z^i} \frac{\partial z^j}{\partial x_l} \delta_{kl} \tag{2.4.18}$$

und interpretiere diese Gleichungen über (2.4.15).

Übung 2.4.5: ***Die ko- und kontravarianten Komponenten des Ortsvektors in Zylinder- und Kugelkoordinaten***

Man zeige mit Hilfe der Gleichungen (2.4.9), (2.2.11) und (2.2.15), dass für die ko- und kontravarianten Komponenten des Ortsvektors $\boldsymbol{x}$ in Zylinder- bzw. Kugelkoordinaten gilt:

$$\underset{(z)}{x}^1 = r \,,\; \underset{(z)}{x}^2 = 0 \,,\; \underset{(z)}{x}^3 = z \,;\quad \underset{(z)}{x}_1 = r \,,\; \underset{(z)}{x}_2 = 0 \,,\; \underset{(z)}{x}_3 = 0 \,. \tag{2.4.19}$$

Übung 2.4.6: ***Die ko- und kontravarianten Komponenten des Spannungstensors in Zylinderkoordinaten***

Man zeige mit Hilfe der Gleichungen $(2.4.15)_1$ und (2.2.11), dass für die kontravarianten Komponenten des Spannungstensors in Polarkoordinaten (also auf die Ebene spezialisierten Zylinderkoordinaten) gilt:

$$\underset{(z)}{\sigma}^{11} = \cos^2(\vartheta)\sigma_{xx} + 2\sin(\vartheta)\cos(\vartheta)\sigma_{xy} + \sin^2(\vartheta)\sigma_{yy}, \tag{2.4.20}$$

$$\underset{(z)}{\sigma}^{12} = \frac{1}{r}\Big[-\sin(\vartheta)\cos(\vartheta)\sigma_{xx} + \left[\cos^2(\vartheta) - \sin^2(\vartheta)\right]\sigma_{xy} + \sin(\vartheta)\cos(\vartheta)\sigma_{yy}\Big],$$

$$\underset{(z)}{\sigma}^{22} = \frac{1}{r^2}\left[\sin^2(\vartheta)\sigma_{xx} - 2\sin(\vartheta)\cos(\vartheta)\sigma_{xy} + \cos^2(\vartheta)\sigma_{yy}\right].$$

Dabei bezeichnen σ_{xx}, σ_{xy}, σ_{xz}, σ_{yy}, σ_{yz}, σ_{zz} die Komponenten des ebenen Spannungstensors in kartesischen Koordinaten $x_1, x_2, x_3 \equiv x, y, z$. Benutze nun die Formeln $(2.4.15)_2$ und (2.2.11), um entsprechende Ausdrücke für die kovarianten Komponenten des Spannungstensors in Zylinderkoordinaten herzuleiten. Welcher Zusammenhang besteht zwischen den obigen Ausdrücken und den bekannten 2D-Formeln des MOHRschen Kreises?

Übung 2.4.7: ***Die ko- und kontravarianten Komponenten des Spannungstensors in Kugelkoordinaten***

Man leite mit Hilfe der Gleichungen (2.2.15) und (2.4.15) die ko- und kontravarianten Komponenten des Spannungstensors in Kugelkoordinaten als Funktion der kartesischen Spannungskomponenten σ_{xx}, σ_{xy}, σ_{xz}, σ_{yy}, σ_{yz} und σ_{zz} sowie des Radialabstandes r und der beiden Winkel φ und ϑ her.

Christian Otto MOHR wurde am 8. Oktober 1835 in Wesselburen in Holstein geboren und starb am 2. Oktober 1918 in Dresden. Er war durch-und-durch Ingenieur und dennoch mathematisch nützlichen Konzepten nicht abgeneigt. Beispiele hierfür sind die MOHRschen Kreise zur anschaulichen Darstellung und Bedeutung der Komponenten des Spannungstensors und die sog. MOHRsche Analogie, eine graphische Methode zur Lösung der Biegeliniendifferentialgleichung für geometrisch komplizierte Fälle. MOHR wirkte in Stuttgart und Dresden als didaktisch einfühlsamer Professor für Festigkeitslehre.

2.5 Ko- und kontravariante Darstellung vektoriell betrachtet

Mit Hilfe der Basis $\boldsymbol{g}_k$ aus Gleichung $(2.3.4)_2$ schreiben wir für einen beliebigen Vektor $\boldsymbol{A}$:

$$\boldsymbol{A} = \underset{(z)}{A}^k \boldsymbol{g}_k = \underset{(z)}{A}^k \frac{\partial x_i}{\partial z^k} \boldsymbol{e}_i \,. \tag{2.5.1}$$

Anderseits gilt auch:

$$\boldsymbol{A} = \underset{(x)}{A}_j \boldsymbol{e}_j \,. \tag{2.5.2}$$

Also schließt man im Vergleich auf:

$$\underset{(x)}{A}_i = \underset{(z)}{A}^k \frac{\partial x_i}{\partial z^k} \quad \Rightarrow \quad \underset{(z)}{A}^k = \frac{\partial z^k}{\partial x_i} \underset{(x)}{A}_i \,, \tag{2.5.3}$$

d. h. in der Darstellung $\boldsymbol{A} = \underset{(z)}{A}^k \boldsymbol{g}_k$ sind die $\underset{(z)}{A}^k$ tatsächlich als die kontravarianten Komponenten des Vektors $\boldsymbol{A}$ zu interpretieren. Wir definieren nun eine weitere Basis $\boldsymbol{g}^l$ (auch *duale Basis* genannt) gemäß:

$$\boldsymbol{g}^l = \frac{\partial z^l}{\partial x_j} \boldsymbol{e}_j \tag{2.5.4}$$

und beschreiben damit den Vektor $\boldsymbol{A}$ wie folgt:

$$\boldsymbol{A} = \boldsymbol{g}^l \underset{(z)}{A}_l = \frac{\partial z^l}{\partial x_j} \boldsymbol{e}_j \underset{(z)}{A}_l \,. \tag{2.5.5}$$

Im Vergleich mit Gleichung (2.5.2) entsteht so:

$$\underset{(x)}{A}_i = \frac{\partial z^l}{\partial x_i} \underset{(z)}{A}_l \quad \Rightarrow \quad \underset{(z)}{A}_l = \frac{\partial x_i}{\partial z^l} \underset{(x)}{A}_i \,. \tag{2.5.6}$$

Damit wird klar, dass die Größen $\underset{(z)}{A}_l$ wirklich die kovarianten Komponenten von $\boldsymbol{A}$ sind. Wir dürfen also schreiben:

$$\boldsymbol{A} = \underset{(z)}{A}_l \boldsymbol{g}^l = \underset{(z)}{A}^k \boldsymbol{g}_k \,. \tag{2.5.7}$$

Nun findet man für das Skalarprodukt zwischen den Basen $\boldsymbol{g}^l$ und $\boldsymbol{g}_k$:

$$\boldsymbol{g}^l \cdot \boldsymbol{g}_k = \left(\frac{\partial z^l}{\partial x_j}\boldsymbol{e}_j\right)\cdot\left(\frac{\partial x_i}{\partial z^k}\boldsymbol{e}_i\right) = \frac{\partial z^l}{\partial x_j}\frac{\partial x_i}{\partial z^k}\boldsymbol{e}_j \cdot \boldsymbol{e}_i = \tag{2.5.8}$$

$$\frac{\partial z^l}{\partial x_j}\frac{\partial x_i}{\partial z^k}\delta_{ji} = \frac{\partial z^l}{\partial x_i}\frac{\partial x_i}{\partial z^k} = \frac{\partial z^l}{\partial z^k} = \delta^l_k .$$

Im übrigen sei an den Zusammenhang nach Gleichung (2.3.7) für das Skalarprodukt $\boldsymbol{g}_k \cdot \boldsymbol{g}_l = g_{kl}$ erinnert und an die analoge Beziehung:

$$\boldsymbol{g}^l \cdot \boldsymbol{g}^k = \left(\frac{\partial z^l}{\partial x_j}\boldsymbol{e}_j\right)\cdot\left(\frac{\partial z^k}{\partial x_i}\boldsymbol{e}_i\right) = \frac{\partial z^l}{\partial x_j}\frac{\partial z^k}{\partial x_i}\boldsymbol{e}_j \cdot \boldsymbol{e}_i = \tag{2.5.9}$$

$$\frac{\partial z^l}{\partial x_j}\frac{\partial z^k}{\partial x_i}\delta_{ji} = \frac{\partial z^l}{\partial x_j}\frac{\partial z^k}{\partial x_j} \equiv g^{lk} .$$

Damit folgt aus Gleichung (2.5.7) durch Skalarmultiplikation mit $\boldsymbol{g}^m$:

$$\boldsymbol{g}^m \cdot \left(\boldsymbol{g}^l \underset{(z)}{A}_l\right) = \boldsymbol{g}^m \cdot \left(\underset{(z)}{A}^k \boldsymbol{g}_k\right) \quad \Rightarrow \quad \underset{(z)}{A}^m = g^{ml} \underset{(z)}{A}_l , \tag{2.5.10}$$

bzw. durch Skalarmultiplikation mit $\boldsymbol{g}_m$:

$$\boldsymbol{g}_m \cdot \left(\underset{(z)}{A}_l \boldsymbol{g}^l\right) = \boldsymbol{g}_m \cdot \left(\underset{(z)}{A}^k \boldsymbol{g}_k\right) \quad \Rightarrow \quad \underset{(z)}{A}_m = g_{mk} \underset{(z)}{A}^k , \tag{2.5.11}$$

und diese Formeln kennen wir schon aus den Gleichungen (2.4.8).

Übung 2.5.1: ***Basisvektoren für schiefwinkelige Koordinaten***

Es sei an Übung 2.3.1 erinnert. Man berechne mit Hilfe der seinerzeit aufgestellten Koordinatentransformation $z^k = z^k(x_i)$ nun auch noch die Basisvektoren $\boldsymbol{g}^l$, demonstriere die Orthogonalität $\boldsymbol{g}^l \cdot \boldsymbol{g}_k = \delta^l_k$ für $i \neq k$ durch explizites Nachrechnen und zeichne alle $\boldsymbol{g}$-Vektoren in das z-Koordinatensystem ein.

Für einen Vektor $\boldsymbol{A}$ besitzen wir also Vektordarstellungen („Aufspannungen“) in Bezug auf die kartesische Basis $\boldsymbol{e}_j$ (vgl. Gleichung (2.5.2)) und die krummlinigen (nicht normierten) Basen $\boldsymbol{g}_k$ und $\boldsymbol{g}^l$ (Gleichungen (2.5.7)). Das ist natürlich auch für tensorielle Größen möglich, also zum Beispiel für den in Gleichung (2.4.15) besprochenen Tensor zweiter Stufe $\boldsymbol{B}$. Die folgende Darstellung gilt in der kartesischen Basis:

$$\boldsymbol{B} = \underset{(x)}{B}_{kl} \boldsymbol{e}_k \boldsymbol{e}_l \tag{2.5.12}$$

und diese in den krummlinigen Basen:

$$\boldsymbol{B} = \underset{(z)}{B}^{kl} \boldsymbol{g}_k \boldsymbol{g}_l \ , \ \boldsymbol{B} = \underset{(z)}{B}_{kl} \boldsymbol{g}^k \boldsymbol{g}^l \ , \ \boldsymbol{B} = \underset{(z)}{B}^k{}_l \boldsymbol{g}_k \boldsymbol{g}^l \ , \ \boldsymbol{B} = \underset{(z)}{B}_k{}^l \boldsymbol{g}^k \boldsymbol{g}_l \, . \tag{2.5.13}$$

Die Zahl der Darstellungsmöglichkeiten in den krummlinigen Basen steigt also mit der Stufe des Tensors markant an. Als Beispiel mag man sich die verschiedenen Möglichkeiten für den Steifigkeitstensor $\boldsymbol{C}$ der Elastizitätstheorie aufschreiben, der ein Tensor vierter Stufe ist:

$$\boldsymbol{C} = \underset{(x)}{C}_{klmn} \boldsymbol{e}_k \boldsymbol{e}_l \boldsymbol{e}_m \boldsymbol{e}_n \, . \tag{2.5.14}$$

Abschließend in diesem Abschnitt sei darauf hingewiesen, dass es auch üblich ist, anstelle von Gleichung (2.5.12) folgendes zu schreiben:

$$\boldsymbol{B} = \underset{(x)}{B}_{kl} \, \boldsymbol{e}_k \otimes \boldsymbol{e}_l \, . \tag{2.5.15}$$

Man spricht bei dem Zeichen „$\otimes$“ auch vom *Tensor-* oder dem *dyadischen Produkt*. Hierfür lässt sich axiomatisch eine ganze Algebra definieren, wovon wir jedoch in diesem mehr heuristisch geprägten Buch absehen.

Übung 2.5.2: ***Die Spur eines Tensors zweiter Stufe***

In kartesischen Komponenten definiert man die *Spur* eines Tensors zweiter Stufe durch:

$$\mathrm{Sp}\boldsymbol{B} = \underset{(x)}{B}_{kk} \, . \tag{2.5.16}$$

Man zeige zunächst unter Verwendung der Gleichungen (2.4.17), dass man hierfür auch schreiben darf:

$$\mathrm{Sp}\boldsymbol{B} = g^{ij} \underset{(z)}{B}_{ij} = g_{ij} \underset{(z)}{B}^{ij} = \underset{(z)}{B}^i{}_i = \underset{(z)}{B}_j{}^j \, . \tag{2.5.17}$$

Nun interpretiere man die Aussagen nach den beiden letzten Gleichheitszeichen auch im Sinne das Rauf- und Runterziehens von Indizes mit Hilfe der Metrik.

2.6 Physikalische Komponenten von Vektoren und Tensoren

Die Übungen 2.4.6 und 2.4.7 haben gezeigt, dass die Komponenten ko- oder kontravarianter Vektoren und Tensoren nicht notwendigerweise alle die gleiche Dimension, etwa die einer Spannung, haben müssen. Gerechterweise muss man daher sagen, dass ko- und kontravariante Komponenten eines Vektors bzw. Tensors i. a. physikalisch gesehen sehr unanschauliche Größen sind.

Für orthogonale Koordinatensysteme, also solche, deren Koordinatenlinien senkrecht aufeinander stehen, besteht jedoch die Möglichkeit, viel von der Anschaulichkeit kartesischer Komponenten zurückgewinnen, indem man die sog. *physikalischen Komponenten* verwendet. Der Schlüssel zur Definition physikalischer Komponenten liegt darin, dass für orthogonale Koordinatensysteme der metrische Tensor nur Diagonalkomponenten besitzt:

$$\boldsymbol{g}_m \cdot \boldsymbol{g}_l = \begin{bmatrix} g_{11} & 0 & 0 \\ 0 & g_{22} & 0 \\ 0 & 0 & g_{33} \end{bmatrix}, \quad \boldsymbol{g}^m \cdot \boldsymbol{g}^l = \begin{bmatrix} g^{11} & 0 & 0 \\ 0 & g^{22} & 0 \\ 0 & 0 & g^{33} \end{bmatrix}. \tag{2.6.1}$$

Übung 2.6.1: *Diagonalität des metrischen Tensors für orthogonale Koordinatensysteme*

Man beweise die Behauptung aus Gleichung (2.6.1), wonach der metrische Tensor in Koordinatensystemen mit senkrecht aufeinander stehenden Koordinatenlinien nur Diagonalkomponenten besitzt.

Man verwende dabei die Definitionsgleichung (2.2.8) für den metrischen Tensor und beachte, dass sich die Größen $\partial x_i / \partial z_k$ als Komponenten von Tangentenvektoren an die Koordinatenlinien z_k interpretieren lassen: Gleichung (2.3.4).

Dann aber lässt sich die Länge eines Vektors (vgl. Gleichungen (2.4.12/13)) als Summe von Quadraten wie folgt schreiben:

$$A = \sqrt{\sum_{i=1}^{3} g_{\underline{ii}} (\underset{(z)}{A}^i)^2} = \sqrt{\sum_{i=1}^{3} g^{\underline{ii}} (\underset{(z)}{A}_i)^2} \,. \tag{2.6.2}$$

Dabei haben wir, um nicht mit der EINSTEINschen Summationskonvention brechen zu müssen, die Summe über drei gleiche Indizes explizit hingeschrieben. Die Ausdrücke $g_{\underline{ii}}$ bzw. $g^{\underline{ii}}$ sind diesmal also keine Summen aus drei Termen, sondern kennzeichnen lediglich jeweils ein Diagonalelement des ko- bzw. kovarianten metrischen Tensors. Definiert man nun Vektorkomponenten $A_{<i>}$ wie folgt:

$$A_{<i>} = \sqrt{g_{\underline{ii}}}\, \underset{(z)}{A}^i = \sqrt{g^{\underline{ii}}}\, \underset{(z)}{A}_i \,, \tag{2.6.3}$$

so haben diese den Vorteil, bei Quadratur und anschließender Summation unmittelbar auf das Quadrat der Länge des Vektors $\boldsymbol{A}$ zu führen:

$$A = \sqrt{A_{<i>} A_{<i>}} \,. \tag{2.6.4}$$

Um also mit der EINSTEINschen Summationskonvention nicht in Widerspruch zu geraten, vereinbaren wir, dass über unterstrichene Indizes, die in einer Formel doppelt vorkommen, nicht summiert wird: Gleichungen (2.6.2).

Man nennt die Komponenten $A_{<i>}$, wie bereits angedeutet, die *physikalischen Komponenten* des Vektors $\boldsymbol{A}$. Analog zur Gleichung (2.6.3) lassen sich auch physikalische Komponenten für Tensoren zweiter (und höherer) Stufe definieren:

$$B_{<ij>} = \sqrt{g_{\underline{ii}}} \sqrt{g_{\underline{jj}}} \underset{(z)}{B}{}^{ij} = \sqrt{g^{\underline{ii}}} \sqrt{g^{\underline{jj}}} \underset{(z)}{B}{}_{ij} \,. \tag{2.6.5}$$

Übung 2.6.2: ***Die Länge eines Vektors, ausgedrückt in physikalischen Komponenten***

Man beweise Gleichung (2.6.4) durch Kombination von Gleichungen (2.6.1) und (2.6.2). Insbesondere mache man sich dabei die Bedeutung unterstrichener Indizes klar. Man versuche sich zuvor auch an der vektoriellen Berechnung der Länge gemäß Gleichung (2.6.2) mit Hilfe der auf Orthogonalbasen spezialisierten Gleichungen (2.5.7):

$$\boldsymbol{A} \cdot \boldsymbol{A} = \left(\boldsymbol{g}_l \underset{(z)}{A}{}^l\right) \cdot \left(\boldsymbol{g}_k \underset{(z)}{A}{}^k\right) = \underset{(z)}{A}{}^k \underset{(z)}{A}{}^k g_{\underline{kk}} \,, \tag{2.6.6}$$

$$\boldsymbol{A} \cdot \boldsymbol{A} = \left(\boldsymbol{g}^l \underset{(z)}{A}{}_l\right) \cdot \left(\boldsymbol{g}^k \underset{(z)}{A}{}_k\right) = \underset{(z)}{A}{}_k \underset{(z)}{A}{}_k g^{\underline{kk}} \,.$$

Übung 2.6.3: ***Die physikalischen Komponenten des Spannungstensors in Zylinderkoordinaten***

Mit Hilfe der Ergebnisse aus der Übung 2.4.6 leite man die Ausdrücke für die physikalischen Komponenten des Spannungstensors in Zylinderkoordinaten her. Insbesondere verifiziere man, dass alle physikalischen Komponenten die Dimension einer Spannung haben, wie folgt:

$$\sigma_{<rr>} = \cos^2(\vartheta)\,\sigma_{xx} + 2\sin(\vartheta)\cos(\vartheta)\,\sigma_{xy} + \sin^2(\vartheta)\,\sigma_{yy} \,,$$

$$\sigma_{<r\vartheta>} = -\sin(\vartheta)\cos(\vartheta)\,\sigma_{xx} + \left[\cos^2(\vartheta) - \sin^2(\vartheta)\right]\sigma_{xy} + \sin(\vartheta)\cos(\vartheta)\,\sigma_{yy} \,,$$

$$\sigma_{<rz>} = \cos(\vartheta)\,\sigma_{xz} + \sin(\vartheta)\,\sigma_{yz} \,, \tag{2.6.7}$$

$$\sigma_{<\vartheta\vartheta>} = \sin^2(\vartheta)\,\sigma_{xx} - 2\sin(\vartheta)\cos(\vartheta)\,\sigma_{xy} + \cos^2(\vartheta)\,\sigma_{yy} \,,$$

$$\sigma_{<\vartheta z>} = -\sin(\vartheta)\,\sigma_{xz} + \cos(\vartheta)\,\sigma_{yz} \,,$$

$$\sigma_{<zz>} = \sigma_{zz} \,.$$

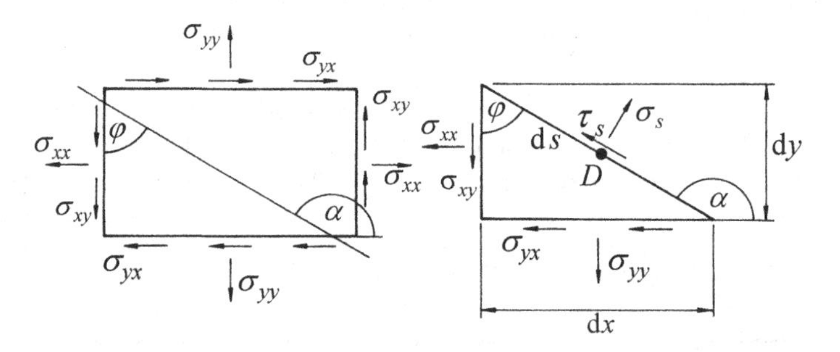

Abb. 2.9: Erinnerung an den Freischnitt zum MOHRschen Kreis im Zweidimensionalen.

Man erinnere sich nun an das in der Abb. 2.9 illustrierte Problem und das zugehörige Ergebnis, welches letztendlich auf die Gleichungen des MOHRschen Kreises führte:

$$\sigma_s = -\tfrac{1}{2}(\sigma_{xx} + \sigma_{yy}) - \tfrac{1}{2}(\sigma_{yy} - \sigma_{xx})\cos(2\varphi) + \sigma_{xy}\sin(2\varphi) \,, \tag{2.6.8}$$

$$\tau_s = \tfrac{1}{2}(\sigma_{yy} - \sigma_{xx})\sin(2\varphi) + \sigma_{xy}\cos(2\varphi) \,.$$

Wie hängt dieses Ergebnis mit den Gleichungen (2.6.7) zusammen? Man benutze zur Klärung dieser Frage folgende Additionstheoreme:

$$\sin^2(\vartheta) = \tfrac{1}{2}[1 - \cos(2\vartheta)] \,, \quad \cos^2(\vartheta) = \tfrac{1}{2}[1 + \cos(2\vartheta)] \,, \tag{2.6.9}$$

$$\sin(2\vartheta) = 2\sin(\vartheta)\cos(\vartheta) \,.$$

Übung 2.6.4: ***Die physikalischen Komponenten des Metriktensors***

Man zeige, dass für Koordinatensysteme, in denen die Koordinatenlinien senkrecht aufeinander stehen, die physikalischen Komponenten des Metriktensors durch:

$$g_{<ij>} = \begin{bmatrix} 1 & 0 & 0 \\ 0 & 1 & 0 \\ 0 & 0 & 1 \end{bmatrix} \tag{2.6.10}$$

gegeben sind.

Übung 2.6.5: ***Die Fließspannungsbedingung nach VON MISES***

Man definiere den Spannungsdeviator $\underset{(x)}{\Sigma}_{ij}$ in kartesischen Koordinaten wie folgt:

$$\underset{(x)}{\Sigma}_{ij} = \underset{(x)}{\sigma}_{ij} - \frac{1}{3}\underset{(x)}{\sigma}_{kk}\delta_{ij} \tag{2.6.11}$$

und zeige, dass diese Größe spurfrei ist:

$$\underset{(x)}{\Sigma}_{ll} = 0 . \tag{2.6.12}$$

Es sei an das Postulat nach VON MISES erinnert, wonach ein Metall zu fließen beginnt, wenn der folgende Spannungskennwert σ_{f} erreicht ist:

$$\sigma_{\mathrm{f}}^2 = \frac{3}{2}\underset{(x)}{\Sigma}_{ij}\underset{(x)}{\Sigma}_{ij} . \tag{2.6.13}$$

σ_{f} ist ein Werkstoffkennwert und als *Fließspannung* des Werkstoffes bekannt. Man erläutere, warum es sinnvoll ist, für Metalle die Spur des Spannungszustandes aus dem Festigkeitskriterium zu entfernen und zeige, dass sich für einen zweidimensionalen Spannungszustand schreiben lässt:

$$\frac{2}{3}\sigma_{\mathrm{f}}^2 = \sigma_{xx}^2 + \sigma_{yy}^2 - \sigma_{xx}\sigma_{yy} + 3\sigma_{xy}^2 . \tag{2.6.14}$$

Man spezialisiere nun auf einen eindimensionalen Zugversuch mit Zugspannung σ und einen eindimensionalen Scherversuch mit Scherspannung τ und zeige, dass gilt:

$$\tau = \frac{1}{\sqrt{3}}\sigma . \tag{2.6.15}$$

Man zeige durch Transformation vom kartesischen x-System auf ein beliebiges z-System, dass gilt:

$$\underset{(x)}{\sigma}_{kk} = g_{ij}\underset{(z)}{\sigma}^{ji} = g^{ji}\underset{(z)}{\sigma}_{ij} = \underset{(z)}{\sigma}^{i}_{i} \tag{2.6.16}$$

und, in ähnlicher Weise, dass sich schreiben lässt:

$$\underset{(z)}{\Sigma}_{ij} = \underset{(z)}{\sigma}_{ij} - \frac{1}{3}\underset{(z)}{\sigma}^{k}_{k} g_{ij} , \quad \underset{(z)}{\Sigma}^{ij} = \underset{(z)}{\sigma}^{ij} - \frac{1}{3}\underset{(z)}{\sigma}^{k}_{k} g^{ij} \tag{2.6.17}$$

sowie:

$$\sigma_{\mathrm{f}}^2 = \frac{3}{2}\underset{(z)}{\Sigma}_{ij}\underset{(z)}{\Sigma}^{ji} = \frac{3}{2} g_{ir} g_{js}\underset{(z)}{\Sigma}^{rs}\underset{(z)}{\Sigma}^{ji} = \frac{3}{2} g^{ir} g^{js}\underset{(z)}{\Sigma}_{ij}\underset{(z)}{\Sigma}_{rs} . \tag{2.6.18}$$

Man spezialisiere schließlich auf Orthogonalkoordinaten und zeige, dass gilt:

$$\underset{(x)}{\sigma}_{kk} = \underset{(z)}{\sigma}_{<kk>} \ , \quad \underset{(z)}{\Sigma}_{<ij>} = \underset{(z)}{\sigma}_{<ij>} - \tfrac{1}{3} \underset{(z)}{\sigma}_{<kk>} \delta_{<ij>} \tag{2.6.19}$$

und:

$$\sigma_{\mathrm{f}}^2 = \tfrac{3}{2} \underset{(z)}{\Sigma}_{<ij>} \underset{(z)}{\Sigma}_{<ij>} \ . \tag{2.6.20}$$

Man spezialisiere schließlich noch auf ebene Polarkoordinaten und zeige, dass dann gilt:

$$\tfrac{2}{3}\sigma_{\mathrm{f}}^2 = \sigma^2{}_{\langle rr\rangle} + \sigma^2{}_{\langle \vartheta\vartheta\rangle} - \sigma_{\langle rr\rangle}\sigma_{\langle \vartheta\vartheta\rangle} + 3\sigma^2{}_{\langle r\vartheta\rangle} \ . \tag{2.6.21}$$

Richard Edler VON MISES wurde am 19. April 1883 in Lemberg geboren und starb am 14. Juli 1953 in Boston. Er war von 1909-1918 Professor für angewandte Mathematik in Straßburg und beschäftigte sich mit Problemen der Festkörper- und Fluidmechanik, der Aerodynamik, der Statistik und der Wahrscheinlichkeitstheorie. Im 1. Weltkrieg setzt er sich für die Österreichische Sache ein und konstruiert ein Kampfflugzeug, das er auch selbst fliegt. Nach dem Krieg geht er nach Berlin, bis ihn die Nazis 1933 erst nach Istanbul und dann bis nach Harvard vertreiben.

2.7 Ein wenig Differentialgeometrie

Wir haben es bei der EINSTEINschen Summenkonvention offen gelassen, für ebene Probleme von 1 bis 2 oder für räumliche Probleme von 1 bis 3 zu summieren. Die Gleichungen „waren für beide Fälle zuständig“. Im folgenden wollen wir uns ganz bewusst auf zweidimensionale Probleme konzentrieren. Und zwar soll es darum gehen, die *Geometrie gekrümmter Flächen* mathematisch zu erfassen. Dieses Werkzeug wird später wichtig, wenn diese Flächen im Rahmen der Kontinuumsphysik eine konkrete Bedeutung haben, nämlich etwa als Grenze zwischen einem flüssigen und einem festen Bereich, als Wandung eines Kessels oder als Hülle einer Seifenblase. Solche Flächen sind i. a. gekrümmt und nicht eben. Die zu ihrer Beschreibung gehörige Mathematik (Topologie) ist „gewöhnungsbedürftig“, aber sie schließt sich unmittelbar an die obigen Ausführungen in Bezug auf Metriken und Tangentialvektoren an.

Um die Krümmung einer im dreidimensionalen Raum befindlichen Fläche zu erfassen, verwendet man zwei krummlinige Flächenkoordinaten genannt z^α, $\alpha = 1,2$. Sie sind analog zu den krummlinigen Koordinaten z^i aus Gleichung (2.2.1) zu verstehen, nur dass es nunmehr lediglich zwei Stück gibt. Dieses kennzeichnen wir ganz nachdrücklich durch Verwendung kleiner griechischer Indizes, hier α. Einen Ortspunkt $\boldsymbol{x}$ auf der Fläche erfassen wir durch seine drei kartesischen Koordinaten x_i, die ihrerseits Funktionen der Flächenkoordinaten sind:

$$x_i = x_i\left(z^1, z^2\right) \equiv x_i\left(z^\alpha\right),\ i = 1, 2, 3\,. \tag{2.7.1}$$

Analog zu den Gleichungen $(2.3.4)_2$ können wir nun zwei Tangentialvektoren $\boldsymbol{\tau}_1$ und $\boldsymbol{\tau}_2$ definieren:

$$\boldsymbol{\tau}_\alpha = \frac{\partial x_i\left(z^\gamma\right)}{\partial z^\alpha}\boldsymbol{e}_i\,,\ \alpha = 1, 2\,. \tag{2.7.2}$$

Ihre Komponenten in (dreidimensionalen) kartesischen Ortskoordinaten sind dann offenbar:

$$\tau^i_\alpha = \frac{\partial x_i\left(z^\gamma\right)}{\partial z^\alpha}\,. \tag{2.7.3}$$

Dabei ist es gleichgültig, ob wir den Index i oben oder unten am Symbol τ anbringen, denn er bezieht sich auf eine kartesische Darstellung. Beim Index α ist das nicht so. Hier handelt es sich wie schon beim Index k aus Gleichung $(2.3.4)_2$ um ein kovariantes Kennzeichen.

Man beachte, dass es sich wie schon bei $\boldsymbol{g}_k$ bei den Tangentenvektoren $\boldsymbol{\tau}_\alpha$ nicht um Einheitsvektoren handelt. Man muss sie noch normieren, um einen auf der Fläche senkrecht stehenden Einheitsnormalenvektor $\boldsymbol{n}$ zu definieren:

$$\boldsymbol{n} = \frac{\boldsymbol{\tau}_1}{|\boldsymbol{\tau}_1|} \times \frac{\boldsymbol{\tau}_2}{|\boldsymbol{\tau}_2|}\,. \tag{2.7.4}$$

Ferner besteht wie in Gleichung (2.5.4) die Möglichkeit, die zu $\boldsymbol{\tau}_\alpha$ dualen Flächenvektoren $\boldsymbol{\tau}^\beta$ einzuführen:

$$\boldsymbol{\tau}^\beta = \frac{\partial z^\beta}{\partial x_j}\boldsymbol{e}_j \tag{2.7.5}$$

mit der aufgrund der Kettenregel folgenden Orthogonalitätseigenschaft (vgl. (2.5.8)):

$$\boldsymbol{\tau}^\beta \cdot \boldsymbol{\tau}_\alpha = \delta^\beta_\alpha\,. \tag{2.7.6}$$

Wir sind nun in voller Analogie zu den Gleichungen (2.2.10), (2.3.7), (2.4.7) und (2.5.8/9) in der Lage, ko- und kontravariante Oberflächenmetriken zu definieren:

$$g_{\alpha\beta} = \frac{\partial x_i}{\partial z^\alpha}\frac{\partial x_i}{\partial z^\beta} \equiv \boldsymbol{\tau}_\alpha \cdot \boldsymbol{\tau}_\beta\,,\ g^{\alpha\beta} = \frac{\partial z^\alpha}{\partial x_j}\frac{\partial z^\beta}{\partial x_j} \equiv \boldsymbol{\tau}^\alpha \cdot \boldsymbol{\tau}^\beta\,. \tag{2.7.7}$$

Um ein Maß für die lokale Krümmung der Oberfläche zu finden, definiert man zunächst den sog. *Krümmungstensor* (mit den kartesischen Komponenten e_i des Normalenvektors $\boldsymbol{n}$ aus Gleichung (2.7.4)):

$$b_{\alpha\beta} = \frac{\partial^2 x_i}{\partial z^\alpha \partial z^\beta} n_i \,. \qquad (2.7.8)$$

Diese Definition verdient einen Kommentar. Aus der Extremalanalyse einer Kurve $y = y(x)$ in der Ebene ist bekannt, dass die zweite Ableitung $\mathrm{d}^2 y / \mathrm{d}^2 x$ die lokale Krümmung im Punkt x beschreibt. Dies erklärt die zweiten Ableitungen in Gleichung (2.7.8). Ferner ist eine ebene Fläche nicht gekrümmt. Wir erwarten daher, dass dann auch der Krümmungstensor verschwindet. Und in der Tat: Das Skalarprodukt (Summation über Index i) in Gleichung (2.7.8), also die Projektion der Krümmung auf den Normalenvektor, wäre dann Null. Man beachte außerdem, dass man für die Krümmung in Gleichung (2.7.8) im Hinblick auf Gleichung (2.7.3) auch schreiben kann:

$$\frac{\partial^2 x_i}{\partial z^\alpha \partial z^\beta} = \frac{\partial \tau^i_\alpha}{\partial z^\beta} \Rightarrow \frac{\partial^2 x_i}{\partial z^\alpha \partial z^\beta} \boldsymbol{e}_i = \frac{\partial \tau^i_\alpha}{\partial z^\beta} \boldsymbol{e}_i \equiv \frac{\partial \tau^i_\alpha \boldsymbol{e}_i}{\partial z^\beta} = \frac{\partial \boldsymbol{\tau}_\alpha}{\partial z^\beta} \,. \qquad (2.7.9)$$

Dass wir die kartesischen Einheitsvektoren $\boldsymbol{e}_i$ unter die partielle Differentiation ziehen dürfen, liegt an der Konstanz der kartesischen Basis. Die Krümmung lässt sich also (weniger anschaulich) auch als Änderung der Tangentenvektoren mit den Koordinatenlinien interpretieren. Vektoriell schreiben sich die kovarianten Komponenten des Krümmungstensors somit:

$$b_{\alpha\beta} = \frac{\partial \boldsymbol{\tau}_\alpha}{\partial z^\beta} \cdot \boldsymbol{n} \,, \qquad (2.7.10)$$

und, wenn man möchte, kann man auch in voller Tensornotation für den Krümmungstensor schreiben:

$$\boldsymbol{b} = b_{\alpha\beta} \boldsymbol{\tau}^\alpha \boldsymbol{\tau}^\beta = \frac{\partial \boldsymbol{\tau}_\alpha}{\partial z^\beta} \cdot \boldsymbol{n}\, \boldsymbol{\tau}^\alpha \boldsymbol{\tau}^\beta \,. \qquad (2.7.11)$$

Es ist üblich, die *mittlere Krümmung* über die gemittelte Spur des Krümmungstensors (vgl. Übung 2.5.2) zu definieren:

$$K_\mathrm{m} = \mathrm{Sp}\boldsymbol{b} \quad \Rightarrow \quad K_\mathrm{m} = \tfrac{1}{2} b^\alpha_\alpha = \tfrac{1}{2} g^{\alpha\beta} b_{\alpha\beta} \,. \qquad (2.7.12)$$

Offenbar handelt es sich hierbei um einen invarianten Zahlenwert, einen Skalar, denn wir haben in Übung 2.5.2 gesehen, dass die Spur bei gleicher Bildungsvorschrift unabhängig vom Koordinatensystem stets denselben Wert ergibt.

Übung 2.7.1: ***Topologie der Kugeloberfläche***

Man untersuche die Oberfläche einer Kugel vom Radius R. Dazu identifiziere man zunächst als Oberflächenkoordinaten $z^1 = \varphi$, $z^2 = \vartheta$ und erinnere an die Transformationsformeln für Kugelkoordinaten aus Übung 2.2.2. Man berechne dann mit der Definitionsgleichung (2.7.3) die Komponenten der Tangentenvektoren τ_φ^i und τ_ϑ^i bzgl. der kartesischen Basis im Kugelursprung und zeige, dass beide Vektoren aufeinander senkrecht stehen. Ihr Verlauf auf der Kugeloberfläche sowie die Oberflächenkoordinatennetzlinien sind einzuzeichnen. Sind die Tangentenvektoren normiert? Man berechne nun die Oberflächenmetrik $g_{\alpha\beta}$ und ihre Inverse $g^{\alpha\beta}$ gemäß Gleichung (2.7.7) sowie die kartesischen Komponenten des auf der Kugeloberfläche senkrecht stehenden Einheitsnormalenvektors n_i gemäß Gleichung (2.7.4). Es sei nun an die Definition des Krümmungstensors nach Gleichung (2.7.8) erinnert, und es gilt diesen zu berechnen. Man zeige schließlich, dass sich für die mittlere Krümmung $K_{\mathrm{m}} = -1/R$ ergibt und interpretiere das Vorzeichen im Sinne der Begriffe „konvexe" bzw. „konkave" Oberflächen.

Übung 2.7.2 ***Topologie der Zylinderoberfläche***

Man untersuche nun die Oberfläche einer Kreiszylinders vom Radius R. Dazu identifiziere man zunächst als Oberflächenkoordinaten $z^1 = \vartheta$, $z^2 = z$, erinnere an die Transformationsformeln für Zylinderkoordinaten aus Abschnitt 2.2 und gehe dann völlig analog zu Übung 2.7.1 vor.

Man zeige so schließlich, dass für die mittlere Krümmung $K_{\mathrm{m}} = -1/(2R)$ gilt und interpretiere den Faktor $\frac{1}{2}$ im Vergleich zu dem Ergebnis bei der Kugeloberfläche.

2.8 Would you like to know more?

Das Buch von Schade und Neemann (2009) ist eine Fundgrube von mathematischen Formeln für den wahren Indizisten. Für die in diesem Abschnitt angesprochenen Begriffe „Metrik", „ko- und kontravariant" sollte man sich insbesondere die Abschnitte 4.2.2, 4.2.4 und 4.2.4 ansehen. Die Bücher von Itskov (2007) und Bertram (2008) pochen auf mathematisch stringente Herangehensweise und betonen den absoluten Tensorkalkül. Hieraus sind für diesen Abschnitt im ersten Buch Kapitel 1 und Abschnitt 3.2 (für die Differentialgeometrie) bzw. im zweiten die Abschnitte 1.1 und 1.2 lesenswert. Tensoralgebra und -analysis werden in gebündelter Form auch in Irgens (2008), Kapitel 12 gemeinsam behandelt, indizistisch und absolut, bzw. in Liu (2010), Appendix A.1.

Überhaupt sind die bisher vorgestellten Konzepte ja seit langem bekannt. Es lohnt sich also auch die „Klassiker“ zu studieren. In vorderster Front steht hier der Artikel von Ericksen (1960) im Handbuch der Physik, Abschnitte I, II und (teilweise) III. Ferner ist das Buch von Green und Zerna (1960) empfehlenswert, insbesondere hier die Abschnitte 1.1 bis 1.10. Abschließend sei noch im Buch von Flügge (1960) auf die Kapitel 1, 12 und insbesondere Kapitel 13 (mit vielen exotischen Koordinatentransformationen) hingewiesen.

Im diesem Abschnitt fielen ohne weitere Erklärung auch Begriffe wie MOHRscher Kreis oder Fließspannung. In diesem Zusammenhang mag es sinnvoll sein, einschlägige Lehrbücher zur Festigkeitslehre zu konsultieren, etwa Müller und Ferber (2008), Abschnitte 2.8.6 und 2.8.7 oder Kienzler und Schröder (2009), Abschnitt 2.6.

We all must have a balance in our life.

John D. ROCKEFELLER

3. Bilanzen (insbesondere in kartesischen Systemen)

3.1 Vorbemerkungen

In den vorherigen Kapiteln haben wir bereits einige wichtige Grundbegriffe der Tensorrechnung kennengelernt, nämlich den Begriff der Metrik und den der ko- / kontravarianten Koordinatendarstellung inklusive ihrer anschaulichen Interpretation als Parallel-, respektive Orthogonalprojektion auf die Koordinatenachsen. Im nächsten Kapitel werden wir uns mit *Ableitungen nach beliebig krumm- und schiefwinkeligen Ortskoordinaten* beschäftigen und erläutern, wie sich diese in die Tensorrechnung oder besser gesagt in die *Tensoranalysis* einbetten lassen. Dass dieses nötig ist, soll vorab motiviert werden, und aus diesem Grunde präsentieren wir in diesem Kapitel die erste zur Lösung kontinuumstheoretischer Probleme notwendige „Zutat", nämlich die sogenannten *Bilanzgleichungen*, in denen Ortsableitungen eine wichtige Rolle spielen. Wir setzen uns zunächst einmal folgendes Ziel:

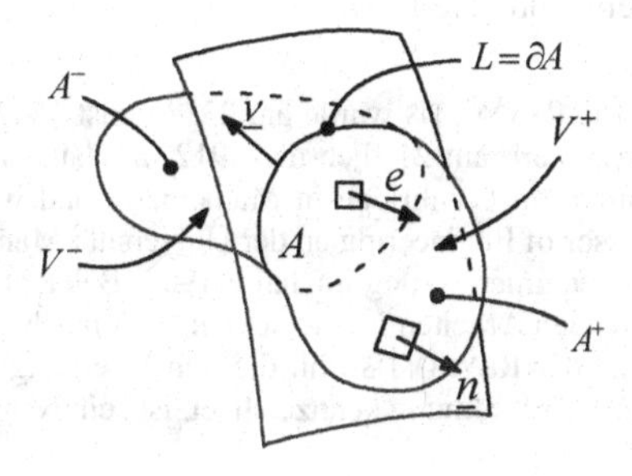

Abb. 3.1: Bilanzvolumen mit und ohne singuläre Fläche.

Das *Ziel der thermomechanischen Kontinuumstheorie* ist die Bestimmung von *fünf* Feldgrößen, nämlich der Dichte $\rho = \hat{\rho}(\boldsymbol{x},t)^{\dagger}$, der drei Komponenten der Geschwindigkeit $\boldsymbol{v} = \hat{\boldsymbol{v}}(\boldsymbol{x},t)$ und der Temperatur $T = \hat{T}(\boldsymbol{x},t)$ in allen Punkten $\boldsymbol{x}$ eines Körpers $V(t)$ zu allen Zeiten t. Dabei wollen wir zunächst davon ausgehen, dass die genannten fünf Felder relativ zu einer kartesischen Basis $\boldsymbol{x} = x_i \boldsymbol{e}_i$, wie in den Symbolen angedeutet, beschrieben werden. Um nun diese Felder zu bestim-

† Die Funktion in aktuellem Ort und Zeit unterscheiden wir vom Funktionswert durch ein Zirkumflex.

W.H. Müller, *Streifzüge durch die Kontinuumstheorie*,
DOI 10.1007/978-3-642-19870-0_3, © Springer-Verlag Berlin Heidelberg 2011

men, benötigt man offenbar *fünf* Gleichungen. Die Grundlage für diese Gleichungen sind die *Massenbilanz* (eine skalare Beziehung), die *Impulsbilanz* (eine Vektorgleichung mit drei Komponenten) sowie die *Energiebilanz* (eine skalare Gleichung).

Wir müssen ferner davon ausgehen, dass sich die erwähnten Feldgrößen innerhalb des Körpers unstetig verhalten, also *springen*. Diese Situation ist in Abb. 3.1 veranschaulicht: Ein *materieller Körper* (d. h. ein Gebiet, das sich stets aus denselben Teilchen zusammensetzt) wird durch eine (offene, zeitabhängige) Fläche A in zwei Volumenhälften geteilt, die wir mit $V^{\pm}$ bezeichnen und welche beide explizit zeitabhängig sind, ohne dass wir das ausdrücklich anzeigen. Die dazu gehörigen (ebenfalls offenen) Oberflächen bezeichnen wir mit $A^{\pm}$ (ebenfalls zeitabhängig). Die auf diesen Flächen nach außen weisenden Normalen werden mit dem Symbol $\boldsymbol{n}$ versehen, wohingegen wir um unmittelbar unterscheiden zu können, die Normale auf der Trennfläche A mit dem Symbol $\boldsymbol{e}$ erfassen. Ferner wurde mit $L = \partial A$ die Linie bezeichnet, welche die Fläche A geschlossen berandet. Der nach außen weisende, auf der Linie senkrecht stehende und die Ebene A tangierende Einheitsvektor wurde schließlich mit $\boldsymbol{v}$ gekennzeichnet. Man beachte, dass die singuläre Fläche sich mit einer ihr eigenen, unabhängig von den materiellen Teilchen bestehenden Geschwindigkeit bewegen darf, d. h. selbst nicht notwendigerweise materiell ist. Damit sind dann auch die beiden abgetrennten Volumina $V^{\pm}$ nicht notwendigerweise materiell.

Osborne REYNOLDS wurde am 23. August 1842 in Belfast ,Irland geboren und starb am 21. Februar 1912 in Watchet, Somerset, England. Er graduierte in Cambridge in Mathematik und wurde 1868 der allererste Professor of Engineering an der Universität Manchester. Hier blieb er bis zu seiner Emeritierung im Jahre 1905. Bekannt ist er durch seine bahnbrechenden Arbeiten im Gebiet der Fluidmechanik. Vor allem durch den Begriff der REYNOLDSzahl, die den Übergang zwischen laminarer und turbulenter Strömung kennzeichnet, ist sein Name unsterblich geworden.

Dass wir uns im Folgenden auf insgesamt materielle Körper spezialisieren werden und die sog. offenen Systeme nicht explizit behandeln, ist nur auf den ersten Blick ein Manko. Zwar ist es richtig, dass wir die Bilanzen, insbesondere das noch zu besprechende REYNOLDSschen Transporttheorem, dann um konvektive, den relativen Fluss der zu bilanzierenden Größe über die Oberfläche charakterisierende Terme ergänzen müssten. Aber wir werden sehen, dass die Bilanzgleichungen nur Mittel zum Zweck sind, um in lokalen, regulären Punkten gültige partielle Differentialgleichungen zu erhalten. In diesen jedoch dürfen und werden die die Bewegung der Systemgrenzen charakterisierende Geschwindigkeiten nicht mehr enthalten sein, da es sich um für materielle Teilchen gültige Ausdrücke handelt.

An der singulären Fläche können die besagten Feldgrößen und gegebenenfalls Derivate davon naturgemäß „springen“, d. h. sie sind unstetig. Beispiele für eine solche Situation sind etwa Flüssigkeitsoberflächen, über denen sich Dampf befindet.

Offenbar springt hier das Feld der Dichte von einem hohen auf einen niedrigeren Wert. Ein weiteres Beispiel ist die Grenze zwischen zwei unterschiedlich dichten Festkörpern, etwa eine SiC-Faser in einer Ti-Matrix. In beiden Fällen handelt es sich außerdem um *materielle* singuläre Flächen, jedenfalls solange wir nicht heizen und verdampfen, bzw. kein Ablauf chemischer Reaktionen interessiert. Ein Beispiel einer *immateriellen* Fläche ist eine Schockwelle, die sich durch ein Fluidum oder in einem Festkörper bewegt. Hier springen neben der Dichte sicherlich auch die Felder Druck und möglicherweise auch bestimmter Spannungskomponenten, wenn sich die Welle in einen Festkörper hineinbewegt. Außerdem wird die Bewegung der Welle auf immer neue Teilchen übertragen und vorangetrieben.

In den nächsten Abschnitten werden wir uns zunächst auf Körper ohne singuläre Flächen konzentrieren und für diese die globale Massen- und Impulsbilanz erläutern. Die gemeinsame allgemeine Struktur wird diskutiert, eine Feldformulierung erarbeitet und mit dieser werden lokale Bilanzen in regulären Punkten abgeleitet. Mit der lokalen Impulsbilanz in regulären Punkten leiten wir dann die lokale und schließlich die globale Bilanz der kinetischen Energie her, die sich als Nichterhaltungsgröße herausstellen wird. Den vorläufigen Abschluss der globalen Bilanzen in Körpern ohne singuläre Fläche bildet dann darauf aufbauend der Energieerhaltungssatz. Wir verallgemeinern die Erkenntnisse danach auf den Fall allgemeiner Bilanzen für Körper mit singulärer Fläche, die wir dann auf die Massen-, Impuls- und Energiebilanz spezialisieren.

3.2 Massen- und Impulsbilanz

Die Gesamtmasse M eines materiellen Körpers setzt sich aus den Einzelmassen $\mathrm{d}M$ kleiner Untervolumina $\mathrm{d}V$ zusammen. Die für dieses Untervolumen maßgebliche Massendichte $\rho = \hat{\rho}(x,t)$ kann sich örtlich und zeitlich ändern und es gilt:

$$M = \int_M \mathrm{d}M = \iiint_{V(t)} \rho \,\mathrm{d}V \,. \tag{3.2.1}$$

Die Gesamtmasse des materiellen Körpers jedoch ändert sich zeitlich nicht:

$$\frac{\mathrm{d}M}{\mathrm{d}t} = 0 \quad \Rightarrow \quad \frac{\mathrm{d}}{\mathrm{d}t} \iiint_{V(t)} \hat{\rho}(x,t) \,\mathrm{d}V = 0 \,. \tag{3.2.2}$$

Eine weitere Umformung des letzten Ausdruckes ist noch nicht möglich. Dazu ist zuvor zu klären, wie man die doppelte Zeitabhängigkeit in den Integrationsgrenzen und im Integranden zu behandeln hat. Wir halten zu diesem Zeitpunkt fest, dass Gleichung (3.2.2) eine *globale Bilanz für die Masse* darstellt. Masse ist eine *Erhaltungsgröße*, sie wird nicht produziert. In einem materiellen System gibt es keine Zufuhr bzw. Abfuhr von Masse, da es per Definition immer aus denselben materiellen Teilchen besteht und diese können nicht einfach verschwinden bzw. entstehen. Daher ist die rechte Seite in Gleichung (3.2.2) einfach Null.

Wie die Masse ist auch der Impuls eines Körpers eine additive Größe und setzt sich summarisch aus den Einzelimpulsen $\mathrm{d}\boldsymbol{P} = \mathrm{d}M\,\boldsymbol{\upsilon} = \rho\boldsymbol{\upsilon}\,\mathrm{d}V$ der Untervolumina zusammen. Allerdings hat der Impuls aufgrund des in ihm enthaltenen Geschwindigkeitsfeldes $\boldsymbol{\upsilon} = \hat{\boldsymbol{\upsilon}}(\boldsymbol{x},t)$ im Gegensatz zur Masse Vektorcharakter. Mithin erhalten wir für den Gesamtimpuls eines materiellen Körpers:

$$\boldsymbol{P} = \iiint\limits_{V(t)} \rho\,\boldsymbol{\upsilon}\,\mathrm{d}V\,. \tag{3.2.3}$$

Isaac NEWTON wurde am 4. Januar 1643 in Woolsthorpe-by-Colsterworth in Lincolnshire geboren und starb am 31. März 1727 in Kensington. Er war unzweifelhaft eines der größten naturwissenschaftlichen Genies, die jemals gelebt haben. Sein berühmtestes Buch ist die Principia Naturalis, aber auch über die Optik hatte er Grundlegendes zu sagen. In menschlicher Hinsicht jedoch war NEWTON kein NEWTON. Er neigte zur Geheimniskrämerei, was seine wissenschaftlichen Ergebnisse anging und pochte dennoch unerbittlich und rachsüchtig auf seine Prioritätsansprüche, wenn eine „seiner" Entdeckungen woanders auftauchte. Das berühmteste Beispiel ist seine Fehde mit LEIBNIZ.

Es ist NEWTONs Verdienst erkannt zu haben, dass Kräfte $\boldsymbol{K}$ zeitliche Impulsänderungen hervorrufen. Also schreiben wir:

$$\frac{\mathrm{d}\boldsymbol{P}}{\mathrm{d}t} = \boldsymbol{K} \equiv \boldsymbol{T} + \boldsymbol{F}\,. \tag{3.2.4}$$

Baron Augustin Louis CAUCHY wurde am 21. August 1789 in Paris geboren und starb am 23. Mai 1857 in Sceaux bei Paris. In seinen jungen Jahren war er wie FOURIER Wissenschaftler in NAPOLEONs Armee. Im Alter von 26 Jahren wurde er bereits Professor an der École Polytechnique, wo er sich bald als einer der führenden französischen Mathematiker seiner Zeit etablierte. Ihm werden mehr als 780 Veröffentlichungen zugeschrieben. Im gleichen Zusammenhang spricht man auch von Plagiaten, was ihm in Akademiekreisen den Spitznamen „Cochon" einbringt.

In der Kontinuumsmechanik ist es nämlich üblich, die Kräfte in lang- und kurzreichweitige Anteile additiv aufzuteilen. Die letzteren – bezeichnet mit dem Symbol $\boldsymbol{T}$ – werden über die Körperoberfläche durch Kontakt mit anderen Körpern übertragen, die ersteren – bezeichnet mit dem Symbol $\boldsymbol{F}$ – hingegen greifen direkt ins Körperinnere hinein, wie z. B. die Gravitation. Um nun wie schon für den Impuls in Gleichung (3.2.3) für beide Größen eine Feldformulierung zu gewinnen, beziehen wir $\boldsymbol{T}$ auf die Einheitsfläche und $\boldsymbol{F}$ auf die Masseneinheit, d. h. postulieren die Existenz additiver Felder $\boldsymbol{t} = \hat{\boldsymbol{t}}(\boldsymbol{x},t;\boldsymbol{n})$ und $\boldsymbol{f} = \hat{\boldsymbol{f}}(\boldsymbol{x},t)$, so dass:

$$\boldsymbol{T} = \oiint\limits_{\partial V(t)} \boldsymbol{t}\,\mathrm{d}A\,,\quad \boldsymbol{F} = \iiint\limits_{V(t)} \rho\,\boldsymbol{f}\,\mathrm{d}V\,. \tag{3.2.5}$$

Man beachte, dass der sog. *Spannungsvektor* (engl. *traction*) nicht nur von Ort und Zeit, sondern auch noch von der Einheitsnormalenrichtung $\boldsymbol{n}$ des Oberflächenelementes $\mathrm{d}A$ abhängt. CAUCHY zeigte mit Hilfe des sog. *Tetraederargumentes*, dass es sich dabei um eine lineare Abhängigkeit handelt und folgender Zusammenhang zum Spannungstensor $\boldsymbol{\sigma}$ besteht:

$$\boldsymbol{t} = \boldsymbol{n} \cdot \boldsymbol{\sigma} . \tag{3.2.6}$$

Übung 3.2.1: *Die CAUCHYsche Formel*

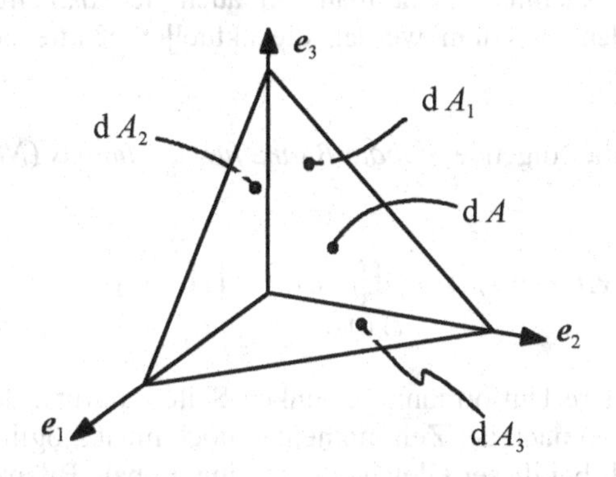

Abb. 3.2: Kräftegleichgewicht an einem Tetraeder.

Man begründe in einem ersten Schritt an einfachen Beispielen, warum die Wirkung eines Kraftvektors $\boldsymbol{t}\,\mathrm{d}A$ auf eine Oberfläche $\mathrm{d}A$ mit dem Einheitsnormalenvektor $\boldsymbol{n}$ von der Richtung dieser Normale abhängt und warum wir daher $\boldsymbol{t} = \hat{\boldsymbol{t}}(\boldsymbol{x}, t; \boldsymbol{n})$ schreiben.

M.a.W.: Warum macht es Sinn zu sagen, dass der Kraft-pro-Flächeneinheitsvektor $\boldsymbol{t}$ von der Normale dieser Fläche abhängt? Man studiere dann das Kräftegleichgewicht an dem in Abb. 3.2 dargestellten Tetraeder, dessen vier Oberflächen $\mathrm{d}A$, $\mathrm{d}A_1$, $\mathrm{d}A_2$ und $\mathrm{d}A_3$ mit den Kräften $\boldsymbol{t}\,\mathrm{d}A$, $\boldsymbol{t}^1\mathrm{d}A_1$, $\boldsymbol{t}^2\mathrm{d}A_2$ und $\boldsymbol{t}^3\mathrm{d}A_3$ belastet werden, und zeige, dass man in Bezug auf das kartesische Dreibein schreiben darf:

$$\hat{t}_i(\boldsymbol{x}, t; \boldsymbol{n}) = n_j \sigma_{ji} \tag{3.2.7}$$

mit der Abkürzung:

$$\sigma_{ji} = \hat{t}^i_j(\boldsymbol{x}, t; -\boldsymbol{e}_i), \tag{3.2.8}$$

welche wir als die kartesischen Komponenten des Spannungstensors erkennen. Man verwende in diesem Falle auch das Actio-Reactio-Prinzip in der Form:

$$\hat{\boldsymbol{t}}(\boldsymbol{x},t;\boldsymbol{n}) = -\hat{\boldsymbol{t}}(\boldsymbol{x},t;-\boldsymbol{n}), \tag{3.2.9}$$

die es auch zu begründen gilt. Man interpretiere schließlich die Gleichung (3.2.7) im Sinne eines (linksseitigen) Skalarprodukts zwischen dem Vektor $\boldsymbol{n} = n_k \boldsymbol{e}_k$ und dem Tensor $\boldsymbol{\sigma} = \sigma_{ji} \boldsymbol{e}_j \boldsymbol{e}_i$, so dass man die allgemeine Vektorformel (3.2.6) erhält.

Zu Ehren ihres „Erfinders" spricht man bei der Größe $\boldsymbol{\sigma}$ auch vom *CAUCHYschen Spannungstensor*. Manchmal nennt man ihn auch den *aktuellen* oder *wahren Spannungstensor*, denn bei ihm werden die aktuellen Kräfte auf die aktuellen Oberflächen bezogen.

Wir erhalten somit die folgende *globale Bilanz für den Impuls* (*NEWTON's Lex Secunda*):

$$\frac{\mathrm{d}}{\mathrm{d}t} \iiint_{V(t)} \hat{\rho}(\boldsymbol{x},t)\, \hat{\boldsymbol{\upsilon}}(\boldsymbol{x},t) \mathrm{d}V = \oiint_{\partial V(t)} \boldsymbol{n} \cdot \boldsymbol{\sigma}\, \mathrm{d}A + \iiint_{V(t)} \rho\, \boldsymbol{f}\, \mathrm{d}V . \tag{3.2.10}$$

Wieder ist eine weitere Umformung der linken Seite aufgrund der Komplikation mit der Differentiation nach der Zeit momentan noch nicht möglich. Erneut halten wir fest, dass es sich bei dieser Gleichung um eine globale Bilanz und zwar diesmal für den Impuls handelt. Der Impuls ist eine Erhaltungsgröße, eine Impulsproduktion gibt es nicht. Allerdings gibt es Zufuhren an Impuls über die Oberfläche (also $\boldsymbol{T}$) und im Volumen (nämlich $\boldsymbol{F}$). Man mag fragen, woher man weiß, dass es sich bei $\boldsymbol{F}$ nicht um eine Produktion, sondern um eine Zufuhr handelt? Bei der Antwort hilft man sich wie folgt: Zufuhren kann man im Prinzip abschirmen und kontrollieren, Produktionen nicht, denn sie entwickeln sich im System ohne einen auch nur im Prinzip möglichen Eingriff des Beobachters. Gravitation – als konkretes Beispiel für $\boldsymbol{F}$ – ist eben eine kontrollierbare Größe und damit eine Impulszufuhr.

Nachdem wir nun zwei Bilanzen kennengelernt haben und vor dem Problem stehen, die Zeitableitungen auf ihren jeweiligen linken Seiten ausführen zu müssen, ist es an der Zeit das Gelernte zu verallgemeinern, um daraus dann weitere Schlüsse zu ziehen.

3.3 Allgemeine globale Bilanzgleichung

Für das in Abb. 3.1 gezeigte Volumen wollen wir die zeitliche Änderung einer Größe Ψ untersuchen. Diese Größe soll in Bezug auf die Materie, genauer gesagt in Bezug auf die Volumen- bzw. die Flächeneinheit, additiv sein. Mithin existieren Dichten $\underset{V}{\psi}$ respektive $\underset{A}{\psi}$, so dass gilt:

$$\Psi = \iiint_{V^+ \cup V^-} \underset{V}{\psi} \, \mathrm{d}V + \iint_{A} \underset{A}{\psi} \, \mathrm{d}A \,. \tag{3.3.1}$$

Beispiele für solche additiven Größen sind die Masse, der Impuls und – wie wir noch sehen werden – die Energie, die Entropie und die elektrische Ladung. Die korrespondierenden Volumen- und Flächendichten $\underset{V}{\psi}$ und $\underset{A}{\psi}$ werden wir weiter unten noch explizit spezifizieren. Allgemein lässt sich jedoch sagen, dass die zeitliche Änderung von Ψ durch einen *Fluss* F über die Oberfläche, eine *Produktion* P im Körperinneren und eine *Zufuhr* Z (ebenfalls im Körperinneren) bedingt ist und wir daher schreiben:

$$\frac{\mathrm{d}\Psi}{\mathrm{d}t} = F + P + Z \,. \tag{3.3.2}$$

Diese Gleichung hilft in der dargestellten Form nicht weiter. Wir müssen F, P und Z durch Feldgrößen, also in Raum und Zeit variierende Dichtegrößen darstellen. Im Falle von F gelingt der Zufluss (englisch „*flux*") über die eingezeichneten Oberflächen $A^{\pm}$ sowie über den Rand der singulären Fläche A, also die eingezeichnete, geschlossene Linie $L \equiv \partial A$. Mit Hilfe der auf die Flächen- bzw. die Linieneinheit bezogenen *Vektorflussdichten* $\underset{A}{\boldsymbol{\phi}}$ und $\underset{L}{\boldsymbol{\phi}}$ schreiben wir:

$$F = - \iint_{A^+ \cup A^-} \underset{A}{\boldsymbol{\phi}} \cdot \boldsymbol{n} \, \mathrm{d}A - \oint_{L} \underset{L}{\boldsymbol{\phi}} \cdot \boldsymbol{\nu} \, \mathrm{d}l \,. \tag{3.3.3}$$

Die beiden Minuszeichen sind reine Konvention: Wenn $\underset{A}{\boldsymbol{\phi}}$ und $\underset{L}{\boldsymbol{\phi}}$ in den Körper hinein weisen, also ihr Skalarprodukt mit den Normalen $\boldsymbol{n}$ und $\boldsymbol{\nu}$ negativ ist, so soll das einen Zuwachs an Ψ bedeuten und umgekehrt. Dieses wird dann durch die Minuszeichen sichergestellt. Im Falle der Größe P sei gesagt, dass eine Produktion in den Volumina $V^{\pm}$ bzw. in der (offenen) Fläche A möglich ist. Also schreiben wir mit den dazu gehörigen Volumen- bzw. Flächenproduktionsdichten $\underset{V}{p}$ und $\underset{A}{p}$:

$$P = \iiint_{V^+ \cup V^-} \underset{V}{p} \, \mathrm{d}V + \iint_{A} \underset{A}{p} \, \mathrm{d}A \,. \tag{3.3.4}$$

Die Zufuhr (englisch „*supply*") setzt sich in ähnlicher Weise über Volumen- und Flächendichten $\underset{V}{z}$ und $\underset{A}{z}$ zusammen:

$$Z = \iiint_{V^+ \cup V^-} \underset{V}{z} \, \mathrm{d}V + \iint_{A} \underset{A}{z} \, \mathrm{d}A \,. \tag{3.3.5}$$

Man mag sich an dieser Stelle erneut fragen, warum man zwischen Produktionen und Zufuhrgrößen unterscheidet, wenn diese mathematisch gesprochen eine identische Darstellung haben. Daher sei nochmals gesagt, dass der Grund hierfür darin besteht, dass physikalisch gesehen Zufuhren der Kontrolle des Experimentators unterliegen, also abstellbar sind, Produktionen hingegen nicht. Ein Beispiel für Zufuhren sind (wie bereits beim Impuls gesehen) die Volumenkraft, die man im Prinzip dadurch abstellen kann, dass man in den schwerefreien Raum geht. Ein anderes Beispiel ist (bei der Energie, wie wir noch sehen werden) die Strahlungszufuhr, die man durch geeignete Abschirmung unterbinden kann. Ein Beispiel für eine Produktion ist die Leistung der Spannungen im Volumen aufgrund von Geschwindigkeitsgradienten, profan gesprochen also die Reibung im Körperinneren, welche man nicht abstellen kann. Im Gegenteil, diese Größe stellt sich selbstständig während der Prozessführung ein. Mithin wird durch Kombination der Gleichungen (3.3.1-5):

$$\frac{\mathrm{d}}{\mathrm{d}t}\iiint\limits_{V^+\cup V^-} \underset{V}{\psi}\,\mathrm{d}V + \frac{\mathrm{d}}{\mathrm{d}t}\iint\limits_{A}\underset{A}{\psi}\,\mathrm{d}A = \tag{3.3.6}$$

$$-\iint\limits_{A^+\cup A^-}\underset{A}{\boldsymbol{\phi}}\cdot\boldsymbol{n}\,\mathrm{d}A - \oint\limits_{L}\underset{L}{\boldsymbol{\phi}}\cdot\boldsymbol{v}\,\mathrm{d}l + \iiint\limits_{V^+\cup V^-}\left(\underset{V}{p}+\underset{V}{z}\right)\mathrm{d}V + \iint\limits_{A}\left(\underset{A}{p}+\underset{A}{z}\right)\mathrm{d}A\,.$$

Diese Gleichung ist wesentlich detaillierter als Gleichung (3.3.2), allerdings für Berechnungen schwierig zu gebrauchen, denn es handelt sich offensichtlich um eine *globale*, d. h. *integrale Bilanz* in allgemeinster Form. Mathematisch besser zugänglich sind *lokale Bilanzgleichungen*, die aus Beziehungen zwischen den Dichten bestehen, und zwar in Form von partiellen Differentialgleichungen, für welche Lösungsmethoden existieren. De facto müssen wir zwischen *lokalen Bilanzen in regulären* sowie *in singulären Punkten* des Körpers unterscheiden, also für die Punkte innerhalb der (materiellen) Volumina V^+ und V^- sowie für die Punkte auf der Fläche A. Um zu diesen zu gelangen, müssen wir uns zunächst um die links in Gleichung (3.3.6) stehenden Zeitableitungen kümmern und diese sozusagen unter die Integrale ziehen. Zu diesem Zweck benötigt man die sog. Transporttheoreme, welche wir – zunächst für Volumina – im folgenden Abschnitt erläutern. Abschließend sei gesagt, dass sich Gleichung (3.3.6) für den Fall eines materiellen Volumens V mit der geschlossenen Oberfläche ∂V ohne singuläre Fläche stark vereinfacht:

$$\frac{\mathrm{d}}{\mathrm{d}t}\iiint\limits_{V}\underset{V}{\psi}\,\mathrm{d}V = -\oiint\limits_{\partial V}\underset{A}{\boldsymbol{\phi}}\cdot\boldsymbol{n}\,\mathrm{d}A + \iiint\limits_{V}\left(\underset{V}{p}+\underset{V}{z}\right)\mathrm{d}V\,. \tag{3.3.7}$$

3.4 Transporttheorem für Volumina

Das generelle Problem bei der Umschreibung der Zeitableitungen auf der linken Seite der Gleichung (3.5.6) besteht darin, dass sowohl die Integranden als auch die Integrationsgrenzen zeitabhängig sind. In diesem Abschnitt widmen wir uns der Behandlung der Zeitableitung des Volumenintegrals aus Gleichung (3.3.6). Um das Ergebnis vorwegzunehmen, sei gesagt, dass sich in kartesischer Darstellung schreiben lässt:

$$\frac{\mathrm{d}}{\mathrm{d}t} \iiint\limits_{V^+ \cup V^-} \underset{V}{\psi}\, \mathrm{d}V = \iiint\limits_{V^+ \cup V^-} \left[\frac{\partial \underset{V}{\psi}}{\partial t} + \frac{\partial}{\partial x_i} \left(\underset{V}{\psi}\, \upsilon_i \right) \right] \mathrm{d}V \,. \tag{3.4.1}$$

Johann Carl Friedrich GAUSS wurde am 30. April 1777 in Braunschweig geboren und starb am 23. Februar 1855 in Göttingen. Wie NEWTON war er als Wissenschaftler groß und als Mensch eher schwierig. Was sein berufliches Métier angeht, so ist er sowohl der angewandten als auch der reinen Mathematik zugetan. Auch sehr praktische Dinge interessieren ihn, wie die Elektrizität, die Kartographie und der Bau einer Telegraphenanlage in der Nähe von Göttingen. So verwundert es nicht, dass er sowohl Professor der Mathematik (1807) der Göttinger Universität als auch Direktor der Göttinger Sternwarte (1821) war.

Nota bene: Dieselbe Gleichung gilt auch für ein Volumen ohne singuläre Fläche, wobei wir dann nur $V^+ \cup V^-$ durch V zu ersetzen haben. Man beachte, dass wir hierin – allein aus rechentechnischen Gründen, die beim Beweis gleich offenbar werden – die kartesische Komponentendarstellung für das Geschwindigkeitsfeld gewählt haben. Bevor wir uns jedoch mit dem Beweis dieser Beziehung beschäftigen, soll das zweite Integral auf der rechten Seite weiter umgeschrieben werden. Hier hilft der GAUSSsche Satz weiter.

Übung 3.4.1: ***Rund um den GAUSSschen Satz***

Es geht im folgenden um den GAUSSschen Satz, welcher es gestattet, Volumenintegrale über eine in einem Gebiet V mit geschlossener Oberfläche ∂V stetige Feldgröße $g = g(\boldsymbol{x})$ in Flächenintegrale umzuwandeln und zwar wie folgt:

$$\iiint\limits_{V} \frac{\partial g}{\partial x_i} \mathrm{d}V = \oiint\limits_{\partial V} g\, n_i \, \mathrm{d}A \,. \tag{3.4.2}$$

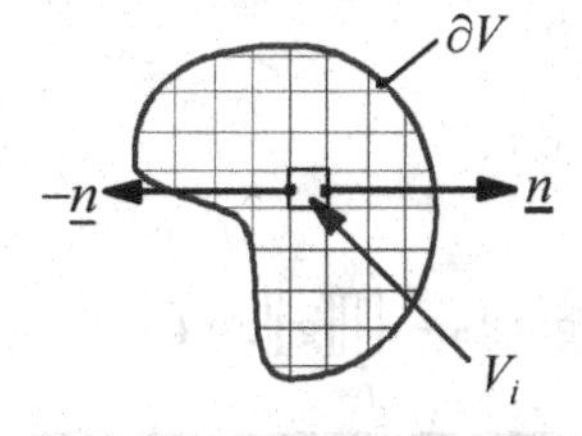

Abb. 3.3: Zum Beweis des GAUSSschen Satzes.

Die Feldgrößen können, müssen aber nicht, Komponenten von Vektoren und Tensoren sein, und wir gestatten uns, dieses Theorem zunächst in einer kartesischen Basis zu formulieren und zu beweisen.

Zum Beweis betrachte man die in Abb. 3.3 gezeigte Skizze. Man starte mit dem Flächenintegral der rechten Seiten in Gleichung (3.4.2) und erweitere dieses geeignet auf die Oberflächen über die in der Abbildung gezeigten „Würfelflächen". Man ergänze die Flächenstücke des Würfels geeignet zu Würfelvolumina und kombiniere jeweils gegenüberliegende Würfeloberflächen, um mit Hilfe des Mittelwertsatzes der Integralrechnung partielle Ableitungen zu erzeugen, die im Grenzübergang beliebig kleiner Würfelvolumina schließlich auf die Aussage der Gleichung (3.4.2) führen. Man überlege nun durch Überdenken der verwendeten mathematische Operationen, warum die Aussage in Gleichung (3.4.2) nur für stetige Felder gültig ist und überlege, wie man die Gleichung im Falle einer das Volumen durchtrennenden Fläche A wie in Abb. 3.1 angedeutet verallgemeinern könnte, um zu zeigen, dass gilt:

$$\iiint\limits_{V^+ \cup V^-} \frac{\partial g}{\partial x_i} \, \mathrm{d}V = \iint\limits_{A^+ \cup A^-} g \, n_i \, \mathrm{d}A - \iint\limits_{A} [\![g]\!] e_i \, \mathrm{d}A \,, \tag{3.4.3}$$

wobei die *Sprungklammer* wie folgt definiert ist:

$$[\![g]\!] = g^+ - g^- \tag{3.4.4}$$

und g^+ bzw. g^- die rechts- und linksseitigen Grenzwerte des Feldes g bei Annäherung an die singuläre Fläche bezeichnen.

Man definiere nun noch den sog. *Nablaoperator* über die kartesische Einheitsvektorbasis $\boldsymbol{e}_i$:

$$\nabla = \frac{\partial(\bullet)}{\partial x_i} \boldsymbol{e}_i \tag{3.4.5}$$

und zeige, dass sich die Gleichungen (3.4.2/3) in der folgenden systemunabhängigen Vektorform schreiben lassen:

$$\iiint\limits_{V} \nabla g \, \mathrm{d}V = \oint\!\!\!\oint\limits_{\partial V} g \, \boldsymbol{n} \, \mathrm{d}A \,, \tag{3.4.6}$$

$$\iiint\limits_{V^+ \cup V^-} \nabla g \, \mathrm{d}V = \iint\limits_{A^+ \cup A^-} g \, \boldsymbol{n} \, \mathrm{d}A - \iint\limits_{A} [\![g]\!] \boldsymbol{e} \, \mathrm{d}A \,.$$

Man nehme nun schließlich an, dass es sich bei g um ein Vektorfeld $\boldsymbol{g} = g_j \boldsymbol{e}_j$ in kartesischen Darstellung handelt und beweise mit (3.4.6) das sog. *Divergenztheorem*:

$$\iiint\limits_V \frac{\partial g_i}{\partial x_i} \mathrm{d}V = \oiint\limits_{\partial V} g_i n_i \, \mathrm{d}A , \tag{3.4.7}$$

$$\iiint\limits_{V^+ \cup V^-} \frac{\partial g_i}{\partial x_i} \mathrm{d}V = \iint\limits_{A^+ \cup A^-} g_i n_i \, \mathrm{d}A - \iint\limits_A [\![g_i]\!] e_i \, \mathrm{d}A$$

oder:

$$\iiint\limits_V \nabla \cdot \boldsymbol{g} \, \mathrm{d}V = \oiint\limits_{\partial V} \boldsymbol{g} \cdot \boldsymbol{n} \, \mathrm{d}A , \tag{3.4.8}$$

$$\iiint\limits_{V^+ \cup V^-} \nabla \cdot \boldsymbol{g} \, \mathrm{d}V = \iint\limits_{A^+ \cup A^-} \boldsymbol{g} \cdot \boldsymbol{n} \, \mathrm{d}A - \iint\limits_A [\![\boldsymbol{g}]\!] \cdot \boldsymbol{e} \, \mathrm{d}A .$$

Mit dem Ergebnis (3.4.3) sind wir in der Lage, für Gleichung (3.4.1) zu schreiben:

$$\frac{\mathrm{d}}{\mathrm{d}t} \iiint\limits_{V^+ \cup V^-} \underset{V}{\psi} \, \mathrm{d}V = \iiint\limits_{V^+ \cup V^-} \frac{\partial \underset{V}{\psi}}{\partial t} \mathrm{d}V + \tag{3.4.9}$$

$$\iint\limits_{A^+ \cup A^-} \underset{V}{\psi} \, \upsilon_i n_i \, \mathrm{d}A - \iint\limits_A [\![\psi_V \upsilon_i]\!] e_i \, \mathrm{d}A .$$

Man beachte: Bei der Ableitung dieser Gleichung haben wir implizit (nämlich bei der Anwendung des GAUSSschen Satzes mit Unstetigkeiten) angenommen, dass sowohl V^+ als auch V^- materielle Gebiete sind, in denen die Felder jeweils stetig verlaufen. Mathematisch heißt das für den Ausdruck mit der Sprungklammer $[\![\psi_V \upsilon_i]\!] = \underset{V}{\psi}^+ \upsilon_i^+ - \underset{V}{\psi}^- \upsilon_i^- = \left(\underset{V}{\psi}^+ - \underset{V}{\psi}^- \right) \underset{A}{\upsilon}_i$, wenn wir $\underset{A}{\upsilon}_i = \upsilon_i^+ = \upsilon_i^-$ setzen und dies dann die Geschwindigkeit der singulären Fläche bezeichnet. Offenbar nehmen wir diese dann als materielle, mit den Teilchen mitbewegte Fläche an. Das muss allerdings nicht erfüllt sein, denn im Allgemeinen kann sich die Geschwindigkeit $\underset{A}{\upsilon}_i$ der singulären Fläche A unabhängig von den materiellen Geschwindigkeiten υ_i^+ und υ_i^- gestalten, und auch diese müssen nicht notwendigerweise gleich sein. In diesem Fall wird durch die *Relativbewegung* von A zu den links- und rechtsseitigen Partikelgeschwindigkeiten υ_i^- und υ_i^+ ein zusätzlicher Anteil der Größe Ψ

in die Volumina V^+ und V^- gelangen, nämlich: $-\iint_A \underset{V}{\psi}^+ \left(\underset{A}{\upsilon}_i - \upsilon_i^+\right) e_i \, \mathrm{d}A +$ $\iint_A \underset{V}{\psi}^- \left(\underset{A}{\upsilon}_i - \upsilon_i^-\right) e_i \, \mathrm{d}A$, der zur Gleichung (3.4.9) zu addieren ist. Somit lautet das für ein durch eine nichtmaterielle singuläre Fläche getrenntes, insgesamt materielles Gebiet allgemeinst gültige Transporttheorem:

$$\frac{\mathrm{d}}{\mathrm{d}t} \iiint_{V^+ \cup V^-} \underset{V}{\psi} \, \mathrm{d}V = \iiint_{V^+ \cup V^-} \frac{\partial \underset{V}{\psi}}{\partial t} \mathrm{d}V + \iint_{A^+ \cup A^-} \underset{V}{\psi} \, \boldsymbol{\upsilon} \cdot \boldsymbol{n} \, \mathrm{d}A - \iint_A [\![\underset{V}{\psi}]\!] \underset{A}{\upsilon}_\perp \mathrm{d}A , \quad (3.4.10)$$

wobei zur Abkürzung noch die Normalkomponente der Geschwindigkeit der nichtmateriellen Fläche A eingeführt wurde:

$$\underset{A}{\upsilon}_\perp = \underset{A}{\upsilon}_i e_i \equiv \underset{A}{\boldsymbol{\upsilon}} \cdot \boldsymbol{e} \quad (3.4.11)$$

und der als Skalarprodukt in kartesischen Komponenten evidente Ausdruck $\upsilon_i n_i$ durch das koordinatenunabhängige $\boldsymbol{\upsilon} \cdot \boldsymbol{n}$ ersetzt wurde. Diese Beziehung nennt man nach ihren Entdecker auch das allgemeine *REYNOLDSsche Transporttheorem* für materielle Volumina. All' dies ist nur dann so komplex, wenn wir es mit durchziehenden singulären Flächen zu schaffen habe. Im Fall eines voll regulären Gebietes fällt die Sprungklammer in Gleichung (3.4.9/10) weg, und es gelten die nachstehenden einfacheren Gleichungen:

$$\frac{\mathrm{d}}{\mathrm{d}t} \iiint_V \underset{V}{\psi} \, \mathrm{d}V = \iiint_V \left[\frac{\partial \underset{V}{\psi}}{\partial t} + \nabla \cdot \left(\underset{V}{\psi} \boldsymbol{\upsilon} \right) \right] \mathrm{d}V \equiv \iiint_V \left[\frac{\partial \underset{V}{\psi}}{\partial t} + \frac{\partial}{\partial x_i} \left(\underset{V}{\psi} \upsilon_i \right) \right] \mathrm{d}V ,$$

(3.4.12)

$$\frac{\mathrm{d}}{\mathrm{d}t} \iiint_V \underset{V}{\psi} \, \mathrm{d}V = \iiint_V \frac{\partial \underset{V}{\psi}}{\partial t} \mathrm{d}V + \oint\!\!\oint_{\partial V} \underset{V}{\psi} \, \boldsymbol{\upsilon} \cdot \boldsymbol{n} \, \mathrm{d}A \equiv \iiint_V \frac{\partial \underset{V}{\psi}}{\partial t} \mathrm{d}V + \oint\!\!\oint_{\partial V} \underset{V}{\psi} \, \upsilon_i n_i \, \mathrm{d}A ,$$

denn dann ist die Oberfläche ja geschlossen, was wir mit dem Kreis im Doppelintegral andeuten. Diese Gleichung erlaubt eine sehr einfache Interpretation, die in vielen einführenden Büchern über Kontinuumsmechanik auch als Beweis ausgegeben wird: Die zeitliche Änderung einer additiven Größe ist dadurch gegeben, dass die Dichte dieser Größe sich zeitlich in einem Punkt des Volumens ändern wird (das erste Volumenintegral) und außerdem über den Rand des Volumens *konvektive Zu- bzw. Abflüsse* dieser Größe erfolgen (das Oberflächenintegral). Ein Zufluss entspricht dabei einem negativen $\boldsymbol{\upsilon} \cdot \boldsymbol{n}$ und ein Abfluss einem positiven Wert. Stehen Geschwindigkeit und Normale aufeinander senkrecht, so kann gar nichts ein- oder abfließen.

Joseph-Louis de LAGRANGE wurde am 25. Januar 1736 in Turin geboren und starb am 10. April 1813 in Paris. Aus diesem Grunde beanspruchen ihn sowie Italiener als auch Franzosen gerne für sich (bei ersteren heißt er dann auch „LAGRANGIA"). Er ist der Begründer der Idee einer rationalen analytischen Mechanik, die möglichst ohne Zeichnungen sich entwickeln soll und von mathematischen Prinzipen allein zehrt. Er demonstriert das beeindruckend in seinem berühmtesten Werk (in französisch, nicht auf italienisch) *Traité de mécanique analytique*.

Diese anschauliche Argumentation genügt uns jedoch nicht, und bevor wir nun angeben, wie die zweite Zeitableitung des Oberflächenintegrals aus Gleichung (3.3.6) zu berechnen ist, also das Transporttheorem für Oberflächenintegrale studieren, wollen wir uns mit dem wahren Beweis der Gleichung (3.4.1) beschäftigen. Hierzu benötigen wir das Konzept der *LAGRANGEschen Beschreibungsweise*. Wir erinnern, dass sich die Bewegung eines materiellen Punktes, wie in der Abb. 3.4 dargestellt, zum einen nach der sog. *EULERschen Sichtweise* beschreiben lässt: der Körper bewegt sich über ein starres Ortsraster. Alternativ lässt sich nach LAGRANGE die Bewegung dadurch charakterisieren, dass man sich mit dem materiellen Punkt mitbewegt: Abb. 3.5. Dabei wird der materielle Punkt, der ja weder erzeugt noch vernichtet werden kann, dadurch identifizierbar, dass man ihn durch seine Lage $\boldsymbol{X}$ in einer (z. B. spannungsfreien) Referenzkonfiguration kennzeichnet und für die aktuelle Position schreibt†:

$$\boldsymbol{x} = \tilde{\boldsymbol{x}}(\boldsymbol{X},t) . \tag{3.4.13}$$

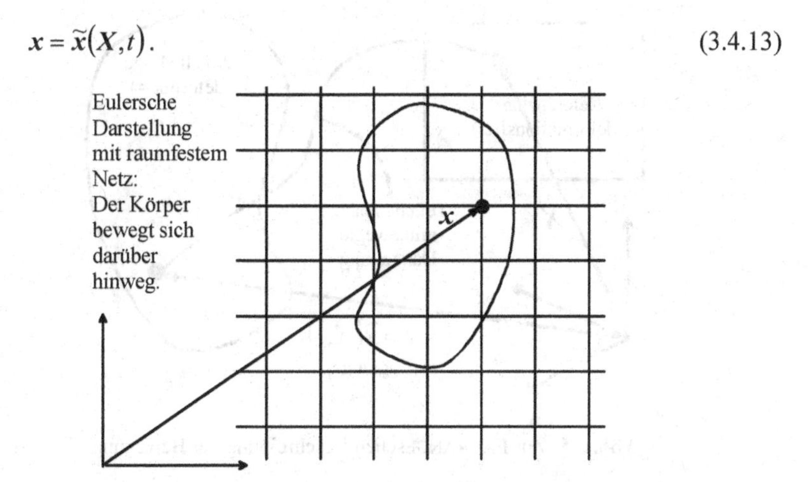

Abb. 3.4: Zur EULERschen Beschreibung der Bewegung.

Betrachten wir nun zwei (unmittelbar) benachbarte Teilchen in ihrer in einem kartesisches Koordinatensystem beschriebenem Referenzkonfiguration X_i und

† Funktionen in EULERscher Schreibweise identifizieren wir in diesem Buch mit einem Zirkumflex, Funktionen in LAGRANGEscher Schreibweise mit einer Tilde.

$X_i + \mathrm{d}X_i$ sowie in der aktuellen Lage $\widetilde{x}_i(X_k,t)$ und $\widetilde{x}_i(X_k + \mathrm{d}X_k,t)$. Wir berechnen ihren Abstand in der aktuellen Konfiguration durch:

$$\mathrm{d}x_i \equiv \widetilde{x}_i(X_k + \mathrm{d}X_k,t) - \widetilde{x}_i(X_k,t) = \tag{3.4.14}$$

$$\widetilde{x}_i(X_k,t) + \frac{\partial x_i}{\partial X_k}\mathrm{d}X_k - \widetilde{x}_i(X_k,t) = F_{ik}\mathrm{d}X_k \,.$$

Leonard EULER wurde am 15. April 1707 in Basel geboren und starb am 18. September 1783 in St. Petersburg. Wir verdanken ihm unendlich viel, was die Konzepte der Analysis und der klassischen Mechanik angeht. Er ist Schweizer von Geburt, wirkt aber nicht nur in Basel, sondern auch in Berlin (dank dem ALTEN FRITZ) und in St. Petersburg (dank FRIEDRICHs Widersacherin KATHARINA DER GROßEN). EULER erleidet ein tragisches Schicksal: Er erblindet vollständig. Dennoch führt er bewundernswerter Weise seine wissenschaftlichen Untersuchungen fort und diktiert die Ergebnisse und sein Werk hat einen enormen Umfang.

$F_{ik} = \partial\widetilde{x}_i(X_l,t)/\partial X_k = \widetilde{F}_{ik}(X_l,t)$ ist der sog. *Deformationsgradient*, und seine Aufgabe ist es, aktuelle Abstände mit Abständen in der Bezugskonfiguration zu verknüpfen.

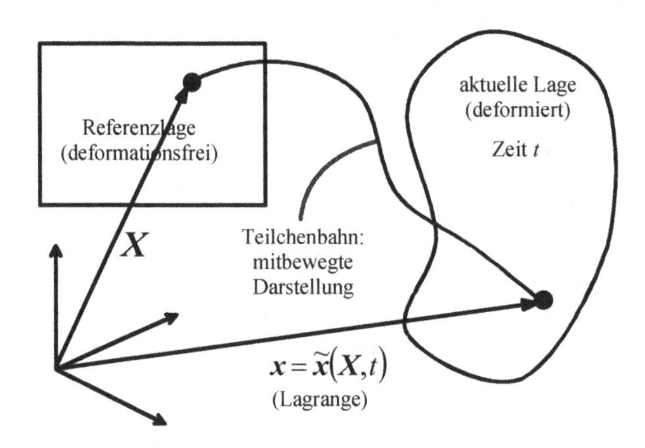

Abb. 3.5: Zur LAGRANGEschen Beschreibung der Bewegung.

Weiterhin bedeutet $\det \boldsymbol{F} \neq 0$ Kontinuität in der Bewegung. Um das einzusehen, sei daran erinnert, dass die Bewegung eindeutig sein muss, denn Teilchen können weder erzeugt noch vernichtet werden. Folglich sind in Gleichung (3.4.13) folgende Umkehrungen erlaubt:

$$x_i \equiv \widetilde{x}_i(X_k,t) \quad \Leftrightarrow \quad X_k = \hat{X}_k(x_i,t) \,. \tag{3.4.15}$$

Carl Gustav Jacob JACOBI wurde am 10. Dezember 1804 in Potsdam geboren und starb am 18. Februar 1851 in Berlin. Er war ein mathematisches Wunderkind und erlangte mit 13 Jahren schon die Hochschulreife. Die Berliner Universität nahm aber keine Studenten unter 16 Jahren, und so beschäftigte er sich vier Jahre allein mit fortgeschrittener mathematischer Literatur. 1825 und1826 erfolgten Promotion bzw. Habilitation in Berlin. 1826-1843 lehrte er in Königsberg. 1844 wurde er ordentliches Mitglied der Preußischen Akademie der Wissenschaften. Im gleichen Jahr brach er nervlich zusammen, fuhr erst zur Erholung nach Italien und lebte danach in Berlin als königlicher Pensionär, bis er sich an der 48-iger Revolution beteiligte und das Geld zeitweise gestrichen wurde.

Für diese Eigenschaft muss die Funktion $\widetilde{x}_i(X_k,t)$, die man auch kurz „*Bewegung*“ nennt, eindeutig und stetig differenzierbar sein, d. h. ihre *JACOBIdeterminante* muss ungleich Null sein (sog. Umkehrbarkeitssatz stetig differenzierbarer Funktionen). Also muss gelten:

$$\left|\frac{\partial x_j}{\partial X_k}\right| \neq 0\,, \tag{3.4.16}$$

und dies entspricht, wie man im Vergleich mit der Definition in Gleichung (3.4.14) feststellt der Aussage $\det F \neq 0$. Ferner ist es üblich zu schreiben (J steht für JACOBIdeterminante):

$$J = \det \boldsymbol{F} \equiv \varepsilon_{ijk} F_{i1} F_{j2} F_{k3} = \tfrac{1}{6} \varepsilon_{ijk} \varepsilon_{lmn} F_{il} F_{jm} F_{kn}\,. \tag{3.4.17}$$

Dabei wurde der vollständig antisymmetrische Tensor dritter Stufe in kartesischer Komponentendarstellung verwendet:

$$\varepsilon_{ijk} = \begin{cases} +1\,, \text{ falls } i,j,k = 1{,}2{,}3 \text{ und zyklische Vertauschungen} \\ -1\,, \text{ falls } i,j,k = 2{,}1{,}3 \text{ und zyklische Vertauschungen} \\ 0\,, \text{ sonst}\,. \end{cases} \tag{3.4.18}$$

Übung 3.4.2: ***Eine Darstellung der JACOBIdeterminante***

Man erläutere die Gültigkeit der Gleichung (3.4.17). Erinnere in diesem Zusammenhang zunächst an die Gültigkeit der folgenden Hilfsformel für das Kreuzprodukt:

$$\boldsymbol{a} \times \boldsymbol{b} = \boldsymbol{e}_i \varepsilon_{ijk} a_j b_k = \begin{vmatrix} \boldsymbol{e}_1 & \boldsymbol{e}_2 & \boldsymbol{e}_3 \\ a_1 & a_2 & a_3 \\ b_1 & b_2 & b_3 \end{vmatrix}\,. \tag{3.4.19}$$

Nun identifiziere man F_{i1}, F_{j2}, F_{k3} in geeigneter Weise und schließe dann noch auf die Darstellung $\frac{1}{6}\varepsilon_{ijk}\varepsilon_{lmn}F_{il}F_{jm}F_{kn}$.

Die erste Behauptung ist nun, dass für Volumenelemente sich die folgende Transformationsvorschrift ergibt:

$$\mathrm{d}V = J\,\mathrm{d}V_0 . \tag{3.4.20}$$

Dabei bezeichnet $\mathrm{d}V$ das Volumenelement in der aktuellen und $\mathrm{d}V_0$ das Volumenelement in der Referenzkonfiguration. Zum Beweis wählen wir o. B. d. A. $\mathrm{d}V_0$ als ein rechtwinkliges Volumen. Es wird somit aufgespannt durch die folgenden drei Vektoren:

$$\mathrm{d}\overset{(1)}{X}_l = \left(\mathrm{d}\overset{(1)}{X}_1, 0, 0\right),\ \mathrm{d}\overset{(2)}{X}_m = \left(0, \mathrm{d}\overset{(2)}{X}_2, 0\right),\ \mathrm{d}\overset{(3)}{X}_n = \left(0, 0, \mathrm{d}\overset{(3)}{X}_3\right). \tag{3.4.21}$$

Wir prüfen nach:

$$\mathrm{d}V_0 = \mathrm{d}\overset{(1)}{\boldsymbol{X}}\cdot\left(\mathrm{d}\overset{(2)}{\boldsymbol{X}}\times\mathrm{d}\overset{(3)}{\boldsymbol{X}}\right) = \mathrm{d}\overset{(1)}{X}_l\,\varepsilon_{lmn}\mathrm{d}\overset{(2)}{X}_m\,\mathrm{d}\overset{(3)}{X}_n = \tag{3.4.22}$$

$$\varepsilon_{123}\mathrm{d}\overset{(1)}{X}_1\,\mathrm{d}\overset{(2)}{X}_2\,\mathrm{d}\overset{(3)}{X}_3 = 1\,\mathrm{d}V_0$$

und finden weiter die Behauptung aus Gleichung (3.4.20):

$$\mathrm{d}V = \mathrm{d}\overset{(1)}{\boldsymbol{x}}\cdot\left(\mathrm{d}\overset{(2)}{\boldsymbol{x}}\times\mathrm{d}\overset{(3)}{\boldsymbol{x}}\right) = \mathrm{d}\overset{(1)}{x}_i\,\varepsilon_{ijk}\,\mathrm{d}\overset{(2)}{x}_j\mathrm{d}\overset{(3)}{x}_k = \tag{3.4.23}$$

$$\varepsilon_{ijk}\frac{\partial x_i}{\partial X_r}\frac{\partial x_j}{\partial X_s}\frac{\partial x_k}{\partial X_t}\mathrm{d}\overset{(1)}{X}_r\mathrm{d}\overset{(2)}{X}_s\mathrm{d}\overset{(3)}{X}_t = J\,\mathrm{d}V_0 \quad\Rightarrow\quad \mathrm{d}V = J\,\mathrm{d}V_0 .$$

Als Zeitableitungen (symbolisiert in den folgenden Gleichungen durch einen Punkt über der nach der Zeit abzuleitenden Größe) im Zusammenhang mit dem Deformationsgradienten notieren wir zweitens:

$$\frac{\partial \upsilon_i}{\partial x_j} = \dot{F}_{ik}\left(F^{-1}\right)_{kj} \tag{3.4.24}$$

und:

$$\dot{J} = \frac{\partial \upsilon_i}{\partial x_i} J \quad \Rightarrow \quad (\ln J)^{\cdot} = \frac{\partial \upsilon_i}{\partial x_i} . \tag{3.4.25}$$

Zum Beweis erinnern wir zunächst an die Grunddefinition der Geschwindigkeit in LAGRANGEscher Darstellung:

$$\upsilon_i = \tilde{\upsilon}_i(\boldsymbol{X},t) = \left.\frac{\partial \tilde{x}_i(\boldsymbol{X},t)}{\partial t}\right|_{\boldsymbol{X}} \equiv \dot{x}_i \tag{3.4.26}$$

und argumentieren weiter wie folgt:

$$\frac{\partial \upsilon_i}{\partial x_j} = \frac{\partial}{\partial x_j}\left(\frac{\partial x_i}{\partial t}\right) = \frac{\partial}{\partial X_k}\left(\frac{\partial x_i}{\partial t}\right)\frac{\partial X_k}{\partial x_j} = \tag{3.4.27}$$

$$\frac{\partial}{\partial t}\left(\frac{\partial x_i}{\partial X_k}\right)\frac{\partial X_k}{\partial x_j} = \dot{F}_{ik}\left(F^{-1}\right)_{kj} .$$

Wir setzen (3.4.24) in die nach der Zeit abgeleitete Gleichung (3.4.17) ein und expandieren:

$$\dot{J} = \varepsilon_{ijk}\left(\dot{F}_{i1}F_{j2}F_{k3} + F_{i1}\dot{F}_{j2}F_{k3} + F_{i1}F_{j2}\dot{F}_{k3}\right) = \tag{3.4.28}$$

$$\varepsilon_{ijk}\left(\frac{\partial \upsilon_i}{\partial x_r}F_{r1}F_{j2}F_{k3} + \frac{\partial \upsilon_j}{\partial x_r}F_{i1}F_{r2}F_{k3} + \frac{\partial \upsilon_j}{\partial x_r}F_{i1}F_{j2}F_{r3}\right) = \cdots (6 \text{ Terme}) .$$

Nun schreiben wir die Behauptung nach Gleichung $(3.4.25)_1$ aus und stellen im Vergleich mit (3.4.28) die Identität fest:

$$\dot{J} = \frac{\partial \upsilon_r}{\partial x_r}\varepsilon_{ijk}F_{i1}F_{j2}F_{k3} = \cdots (6 \text{ Terme}) . \tag{3.4.29}$$

Übung 3.4.3: ***Zur Zeitableitung der JACOBIdeterminante (direkter Beweis)***

Man führe nochmals den Beweis der Gleichungen (3.4.24/25) und diskutiere dazu die einzelnen Schritte in den etwas salopp formulierten Gleichungsketten (3.4.26-29), indem penibel festgestellt wird, welche Argumente jeweils konstant gehalten werden.

Mit den Gleichungen (3.4.20/25) gehen wir nun an den Beweis der Gleichung (3.4.1). Wir begreifen die Volumendichte als in LAGRANGEscher Darstellung geschrieben, d. h. $\underset{V}{\psi} = \underset{V}{\tilde{\psi}}(X_k,t)$. Dann gilt:

$$\frac{\mathrm{d}}{\mathrm{d}t}\iiint\limits_{V^+\cup V^-}\underset{V}{\psi}\,\mathrm{d}V = \frac{\mathrm{d}}{\mathrm{d}t}\iiint\limits_{V_0^+\cup V_0^-}\underset{V}{\psi}\,J\,\mathrm{d}V_0 = \iiint\limits_{V_0^+\cup V_0^-}\left[\frac{\partial \underset{V}{\psi}}{\partial t}J + \underset{V}{\psi}\,\dot{J}\right]\mathrm{d}V_0 = \tag{3.4.30}$$

$$\iiint\limits_{V_0^+\cup V_0^-}\left[\frac{\partial \underset{V}{\psi}}{\partial t} + \underset{V}{\psi}\frac{\partial \upsilon_i}{\partial x_i}\right]J\,\mathrm{d}V_0 = \iiint\limits_{V^+\cup V^-}\left[\frac{\partial \underset{V}{\psi}}{\partial t} + \underset{V}{\psi}\frac{\partial \upsilon_i}{\partial x_i}\right]\mathrm{d}V\,.$$

In einem letzten Schritt wandeln wir den ersten Term im Integranden von der LAGRANGEschen in die EULERsche Darstellung um:

$$\frac{\partial \underset{V}{\psi}}{\partial t} \equiv \left.\frac{\partial \underset{V}{\tilde{\psi}}(\boldsymbol{X},t)}{\partial t}\right|_{\boldsymbol{X}} = \left.\frac{\partial \underset{V}{\tilde{\psi}}\left(\hat{\boldsymbol{X}}(\boldsymbol{x},t),t\right)}{\partial t}\right|_{\boldsymbol{X}} = \left.\frac{\partial \underset{V}{\hat{\psi}}\left(\tilde{\boldsymbol{x}}(\boldsymbol{X},t),t\right)}{\partial t}\right|_{\boldsymbol{X}} =$$

$$\left.\frac{\partial \underset{V}{\hat{\psi}}(\boldsymbol{x},t)}{\partial x_i}\right|_t \left.\frac{\partial \tilde{x}_i(\boldsymbol{X},t)}{\partial t}\right|_{\boldsymbol{X}} + \left.\frac{\partial \underset{V}{\hat{\psi}}(\boldsymbol{x},t)}{\partial t}\right|_{\boldsymbol{x}} =$$

$$\left.\frac{\partial \underset{V}{\hat{\psi}}(\boldsymbol{x},t)}{\partial t}\right|_{\boldsymbol{x}} + \left.\frac{\partial \underset{V}{\hat{\psi}}(\boldsymbol{x},t)}{\partial x_i}\right|_t \tilde{\upsilon}_i(\boldsymbol{X},t) = \tag{3.4.31}$$

$$\left.\frac{\partial \underset{V}{\hat{\psi}}(\boldsymbol{x},t)}{\partial t}\right|_{\boldsymbol{x}} + \left.\frac{\partial \underset{V}{\hat{\psi}}(\boldsymbol{x},t)}{\partial x_i}\right|_t \tilde{\upsilon}_i\left(\hat{\boldsymbol{X}}(\boldsymbol{x},t),t\right) =$$

$$\left.\frac{\partial \underset{V}{\hat{\psi}}(\boldsymbol{x},t)}{\partial t}\right|_{\boldsymbol{x}} + \left.\frac{\partial \underset{V}{\hat{\psi}}(\boldsymbol{x},t)}{\partial x_i}\right|_t \hat{\upsilon}_i\left(\tilde{\boldsymbol{x}}(\boldsymbol{X},t),t\right) =$$

$$\left.\frac{\partial \underset{V}{\hat{\psi}}(\boldsymbol{x},t)}{\partial t}\right|_{\boldsymbol{x}} + \left.\frac{\partial \underset{V}{\hat{\psi}}(\boldsymbol{x},t)}{\partial x_i}\right|_t \hat{\upsilon}_i(\boldsymbol{x},t) \equiv \frac{\partial \underset{V}{\psi}}{\partial t} + \frac{\partial \underset{V}{\psi}}{\partial x_i}\upsilon_i\,,$$

wobei vor dem ersten und nach dem zweiten Identisch-Gleich-Zeichen auf die Angabe der Argumente verzichtet wurde, so wie es in der Kontinuumstheorie gängige Praxis ist, jedenfalls dann, wenn keine Verwechslungen auftreten können. Es wird nun noch mit dem zweiten Teil des Arguments des Integrals in Gleichung (3.2.30) verknüpft:

$$\left(\frac{\partial \underset{V}{\psi}}{\partial t} + \underset{V}{\psi}\frac{\partial \upsilon_i}{\partial x_i}\right)_{\text{Lagrange}} \equiv$$

$$\left.\frac{\partial \underset{V}{\widetilde{\psi}}(\boldsymbol{X},t)}{\partial t}\right|_{\boldsymbol{X}} + \left.\underset{V}{\widetilde{\psi}}(\boldsymbol{X},t)\frac{\partial \widetilde{\upsilon}_i(\boldsymbol{X}(\boldsymbol{x},t),t)}{\partial x_i}\right|_t = \tag{3.4.32}$$

$$\left.\frac{\partial \underset{V}{\hat{\psi}}(\boldsymbol{x},t)}{\partial t}\right|_{\boldsymbol{x}} + \left.\frac{\partial \underset{V}{\hat{\psi}}(\boldsymbol{x},t)}{\partial x_i}\right|_t \hat{\upsilon}_i(\boldsymbol{x},t) + \left.\underset{V}{\hat{\psi}}(\boldsymbol{x},t)\frac{\partial \hat{\upsilon}_i(\boldsymbol{x},t)}{\partial x_i}\right|_t =$$

$$\left.\frac{\partial \hat{\psi}_V(\boldsymbol{x},t)}{\partial t}\right|_{\boldsymbol{x}} + \left.\frac{\partial\left[\hat{\psi}_V(\boldsymbol{x},t)\hat{\upsilon}_i(\boldsymbol{x},t)\right]}{\partial x_i}\right|_t \equiv$$

$$\left(\frac{\partial \underset{V}{\psi}}{\partial t} + \frac{\partial}{\partial x_i}\left(\underset{V}{\psi}\,\upsilon_i\right)\right)_{\text{Euler}} = \frac{\partial \underset{V}{\psi}}{\partial t} + \frac{\partial}{\partial x_i}\left(\underset{V}{\psi}\,\upsilon_i\right),$$

wobei die Ausdrücke nach dem letzten Identisch-Gleich-Zeichen als in EULERscher Darstellung geschrieben zu verstehen sind, was den Beweis des Transporttheorems für Volumina beschließt.

3.5 Transporttheoreme für Flächen

Wir widmen uns nun dem Problem der Umschreibung der Zeitableitung des Flächenintegrals aus Gleichung (3.3.6)und nehmen wieder das Ergebnis vorweg:

$$\frac{\mathrm{d}}{\mathrm{d}t}\iint_A \underset{A}{\psi}\,\mathrm{d}S = \iint_A \left[\frac{\partial \underset{A}{\psi}}{\partial t} + \underset{A}{\psi}\left(\underset{A}{\upsilon}^{\alpha}_{;\alpha} - 2K_{\mathrm{m}}\,\underset{A}{\upsilon}_{\perp}\right)\right]\mathrm{d}S\,. \tag{3.5.1}$$

Eine gewisse Ähnlichkeit mit dem Transporttheorem für Volumina aus Gleichung (3.4.1) ist nicht zu leugnen: Wieder gibt es einen Term, in dem der Integrand nach der Zeit differenziert wird. Es folgen zwei Ausdrücke in denen eine Geschwindigkeit auftritt und zwar die Geschwindigkeit eines materiellen Punktes auf der (gekrümmten) singulären Fläche. In diesem Zusammenhang sei an den Abschnitt 2.7 über Differentialgeometrie erinnert, und es bleibt festzuhalten, dass die Geschwindigkeit aus der Bewegung des Punktes auf der Fläche analog zu Gleichung (3.4.26) in LAGRANGEscher Darstellung wie folgt zu berechnen ist:

$$x_i = \widetilde{x}_i\left(Z^1, Z^2, t\right) \equiv \widetilde{x}_i\left(Z^{\gamma}, t\right) \;\Rightarrow\; \underset{A}{\upsilon}_i = \frac{\partial \widetilde{x}_i\left(Z^{\gamma}, t\right)}{\partial t}\,. \tag{3.5.2}$$

Wieder laufen griechische Indizes von 1 bis 2, und mit den großen Buchstaben Z^{γ} sind im Sinne des Symbols $\boldsymbol{X}$ aus Abschnitt 3.4 die beiden Flächenkoordinaten des materiellen Punktes *in der Referenzkonfiguration* bezeichnet. Die lokale Geschwindigkeit $\underset{A}{\boldsymbol{\upsilon}}$ der singulären Fläche zerlegen wir in Bezug auf die beiden

Tangentialvektoren $\boldsymbol{\tau}_1$, $\boldsymbol{\tau}_2$ sowie den Normalenvektor $\boldsymbol{e}$ des betreffenden Flächenpunktes:

$$\underset{A}{\boldsymbol{\upsilon}} = \underset{A}{\upsilon}^{\alpha} \boldsymbol{\tau}_{\alpha} + \underset{A}{\upsilon}_{\perp} \boldsymbol{e} \quad \text{oder} \quad \underset{A}{\upsilon}_i = \underset{A}{\upsilon}^{\alpha} \tau^i_{\alpha} + \underset{A}{\upsilon}_{\perp} e_i . \tag{3.5.3}$$

Man erinnere (vgl. Abschnitt 2.7), dass die Komponentendarstellungen τ^i_{α} und e_i aller drei Vektoren in Bezug auf ein kartesisches Koordinatensystem zu verstehen sind und dass (im Unterschied zu Gleichung (2.7.3) nun zusätzlich mit dem Zeitparameter) gilt:

$$\tau^i_{\alpha} = \frac{\partial \tilde{x}_i\left(Z^{\gamma}, t\right)}{\partial Z^{\alpha}} . \tag{3.5.4}$$

Ferner bezeichnet

$$\underset{A}{\upsilon}^{\beta}_{;\alpha} = \frac{\partial \underset{A}{\upsilon}^{\beta}}{\partial Z^{\alpha}} + \Gamma^{\beta}_{\alpha\gamma} \underset{A}{\upsilon}^{\gamma} \tag{3.5.5}$$

die sog. *kovariante Ableitung* der Tangentialkomponenten der Geschwindigkeit, und die Symbole $\Gamma^{\beta}_{\alpha\gamma}$ sind die in der Fläche erklärten sog. *CHRISTOFFELsymbole*. Dies stellt einen Vorgriff auf Kapitel 4 dar, in welchem wir erläutern werden, wie man Vektoren in krummlinigen Koordinaten zu differenzieren hat, dort allerdings in drei Dimensionen. An dieser Stelle sei nur soviel gesagt, dass die CHRISTOFFELsymbole für kartesische Koordinatentransformationen verschwinden, d. h. im hier interessierenden Fall, dass für eine ebene singuläre Fläche sich die kovariante Ableitung der Geschwindigkeit auf eine partielle reduziert, was wiederum in direkter Analogie zur partiellen Ortsableitung in Gleichung (3.4.1) steht. Für diesen Fall verschwindet auch die mittlere Krümmung K_{m}, die bereits aus Gleichung (2.7.12) bekannt ist.

Mehr soll an dieser Stelle über Gleichung (3.5.1) nicht gesagt werden, und auch ihren Beweis präsentieren wir nicht. Aber angewendet soll sie werden!

Elwin Bruno CHRISTOFFEL wurde am 10. November 1829 in Montjoie (heute Monschau) bei Aachen geboren und starb am 15. März 1900 in Straßburg. Er ging zunächst auf das Jesuiten-Kolleg in Köln und studierte dann an der Universität Berlin. Die Promotion erfolgte 1856 mit einer Arbeit zur Bewegung der Elektrizität in homogenen Körpern. Danach kehrte er nach Montjoie zurück und lebte dort drei Jahre in akademischer Abgeschiedenheit. 1859 wurde er an der Universität Berlin Privatdozent und ging 1862 an das Zürcher Polytechnikum als Nachfolger DEDEKINDs. Hier war er maßgeblich an der Errichtung der mathematischen Abteilung beteiligt. Nach einer erneuten Anstellung in Berlin an der Gewerbeakademie wurde er 1872 schließlich Professor an der Universität Straßburg. 1894 trat er in den Ruhestand und starb bald darauf.

3.6 Kombination der Bilanzgleichung mit Transporttheoremen

Wir setzen nun die Darstellungen für die Transporttheoreme von Volumina und Flächen aus den Abschnitten 3.4 und 3.5 in die Gleichung (3.3.6) ein, und trennen nach Größen, welche die Teilvolumina $V^{\pm}$ und ihre Oberflächen $A^{\pm}$ sowie die singuläre Fläche A betreffen:

$$\iiint\limits_{V^+\cup V^-} \frac{\partial \underset{V}{\psi}}{\partial t}\mathrm{d}V + \iint\limits_{A^+\cup A^-}\left[\underset{V}{\psi}\,\boldsymbol{\upsilon}+\underset{A}{\boldsymbol{\phi}}\right]\cdot\boldsymbol{n}\,\mathrm{d}A - \iiint\limits_{V^+\cup V^-}\left(\underset{V}{p}+\underset{V}{z}\right)\mathrm{d}V = \tag{3.6.1}$$

$$-\iint\limits_{A}\left(\frac{\partial \underset{A}{\psi}}{\partial t}+\underset{A}{\psi}\left(\underset{A}{\upsilon}{}^{\alpha}_{;\alpha}-2K_{\mathrm{m}}\underset{A}{\upsilon}{}_{\perp}\right)+\underset{L}{\phi}{}^{\Delta}_{;\Delta}-[\![\psi_V\boldsymbol{\upsilon}_A]\!]\cdot\boldsymbol{e}-\left(\underset{A}{p}+\underset{A}{z}\right)\right)\mathrm{d}A\,.$$

Dabei wurde außerdem der folgende Integralsatz verwendet, bei dem wiederum eine kovariante Ableitung auftritt:

$$\oint\limits_{L}\underset{L}{\boldsymbol{\phi}}\cdot\boldsymbol{\nu}\,\mathrm{d}l = \iint\limits_{S}\underset{L}{\phi}{}^{\alpha}_{;\alpha}\,\mathrm{d}A\,. \tag{3.6.2}$$

Wir müssen seine konkrete Auswertung zurückstellen, bis das Konzept der kovarianten Ableitung im Detail besprochen wurde. Gleichung (3.6.1) repräsentiert die allgemeine Bilanz für die in Abb. 3.1 dargestellte Situation. Selbstverständlich darf man diese Gleichung auch für ein kleines, einen (materiellen) Punkt umgebendes Volumen ansetzen. Man kommt so zu lokalen Bilanzen für Feldgrößen, die mathematisch einfacher (nämlich als partielle Differentialgleichungen bzw. Sprunggleichungen) zu behandeln sind. Dabei ist jedoch zu unterscheiden, ob der materielle Punkt auf der singulären Fläche liegt oder nicht.

3.7 Allgemeine Bilanzen in regulären und singulären Punkten

Wird die in Gleichung (3.6.1) gezeigte Bilanz auf ein kleines Volumen V um einen regulären materiellen Punkt herum angewendet, so verschwinden naturgemäß alle Flächenbeiträge auf der rechten Seite und die linke Seite kann mit dem „normalen" GAUSSschen Satz in der Form nach Gleichung (3.4.2) umgeformt werden:

$$\iiint\limits_{V}\left[\frac{\partial \underset{V}{\psi}}{\partial t}+\frac{\partial}{\partial x_j}\left(\underset{V}{\psi}\,\upsilon_j+\underset{A}{\phi}{}_j\right)-\left(\underset{V}{p}+\underset{V}{z}\right)\right]\mathrm{d}V=0\,. \tag{3.7.1}$$

Mit zunehmender Kleinheit des Volumens schließt man auf das Verschwinden des Integranden:

$$\frac{\partial \underset{V}{\psi}}{\partial t}+\frac{\partial}{\partial x_j}\left(\underset{V}{\psi}\,\upsilon_j+\underset{A}{\phi}_j\right)=\underset{V}{p}+\underset{V}{z}\,. \tag{3.7.2}$$

Dies ist die allgemeine lokale Bilanz in regulären Körperpunkten. Wenn wir an den GAUSSschen Satz in der koordinateninvarianten Form (3.4.8) erinnern, dürfen wir auch schreiben:

$$\frac{\partial \underset{V}{\psi}}{\partial t}+\nabla\cdot\left(\underset{V}{\psi}\,\boldsymbol{\upsilon}+\underset{A}{\boldsymbol{\phi}}\right)=\underset{V}{p}+\underset{V}{z}\,. \tag{3.7.3}$$

Das ist eine ästhetisch ansprechende Gleichung. Im Gegensatz zu der Form (3.7.2) nützt sie jedoch beim Rechnen nicht viel. Wir werden in Kapitel 4 lernen, wie wir den Nablaoperator und die sog. kovariante Ableitung (zu seiner Berechnung) in beliebigen krummlinigen Koordinaten einsetzen können. Im Moment wollen wir uns mit der expliziten kartesischen Form (3.7.2) bescheiden.

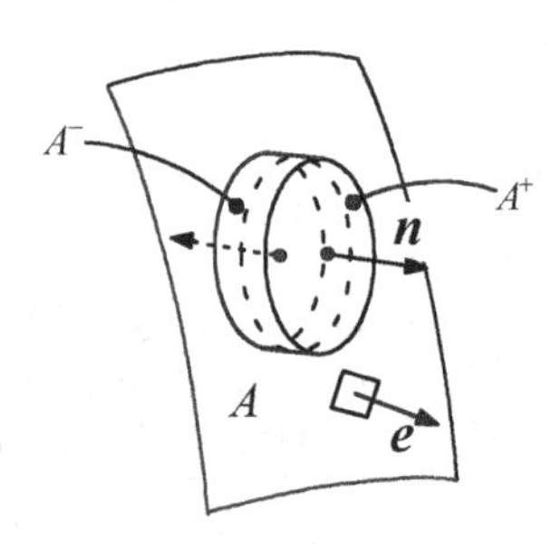

Abb. 3.6: Zum Pillendosenargument.

Um eine entsprechende Gleichung für den Fall eines singulären Punktes zu erhalten, betrachten wir den in der Abb. 3.6 dargestellten Grenzprozess: Der singuläre Flächenpunkt wird von einer Pillendose umschlossen. Auf dieses Volumen wird die allgemeine Bilanzgleichung in der Form (3.6.1) angesetzt. In einem ersten Grenzprozess wird die Höhe der Pillendose zu Null gesetzt. Dann verschwinden alle Volumenbeiträge in dieser Gleichung. In einem zweiten Schritt werden die Oberflächen $A^{\pm}$ und A auf einen Punkt zusammengezogen, bis die Normalen $\boldsymbol{n}$ und $\boldsymbol{e}$ kollinear stehen. Dann entsteht aus den verbleibenden Flächenanteilen die allgemeine lokale Bilanz in singulären Punkten, die man aus offensichtlichen Gründen auch *Sprungbilanz* nennt:

$$\frac{\partial \underset{A}{\psi}}{\partial t}+\underset{A}{\psi}\left(\underset{A}{\upsilon}{}^{\alpha}_{;\alpha}-2K_{\mathrm{m}}\,\underset{A}{\upsilon}{}_{\perp}\right)+\underset{L}{\phi}{}^{\alpha}_{;\alpha}-\left(\underset{A}{p}+\underset{A}{z}\right)= \tag{3.7.4}$$

$$-\boldsymbol{e}\cdot[\![\psi_V\left(\boldsymbol{\upsilon}-\upsilon_{A\,\perp}\boldsymbol{e}\right)+\boldsymbol{\phi}_A]\!]\,.$$

3.8 Konkrete lokale Bilanzgleichungen in regulären Punkten

In Abschnitt 3.2 haben wir bereits die globale Massen- und Impulsbilanz für den Fall eines Volumens ohne singuläre Fläche ausführlich diskutiert. Insbesondere erlauben uns nun die Ergebnisse aus den Gleichungen (3.2.2/10) im Verbund mit dem Transporttheorem $(3.4.12)_1$ zu schreiben:

$$\iiint_{V(t)} \left[\frac{\partial \rho}{\partial t} + \frac{\partial}{\partial x_j}\left(\rho \upsilon_j\right) \right] \mathrm{d}V = 0 \quad \Leftrightarrow \quad \iiint_{V(t)} \left[\frac{\partial \rho}{\partial t} + \nabla \cdot \left(\rho \boldsymbol{\upsilon}\right) \right] \mathrm{d}V = 0 \tag{3.8.1}$$

und:

$$\iiint_{V(t)} \left[\frac{\partial \rho \upsilon_i}{\partial t} + \frac{\partial}{\partial x_j}\left(\rho \upsilon_i \upsilon_j - \sigma_{ji}\right) - \rho f_i \right] \mathrm{d}V = 0 \quad \Leftrightarrow \tag{3.8.2}$$

$$\iiint_{V(t)} \left[\frac{\partial \rho \boldsymbol{\upsilon}}{\partial t} + \nabla \cdot \left(\rho \boldsymbol{\upsilon}\boldsymbol{\upsilon} - \boldsymbol{\sigma}\right) - \rho \boldsymbol{f} \right] \mathrm{d}V = 0 \,.$$

Somit folgen unter Beachtung der allgemeinen Struktur aus Gleichung (3.4.1 / 32) die Massen- und die Impulsbilanz in regulären Punkten:

$$\frac{\partial \rho}{\partial t} + \frac{\partial}{\partial x_j}\left(\rho \upsilon_j\right) = 0 \quad \Leftrightarrow \quad \frac{\partial \rho}{\partial t} + \nabla \cdot \left(\rho \boldsymbol{\upsilon}\right) = 0 \tag{3.8.3}$$

und:

$$\frac{\partial \rho \upsilon_i}{\partial t} + \frac{\partial}{\partial x_j}\left(\rho \upsilon_i \upsilon_j - \sigma_{ji}\right) = \rho f_i \quad \Leftrightarrow \quad \frac{\partial \rho \boldsymbol{\upsilon}}{\partial t} + \nabla \cdot \left(\rho \boldsymbol{\upsilon}\boldsymbol{\upsilon} - \boldsymbol{\sigma}\right) = \rho \boldsymbol{f} \,. \tag{3.8.4}$$

In der Form (3.8.3) wird die Massenbilanz auch oft als *Kontinuitätsgleichung* bezeichnet. Wir wollen einige Alternativdarstellungen dieser Gleichungen herleiten. Anwendung der Produktregel der Differentiation auf $(3.8.3)_1$ bringt:

$$\frac{\partial \rho}{\partial t} + \frac{\partial \rho}{\partial x_j}\upsilon_j + \rho \frac{\partial \upsilon_j}{\partial x_j} = 0 \,. \tag{3.8.5}$$

Die ersten beiden Terme sehen wir uns im Hinblick auf die in Abschnitt 3.4 eingeführte EULER- bzw. LAGRANGEsche Schreibweise genauer an. Wir bilden:

$$\frac{\mathrm{d}\rho}{\mathrm{d}t} = \frac{\mathrm{d}\hat{\rho}(\tilde{x}(X,t),t)}{\mathrm{d}t} = \left.\frac{\partial \hat{\rho}(x,t)}{\partial t}\right|_x + \left.\frac{\partial \hat{\rho}(x,t)}{\partial x_j}\right|_t \left.\frac{\partial \tilde{x}_j(X,t)}{\partial t}\right|_X \,. \tag{3.8.6}$$

Unter Beachtung von Gleichung (3.4.26) entsteht so aus Gleichung (3.8.5):

$$\frac{\mathrm{d}\rho}{\mathrm{d}t}+\rho\frac{\partial \upsilon_j}{\partial x_j}=0 \quad \Leftrightarrow \quad \frac{\mathrm{d}\rho}{\mathrm{d}t}+\rho\nabla\cdot\boldsymbol{\upsilon}=0\,. \tag{3.8.7}$$

Man nennt die Zeitableitung, die in (3.8.6) beispielhaft für den Fall der Dichte ausgeführt wurde auch die *materielle Zeitableitung*. Oft schreibt man alternativ:

$$\frac{\mathrm{d}(\bullet)}{\mathrm{d}t}\equiv(\bullet)^{\cdot}\,. \tag{3.8.8}$$

Diese Darstellung haben wir im Zusammenhang mit Gleichung (3.4.25) bereits stillschweigend verwendet. Im Grunde handelt es sich bei der Rechenkette in Gleichung (3.8.6) um die Bildung eines totalen Differentials, für das man ohne spitzfindige Bezugname auf EULER- bzw. LAGRANGEsche Darstellung auch folgendes schreiben könnte:

$$\mathrm{d}\rho(\boldsymbol{x},t)=\left.\frac{\partial\rho(\boldsymbol{x},t)}{\partial t}\right|_{x}\mathrm{d}t+\left.\frac{\partial\rho(\boldsymbol{x},t)}{\partial x_j}\right|_{t}\mathrm{d}x_j\,. \tag{3.8.9}$$

Wenn man nun durch dt teilt, kommt man sogleich auf:

$$\frac{\mathrm{d}\rho}{\mathrm{d}t}=\frac{\partial\rho}{\partial t}+\frac{\partial\rho}{\partial x_j}\upsilon_j\,, \tag{3.8.10}$$

denn die Geschwindigkeit ist für den praktisch denkenden Ingenieur ja nichts anderes als die Änderung des Ortes mit der Zeit. Man möge jedoch erkennen, dass Gleichung (3.8.6) einen viel tieferen Einblick in das Wesen der Dinge gestattet! Man beachte ferner, dass für den Fall einer reinen LAGRANGEdarstellung gilt:

$$\frac{\mathrm{d}\rho}{\mathrm{d}t}=\frac{\mathrm{d}\tilde{\rho}(\boldsymbol{X},t)}{\mathrm{d}t}\equiv\left.\frac{\partial\tilde{\rho}(\boldsymbol{X},t)}{\partial t}\right|_{X}. \tag{3.8.11}$$

Hier sind totale und partielle Zeitableitung miteinander identisch.

Übung 3.8.1: ***Varianten der lokalen Massenbilanz***

Man erinnere sich an Gleichung (3.4.25) und zeige mit (3.8.7), dass:

$$\rho=\frac{\rho_0}{J}\,, \tag{3.8.12}$$

wobei ρ_0 die Massendichte im Referenzzustand bezeichnet. Man beachte, dass somit eines der in Abschnitt 3.1 gesteckten Ziele formal erreicht wurde: Ist die Geschwindigkeit $\boldsymbol{\upsilon}$, also $\boldsymbol{F}$ und mithin J bekannt, so lässt sich mit (3.8.12) die aktuelle Massendichte in allen Punkten zu allen zukünftigen Zeiten aus der ursprünglichen Dichte ermitteln. Man definiere nun geeignet ein inkompressibles Material und zeige, dass dann die Massenbilanz zu

$$\frac{\partial \upsilon_j}{\partial x_j} = 0 \quad \Leftrightarrow \quad \nabla \cdot \boldsymbol{\upsilon} = 0 \tag{3.8.13}$$

entartet. Man interpretiere diese Gleichung im Sinne einer Quellstärke (vgl. auch Kapitel 4). Welchen Wert hat in diesem Falle J?

Anwendung der Produktregel auf Gleichung $(3.8.4)_1$ liefert unter Beachtung von (3.8.3):

$$\rho \frac{\mathrm{d}\upsilon_i}{\mathrm{d}t} = \frac{\partial \sigma_{ji}}{\partial x_j} + \rho f_i \quad \Leftrightarrow \quad \rho \frac{\mathrm{d}\boldsymbol{\upsilon}}{\mathrm{d}t} = \nabla \cdot \boldsymbol{\sigma} + \rho \boldsymbol{f} \,. \tag{3.8.14}$$

Diese Gleichung lässt sich in schöner Weise als das NEWTONsche Grundgesetz interpretieren, das man gerne unter dem Slogan „Kraft gleich Masse mal Beschleunigung" zusammenfasst. Man beachte: $\mathrm{d}\boldsymbol{\upsilon}/\mathrm{d}t$ ist nichts anderes als die Beschleunigung $\boldsymbol{a}$ und die Kräfte teilen sich in Oberflächen- ($\nabla \cdot \boldsymbol{\sigma}$) und Volumenanteile ($\rho \boldsymbol{f}$) auf.

Übung 3.8.2: ***Varianten der lokalen Impulsbilanz***

Man leite Gleichung (3.8.14) her und beachte dabei penibel den Unterschied zwischen EULER- und LAGRANGEscher Schreibweise, so wie in der Gleichungskette (3.8.6) bei der Massendichte.

Als nächstes multiplizieren wir Gleichung $(3.8.14)_1$ skalar mit υ_i und formen etwas um:

$$\rho \frac{\mathrm{d}\left(\frac{1}{2}\upsilon_i \upsilon_i\right)}{\mathrm{d}t} = \frac{\partial\left(\sigma_{ji}\upsilon_i\right)}{\partial x_j} - \sigma_{ji}\frac{\partial \upsilon_i}{\partial x_j} + \rho f_i \upsilon_i \quad \Leftrightarrow \tag{3.8.15}$$

$$\rho \frac{\mathrm{d}\left(\frac{1}{2}\boldsymbol{\upsilon}^2\right)}{\mathrm{d}t} = \nabla \cdot (\boldsymbol{\sigma} \cdot \boldsymbol{\upsilon}) - \boldsymbol{\sigma} : (\nabla \boldsymbol{\upsilon}) + \rho \boldsymbol{f} \cdot \boldsymbol{\upsilon} \,.$$

Dabei haben wir das sog. *Doppelskalarprodukt* „:" eingeführt, dessen konkrete Berechnung sich aus der Doppelsumme der vorherigen Gleichung heraus verstehen lässt. Nun wird über das (reguläre) Volumen V integriert und der GAUSSsche Satz beachtet:

$$\iiint\limits_{V(t)} \rho \frac{\mathrm{d}\left(\frac{1}{2}\upsilon_i\upsilon_i\right)}{\mathrm{d}t} \mathrm{d}V = \tag{3.8.16}$$

$$\oiint\limits_{\partial V} \sigma_{ji}\upsilon_i n_j \,\mathrm{d}A - \iiint\limits_{V(t)} \sigma_{ji} \frac{\partial \upsilon_i}{\partial x_j} \mathrm{d}V + \iiint\limits_{V(t)} \rho f_i \upsilon_i \,\mathrm{d}V .$$

Das Integral auf der linken Seite wandeln wir mit einer günstigen Substitution um. Und zwar bleibt die Masse eines materiellen Volumens ja erhalten (vgl. Gleichung (3.2.2)), ist also zeitunabhängig, das Volumen hingegen nicht. Wir bedenken, dass $\mathrm{d}M = \rho \,\mathrm{d}V$ und schreiben allgemein:

$$\iiint\limits_{V(t)} \rho \frac{\mathrm{d}\psi_V}{\mathrm{d}t} \mathrm{d}V = \int\limits_M \frac{\mathrm{d}\psi_V}{\mathrm{d}t} \mathrm{d}M = \frac{\mathrm{d}}{\mathrm{d}t} \int\limits_M \psi_V \,\mathrm{d}M = \frac{\mathrm{d}}{\mathrm{d}t} \iiint\limits_{V(t)} \rho \psi_V \,\mathrm{d}V . \tag{3.8.17}$$

Man darf die Zeitdifferentiation in solch' einem Fall also vor das Integral ziehen. Für Gleichung (3.8.16) bedeutet das:

$$\frac{\mathrm{d}}{\mathrm{d}t} \iiint\limits_{V(t)} \tfrac{1}{2} \rho \upsilon_i \upsilon_i \,\mathrm{d}V = \tag{3.8.18}$$

$$\oiint\limits_{\partial V} \sigma_{ji}\upsilon_i n_j \,\mathrm{d}A - \iiint\limits_{V(t)} \sigma_{ji} \frac{\partial \upsilon_i}{\partial x_j} \mathrm{d}V + \iiint\limits_{V(t)} \rho f_i \upsilon_i \,\mathrm{d}V \quad \Leftrightarrow$$

$$\frac{\mathrm{d}}{\mathrm{d}t} \iiint\limits_{V(t)} \tfrac{\rho}{2} \boldsymbol{\upsilon}^2 \,\mathrm{d}V = \oiint\limits_{\partial V} \boldsymbol{n} \cdot \boldsymbol{\sigma} \cdot \boldsymbol{\upsilon} \,\mathrm{d}A - \iiint\limits_{V(t)} \boldsymbol{\sigma} : (\nabla \boldsymbol{\upsilon}) \mathrm{d}V + \iiint\limits_{V(t)} \rho \boldsymbol{f} \cdot \boldsymbol{\upsilon} \,\mathrm{d}V .$$

Dies ist wieder eine *Bilanzgleichung* und zwar für die *kinetische Energie*, deren Volumendichte durch den Ausdruck $\frac{\rho}{2}\boldsymbol{\upsilon}^2$ gegeben ist. Der Mechaniker nennt diese Gleichung auch den *Arbeitssatz*. Sie besagt, dass die zeitliche Änderung der kinetischen Energie eines Systems gleich ist der Summe der Leistung der an der Oberfläche oder im Volumen angreifenden Kräfte (der erste und der letzte Term nach dem Gleichheitszeichen) minus der Verlustleistung aufgrund von Reibung (der zweite Term). Im Sinne einer Bilanz und den Ausführungen aus Abschnitt 3.2 können wir aber auch sagen, dass die zeitliche Änderung der kinetischen Energie gegeben ist durch die Summe eines konvektiven Flusses an kinetischer Energie über die Oberfläche sowie einer Volumenzufuhr, nämlich (mit dem Satz von CAUCHY nach (3.2.6)):

$$\oiint\limits_{\partial V} \boldsymbol{n} \cdot \boldsymbol{\sigma} \cdot \boldsymbol{\upsilon} \,\mathrm{d}A + \iiint\limits_{V(t)} \rho \boldsymbol{f} \cdot \boldsymbol{\upsilon} \,\mathrm{d}V \equiv \oiint\limits_{\partial V} \boldsymbol{t} \cdot \boldsymbol{\upsilon} \,\mathrm{d}A + \iiint\limits_{V(t)} \rho \boldsymbol{f} \cdot \boldsymbol{\upsilon} \,\mathrm{d}V . \tag{3.8.19}$$

Ψ	$\underset{V}{\psi}$	$\underset{A}{\boldsymbol{\phi}}$	$\underset{V}{p}$	$\underset{V}{z}$
Masse	ρ	0	0	0
Impuls	$\rho \boldsymbol{\upsilon}$	$-\boldsymbol{\sigma}$	0	$\rho \boldsymbol{f}$
Kinetische Energie	$\frac{\rho}{2}\boldsymbol{\upsilon}^2$	$\boldsymbol{\sigma}\cdot\boldsymbol{\upsilon}$	$-\boldsymbol{\sigma}:(\nabla\boldsymbol{\upsilon})$	$\boldsymbol{f}\cdot\boldsymbol{\upsilon}$
Innere Energie	ρu	$\boldsymbol{q}$	$\boldsymbol{\sigma}:(\nabla\boldsymbol{\upsilon})$	r
Gesamtenergie	$\rho\left(u+\frac{1}{2}\boldsymbol{\upsilon}^2\right)$	$\boldsymbol{q}-\boldsymbol{\sigma}\cdot\boldsymbol{\upsilon}$	0	$\rho(\boldsymbol{f}\cdot\boldsymbol{\upsilon}+r)$

Tabelle 3.1: Einträge für Bilanzgleichungen in regulären Punkten.

Es gibt also eine (negative) Produktion an kinetischer Energie, nämlich den zweiten Term in Gleichung (3.8.18). Daher darf man mit Fug' und Recht behaupten, dass es sich bei der kinetischen Energie *nicht* um eine Erhaltungsgröße handelt, denn eine solche enthält (per Definition) keinen Produktionsterm in ihrer Bilanzgleichung. Dieses Ergebnis ist auf den ersten Blick verblüffend, hat man doch im Physikunterricht vom Gesetz der Erhaltung der Energie gehört, und genau das ist hier verletzt. Dieses ist jedoch nur scheinbar ein Widerspruch. In Tat, die kinetische Energie ist nicht erhalten, wohl aber die Summe aus kinetischer und innerer Energie. Letztere (auch *Wärmeenergie* genannt) ist kinetische Energie, welche wir im kontinuumstheoretischen Rahmen „nicht sehen können", denn sie manifestiert sich auf atomarem Niveau in der ungeordneten Bewegung von Teilchen. Mit anderen Worten, diese ominöse Größe ist ein Maß für die *Temperatur*. Wir schreiben:

$$\frac{\mathrm{d}}{\mathrm{d}t}\iiint_V \rho\left(u+\tfrac{1}{2}\upsilon_i\upsilon_i\right)\mathrm{d}V =$$

$$-\oiint_{\partial V} n_j\left(q_j-\upsilon_i\sigma_{ji}\right)\mathrm{d}A+\iiint_V \rho\left(f_i\upsilon_i+r\right)\mathrm{d}V \quad \Leftrightarrow \tag{3.8.20}$$

$$\frac{\mathrm{d}}{\mathrm{d}t}\iiint_V \rho\left(u+\tfrac{1}{2}\boldsymbol{\upsilon}^2\right)\mathrm{d}V=-\oiint_{\partial V}\boldsymbol{n}\cdot(\boldsymbol{q}-\boldsymbol{\sigma}\cdot\boldsymbol{\upsilon})\mathrm{d}A+\iiint_V \rho(\boldsymbol{f}\cdot\boldsymbol{\upsilon}+r)\mathrm{d}V\,.$$

Mit dem Symbol u kennzeichnen wir die innere Energie pro Masseneinheit, also die spezifische innere Energie. $\boldsymbol{q}$ bezeichnet den *Wärmeflussvektor* (das negative Vorzeichen in der Bilanz ist Konvention, da man sagt, dass sich die (innere) Energie erhöht, wenn Wärme in den Körper hineinströmt, was im Hinblick auf das Skalarprodukt mit dem nach außen gerichteten Normalenvektor offenbar für ein Minuszeichen spricht†). Weiterhin erbringen sowohl die Oberflächen- als auch die

† Man beachte: Beim Spannungsvektor $\boldsymbol{t}$ folgt man dieser Konvention aus historischen Gründen ausnahmsweise nicht.

Volumenkräfte am Körper Leistung und außerdem kann durch Strahlung dem Körper Energie zugeführt werden (r bezeichnet die spezifische *Strahlungsdichte*). All' dies sind Zufuhr- aber keine Produktionsterme: Die *Gesamtenergie* ist eine *Erhaltungsgröße*.

Nun gibt es auch noch eine Bilanz für die innere Energie allein. Man nennt sie auch den *1. Hauptsatz der Thermodynamik*. Diesen erhalten wir dadurch, dass wir die Bilanz der kinetischen Energie (3.8.16) von (3.2.20) subtrahieren:

$$\frac{\mathrm{d}}{\mathrm{d}t}\iiint\limits_{V}\rho u\,\mathrm{d}V = \tag{3.8.21}$$

$$-\oint\!\!\!\oint\limits_{\partial V} q_j n_j\,\mathrm{d}A + \iiint\limits_{V(t)} \sigma_{ji}\frac{\partial \upsilon_i}{\partial x_j}\mathrm{d}V + \iiint\limits_{V}\rho r\,\mathrm{d}V \quad \Leftrightarrow$$

$$\frac{\mathrm{d}}{\mathrm{d}t}\iiint\limits_{V(t)}\rho u\,\mathrm{d}V = -\oint\!\!\!\oint\limits_{\partial V} \boldsymbol{q}\cdot\boldsymbol{n}\,\mathrm{d}A + \iiint\limits_{V(t)} \boldsymbol{\sigma}:(\nabla\boldsymbol{\upsilon})\mathrm{d}V + \iiint\limits_{V(t)}\rho r\,\mathrm{d}V\,.$$

Auch die innere Energie ist offensichtlich keine Erhaltungsgröße, und die ihr zugeordnete Produktion ist bis auf das Vorzeichen gleich der Produktion der kinetischen Energie. Die Tabelle 3.1 fasst das Gelernte zusammen und hilft, die Erhaltungssätze für Masse, Impuls und gesamte Energie aus den allgemeinen Bilanzgleichungen in der Form (3.7.2/3) direkt aufzuschreiben.

3.9 Konkrete lokale Bilanzgleichungen in singulären Punkten

Ψ	$\underset{A}{\psi}$	$\underset{L}{\boldsymbol{\phi}}$	$\underset{A}{p}$	$\underset{A}{z}$
Masse	$\underset{A}{\rho}$	0	0	0
Impuls	$\underset{A}{\rho}\underset{A}{\boldsymbol{\upsilon}}$	$-\underset{L}{\boldsymbol{\sigma}}$	0	$\underset{A}{\rho}\underset{A}{\boldsymbol{f}}$
Kinetische Energie	$\frac{\rho_A}{2}\underset{A}{\boldsymbol{\upsilon}}^2$	$\underset{A}{\boldsymbol{\upsilon}}\cdot\underset{L}{\boldsymbol{\sigma}}$	ausgelassen	$\boldsymbol{f}\cdot\underset{A}{\boldsymbol{\upsilon}}$
Innere Energie	$\underset{A}{\rho}\underset{A}{u}$	$\underset{L}{\boldsymbol{q}}$	ausgelassen	$\underset{A}{r}$
Gesamtenergie	$\underset{A}{\rho}\left(\underset{A}{u}+\frac{1}{2}\underset{A}{\boldsymbol{\upsilon}}^2\right)$	$\underset{L}{\boldsymbol{q}}-\underset{L}{\boldsymbol{\sigma}}\cdot\underset{A}{\boldsymbol{\upsilon}}$	0	$\underset{A}{\rho}\left(\underset{A}{\boldsymbol{f}}\cdot\underset{A}{\boldsymbol{\upsilon}}+\underset{A}{r}\right)$

Tabelle 3.2: Einträge für Bilanzgleichungen in singulären Punkten.

Im Unterschied zum vorherigen Kapitel beginnen wir diesmal mit einer Tabelle, aus der wir die Bilanzgleichungen für Masse, Impuls und Energie in singulären Punkten direkt ablesen. Die Einträge in dieser Tabelle „fallen nicht vom Himmel“, sondern ergeben sich zum größten Teil in völliger Analogie aus den Einträgen in der vorherigen Tabelle. Lediglich die Einträge für die Produktion an innerer und kinetischer Energie sind etwas komplexer und hier nicht angegeben.

Wir müssen uns vor Augen halten, dass die singuläre Fläche als Modell für einen Übergang im Volumen mit großen Gradienten potentiell eine „Struktur" haben kann, also eine Masse und damit Impuls, kinetische Energie und sicher auch innere Energie („Temperatur"). All' das kann beispielsweise bei der Modellierung einer Seifenhaut oder einer Gummimembran wichtig werden. Der Übergang von einer Kesselwand zur umgebenden Luft hingegen ist masselos, und dennoch diktiert, wie wir noch sehen werden, die Sprungbilanz für den Impuls gewisse Stetigkeitsanforderungen an den Spannungstensor. Es sei noch darauf hingewiesen, dass man die Größe $\underset{L}{\boldsymbol{\sigma}}$ auch den Tensor der Oberflächenspannungen nennt. Ihre Komponentenstruktur werden wir im Abschnitt über Materialgleichungen entschlüsseln.

Als konkretes Beispiel greifen wir uns die Massenbilanz heraus. Mit den Tabelleneinträgen entsteht so aus Gleichung (3.7.4):

$$\frac{\partial \underset{A}{\rho}}{\partial t} + \underset{A}{\rho}\left(\underset{A}{\upsilon}{}^{\alpha}_{;\alpha} - 2K_{\mathrm{m}} \underset{A}{\upsilon}_{\perp}\right) = -[\![\rho(\boldsymbol{\upsilon} - \upsilon_{A\perp}\boldsymbol{e})]\!]\cdot\boldsymbol{e}\,. \tag{3.9.1}$$

Wenn die singuläre Fläche nicht massenbehaftet ist, also $\underset{A}{\rho} = 0$ gilt, entsteht hieraus:

$$[\![\rho(\boldsymbol{\upsilon} - \upsilon_{A\perp}\boldsymbol{e})]\!]\cdot\boldsymbol{e} = 0\,. \tag{3.9.2}$$

Ruht die singuläre Fläche, gilt also $\underset{A}{\upsilon}_{\perp} = 0$, so resultiert:

$$[\![\rho\,\boldsymbol{\upsilon}]\!]\cdot\boldsymbol{e} = 0 \quad\Leftrightarrow\quad (\rho\,\boldsymbol{\upsilon})^{+}\cdot\boldsymbol{e} = (\rho\,\boldsymbol{\upsilon})^{-}\cdot\boldsymbol{e}\,, \tag{3.9.3}$$

und das bedeutet anschaulich, dass die Materie, die auf einer Seite hineinströmt, aus der anderen Seite wieder herauskommen muss, da Masse nicht verschwinden kann. Auch das ist eine mögliche Version der *Kontinuitätsgleichung*. Bewegt sich hingegen die singuläre Fläche mit der Materie mit, so verschwindet der Klammerausdruck in Gleichung (3.9.2) und es ergibt sich eine Identität, d. h. es tritt weder Masse ein noch aus.

Übung 3.9.1: ***Sprungbilanz für den Impuls im statischen Fall***

Die Impulsbilanz in singulären Punkten ist auf den Fall der Statik ohne Gravitation anzuwenden, um zu zeigen, dass dann gilt:

$$\boldsymbol{e}\cdot[\![\boldsymbol{\sigma}]\!]=\boldsymbol{0}\Leftrightarrow\quad e_j[\![\sigma_{ji}]\!]=0\,. \tag{3.9.4}$$

Man spezialisiere diese Gleichung schließlich auf den Fall eines reinen Druckzustandes, für den gilt (p heißt der Druck):

$$\boldsymbol{\sigma}=-p\mathbf{1}\quad\Leftrightarrow\quad\sigma_{ij}=-p\delta_{ij}\,. \tag{3.9.5}$$

und zeige, dass dann bei einer sehr dünnen Wand der Druck im Innenbereich gleich dem Druck im Außenbereich gelten muss:

$$p^{+}=p^{-}\,. \tag{3.9.6}$$

3.10 Would you like to know more?

Das große Thema dieses Kapitels – die Bilanzgleichungen – ist ein schier unerschöpfliches Thema für den enthusiastischen Kontinuumstheoretiker. Entsprechend konnten wir hier auch nur einen ersten Eindruck vermitteln. Der vereinfachte Beweis des REYNOLDSschen Transporttheorems und sein Zusammenhang zum LEIBNIZschen Satz über die Differentiation von Parameterintegralen findet sich in zahlreichen Varianten beispielsweise in Irgens (2008), Abschnitt 8.2, Liu (2010), Abschnitt 2.1, Müller (1994), Abschnitt 1.2.2, Müller und Ferber (2008), Abschnitt 4.1.3, Müller und Müller (2009), Abschnitt 1.2.1.

Der komplexe Beweis ist in Grewe (2003), Abschnitt 2.1.1, Haupt (2002), Abschnitt 3.5, Müller (1973), Kapitel I, Abschnitt 2, Kapitel II, Abschnitt 1, Müller (1984), Abschnitt 3.1 erläutert. In dem letztgenannten Buch findet man auch alle Details zu den Bilanzen in regulären und singulären Punkten. Der Quell aller Weisheit jedoch ist sicher der berühmte Handbuchartikel von Truesdell und Toupin (1960), Sektionen 79 ff, sowie 172 ff.

Die Frage, wie denn Bilanzgleichungen in offenen Systemen aussehen, wird in Schade (1970), Abschnitt 1.2.4 explizit erwähnt und für den Fall stetiger Feldgrößen im Detail in Müller und Muschik (1983) sowie Muschik und Müller (1983) diskutiert.

In the fall of 1972 President Nixon announced that the rate of increase of inflation was decreasing. This was the first time a sitting president used the third derivative to advance his case for reelection.

Hugo ROSSI, Professor Emeritus of Mathematics, University of Utah

4. Ortsableitungen von Feldern

4.1 Ortsableitungen von Skalaren

Beim Betrachten der allgemeinen Bilanzgleichungen (3.7.3 / 4) wird in Kombination mit den Tabellen 3.1 und 3.2 klar, dass es nötig ist, sich über Ortsableitungen skalarer Felder wie der Massendichte, vektorieller Felder wie z. B. der Geschwindigkeit und schließlich tensorieller Felder wie z. B. der Spannung in beliebigen Koordinatensystemen Gedanken zu machen.

Wir beginnen mit dem Gradienten eines beliebigen skalaren Feldes $\underset{(x)}{f} = \underset{(x)}{\tilde{f}}(x_i) = \underset{(x)}{\tilde{f}}(x_i(z^j)) = \underset{(x)}{\hat{f}}(z^j)$[†] bzgl. eines kartesischen Koordinatensystems, für den wir nach der Kettenregel schreiben können:

$$\frac{\partial \underset{(x)}{\tilde{f}}(x_i)}{\partial x_i} = \frac{\partial z^k}{\partial x_i} \frac{\partial \underset{(x)}{\hat{f}}(z^j)}{\partial z^k} \quad \text{oder kurz:} \quad \frac{\partial \underset{(x)}{f}}{\partial x_i} = \frac{\partial z^k}{\partial x_i} \frac{\partial \underset{(x)}{f}}{\partial z^k} . \tag{4.1.1}$$

Eine skalare Funktion hat aber die Eigenschaft, unabhängig vom Koordinatensystem unverändert zu bleiben. Also gilt:

$$\underset{(x)}{\hat{f}}(z^j) = \underset{(z)}{\hat{f}}(z^j) \quad \text{oder kurz} \quad \underset{(x)}{f} = \underset{(z)}{f} . \tag{4.1.2}$$

Dann aber folgt aus Gleichung (4.1.1) durch einfaches Umstellen:

$$\frac{\partial \underset{(z)}{f}}{\partial z^k} = \frac{\partial x_i}{\partial z^k} \frac{\partial \underset{(x)}{f}}{\partial x_i} . \tag{4.1.3}$$

[†] Mit den hier verwendeten Tilden und Zirkumflexen sind nicht die aus Abschnitt 3.4 bekannten LAGRANGE- und EULERschen Darstellungen gemeint. Es ist lediglich ein Hinweis auf die je nach verwendeten Koordinaten unterschiedlichen Funktionszusammenhänge.

W.H. Müller, *Streifzüge durch die Kontinuumstheorie*,
DOI 10.1007/978-3-642-19870-0_4,

Im Hinblick auf Gleichung (2.4.1) kann man also sagen, dass die Größen $\partial f / \partial \underset{(z)}{z^k}$ sich wie die Komponenten eines kovarianten Vektorfeldes transformieren. Man nennt diese Größe den *Gradienten des skalaren Feldes f*.‡

4.2 Ortsableitungen von Vektoren

Im folgenden werden wir der Kürze halber die Funktionen nicht mehr explizit durch Tilden bzw. Circumflexe hervorheben. Betrachten wir also als Nächstes das Vektorfeld $\underset{(x)}{A}_i$ bzgl. einer kartesischen Darstellung (x) und dessen Ortsableitung:

$$\frac{\partial \underset{(x)}{A}_i}{\partial x_j} = \frac{\partial z^k}{\partial x_j} \frac{\partial \underset{(x)}{A}_i}{\partial z^k} = \frac{\partial z^k}{\partial x_j} \frac{\partial}{\partial z^k} \left(\frac{\partial x_i}{\partial z^l} \underset{(z)}{A^l} \right) = \tag{4.2.1}$$

$$\frac{\partial z^k}{\partial x_j} \frac{\partial x_i}{\partial z^l} \left(\frac{\partial \underset{(z)}{A^l}}{\partial z^k} + \frac{\partial z^l}{\partial x_s} \frac{\partial^2 x_s}{\partial z^k \partial z^n} \underset{(z)}{A^n} \right).$$

Dabei wurde von der Kettenregel, der Produktregel sowie Gleichung (2.4.9) Gebrauch gemacht. Darauf aufbauend lässt sich schreiben:

$$\frac{\partial \underset{(z)}{A^l}}{\partial z^k} + \frac{\partial z^l}{\partial x_s} \frac{\partial^2 x_s}{\partial z^k \partial z^n} \underset{(z)}{A^n} = \frac{\partial z^l}{\partial x_i} \frac{\partial x_j}{\partial z^k} \frac{\partial \underset{(x)}{A}_i}{\partial x_j}. \tag{4.2.2}$$

Vergleichen wir dieses Ergebnis mit Gleichung (2.4.15), so schließen wir, dass es sich bei der Größe auf der linken Seite, also bei:

$$\underset{(z)}{A^l}_{;k} = \frac{\partial \underset{(z)}{A^l}}{\partial z^k} + \Gamma^l_{kn} \underset{(z)}{A^n} \ , \ \ \Gamma^l_{kn} = \frac{\partial z^l}{\partial x_s} \frac{\partial^2 x_s}{\partial z^k \partial z^n} \tag{4.2.3}$$

um die Komponenten eines gemischten Tensorfeldes, eben um den *Gradienten des Vektors A*, handelt. Man nennt die in Gleichung (4.2.3) definierte Größe $\underset{(z)}{A^l}_{;k}$ auch die *kovariante Ableitung* der kontravarianten Komponenten des Vektors ***A***. Die Größen Γ^l_{kn} sind als *CHRISTOFFELsymbole* bekannt. Man beachte, dass sie *symmetrisch* bzgl. der beiden *unteren Indizes* sind.

‡ Man beachte, dass das Symbol *f* für das skalare Feld keinen Hinweis auf das verwendete Koordinatensystem enthält. Es ist hier im absoluten Sinne zu verstehen, genauso wie das Symbol ***A*** einen Vektor im absoluten Sinne kennzeichnet. Kontravariante Komponenten des Gradienten in Gleichung (4.1.3) erhält man durch Multiplikation mit der Metrik g^{lk}.

Übung 4.2.1: *CHRISTOFFELsymbole ausgedrückt durch die Metrik*

Man beweise durch Nachrechnen die folgende Alternativdarstellung für die CHRISTOFFELsymbole:

$$\Gamma^{l}_{kn} = \tfrac{1}{2} g^{lm} \left(\frac{\partial g_{mk}}{\partial z^{n}} + \frac{\partial g_{mn}}{\partial z^{k}} - \frac{\partial g_{kn}}{\partial z^{m}} \right). \tag{4.2.4}$$

Übung 4.2.2: *CHRISTOFFELsymbole für Zylinderkoordinaten*

Man zeige mit Hilfe der Gleichung (2.2.13) für die Metrik in Zylinderkoordinaten sowie der Alternativdarstellung (4.2.4) für die CHRISTOFFELsymbole, dass in Zylinderkoordinaten gilt:

$$\Gamma^{1}_{22} = -r \ , \quad \Gamma^{2}_{12} = \Gamma^{2}_{21} = \frac{1}{r} \tag{4.2.5}$$

und alle anderen CHRISTOFFELsymbole verschwinden.

Übung 4.2.3: *CHRISTOFFELsymbole für Kugelkoordinaten*

Man zeige mit Hilfe der Gleichung (2.2.16) für die Metrik in Kugelkoordinaten sowie der Alternativdarstellung (4.2.4) für die CHRISTOFFELsymbole, dass in Kugelkoordinaten gilt:

$$\Gamma^{3}_{31} = \Gamma^{3}_{13} = \Gamma^{2}_{21} = \Gamma^{2}_{12} = \frac{1}{r}, \ \Gamma^{1}_{33} = -r, \tag{4.2.6}$$

$$\Gamma^{1}_{22} = -r \sin^{2}(\vartheta), \ \Gamma^{2}_{23} = \Gamma^{2}_{32} = \cot(\vartheta), \ \Gamma^{3}_{22} = -\sin(\vartheta)\cos(\vartheta)$$

und alle anderen CHRISTOFFELsymbole verschwinden.

Übung 4.2.4: *CHRISTOFFELsymbole für elliptische Koordinaten*

Es sei an die Ergebnisse für die Metrik elliptischer Koordinaten aus Übung 2.3.2 erinnert:

$$g_{ij} = \frac{c^{2}}{2} \begin{bmatrix} \cosh(2z^{1}) - \cos(2z^{2}) & 0 \\ 0 & \cosh(2z^{1}) - \cos(2z^{2}) \end{bmatrix}. \tag{4.2.7}$$

Man zeige damit, dass für die CHRISTOFFELsymbole in elliptischen Koordinaten gilt:

$$\Gamma_{11}^{1} = -\Gamma_{22}^{1} = \Gamma_{12}^{2} = \Gamma_{21}^{2} = \frac{\sinh\left(2z^{1}\right)}{\cosh\left(2z^{1}\right) - \cos\left(2z^{2}\right)}, \tag{4.2.8}$$

$$\Gamma_{12}^{1} = \Gamma_{21}^{1} = -\Gamma_{11}^{2} = \Gamma_{22}^{2} = \frac{\sinh\left(2z^{2}\right)}{\cosh\left(2z^{1}\right) - \cos\left(2z^{2}\right)}$$

und alle anderen CHRISTOFFELsymbole verschwinden.

Gleichung (4.2.3) gibt uns die *kovariante Ableitung der kontravarianten Komponenten* $\underset{(z)}{A}^{l}$ an. Wie aber sieht die kovariante Ableitung der kovarianten Komponenten des Vektorfeldes $\boldsymbol{A}$ aus? Um dies herauszufinden, schreiben wir:

$$\frac{\partial \underset{(x)}{A}_{i}}{\partial x_{j}} = \frac{\partial z^{k}}{\partial x_{j}} \frac{\partial}{\partial z^{k}} \left(\frac{\partial z^{l}}{\partial x_{i}} \underset{(z)}{A}_{l} \right) = \tag{4.2.9}$$

$$\frac{\partial z^{k}}{\partial x_{j}} \frac{\partial z^{l}}{\partial x_{i}} \frac{\partial \underset{(z)}{A}_{l}}{\partial z^{k}} + \frac{\partial z^{k}}{\partial x_{j}} \frac{\partial^{2} z^{l}}{\partial z^{k} \partial x_{i}} \underset{(z)}{A}_{l} = \frac{\partial z^{k}}{\partial x_{j}} \frac{\partial z^{l}}{\partial x_{i}} \left(\frac{\partial \underset{(z)}{A}_{l}}{\partial z^{k}} - \Gamma_{kl}^{t} \underset{(z)}{A}_{t} \right).$$

Übung 4.2.5: *Kovariante Ableitung kovarianter Vektorkomponenten*

Man verifiziere durch Nachrechnen den letzten Schritt in der Gleichungskette (4.2.9) und verwende dabei die Definitionsgleichung (4.2.3) für die CHRISTOFFELsymbole sowie die folgende Hilfsbeziehung, die es zuvor zu beweisen gilt:

$$\frac{\partial^{2} z^{n}}{\partial z^{k} \partial x_{i}} \frac{\partial x_{i}}{\partial z^{t}} + \frac{\partial z^{n}}{\partial x_{i}} \frac{\partial^{2} x_{i}}{\partial z^{k} \partial z^{t}} = 0\,. \tag{4.2.10}$$

Damit folgert man, dass gilt:

$$\frac{\partial \underset{(z)}{A}_{l}}{\partial z^{k}} - \Gamma_{kl}^{t} \underset{(z)}{A}_{t} = \frac{\partial x_{i}}{\partial z^{l}} \frac{\partial x_{j}}{\partial z^{k}} \frac{\partial \underset{(x)}{A}_{i}}{\partial x_{j}}\,. \tag{4.2.11}$$

Vergleichen wir dies mit (2.4.15), so stellen wir fest, dass es sich bei der Größe

$$\underset{(z)}{A}_{l;k} = \frac{\partial \underset{(z)}{A}_{l}}{\partial z^{k}} - \Gamma_{kl}^{t} \underset{(z)}{A}_{t} \tag{4.2.12}$$

um die Komponenten eines kovarianten Tensorfeldes, nämlich des Gradienten von **A**, handelt. Man spricht auch von der *kovarianten Ableitung* $\underset{(z)}{A}_{l;k}$ *der kovarianten Vektorkomponenten* $\underset{(z)}{A}_l$.

Abschließend zu den Ortsableitungen vektorieller Felder sei noch darauf hingewiesen, dass aufgrund der Beziehungen (vgl. (2.4.1) und (2.4.15))

$$\underset{(z)}{A}^k = \frac{\partial z^k}{\partial x_l} \underset{(x)}{A}_l \,, \quad \underset{(z)}{A}^i{}_{;k} = \frac{\partial z^i}{\partial x_n} \frac{\partial x_s}{\partial z^k} \frac{\partial \underset{(x)}{A}_n}{\partial x_s} \tag{4.2.13}$$

die Kombination

$$\underset{(z)}{A}^k \, \underset{(z)}{A}^i{}_{;k} = \frac{\partial z^i}{\partial x_n} \underset{(x)}{A}_s \frac{\partial \underset{(x)}{A}_n}{\partial x_s} \tag{4.2.14}$$

Komponenten eines kontravarianten Vektors repräsentiert. Wir werden ihr bei der Umschreibung der Bilanzgleichung für den Impuls auf beliebige Koordinaten erneut begegnen.

Übung 4.2.6: ***Die Divergenz eines Vektorfeldes***

Man verwende Gleichung (4.2.2) und die Definition für die kovariante Ableitung aus Gleichung (4.2.3), um zu zeigen, dass gilt:

$$\underset{(z)}{A}^l{}_{;l} = \frac{\partial \underset{(x)}{A}_i}{\partial x_i}. \tag{4.2.15}$$

Man interpretiere diese Gleichung und schließe, dass die Größe $\underset{(z)}{A}^l{}_{;l}$ ein Skalar ist. Man nennt ihn die *Divergenz* des Vektorfeldes **A**.

Übung 4.2.7: ***Der LAPLACEoperator***

Man verwende die Definition für die kovariante Ableitung aus Gleichung (4.2.3), um zu zeigen, dass sich die Divergenz des Gradienten eines Skalarfeldes $\underset{(z)}{A}^l{}_{;l}$ in beliebigen Koordinaten z schreiben lässt als:

$$\Delta f = \left(g^{nm} \frac{\partial f}{\partial z^m} \right)_{;n} = \frac{\partial}{\partial z^n} \left(g^{nm} \frac{\partial f}{\partial z^m} \right) + \Gamma^n_{nk} g^{km} \frac{\partial f}{\partial z^m} \,. \tag{4.2.16}$$

Man spezialisiere diese Gleichung auf den Fall kartesischer Koordinaten x_i und schließe, dass sie die Verallgemeinerung des LAPLACEoperators auf beliebige Koordinaten z^k darstellt. Dazu verwende man die Metriken und CHRISTOFFELsymbole aus den Gleichungen (2.2.13), (2.2.16), (4.2.5) und (4.2.6), um zu zeigen, dass für den LAPLACEoperator in Zylinder- bzw. Kugelkoordinaten gilt:

$$\Delta f = \frac{1}{r}\frac{\partial}{\partial r}\left(r\frac{\partial f}{\partial r}\right) + \frac{1}{r^2}\frac{\partial^2 f}{\partial \vartheta^2} + \frac{\partial^2 f}{\partial z^2} \tag{4.2.17}$$

sowie:

$$\Delta f = \frac{1}{r}\frac{\partial^2}{\partial r^2}(rf) + \frac{1}{r^2\sin^2(\vartheta)}\frac{\partial^2 f}{\partial \varphi^2} + \frac{1}{r^2\sin(\vartheta)}\frac{\partial}{\partial \vartheta}\left(\sin(\vartheta)\frac{\partial f}{\partial \vartheta}\right). \tag{4.2.18}$$

Pierre Simon de LAPLACE wurde am 28. März 1749 in Beaumont-en-Auge (Normandie) geboren und starb am 5. März 1827 in Paris. Obwohl von Adel überlebt er unbeschadet die Französische Revolution. LAPLACE ist insbesondere durch seine Arbeiten zur Himmelsmechanik bekannt. Davon zeugt fünfbändigen Werk mit dem Titel *Traité de Mécanique Céleste*. Wir haben ihm eine Hypothese zur Bildung unseres Sonnensystems durch gravitationsinduzierte Kontraktion aus einem Nebel heraus zu verdanken. Auch schätzt er ohne Kenntnis schwarzer Löcher die Masse eines Sternes ab, von dem kein Licht mehr entkommen kann.

4.3 Invariante Schreibweise von Ortsableitungen skalarer Felder

Wir kommen nun nochmals auf das Ergebnis aus Abschnitt 4.1 zurück, wonach wir für den Gradienten eines beliebigen skalaren Feldes $\underset{(x)}{f} = \underset{(z)}{f} \equiv f$ bzgl. eines kartesischen bzw. eines beliebigen krummlinigen Koordinatensystems schreiben dürfen:

$$\frac{\partial f}{\partial z^k} = \frac{\partial x_i}{\partial z^k}\frac{\partial f}{\partial x_i}. \tag{4.3.1}$$

In Worten ausgedrückt besitzt der Gradient eines skalaren Feldes das Transformationsverhalten eines *kovarianten* Vektorfeldes und wir definieren mit der kontravarianten Basis $\boldsymbol{g}^k$ den zugehörigen Vektor ∇f wie folgt:

$$\nabla f = \frac{\partial f}{\partial z^k}\boldsymbol{g}^k, \tag{4.3.2}$$

wobei wir den sog. *Nablaoperator* (vgl. auch Übung 3.4.1, Gleichung (3.4.5)) eingeführt haben als:

$$\nabla(\bullet) = \frac{\partial(\bullet)}{\partial z^k} \boldsymbol{g}^k . \tag{4.3.3}$$

Speziell in einer kartesischen Basis muss also gelten:

$$\nabla(\bullet) = \frac{\partial(\bullet)}{\partial x_i} \boldsymbol{e}_i . \tag{4.3.4}$$

Dass dies mit den übrigen Gleichungen konsistent ist, sieht man wie folgt. Wird Gleichung (2.3.4) nämlich in Gleichung (4.3.2) eingesetzt, so ergibt sich unter Verwendung der Kettenregel:

$$\nabla f = \frac{\partial f}{\partial z^k} \frac{\partial z^k}{\partial x_i} \boldsymbol{e}_i = \frac{\partial f}{\partial x_i} \boldsymbol{e}_i \quad \Rightarrow \quad \nabla(\bullet) = \frac{\partial(\bullet)}{\partial x_i} \boldsymbol{e}_i . \tag{4.3.5}$$

Der Nablaoperator zur Gradientenbildung eines Skalars lässt sich nun verwenden, um den LAPLACEoperator angewandt auf einen Skalar zu ermitteln. Wie wir in Übung 4.2.7 gesehen haben, ist der LAPLACEoperator identisch mit der Divergenz eines kontravarianten Vektorfeldes. Wir schreiben in kartesischen Koordinaten:

$$\nabla \cdot (\nabla f) = \boldsymbol{e}_i \cdot \frac{\partial}{\partial x_i}\left(\frac{\partial f}{\partial x_j} \boldsymbol{e}_j\right) = \frac{\partial^2 f}{\partial x_i \partial x_j} \boldsymbol{e}_i \cdot \boldsymbol{e}_j = \tag{4.3.6}$$

$$\frac{\partial^2 f}{\partial x_i \partial x_j} \delta_{ij} = \frac{\partial^2 f}{\partial x_i \partial x_i} .$$

Dabei wurde beachtet, dass die Differentiation des Basisvektors $\boldsymbol{e}_i$ Null ergibt, womit das hinlänglich bekannte Ergebnis für kartesische Koordinaten resultiert, wonach im Dreidimensionalen gilt:

$$\Delta(\bullet) = \frac{\partial^2(\bullet)}{\partial x_1^2} + \frac{\partial^2(\bullet)}{\partial x_2^2} + \frac{\partial^2(\bullet)}{\partial x_3^2} . \tag{4.3.7}$$

Mithin dürfen wir auch schreiben:

$$\Delta(\bullet) = \nabla \cdot (\nabla(\bullet)) . \tag{4.3.8}$$

Wir können diese Beziehung nun in Verbindung mit Gleichung (4.3.2) verwenden, um die folgende, zu Gleichung (4.2.16) äquivalente Darstellung des LAPLACEoperator in krummlinigen Koordinaten zu gewinnen:

$$\Delta(\bullet) = \nabla \cdot (\nabla(\bullet)) = \left[\frac{\partial}{\partial z^k}\left(\frac{\partial(\bullet)}{\partial z^l} \boldsymbol{g}^l\right)\right] \cdot \boldsymbol{g}^k = \tag{4.3.9}$$

$$\frac{\partial^2(\bullet)}{\partial z^k \partial z^l} \boldsymbol{g}^l \cdot \boldsymbol{g}^k + \frac{\partial \boldsymbol{g}^l}{\partial z^k} \frac{\partial(\bullet)}{\partial z^l} \cdot \boldsymbol{g}^k = \frac{\partial^2(\bullet)}{\partial z^k \partial z^l} g^{lk} + \frac{\partial \boldsymbol{g}^l}{\partial z^k} \cdot \boldsymbol{g}^k \frac{\partial(\bullet)}{\partial z^l} .$$

In einer Übung soll diese Gleichung nun explizit verwendet werden.

Übung 4.3.1: ***Der LAPLACEoperator in Zylinderkoordinaten neu gesehen***

Es sei an die Transformationsbeziehungen zwischen kartesischen und Zylinderkoordinaten erinnert. Man zeige in einem ersten Schritt, dass gilt:

$$\boldsymbol{g}^r = \cos(\vartheta)\boldsymbol{e}_1 + \sin(\vartheta)\boldsymbol{e}_2 \ , \quad \boldsymbol{g}^\vartheta = -\frac{\sin(\vartheta)}{r}\boldsymbol{e}_1 + \frac{\cos(\vartheta)}{r}\boldsymbol{e}_2 \ , \tag{4.3.10}$$

$$\boldsymbol{g}^z = \boldsymbol{e}_3$$

und verwende diese Beziehungen nun, um in Verbindung mit Gleichung (4.3.9) zu zeigen, dass für den LAPLACEoperator in Zylinderkoordinaten die schon aus Gleichung (4.2.17) bekannte Formel folgt:

$$\Delta(\cdot) = \frac{\partial^2(\cdot)}{\partial r^2} + \frac{1}{r}\frac{\partial(\cdot)}{\partial r} + \frac{1}{r^2}\frac{\partial^2 f}{\partial \vartheta^2} + \frac{\partial^2 f}{\partial z^2} . \tag{4.3.11}$$

Übung 4.3.2: ***Der LAPLACEoperator absolut und indexbezogen geschrieben***

Man zeige, dass die Gleichungen (4.2.16) und (4.3.9) identisch gleich sind. Dazu verwende man insbesondere die Definitionsgleichung (2.5.4) für die duale Koordinatenbasis sowie die für die Umschreibung der CHRISTOFFELsymbole nützliche Identität (4.2.10).

4.4 Ortsableitungen von Tensoren

Schließlich wenden wir uns in diesem Kapitel noch den Ortsableitungen eines zweistufigen Tensors $\underset{(x)}{B}_{ij}$ zu und bilden:

$$\frac{\partial \underset{(x)}{B}_{ij}}{\partial x_k} = \frac{\partial z^l}{\partial x_k}\frac{\partial}{\partial z^l}\left(\frac{\partial x_i}{\partial z^n}\frac{\partial x_j}{\partial z^p}\underset{(z)}{B}^{np}\right) = \tag{4.4.1}$$

$$\frac{\partial z^l}{\partial x_k}\frac{\partial x_i}{\partial z^n}\frac{\partial x_j}{\partial z^p}\left(\frac{\partial \underset{(z)}{B}^{np}}{\partial z^l} + \Gamma_{lr}^n \underset{(z)}{B}^{rp} + \Gamma_{lr}^p \underset{(z)}{B}^{nr}\right).$$

Bei der Umformung wurde die Produktregel sowie die Definitionsgleichung $(4.2.3)_2$ für die CHRISTOFFELsymbole verwendet. Es folgt nun, dass:

$$\frac{\partial \underset{(z)}{B}^{np}}{\partial z^l} + \Gamma_{lr}^n \underset{(z)}{B}^{rp} + \Gamma_{lr}^p \underset{(z)}{B}^{nr} = \frac{\partial x_k}{\partial z^l} \frac{\partial z^n}{\partial x_i} \frac{\partial z^p}{\partial x_j} \frac{\partial \underset{(x)}{B}_{ij}}{\partial x_k} \quad . \tag{4.4.2}$$

In Analogie zur Transformationsvorschrift für Tensoren zweiter Stufe, Gleichung (2.4.15), schließen wir, dass es sich bei der Kombination

$$\underset{(z)}{B}^{np}{}_{;l} = \frac{\partial \underset{(z)}{B}^{np}}{\partial z^l} + \Gamma_{lr}^n \underset{(z)}{B}^{rp} + \Gamma_{lr}^p \underset{(z)}{B}^{nr} \tag{4.4.3}$$

um die Komponenten eines gemischten Tensors dritter Stufe, nämlich des Gradienten des Tensors zweiter Stufe $\boldsymbol{B}$, handelt. Es sei darauf hingewiesen, dass es in der Mathematik auch üblich ist, die partielle Ableitung in dieser Gleichung in Form eines Kommas auszudrücken:

$$\underset{(z)}{B}^{np}{}_{;l} = \underset{(z)}{B}^{np}{}_{,l} + \Gamma_{lr}^n \underset{(z)}{B}^{rp} + \Gamma_{lr}^p \underset{(z)}{B}^{nr} \quad . \tag{4.4.4}$$

An dieser Darstellung sieht man sehr schön, welche Korrekturen zur partiellen Ableitung hinzuzufügen sind, um die kovariante Ableitung – d. h. einen invarianten Tensorausdruck – zu erhalten. Die Korrekturen, gegeben durch die CHRISTOFFELsymbole, verschwinden, wenn es sich um „gerade" kartesische Koordinatensysteme handelt.

Aus den Gleichungen (4.4.2) und (4.4.3) folgt außerdem sofort, dass es sich bei der Größe $\underset{(z)}{B}^{nl}{}_{;l}$ um die Komponenten eines kontravarianten Vektorfeldes handelt, nämlich um die *Divergenz* von $\boldsymbol{B}$:

$$\underset{(z)}{B}^{nl}{}_{;l} = \frac{\partial \underset{(z)}{B}^{nl}}{\partial z^l} + \Gamma_{lr}^n \underset{(z)}{B}^{rl} + \Gamma_{lr}^l \underset{(z)}{B}^{nr} = \tag{4.4.5}$$

$$\frac{\partial x_k}{\partial z^l} \frac{\partial z^n}{\partial x_i} \frac{\partial z^l}{\partial x_j} \frac{\partial \underset{(x)}{B}_{ij}}{\partial x_k} = \delta_{kj} \frac{\partial z^n}{\partial x_i} \frac{\partial \underset{(x)}{B}_{ij}}{\partial x_k} = \frac{\partial z^n}{\partial x_i} \frac{\partial \underset{(x)}{B}_{ij}}{\partial x_j} \; .$$

Auch einem solchen Ausdruck werden wir im Zusammenhang mit dem Spannungstensor in der Impulsbilanz begegnen.

Alternativ lässt sich die Größe $\underset{(z)}{B}^{np}{}_{;l}$ auch als die kovariante Ableitung der kontravarianten Komponenten $\underset{(z)}{B}^{np}$ auffassen. Wie schon bei Vektoren gibt es auch eine kovariante Ableitung der kovarianten Komponenten $\underset{(z)}{B}_{ij}$. Diese erhält man wie folgt:

$$\frac{\partial \underset{(x)}{B}_{ij}}{\partial x_k} = \frac{\partial z^l}{\partial x_k} \frac{\partial}{\partial z^l} \left(\frac{\partial z^n}{\partial x_i} \frac{\partial z^p}{\partial x_j} \underset{(z)}{B}_{np} \right) = \tag{4.4.6}$$

$$\frac{\partial z^l}{\partial x_k} \frac{\partial z^n}{\partial x_i} \frac{\partial z^p}{\partial x_j} \left(\frac{\partial \underset{(z)}{B}_{np}}{\partial z^l} - \Gamma^r_{nl} \underset{(z)}{B}_{rp} - \Gamma^r_{lp} \underset{(z)}{B}_{nr} \right),$$

was sich wie vorhin bei Gleichung (4.4.1) aus der Produktregel und der Definitionsgleichung $(4.2.3)_2$ für die CHRISTOFFELsymbole ergibt. Man schließt nun sofort auf:

$$\frac{\partial \underset{(z)}{B}_{np}}{\partial z^l} - \Gamma^r_{nl} \underset{(z)}{B}_{rp} - \Gamma^r_{pl} \underset{(z)}{B}_{nr} = \frac{\partial x_k}{\partial z^l} \frac{\partial x_i}{\partial z^n} \frac{\partial x_j}{\partial z^p} \frac{\partial \underset{(x)}{B}_{ij}}{\partial x_k} . \tag{4.4.7}$$

In Analogie zu (2.4.17) erkennt man, dass es sich bei der Kombination

$$\underset{(z)}{B}_{np;l} = \frac{\partial \underset{(z)}{B}_{np}}{\partial z^l} - \Gamma^r_{pl} \underset{(z)}{B}_{nr} - \Gamma^r_{nl} \underset{(z)}{B}_{pr} \tag{4.4.8}$$

um die Komponenten eines kovarianten Tensors dritter Stufe handelt, eben um den Gradienten von $\boldsymbol{B}$. Alternativ kann man sagen, dass dieser Ausdruck die kovariante Ableitung der kovarianten Komponenten $\underset{(z)}{B}_{ij}$ wiedergibt.

Übung 4.4.1: ***Die kovariante Ableitung des Metriktensors***

Verwende Gleichung (4.4.3) und (4.4.7) sowie die Alternativdarstellung (4.2.4) für die CHRISTOFFELsymbole, um zu zeigen, dass gilt:

$$g^{np}{}_{;l} = 0 \ , \ g_{np;l} = 0 . \tag{4.4.9}$$

Abschließend sei gesagt, dass die folgenden Formeln für die kovariante Ableitung eines gemischten Tensors gelten:

$$\underset{(z)}{B}{}^n{}_{p;l} = \frac{\partial \underset{(z)}{B}{}^n{}_p}{\partial z^l} + \Gamma^n_{lr} \underset{(z)}{B}{}^r{}_p - \Gamma^r_{pl} \underset{(z)}{B}{}^n{}_r , \tag{4.4.10}$$

$$\underset{(z)}{B}{}_p{}^n{}_{;l} = \frac{\partial \underset{(z)}{B}{}_p{}^n}{\partial z^l} - \Gamma^r_{pl} \underset{(z)}{B}{}_r{}^n + \Gamma^n_{lr} \underset{(z)}{B}{}_p{}^r .$$

Als Eselsbrücke kann man sich merken, dass jeder Index bei der Differentiation „sein" CHRISTOFFELsymbol erhält und zwar bekommen im Korrekturterm kontravariante Indizes ein Plus und kovariante ein Minus vorangestellt.

Übung 4.4.2: ***Die kovariante Ableitung für gemischte Tensoren zweiter Stufe***

Man beweise die Gleichungen (4.4.10) einmal direkt analog zur Gleichungsfolge (4.4.1/2) und einmal indirekt, indem man die Rechenregeln für das Hoch- und Runterziehen von Indizes mit Hilfe der Metrik (vgl. Abschnitt 2.4) auf die Gleichungen (4.4.3/8) anwendet und das Ergebnis (4.4.9) beachtet.

Übung 4.4.3: ***Die kovariante Ableitung für Tensoren beliebiger Stufe***

Man leite durch Analogschluss aus dem Gelernten eine Formel für die kovariante Ableitung eines gemischten Tensors beliebiger Stufe her und wende diese auf den Steifigkeitstensor an (vgl. Gleichung (2.5.14)), um zu zeigen, dass beispielsweise gilt:

$$\underset{(z)}{C}^{ijkl}{}_{;m} = \underset{(z)}{C}^{ijkl}{}_{,m} + \Gamma^{i}_{mr}\,\underset{(z)}{C}^{rjkl} + \Gamma^{j}_{mr}\,\underset{(z)}{C}^{irkl} + \Gamma^{k}_{mr}\,\underset{(z)}{C}^{ijrl} + \Gamma^{l}_{mr}\,\underset{(z)}{C}^{ijkr} \,, \tag{4.4.11}$$

$$\underset{(z)}{C}^{ij}{}_{k}{}^{l}{}_{;m} = \underset{(z)}{C}^{ij}{}_{k}{}^{l}{}_{,m} + \Gamma^{i}_{mr}\,\underset{(z)}{C}^{rj}{}_{k}{}^{l} + \Gamma^{j}_{mr}\,\underset{(z)}{C}^{ir}{}_{k}{}^{l} - \Gamma^{r}_{km}\,\underset{(z)}{C}^{ij}{}_{r}{}^{l} + \Gamma^{l}_{mr}\,\underset{(z)}{C}^{ij}{}_{k}{}^{r} \,.$$

4.5 Would you like to know more?

Zur indexbezogenen und absoluten Tensoranalysis findet man weitere Informationen zum Beispiel in Abschnitt 4.4 bei Schade und Neemann (2009), in Kapitel 2 bei Itskov (2007), bei Liu (2010), Appendix A.2 und bei Bertram (2008), Abschnitte 1.3 und 1.4 (mit vielen zusätzlichen mathematischen Konzepten).

Auch die „Klassiker" wussten natürlich um die kovariante Ableitung: Eisenhart (1947), Kapitel 2, Abschnitte 20-22, Ericksen (1960), Abschnitt 18., Green und Zerna (1960), Abschnitt 1.12 und Flügge (1960), Kapitel 12.

Abschließend sei gesagt, dass man sich nach Studium der prinzipiellen Konzepte der Tensoranalysis auch an die allgemein-relativistische Literatur heranwagen kann (etwa Einstein (1983)). Hier geht die Summation allerdings über vier Indizes, da man die Zeit als vierte Koordinate inkludiert.

There are two sides of the balance sheet - the left side and the right side.
On the left side, nothing is right, and on the right side, nothing is left!

Antwort von UBS an den Journalisten Dirk MAXEINER betr. „Krumme Bilanzen“

5. Bilanzgleichungen in krummlinigen Koordinatensystemen

Wir kommen nun auf unser Ausgangsproblem zurück, nämlich die in Kapitel 3 vorgestellten Bilanzen für die Masse, den Impuls und die Energie auf beliebige Koordinatensysteme umzuschreiben. Wir starten mit den Bilanzen in regulären Punkten und hier speziell mit der einfachsten Bilanz, nämlich der Massenbilanz, bei der es sich um eine *skalare* Gleichung handelt.

5.1 Die Massenbilanz in regulären Punkten in einem beliebigen Koordinatensystem

Da es sich bei der Massendichte um einen Skalar handelt, also analog zu Gleichung (4.1.2) gilt:

$$\underset{(x)}{\rho} = \underset{(z)}{\rho} \tag{5.1.1}$$

und sich ferner für den Gradienten der Massendichte analog zur Gleichung (4.1.1) schreiben lässt:

$$\frac{\partial \underset{(x)}{\rho}}{\partial x_i} = \frac{\partial z^k}{\partial x_i} \frac{\partial \underset{(z)}{\rho}}{\partial z^k} \tag{5.1.2}$$

und schließlich mit dem Ergebnis (4.2.15) aus der Übung 4.2.6 für die Divergenz der Geschwindigkeit geschrieben werden kann:

$$\underset{(z)}{\upsilon}^l{}_{;l} = \frac{\partial \underset{(x)}{\upsilon}_i}{\partial x_i}, \tag{5.1.3}$$

folgt für die *Massenbilanz in beliebigen Koordinaten* aus Gleichung (3.8.3) in Verbindung mit Tabelle 3.1 sofort:

$$\frac{\partial \underset{(x)}{\rho}}{\partial t} + \underset{(x)}{\upsilon}_j \frac{\partial \underset{(x)}{\rho}}{\partial x_j} + \underset{(x)}{\rho} \frac{\partial \underset{(x)}{\upsilon}_j}{\partial x_j} = 0 \quad \Rightarrow \quad \frac{\partial \underset{(z)}{\rho}}{\partial t} + \underset{(z)}{\upsilon}^k \frac{\partial \underset{(z)}{\rho}}{\partial z^k} + \underset{(z)}{\rho}\,\underset{(z)}{\upsilon}^k{}_{;k} = 0\,. \tag{5.1.4}$$

W.H. Müller, *Streifzüge durch die Kontinuumstheorie*,
DOI 10.1007/978-3-642-19870-0_5, © Springer-Verlag Berlin Heidelberg 2011

5.2 Die Massenbilanz (regulär) in Zylinderkoordinaten

Mit Hilfe der Definitionsgleichung für Zylinderkoordinaten (2.2.11), der Gleichung für die Metrik (2.2.13) sowie der Definitionsgleichung für die physikalischen Komponenten eines Vektors (2.6.3) findet man, dass gilt:

$$\upsilon^r = \dot{r} = \upsilon_{<r>}\,,\quad \upsilon^\vartheta = \dot{\vartheta} = \frac{1}{r}\upsilon_{<\vartheta>}\,,\quad \upsilon^z = \dot{z} = \upsilon_{<z>}\,. \tag{5.2.1}$$

Die Definitionsgleichung für die kovariante Ableitung kontravarianter Vektorkomponenten (4.2.3) zusammen mit den CHRISTOFFELsymbolen für Zylinderkoordinaten (4.2.5) ergibt:

$$\underset{(z)}{\upsilon}{}^{k}_{;k} = \frac{\partial \dot{r}}{\partial r} + \frac{\partial \dot{\vartheta}}{\partial \vartheta} + \frac{\partial \dot{z}}{\partial z} + \frac{1}{r}\dot{r}\,. \tag{5.2.2}$$

Damit folgt dann aus Gleichung (5.1.4) für die *Massenbilanz in Zylinderkoordinaten*:

$$\frac{\partial \rho}{\partial t} + \frac{\partial}{\partial r}(\rho \dot{r}) + \frac{\partial}{\partial \vartheta}(\rho \dot{\vartheta}) + \frac{\partial}{\partial z}(\rho\,\dot{z}) + \frac{\rho}{r}\dot{r} = 0\,. \tag{5.2.3}$$

Hierin kann man nun nach Belieben auch die physikalischen Komponenten für die Geschwindigkeit (aus Gleichung (5.2.1)) einsetzen, wie es in vielen Lehrbüchern zur Kontinuumsmechanik üblich ist (siehe zum Beispiel Segel, (1987), Appendix 3.1 oder auch Chandrasekhar (1981), Kapitel IX):

$$\frac{\partial \rho}{\partial t} + \frac{\partial}{\partial r}(\rho \upsilon_{<r>}) + \frac{1}{r}\frac{\partial}{\partial \vartheta}(\rho \upsilon_{<\vartheta>}) + \frac{\partial}{\partial z}(\rho \upsilon_{<z>}) + \frac{\rho}{r}\upsilon_{<r>} = 0\,. \tag{5.2.4}$$

Übung 5.2.1: ***Die Massenbilanz (regulär) in Kugelkoordinaten***

Man gehe nun analog vor und verwende die Beziehungen (2.2.16), (4.2.3) und (4.2.6), um zu zeigen, dass in Kugelkoordinaten gilt:

$$\upsilon^r = \dot{r} = \upsilon_{<r>}\,,\quad \upsilon^\varphi = \dot{\varphi} = \frac{1}{r\sin(\vartheta)}\upsilon_{<\varphi>}\,,\quad \upsilon^\vartheta = \dot{\vartheta} = \frac{1}{r}\upsilon_{<\vartheta>}\,, \tag{5.2.5}$$

$$\underset{(z)}{\upsilon}{}^{k}_{;k} = \frac{\partial \dot{r}}{\partial r} + \frac{\partial \dot{\varphi}}{\partial \varphi} + \frac{\partial \dot{\vartheta}}{\partial \vartheta} + \frac{2}{r}\dot{r} + \dot{\vartheta}\cot(\vartheta) \tag{5.2.6}$$

und schließlich:

$$\frac{\partial \rho}{\partial t} + \frac{\partial}{\partial r}(\rho \dot{r}) + \frac{\partial}{\partial \varphi}(\rho \dot{\varphi}) + \frac{\partial}{\partial \vartheta}(\rho \dot{\vartheta}) + \rho\left[\frac{2}{r}\dot{r} + \dot{\vartheta}\cot(\vartheta)\right] = 0\,. \tag{5.2.7}$$

Wie lautet die letzte Gleichung, wenn man sie mit Hilfe der physikalischen Komponenten für die Geschwindigkeit in Kugelkoordinaten umschreibt?

5.3 Die Impulsbilanz in regulären Punkten in einem beliebigen Koordinatensystem

Um die Impulsbilanz in regulären Punkten für ein beliebiges Koordinatensystem z umzuschreiben, starten wir von Gleichung (3.8.14), in der bereits die Massenbilanz eliminiert worden war. Wir notieren ferner die folgenden nützlichen Beziehungen, die aus den zuvor bewiesenen Gleichungen (2.4.1), (4.2.13) und (4.4.5) folgen:

$$\underset{(x)}{\upsilon}_i = \frac{\partial x_i}{\partial z^k}\underset{(z)}{\upsilon}^k \,,\quad \underset{(x)}{f}_i = \frac{\partial x_i}{\partial z^k}\underset{(z)}{f}^k \,, \tag{5.3.1}$$

$$\underset{(x)}{\upsilon}_j \frac{\partial \underset{(x)}{\upsilon}_i}{\partial x_j} = \frac{\partial x_i}{\partial z^k}\underset{(z)}{\upsilon}^j \underset{(z)}{\upsilon}^k{}_{;j} \,,\quad \frac{\partial \underset{(x)}{\sigma}_{ji}}{\partial x_j} = \frac{\partial x_i}{\partial z^k}\underset{(z)}{\sigma}^{lk}{}_{;l}$$

und beachten Gleichung (5.1.1) für die Massendichte, um zu schreiben:

$$\underset{(z)}{\rho}\left(\frac{\partial \underset{(z)}{\upsilon}^i}{\partial t} + \underset{(z)}{\upsilon}^j \underset{(z)}{\upsilon}^i{}_{;j}\right) - \underset{(z)}{\sigma}^{ji}{}_{;j} = \underset{(z)}{\rho}\,\underset{(z)}{f}^i \,. \tag{5.3.2}$$

Dies ist die *Impulsbilanz in beliebigen Koordinaten* z.

Übung 5.3.1: ***Alternative Schreibweisen der Impulsbilanz (regulär) in beliebigen Koordinaten***

Wie lautet die zu Gleichung (5.3.2) alternative, kovariant geschriebene Impulsbilanz? Eine Begründung ist erbeten! Darf man auch folgendes schreiben:

$$\frac{\underset{(z)}{\rho}}{\partial z_j}\underset{(z)}{\upsilon}^j \underset{(z)}{\upsilon}^i + \underset{(z)}{\rho}\left(\underset{(z)}{\upsilon}^j \underset{(z)}{\upsilon}^i\right)_{;j} = \left(\underset{(z)}{\rho}\,\underset{(z)}{\upsilon}^j \underset{(z)}{\upsilon}^i\right)_{;j} \tag{5.3.3}$$

$$\Rightarrow \frac{\partial\left(\underset{(z)}{\rho}\,\underset{(z)}{\upsilon}^i\right)}{\partial t} + \left(\underset{(z)}{\rho}\,\underset{(z)}{\upsilon}^j \underset{(z)}{\upsilon}^i\right)_{;j} = \underset{(z)}{\sigma}^{ji}{}_{;j} + \underset{(z)}{\rho}\,\underset{(z)}{f}^i \,.$$

Bitte ebenfalls begründen! Man bedenke: Was ist die kovariante Ableitung eines Skalars? Darf man also die Dichte so wie oben gezeigt unter eine kovariante Ableitung ziehen? Was wäre der Nachteil/Vorteil dieser alternativen Impulsbilanz?

5.4 Die Impulsbilanz (regulär) in Zylinderkoordinaten

Um die Impulsbilanz in Zylinderkoordinaten herzuleiten, gehen wir von der allgemeinen Formel (5.3.2) aus dem letzten Abschnitt aus und erhalten mit den Gleichungen für die CHRISTOFFELsymbole (4.2.5) und den Beziehungen für die Geschwindigkeit aus (5.2.1) für die r-Komponente:

$$\rho\left(\frac{\partial \dot{r}}{\partial t}+\dot{r}\frac{\partial \dot{r}}{\partial r}+\dot{\vartheta}\frac{\partial \dot{r}}{\partial \vartheta}+\dot{z}\frac{\partial \dot{r}}{\partial z}-r\dot{\vartheta}^2\right)+ \tag{5.4.1}$$

$$-\frac{\partial \sigma^{rr}}{\partial r}-\frac{\partial \sigma^{\vartheta r}}{\partial \vartheta}-\frac{\partial \sigma^{zr}}{\partial z}+r\sigma^{\vartheta\vartheta}-\frac{1}{r}\sigma^{rr}=\rho f^r ,$$

für die ϑ -Komponente:

$$\rho\left(\frac{\partial \dot{\vartheta}}{\partial t}+\dot{r}\frac{\partial \dot{\vartheta}}{\partial r}+\dot{\vartheta}\frac{\partial \dot{\vartheta}}{\partial \vartheta}+\dot{z}\frac{\partial \dot{\vartheta}}{\partial z}+\frac{2}{r}\dot{r}\dot{\vartheta}\right)+ \tag{5.4.2}$$

$$-\frac{\partial \sigma^{r\vartheta}}{\partial r}-\frac{\partial \sigma^{\vartheta\vartheta}}{\partial \vartheta}-\frac{\partial \sigma^{z\vartheta}}{\partial z}-\frac{3}{r}\sigma^{r\vartheta}=\rho f^{\vartheta}$$

und für die z-Komponente:

$$\rho\left(\frac{\partial \dot{z}}{\partial t}+\dot{r}\frac{\partial \dot{z}}{\partial r}+\dot{\vartheta}\frac{\partial \dot{z}}{\partial \vartheta}+\dot{z}\frac{\partial \dot{z}}{\partial z}\right)+ \tag{5.4.3}$$

$$-\frac{\partial \sigma^{rz}}{\partial r}-\frac{\partial \sigma^{\vartheta z}}{\partial \vartheta}-\frac{\partial \sigma^{zz}}{\partial z}-\frac{1}{r}\sigma^{rz}=\rho f^z .$$

Übung 5.4.1: ***Die Impulsbilanz (regulär) in physikalischen Zylinderkoordinaten***

Man erinnere sich, dass Größen wie $\sigma^{\vartheta\vartheta}$ nicht einheitentreu sind und erst durch Übergang auf physikalische Komponenten, also z. B. mit $\sigma_{<r\vartheta>}=\sqrt{g_{rr}}\sqrt{g_{\vartheta\vartheta}}\sigma^{r\vartheta}$, einheitentreu werden. Wie lauten also die drei Gleichungen (5.4.1-3), wenn man sie in die entsprechende „physikalische" Version umschreibt?

5.5 Impulsbilanz der Statik

Statische Probleme nehmen in der Kontinuumstheorie einen breiten Rahmen ein. Zwei Beispiele aus der Praxis haben wir bereits in Kapitel 1 kennengelernt, nämlich die in eine Röhre eingepresste Kugel und den unter thermischen Spannungen stehenden Faser-Matrix-Verbund. Für derartige Probleme vereinfachen sich die Bilanzgleichungen für Masse und Impuls erheblich, denn Zeitableitungen und Geschwindigkeiten treten nicht länger in ihnen auf.

Von den Gleichungen (5.1.4) für die Masse und (5.3.2) für den Impuls verbleibt somit lediglich:

$$\underset{(z)}{\sigma}^{ji}{}_{;j} = -\underset{(z)}{\rho}\,\underset{(z)}{f}^{i} . \tag{5.5.1}$$

Dies ist die *Impulsbilanz der Statik*. Bei vielen Problemen sind auch die Volumenkräfte nicht wichtig. Hier vereinfacht sich die Gleichung dann nochmals zu:

$$\underset{(z)}{\sigma}^{ji}{}_{;j} = 0 . \tag{5.5.2}$$

Mit anderen Worten: Die *Divergenz* des Spannungstensors verschwindet (vgl. die Bemerkungen nach Gleichung (4.3.5)), eine Beziehung, der wir schon in Kapitel 1 begegnet sind.

5.6 Impulsbilanz (regulär) der Statik in Zylinderkoordinaten

Speziell für Zylinderkoordinaten folgt aus den Gleichungen (5.4.1-3) oder auch direkt aus Gleichung (5.5.2):

$$\begin{aligned}
&\frac{\partial \sigma_{<rr>}}{\partial r} + \frac{1}{r}\frac{\partial \sigma_{<r\vartheta>}}{\partial \vartheta} + \frac{\partial \sigma_{<rz>}}{\partial z} + \frac{\sigma_{<rr>} - \sigma_{<\vartheta\vartheta>}}{r} = -\rho f_{<r>} ,\\
&\frac{\partial \sigma_{<r\vartheta>}}{\partial r} + \frac{1}{r}\frac{\partial \sigma_{<\vartheta\vartheta>}}{\partial \vartheta} + \frac{\partial \sigma_{<\vartheta z>}}{\partial z} + \frac{2}{r}\sigma_{<r\vartheta>} = -\rho f_{<\vartheta>} ,\\
&\frac{\partial \sigma_{<rz>}}{\partial r} + \frac{1}{r}\frac{\partial \sigma_{<\vartheta z>}}{\partial \vartheta} + \frac{\partial \sigma_{<zz>}}{\partial z} + \frac{1}{r}\sigma_{<rz>} = -\rho f_{<z>} .
\end{aligned} \tag{5.6.1}$$

Dabei wurde von der Definitionsgleichung (2.6.5) für physikalische Komponenten von Tensoren Gebrauch gemacht und die Metrik für Zylinderkoordinaten (2.2.13) verwendet. Diese Beziehungen ergeben sich natürlich auch bei Spezialisierung der Gleichungen aus Übung 5.4.1 auf den statischen Fall.

Übung 5.6.1: ***Impulsbilanz (regulär) der Statik in Kugelkoordinaten***

Man leite aus der allgemeinen Beziehung (5.5.2) mit Hilfe der Metrik (2.2.16) und den CHRISTOFFELsymbolen aus Gleichung (4.2.6) und unter Beachtung der Definitionsgleichung für die kovariante Ableitung (4.4.3) die folgenden Beziehungen her:

$$\frac{\partial \sigma_{<rr>}}{\partial r}+\frac{1}{r\sin(\vartheta)}\frac{\partial \sigma_{<r\varphi>}}{\partial \varphi}+\frac{1}{r}\frac{\partial \sigma_{<r\vartheta>}}{\partial \vartheta}+$$

$$\frac{1}{r}\left[2\sigma_{<rr>}-\sigma_{<\varphi\varphi>}-\sigma_{<\vartheta\vartheta>}+\sigma_{<r\vartheta>}\cot(\vartheta)\right]=-\rho f_{<r>}, \tag{5.6.2}$$

$$\frac{\partial \sigma_{<r\varphi>}}{\partial r}+\frac{1}{r\sin(\vartheta)}\frac{\partial \sigma_{<\varphi\varphi>}}{\partial \varphi}+\frac{1}{r}\frac{\partial \sigma_{<\varphi\vartheta>}}{\partial \vartheta}+\frac{1}{r}\left[3\sigma_{<r\varphi>}+2\cot(\vartheta)\sigma_{<\varphi\vartheta>}\right]=-\rho f_{<\varphi>},$$

$$\frac{\partial \sigma_{<r\vartheta>}}{\partial r}+\frac{1}{r\sin(\vartheta)}\frac{\partial \sigma_{<\varphi\vartheta>}}{\partial \varphi}+\frac{1}{r}\frac{\partial \sigma_{<\vartheta\vartheta>}}{\partial \vartheta}+$$

$$\frac{1}{r}\left[3\sigma_{<r\vartheta>}+\left(\sigma_{<\vartheta\vartheta>}-\sigma_{<\varphi\varphi>}\right)\cot(\vartheta)\right]=-\rho f_{<\vartheta>}.$$

5.7 Die Energiebilanz in regulären Punkten in einem beliebigen Koordinatensystem

Für die Energiebilanz lässt sich mit den entsprechenden Einträgen aus Tabelle 3.1 durch Einsetzen in Gleichung (3.7.3) im kartesischen System schreiben:

$$\frac{\partial}{\partial t}\left(\underset{(x)}{\rho}\left(\underset{(x)}{u}+\tfrac{1}{2}\underset{(x)}{\upsilon}_i\underset{(x)}{\upsilon}_i\right)\right)+\frac{\partial}{\partial x_j}\left(\underset{(x)}{\rho}\left(\underset{(x)}{u}+\tfrac{1}{2}\underset{(x)}{\upsilon}_i\underset{(x)}{\upsilon}_i\right)\underset{(x)}{\upsilon}_j\right)= \tag{5.7.1}$$

$$\frac{\partial}{\partial x_j}\left(-\underset{(x)}{q}_j+\underset{(x)}{\sigma}_{ji}\underset{(x)}{\upsilon}_i\right)+\underset{(x)}{\rho}\left(\underset{(x)}{f}_i\underset{(x)}{\upsilon}_i+\underset{(x)}{r}\right).$$

Um sie auf das z-System umzuschreiben, sei erwähnt, dass sich für das Skalarprodukt $\underset{(x)}{\upsilon}_i\underset{(x)}{\upsilon}_i$ der kinetischen Energie schreiben lässt:

$$\underset{(x)}{\upsilon}_i\underset{(x)}{\upsilon}_i=\frac{\partial z^k}{\partial x_i}\underset{(z)}{\upsilon}_k\frac{\partial x_i}{\partial z^l}\underset{(z)}{\upsilon}^l=\frac{\partial z^k}{\partial z^l}\underset{(z)}{\upsilon}_k\underset{(z)}{\upsilon}^l=\delta^k_l\underset{(z)}{\upsilon}_k\underset{(z)}{\upsilon}^l=\underset{(z)}{\upsilon}_k\underset{(z)}{\upsilon}^k, \tag{5.7.2}$$

wobei die Transformationsformeln für ko- und kontravariante Vektoren sowie die Kettenregel angewendet wurden. Das Ergebnis ist nicht verwunderlich, denn schließlich handelt es sich bei einem Skalarprodukt ja um einen skalaren Ausdruck. Man beachte, dass auch die folgenden Schreibweisen möglich gewesen wären, die jedoch den Nachteil größerer Länge haben:

$$\underset{(x)}{\upsilon}_i\underset{(x)}{\upsilon}_i=\frac{\partial z^k}{\partial x_i}\underset{(z)}{\upsilon}_k\frac{\partial z^l}{\partial x_i}\underset{(z)}{\upsilon}_l=g^{kl}\underset{(z)}{\upsilon}_k\underset{(z)}{\upsilon}_l, \tag{5.7.3}$$

$$\underset{(x)}{\upsilon}_i\underset{(x)}{\upsilon}_i=\frac{\partial x_i}{\partial z^k}\underset{(z)}{\upsilon}^k\frac{\partial x_i}{\partial z^l}\underset{(z)}{\upsilon}^l=g_{kl}\underset{(z)}{\upsilon}^k\underset{(z)}{\upsilon}^l$$

aber zu dem Ausdruck aus Gleichung (5.7.2) vollkommen äquivalent sind. Somit ist auch der folgende Ausdruck ein Skalar:

$$\underset{(x)}{\rho}\left(\underset{(x)}{u}+\frac{1}{2}\underset{(x)}{\upsilon}_i\underset{(x)}{\upsilon}_i\right)=\underset{(z)}{\rho}\left(\underset{(z)}{u}+\frac{1}{2}\underset{(z)}{\upsilon}_k\underset{(z)}{\upsilon}^k\right), \tag{5.7.4}$$

denn die spezifische innere Energie u ist wie die Massendichte eine skalare Größe $\underset{(x)}{u}=\underset{(z)}{u}$. Der zweite Summand der linken Seite aus Gleichung (5.7.1) entspricht also der Divergenz eines mit einem Skalar multiplizierten Vektors, der wiederum ein Vektor ist, und wir erhalten somit gemäß der Übung 4.2.6:

$$\frac{\partial}{\partial x_j}\left(\underset{(x)}{\rho}\left(\underset{(x)}{u}+\frac{1}{2}\underset{(x)}{\upsilon}_i\underset{(x)}{\upsilon}_i\right)\underset{(x)}{\upsilon}_j\right)=\left(\underset{(z)}{\rho}\left(\underset{(z)}{u}+\frac{1}{2}\underset{(z)}{\upsilon}_k\underset{(z)}{\upsilon}^k\right)\underset{(z)}{\upsilon}^l\right)_{;l}. \tag{5.7.5}$$

Dabei haben wir die Geschwindigkeit als kontravariantes Objekt gedeutet. Dies ist nicht die einzige Möglichkeit. Genauso gut hätten wir nämlich die kovariante Schreibweise für die Geschwindigkeit wählen können (aufgrund der Gleichung (4.4.9) gilt $g^{ij}{}_{;k}=0$):

$$\frac{\partial}{\partial x_j}\left(\underset{(x)}{\rho}\left(\underset{(x)}{u}+\frac{1}{2}\underset{(x)}{\upsilon}_i\underset{(x)}{\upsilon}_i\right)\underset{(x)}{\upsilon}_j\right)=\left(\underset{(z)}{\rho}\left(\underset{(z)}{u}+\frac{1}{2}\underset{(z)}{\upsilon}_k\underset{(z)}{\upsilon}^k\right)\underset{(z)}{\upsilon}_i\right)_{;l}g^{li}. \tag{5.7.6}$$

Mit den Ausdrücken auf der rechten Seite der Gleichung (5.7.1) nehmen wir ähnliche Umformungen vor. Zunächst bieten sich für die Divergenz des Wärmeflussvektors folgende Schreibweisen an:

$$\frac{\partial \underset{(x)}{q}_j}{\partial x_j}=\underset{(z)}{q}^r{}_{;r}=\left(g^{rm}\underset{(z)}{q}_m\right)_{;r}=g^{rm}_{;r}\underset{(z)}{q}_m+g^{rm}\underset{(z)}{q}_{m;r}= \tag{5.7.7}$$

$$0+g^{rm}\underset{(z)}{q}_{m;r}=g^{rm}\underset{(z)}{q}_{m;r},$$

je nachdem, ob man den Wärmeflussvektor als ko- oder als kontravariantes Objekt deutet. Ferner ist das Skalarprodukt aus Spannungstensor und Geschwindigkeit wieder ein Vektor, den wir ko- oder kontravariant schreiben können:

$$\underset{(x)}{\sigma}_{ji}\underset{(x)}{\upsilon}_i=\frac{\partial z^r}{\partial x_j}\frac{\partial z^s}{\partial x_i}\underset{(z)}{\sigma}_{rs}\frac{\partial x_i}{\partial z^k}\underset{(z)}{\upsilon}^k=\frac{\partial z^r}{\partial x_j}\delta_k^s\underset{(z)}{\sigma}^{rs}\underset{(z)}{\upsilon}^k=\frac{\partial z^r}{\partial x_j}\underset{(z)}{\sigma}_{rs}\underset{(z)}{\upsilon}^s$$

$$\Rightarrow \underset{(z)}{\sigma}_{rs}\underset{(z)}{\upsilon}^s=\frac{\partial x_j}{\partial z^r}\underset{(x)}{\sigma}_{ji}\underset{(x)}{\upsilon}_i, \tag{5.7.8}$$

$$\underset{(x)}{\sigma}_{ji}\underset{(x)}{\upsilon}_i = \frac{\partial x_j}{\partial z^r}\frac{\partial x_i}{\partial z^s}\underset{(z)}{\sigma}^{rs}\frac{\partial z^k}{\partial x_i}\underset{(z)}{\upsilon}_k = \frac{\partial x_j}{\partial z^r}\delta_s^k\underset{(z)}{\sigma}^{rs}\underset{(z)}{\upsilon}_k = \frac{\partial x_j}{\partial z^r}\underset{(z)}{\sigma}^{rs}\underset{(z)}{\upsilon}_s$$

$$\Rightarrow \underset{(z)}{\sigma}^{rs}\underset{(z)}{\upsilon}_s = \frac{\partial z^r}{\partial x_j}\underset{(x)}{\sigma}_{ji}\underset{(x)}{\upsilon}_i ,$$

wenn wir nur hinreichend oft die Transformationsformeln für ko- und kontravariante Vektoren und Tensoren sowie die Kettenregel anwenden. Wenn es sich bei dieser Größe um ein ko- respektive ein kontravariantes Objekt handelt, so lässt sich für den ersten Term der rechten Seite der Gleichung (5.7.1), also für die Divergenz eines Vektors, entweder die kovariante Ableitung eines kontra- bzw. eines kovarianten Vektorfeldes wie folgt schreiben:

$$\frac{\partial}{\partial x_j}\left(\underset{(x)}{\sigma}_{ji}\underset{(x)}{\upsilon}_i\right) = \left(\underset{(z)}{\sigma}^{rs}\underset{(z)}{\upsilon}_s\right)_{;r} = \tag{5.7.9}$$

$$\left(g^{rl}g^{sm}\underset{(z)}{\sigma}_{lm}\underset{(z)}{\upsilon}_s\right)_{;r} = g^{rl}\left(\underset{(z)}{\sigma}_{lm}\underset{(z)}{\upsilon}^m\right)_{;r} .$$

Der letzte Term in Gleichung (5.7.1) lässt sich analog wie in der Gleichungsfolge (5.7.2/3) behandeln. Ohne auf jedes Detail der Umrechnungen einzugehen, schreiben wir für die verschiedenen zueinander äquivalenten Darstellungsmöglichkeiten:

$$\underset{(x)}{\upsilon}_i\underset{(x)}{f}_i = \underset{(z)}{\upsilon}_k\underset{(z)}{f}^k = \underset{(z)}{\upsilon}^k\underset{(z)}{f}_k = g^{kl}\underset{(z)}{\upsilon}_k\underset{(z)}{f}_l = g_{kl}\underset{(z)}{\upsilon}^k\underset{(z)}{f}^l . \tag{5.7.10}$$

Schließlich ist auch die Strahlungsdichte ein Skalar, und wir können schreiben:

$$\underset{(x)}{\rho}\underset{(x)}{r} = \underset{(z)}{\rho}\underset{(z)}{r} . \tag{5.7.11}$$

Wir fassen nun die Gleichungen (5.7.4/5) und (5.7.9-11) zusammen, indem wir in Gleichung (5.7.1) einsetzen:

$$\frac{\partial}{\partial t}\left(\underset{(z)}{\rho}\left(\underset{(z)}{u}+\frac{1}{2}\underset{(z)}{\upsilon}_k\underset{(z)}{\upsilon}^k\right)\right)+\left(\underset{(z)}{\rho}\left(\underset{(z)}{u}+\frac{1}{2}\underset{(z)}{\upsilon}_i\underset{(z)}{\upsilon}^i\right)\underset{(z)}{\upsilon}^j-\underset{(z)}{\sigma}^{ji}\underset{(z)}{\upsilon}_i+\underset{(z)}{q}^j\right)_{;j} =$$

$$\underset{(z)}{\rho}\left(\underset{(z)}{\upsilon}_k\underset{(z)}{f}^k+\underset{(z)}{r}\right). \tag{5.7.12}$$

Übung 5.7.1: ***Die Bilanz der kinetischen Energie (regulär) in beliebigen Koordinaten***

Man zeige zunächst, dass man nach Skalarmultiplikation der Impulsbilanz in regulären Punkten in kartesischen Koordinaten in der Form (3.7.2) mit der Geschwindigkeit schreiben kann:

$$\frac{\partial}{\partial t}\left(\frac{\underset{(x)}{\rho}}{2}\underset{(x)}{\upsilon}_i\underset{(x)}{\upsilon}_i\right)+\frac{\partial}{\partial x_j}\left(\frac{\underset{(x)}{\rho}}{2}\underset{(x)}{\upsilon}_i\underset{(x)}{\upsilon}_i\underset{(x)}{\upsilon}_j\right)=$$

$$\frac{\partial}{\partial x_j}\left(\underset{(x)}{\sigma}_{ji}\underset{(x)}{\upsilon}_i\right)+\rho\underset{(x)(x)}{f}_i\underset{(x)}{\upsilon}_i-\underset{(x)}{\sigma}_{ji}\frac{\partial\underset{(x)}{\upsilon}_i}{\partial x_j}. \tag{5.7.13}$$

Man vergleiche das Ergebnis auch mit den Einträgen in die Tabelle aus Abschnitt 3.8, interpretiere die ersten beiden Terme als Zufuhren an kinetischer Energie und den dritten Term als Produktion derselben und zeige durch explizites Nachrechnen die Skalareigenschaft der Produktionsdichte:

$$\underset{(x)}{\sigma}_{ji}\frac{\partial\underset{(x)}{\upsilon}_i}{\partial x_j}=\underset{(z)}{\sigma}^{ji}\underset{(z)}{\upsilon}_{i;j}. \tag{5.7.14}$$

Man schließe unter Verwendung von Argumenten aus dem vorherigen Abschnitt, dass sich für die Bilanz der kinetischen Energie somit schreiben lässt:

$$\frac{\partial}{\partial t}\left(\frac{\underset{(z)}{\rho}}{2}\underset{(z)}{\upsilon}_i\underset{(z)}{\upsilon}^i\right)+\left(\frac{\underset{(z)}{\rho}}{2}\underset{(z)}{\upsilon}_i\underset{(z)}{\upsilon}^i\underset{(z)}{\upsilon}^j\right)_{;j}= \tag{5.7.15}$$

$$\left(\underset{(z)}{\sigma}^{ji}\underset{(z)}{\upsilon}_i\right)_{;j}+\rho\underset{(z)}{\upsilon}_k\underset{(z)}{f}^k-\underset{(z)}{\sigma}^{ji}\underset{(z)}{\upsilon}_{i;j}.$$

Man erläutere im Zusammenhang mit der letzten Gleichung auch die koordinateninvariante Schreibweise:

$$\frac{\partial}{\partial t}\left(\frac{\rho}{2}\boldsymbol{\upsilon}^2\right)+\nabla\cdot\left(\frac{\rho}{2}\boldsymbol{\upsilon}^2\boldsymbol{\upsilon}\right)=\nabla\cdot(\boldsymbol{\upsilon}\cdot\boldsymbol{\sigma})+\rho\boldsymbol{\upsilon}\cdot\boldsymbol{f}-\boldsymbol{\sigma}:(\nabla\boldsymbol{\upsilon}). \tag{5.7.16}$$

Wie ist die Wirkung der diversen Skalar- und Doppelskalarpunkte sowie des Nablaoperators zu deuten? Welche Vor- und Nachteile hat diese Schreibweise?

Übung 5.7.2: ***Die Bilanz der inneren Energie (regulär) in beliebigen Koordinaten***

Man subtrahiere Gleichung (5.7.15) von Gleichung (5.7.12) und schließe auf die Gültigkeit der Bilanz der inneren Energie in regulären Punkten ausgedrückt in einem beliebigen Koordinatensystem:

$$\frac{\partial}{\partial t}\left(\underset{(z)}{\rho}\,\underset{(z)}{u}\right)+\left(\underset{(z)}{\rho}\,\underset{(z)}{u}\,\underset{(z)}{\upsilon}^{j}\right)_{;j}=-\underset{(z)}{q}^{r}_{;r}+\underset{(z)}{\sigma}^{ji}\underset{(z)}{\upsilon}_{i;j}+\underset{(z)}{\rho}\,\underset{(z)}{r}\,. \tag{5.7.17}$$

Es ist zu beweisen, dass man ebenso schreiben darf:

$$\underset{(z)}{\rho}\frac{\partial \underset{(z)}{u}}{\partial t}+\underset{(z)}{\rho}\,\underset{(z)}{\upsilon}^{j}\frac{\partial \underset{(z)}{u}}{\partial z^{j}}=-\underset{(z)}{q}^{r}_{;r}+\underset{(z)}{\sigma}^{ji}\underset{(z)}{\upsilon}_{i;j}+\underset{(z)}{\rho}\,\underset{(z)}{r}\,. \tag{5.7.18}$$

Man erläutere hiermit schließlich die nachstehende koordinateninvariante Notation und diskutiere Vor- und Nachteile derselben:

$$\rho\frac{\partial u}{\partial t}+\rho\boldsymbol{\upsilon}\cdot\nabla u=-\nabla\cdot\boldsymbol{q}+\boldsymbol{\sigma}:\left(\nabla\boldsymbol{\upsilon}\right)+\rho r\,. \tag{5.7.19}$$

5.8 Die Bilanzen für Masse, Impuls und Energie in singulären Punkten in einem beliebigen Koordinatensystem

Wir beschränken uns im folgenden auf den Fall, dass an der den Körper durchziehenden singulären Fläche die Felder der Dichte, der Geschwindigkeit, etc. zwar springen, allerdings idealisieren wir die singuläre Fläche als *eigenschaftslos*. Dies geschieht hier hauptsächlich aus Platzgründen. Für eine ausführliche Diskussion sei auf Müller (1985), Abschnitt 3.2 verwiesen. Wir setzen somit einfach in der allgemeinen Gleichung (3.7.4) die auf die Flächeneinheit bezogene Massendichte ρ_S und alle übrigen flächenspezifischen Größen der linken Seite gleich Null und mit der Tabelle 3.2 wird für die Sprung der Masse in kartesischen Koordinaten:

$$[\![\underset{(x)}{\rho}\left(\underset{(x)}{\upsilon}_{i}-\underset{A}{\upsilon}_{\perp}\underset{(x)}{e}_{i}\right)]\!]\,\underset{(x)}{e}_{i}=0\;\;,\;\;\underset{A}{\upsilon}_{\perp}=\underset{(x),A}{\upsilon}_{i}\,\underset{(x)}{e}_{i}\,, \tag{5.8.1}$$

für den Impuls:

$$[\![\underset{(x)}{\rho}\,\underset{(x)}{\upsilon}_{i}\left(\underset{(x)}{\upsilon}_{j}-\underset{A}{\upsilon}_{\perp}\underset{(x)}{e}_{j}\right)-\underset{(x)}{\sigma}_{ji}]\!]\,\underset{(x)}{e}_{j}=0\,, \tag{5.8.2}$$

und um die Sprungbilanz so knapp wie möglich zu halten, nicht für die gesamte, sondern nach Abzug des kinetischen Anteils nur für die innere Energie:

$$[\![\underset{(x)}{\rho}\underset{(x)}{u}\left(\underset{(x)}{\upsilon}_i-\underset{A}{\upsilon}_\perp \underset{(x)}{e}_i\right)+\underset{(x)}{q}_i]\!] \underset{(x)}{e}_i=0 \,. \tag{5.8.3}$$

Die Umformungen auf ein beliebiges Koordinatensystem sind dann aufgrund der gehäuft auftretenden Skalare und Skalarprodukte nach dem in den vorherigen Abschnitten Gelernten einfach durchzuführen. Wir finden sofort als mögliche Schreibweisen:

$$[\![\underset{(z)}{\rho}\left(\underset{(z)}{\upsilon}^i-\underset{A}{\upsilon}_\perp \underset{(z)}{e}^i\right)]\!] \underset{(z)}{e}_i=0 \;,\quad \underset{A}{\upsilon}_\perp=\underset{(z),A}{\upsilon}^i \underset{(z)}{e}_i \,, \tag{5.8.4}$$

für den Impuls:

$$[\![\underset{(z)}{\rho}\underset{(z)}{\upsilon}^i\left(\underset{(z)}{\upsilon}^j-\underset{A}{\upsilon}_\perp \underset{(z)}{e}^j\right)-\underset{(z)}{\sigma}^{ji}]\!] \underset{(z)}{e}_j=0 \,, \tag{5.8.5}$$

und aus Kompaktheitsgründen wieder nicht für die gesamte, sondern nach Abzug des kinetischen Anteils nur für die innere Energie:

$$[\![\underset{(z)}{\rho}\underset{(z)}{u}\left(\underset{(z)}{\upsilon}^i-\underset{A}{\upsilon}_\perp \underset{(z)}{e}^i\right)+\underset{(z)}{q}^i]\!] \underset{(z)}{e}_i=0 \,. \tag{5.8.6}$$

5.9 Das Transporttheorem für Volumenintegrale in beliebigen Koordinatensystemen

Um uns den globalen Bilanzen für Masse, Impuls und Energie zu nähern, untersuchen wir zunächst den GAUSSschen Satz (3.4.7) in beliebigen Koordinatensystemen:

$$\iiint\limits_V \frac{\partial \underset{(x)}{g}_i}{\partial x_i}\mathrm{d}V = \iint\limits_{A^+\cup A^-} \underset{(x)}{g}_i \underset{(x)}{n}_i \,\mathrm{d}A - \iint\limits_A [\![\underset{(x)}{g}_i]\!] \underset{(x)}{e}_i \,\mathrm{d}A \,. \tag{5.9.1}$$

Wieder tritt eine Divergenz sowie Skalarprodukte auf. Mit dem Erlernten schreiben wir sofort:

$$\iiint\limits_V \underset{(z)}{g}^i_{;i}\,\mathrm{d}V = \iint\limits_{A^+\cup A^-} \underset{(z)}{g}^i \underset{(z)}{n}_i \,\mathrm{d}A - \iint\limits_A [\![\underset{(z)}{g}^i]\!] \underset{(z)}{e}_i \,\mathrm{d}A \,. \tag{5.9.2}$$

Für das Transporttheorem aus Gleichung (3.4.12) folgt damit wiederum:

$$\frac{\mathrm{d}}{\mathrm{d}t}\iiint\limits_{V^+\cup V^-} \underset{(z)}{\psi}_V \mathrm{d}V = \iiint\limits_{V^+\cup V^-}\left[\frac{\partial \underset{(z)}{\psi}_V}{\partial t}+\left(\underset{(z)}{\psi}_V \underset{(z)}{\upsilon}^i\right)_{;i}\right]\mathrm{d}V =$$

$$\iiint_{V^+\cup V^-} \frac{\partial \underset{(z)}{\psi}_V}{\partial t} \mathrm{d}V + \iint_{A^+\cup A^-} \underset{(z)}{\psi}_V \underset{(z)}{\upsilon}^i \underset{(z)}{n}_i \,\mathrm{d}A - \iint_A [\![\underset{(z)}{\psi}_V \underset{(z)}{\upsilon}^i]\!] \underset{(z)}{e}_i \,\mathrm{d}A = \tag{5.9.3}$$

$$\iiint_{V^+\cup V^-} \frac{\partial \underset{(z)}{\psi}_V}{\partial t} \mathrm{d}V + \iint_{A^+\cup A^-} \underset{(z)}{\psi}_V \underset{(z)}{\upsilon}^i \underset{(z)}{n}_i \,\mathrm{d}A - \iint_A [\![\underset{(z)}{\psi}_V]\!] \underset{A}{\upsilon}_\perp \mathrm{d}A .$$

5.10 Globale Bilanzen für Masse, Impuls und Energie

Wenn wir uns auf materielle Volumina ohne singuläre Flächen ohne flächenspezifische Eigenschaften beschränken, so lassen sich die regulären Bilanzen für Masse, Impuls und Energie über alle Körperpunkte summieren, also integrieren, und man erhält für beliebige Koordinatensysteme die globalen Bilanzen für Masse, Impuls und Energie unter Beachtung des GAUSSschen Satzes sowie des Transporttheorems (5.9.2/3) wie folgt:

$$\frac{\mathrm{d}}{\mathrm{d}t} \iiint_V \underset{(z)}{\rho} \,\mathrm{d}V = 0 ,$$

$$\frac{\mathrm{d}}{\mathrm{d}t} \iiint_V \underset{(z)}{\rho} \underset{(z)}{\upsilon}^i \mathrm{d}V = \iint_{\partial V} \underset{(z)}{\sigma}^{ji} \underset{(z)}{n}_j \,\mathrm{d}A + \iiint_V \underset{(z)}{\rho} \underset{(z)}{f}^i \mathrm{d}V , \tag{5.10.1}$$

$$\frac{\mathrm{d}}{\mathrm{d}t} \iiint_V \underset{(z)}{\rho} \left(\underset{(z)}{u} + \tfrac{1}{2} \underset{(z)}{\upsilon}^i \underset{(z)}{\upsilon}_i \right) \mathrm{d}V =$$

$$- \iint_{\partial V} \left(\underset{(z)}{q}^j - \underset{(z)}{\sigma}^{ji} \underset{(z)}{\upsilon}_i \right) \underset{(z)}{n}_j \,\mathrm{d}A + \iiint_{V^+\cup V^-} \underset{(z)}{\rho} \left(\underset{(z)}{r} + \underset{(z)}{f}^i \underset{(z)}{\upsilon}_i \right) \mathrm{d}V .$$

Natürlich lassen sich umgekehrt auch die oben angegebenen lokalen Gleichungen für Masse, Impuls und Energie durch Anwendung des GAUSSschen Satzes und des Transporttheorems herleiten.

5.11 Would you like to know more?

Zum Thema der Bilanzgleichungen von Masse, Impuls und Energie in invarianter Schreibweise findet man beispielsweise weitere Informationen in den Büchern von Greve (2003), Kapitel 2, Haupt (2002), Kapitel 2 und 3, sowie in der „Bibel“ von Truesdell und Toupin (1960), Abschnitte BIII, D1, E1. Hier kommen teilweise auch die Drehimpulsbilanz zur Sprache (die wir in unserem Buch nicht weiter diskutieren) sowie die Entropiebilanz und der zweite Hauptsatz, dem bei uns ein gesondertes Kapitel gewidmet ist.

Ausführungen über konkrete Bilanzgleichungen für Masse, Impuls und Energie in konkreten, nicht-kartesischen Koordinatensystemen finden sich in Irgens (2008), Kapitel 13, den bereits erwähnten Büchern von Chandrasekhar (1981) und Segel (1987) sowie dem Handbuchartikel von Truesdell und Toupin, Sect. 112 bei der Besprechung von Strömungsproblemen.

Überhaupt bilden gerade Strömungs- und Elastizitätslehrbücher einen Quell von *Anwendungen* der Massen-, Impuls- und Energiebilanz in krummlinigen Koordinaten, vgl. z. B. als ersten Einstieg Landau und Lifschitz (1978), Kapitel 2 (Impulsbilanz in Zylindern), Özişik (1989), Kapitel 3 und 4 (Wärmeleitungsprobleme in Zylindern und Kugeln) und Sokolnikoff (1956), Kapitel 4, Abschnitt 48 (lineare Elastizitätstheorie). Wie man beim Lesen dieser Bücher feststellen wird, ist es in der Praxis unüblich, streng zwischen Bilanz- und Materialgleichungen einerseits sowie Kopplung beider andererseits zu unterscheiden und alles von ersten Prinzipien herzuleiten.

Die Frage, ob der Begriff Materie anzuerkennen oder abzulehnen sei,
ist die Frage, ob der Mensch dem Zeugnis seiner Sinnesorgane vertrauen soll,
ist die Frage nach der Quelle unserer Erkenntnis,
eine Frage, die seit Urbeginn der Philosophie gestellt und erörtert wurde,
eine Frage , die zwar von den Clowns im Professorenamte
auf tausenderlei Art vermummt werden, aber nicht veralten kann ...

W.I. LENIN, Materialismus und Empiriokritizismus

6. Materialgleichungen in beliebigen Koordinatensystemen

6.1 Eingangsbemerkungen

In Kapitel 3 wurde bereits darauf hingewiesen, dass die Grundaufgabe der thermo-mechanischen Kontinuumstheorie, nämlich die Bestimmung der fünf Felder der Massendichte, der Geschwindigkeit und der Temperatur zu allen Zeiten und in allen Punkten eines Körpers, neben Bilanzgleichungen auch *Materialgleichungen* erfordert.

In der Tat werden aus den Bilanzgleichungen erst dann *Feldgleichungen der Kontinuumsthermomechanik*, wenn die Abhängigkeit des Spannungstensors, der inneren Energie, des Wärmeflusses, der spezifischen Volumenkraft und der Strahlungszufuhr von den genannten fünf Feldern oder Ableitungen nach dem Ort und nach der Zeit, bzw. von Derivaten derselben geklärt ist. Beispielsweise ist es zur Beschreibung des Verhaltens von Festkörpern wesentlich günstiger, die Verschiebung (und Orts- und Zeitableitungen derselben) zu verwenden, anstatt in direkter Weise die Geschwindigkeit. Die Geschwindigkeit ist aber mit der Verschiebung verwandt, sie ist nämlich die Zeitableitung derselben, also ein „Derivat“.

Wir werden uns im Folgenden auf den Spannungstensor, die inneren Energie und den Wärmefluss konzentrieren. Die Volumenkraft setzen wir als bekannt voraus, ebenfalls die Strahlungszufuhr. Erstere ist zum Beispiel durch das NEWTONsche Gravitationsgesetz gegeben, bzw. (im Nahfeld) gleich der konstanten Erdbeschleunigung. Letztere ist z. B. die im Volumen des Körpers absorbierte Strahlung (etwa aus Höhensonne oder induziert per Mikrowellen) und wird in diesem Buch als phänomenologisch vorgegeben erachtet.

Die nun zu diskutierenden Gleichungen für den Spannungstensor, die innere Energie und den Wärmefluss sind materialabhängig, und es ist die Aufgabe der (thermodynamischen) Materialtheorie, Einschränkungen bezüglich der Form dieser Gleichungen zu finden, also anzugeben, welche Abhängigkeiten von Dichte, Geschwindigkeit und Temperatur (und deren Ableitungen) prinzipiell möglich und zur Beschreibung gewisser Phänomene notwendig sind.

W.H. Müller, *Streifzüge durch die Kontinuumstheorie*,
DOI 10.1007/978-3-642-19870-0_6, © Springer-Verlag Berlin Heidelberg 2011

Mit der Materialtheorie und den ihr zugrundeliegenden Prinzipen werden wir uns in diesem Buch aus Platzgründen nicht beschäftigen, jedenfalls nicht im Detail. Vielmehr werden wir rein phänomenologisch für die einfachsten Materialien – insbesondere für den HOOKE-NEWTONschen Festkörper und das NAVIER-STOKES-FOURIER Fluid – die Materialgleichungen angeben und zwar zunächst in kartesischen Koordinaten. Dieses macht Sinn, denn diese Zusammenhänge wurden ursprünglich auch nicht allgemein invariant formuliert, sondern im Laufe der Zeit an einfachen, meist eindimensionalen Strukturen heuristisch „entdeckt" und erst dann in die entsprechende mathematische Form gebracht.

Die für kartesische Zusammenhänge formulierten Materialgleichungen werden wir danach mit Hilfe der Regeln der Tensoranalysis auf beliebige Koordinatensysteme übertragen. Sie erlauben – in die allgemein formulierten Bilanzgleichungen eingesetzt – die Lösung von Feldgleichungen für Dichte, Geschwindigkeit und Temperatur. De facto werden wir so vorgehen, dass wir die Materialgleichungen in die lokalen Bilanzgleichungen einsetzen und die so in regulären Punkten gewonnenen partiellen Differentialgleichungen für Massendichte, Geschwindigkeit und Temperatur unter Angabe von Anfangs-, Rand- und Übergangsbedingungen gemäß den Regeln für gekoppelte partielle Differentialgleichungen lösen. Die Übergangsbedingungen sind dabei den lokal singulären Bilanzgleichungen zu entlehnen, in die zuvor ebenfalls die Materialgleichungen eingesetzt werden.

6.2 Das HOOKEsche Gesetz

Linear-elastische Körper werden durch das HOOKEsche Gesetz beschrieben, das in einer kartesischen Basis x lautet:

$$\underset{(x)}{\sigma}_{ij} = \underset{(x)}{C}_{ijkl}\left(\underset{(x)}{\varepsilon}_{kl} - \underset{(x)}{\overset{*}{\varepsilon}}_{kl}\right). \tag{6.2.1}$$

Dabei bezeichnet $\underset{(x)}{C}_{ijkl}$ die Steifigkeitsmatrix, einen Tensor 4. Stufe, welcher den Widerstand des Körpers gegen Verformung in den verschiedenen Raumrichtungen kennzeichnet. Er enthält, wie man zeigen kann, maximal 21 unabhängige Elastizitätskonstanten, die aus Messungen am Einkristall folgen. Ferner bezeichnet $\underset{(x)}{\varepsilon}_{ij}$ den linearen *Verzerrungstensor*, hier bzgl. der kartesischen Basis x. Er ist eine *symmetrische* Größe und hängt mit der *Verschiebung* $\underset{(x)}{u}_i$ wie folgt zusammen:

$$\underset{(x)}{\varepsilon}_{ij} = \frac{1}{2}\left(\frac{\partial \underset{(x)}{u}_i}{\partial x_j} + \frac{\partial \underset{(x)}{u}_j}{\partial x_i}\right). \tag{6.2.2}$$

Die *Verschiebung* $\underset{(x)}{u}_i$ ist definiert als die infinitesimale Auslenkung eines materiellen Teilchens des Körpers aus einer Referenzlage, die in kartesischen Koordinaten durch X_i gegeben sein soll, also formelmäßig:

$$\underset{(x)}{u}_i = x_i - X_i \,. \tag{6.2.3}$$

Ferner bezeichnet $\underset{(x)}{\varepsilon}{}^*_{ij}$ den (symmetrischen) Tensor der Dehnungen inelastischen Ursprungs, also beispielsweise aufgrund thermischer Dehnungen:

$$\underset{(x)}{\varepsilon}{}^*_{ij} = \underset{(x)}{\alpha}_{ij} \Delta T \,. \tag{6.2.4}$$

Darin steht $\Delta T = T - T_R$ für den Temperaturhub (T_R ist die Temperatur des spannungsfreien Referenzzustandes und T die aktuelle Temperatur) und $\underset{(x)}{\alpha}_{ij}$ ist der (symmetrische) Tensor der thermischen Ausdehnungskoeffizienten in den verschiedenen Richtungen des Kristalls. Für isotrope Materialien vereinfachen sich die Beziehungen erheblich. Zunächst einmal lassen sich dann die Steifigkeits- sowie die Ausdehnungskoeffizientenmatrix durch Kombinationen der Einheitsmatrix ausdrücken:

$$\underset{(x)}{C}_{ijkl} = \underset{(x)}{\lambda} \delta_{ij}\delta_{kl} + \underset{(x)}{\mu} \left(\delta_{ik}\delta_{jl} + \delta_{il}\delta_{jk}\right) \,, \quad \underset{(x)}{\alpha}_{ij} = \underset{(x)}{\alpha} \delta_{ij} \,. \tag{6.2.5}$$

Eingesetzt in die Gleichung (6.2.1) folgt:

$$\underset{(x)}{\sigma}_{ij} = \underset{(x)}{\lambda} \underset{(x)}{\varepsilon}_{kk} \delta_{ij} + 2 \underset{(x)}{\mu} \underset{(x)}{\varepsilon}_{ij} - 3 \underset{(x)}{k} \underset{(x)}{\alpha} \Delta T \delta_{ij} \,, \quad 3 \underset{(x)}{k} = 3 \underset{(x)}{\lambda} + 2 \underset{(x)}{\mu} \,. \tag{6.2.6}$$

Man bezeichnet $3 \underset{(x)}{k}$ auch als *Kompressibilität.* Die skalaren, eventuell temperaturabhängigen Größen $\underset{(x)}{\lambda}$ und $\underset{(x)}{\mu}$ stehen für die sogenannten LAMÉschen Elastizitätskonstanten.

Siméon Denis POISSON wurde am 21. Juni 1781 in der Kleinstadt Pithiviers geboren und starb am 25.4 1840 in Paris. Er kam aus armer Familie und hatte bis zu seinem fünfzehnten Lebensjahr wenig Gelegenheit sich mehr als elementare Kenntnisse im Lesen und Schreiben anzueignen. Nach dem Versuch ihn Medizin studieren zu lassen, folgte er schließlich seiner eigentlichen Berufung, nämlich der Mathematik und Physik. 1798 bestand er das Eingangsexamen an der renommierten École Polytechnique in Paris mit Auszeichnung und wurde im Laufe der Jahre zu einer herausragenden Figur in der französischen Akademie.

Übung 6.2.1: ***LAMÉ-NAVIERsche Gleichungen und der eindimensionale Zugstab***

Man stelle sich einen langen, an einem Ende einwertig eingespannten Stab vor, dessen Stirnfläche (senkrecht zur x_1-Achse) unter einer gleichförmigen Zugspannung σ steht. Ansonsten ist der Stab „frei". Man skizziere die Situation analog zu Abb. 6.1. Unter Verwendung der kartesischen Impulsbilanz der Statik in regulären und in singulären Punkten (analog zu Gleichung (5.5.2) und Gleichung (3.9.4)), d. h. im Stabinneren und auf den Staboberflächen, ist mit der lokalen Impulsbilanz der Statik in regulären und in singulären Punkten sowie dem Satz von CAUCHY nach Gleichung (3.2.7) der Beweis zu liefern, dass in jedem materiellen Punkt der Spannungszustand nur folgendermaßen aussehen kann:

$$\sigma_{ij} = \begin{bmatrix} \sigma & 0 & 0 \\ 0 & 0 & 0 \\ 0 & 0 & 0 \end{bmatrix} . \tag{6.2.7}$$

Hiermit soll nun in das HOOKEsche Gesetz (6.2.6) ohne thermische Anteile gegangen und durch algebraische Umformungen auf

$$\sigma = E\varepsilon \ , \ \ \varepsilon_{22} \equiv \varepsilon_{33} - \nu\varepsilon_{11} \tag{6.2.8}$$

mit:

$$E = \frac{\mu(3\lambda + 2\mu)}{\lambda + \mu} \ , \ \ \nu = \frac{\lambda}{2(\lambda + \mu)} \tag{6.2.9}$$

geschlossen werden. Letzteres gibt den Zusammenhang zwischen dem *Elastizitätsmodul* E und der *POISSONSCHEN Zahl* ν mit den beiden LAMÉschen Elastizitätskonstanten λ und μ an.

Alternativ und im Vorgriff auf Abschnitt 7.3 kombiniere man nun die Impulsbilanz der Statik (unter Vernachlässigung der Volumenkraft) mit dem HOOKEschen Gesetz (unter Vernachlässigung der thermischen Ausdehnung) sowie dem kinematischen Zusammenhang für kleine Verzerrungen und zeige die Gültigkeit der *LAMÉ-NAVIERSCHEN Differentialgleichung* für das Verschiebungsfeld für den anisotropen bzw. den isotropen Fall:

$$\underset{(x)}{C}_{ijkl} \frac{\partial^2 \underset{(x)}{u}_k}{\partial x_i \partial x_l} = 0 \ , \ \ \left(\underset{(x)}{\lambda} + \underset{(x)}{\mu} \right) \frac{\partial^2 \underset{(x)}{u}_k}{\partial x_j \partial x_k} + \underset{(x)}{\mu} \frac{\partial^2 \underset{(x)}{u}_j}{\partial x_k \partial x_k} = 0 . \tag{6.2.10}$$

Man erläutere, warum es für das eingangs geschilderte Stabproblem sinnvoll ist, den folgenden Verschiebungsansatz zu wählen (sog. *semiinverse Methode*):

$$\underset{(x)}{u}_1 = u_1(x_1) \ , \ \ \underset{(x)}{u}_2 = u_2(x_2), \ \ \underset{(x)}{u}_3 = u_3(x_3) . \tag{6.2.11}$$

Man werte mit diesem Ansatz nun die LAMÉ-NAVIERSCHEN Gleichungen aus, löse die resultierenden Differentialgleichungen für die Verschiebungen und zeige erneut die Gültigkeit der Gleichungen (6.2.8/9). Vor- und Nachteile beider Zugänge sind zu diskutieren. Wie könnte man auf diesem Ergebnis aufbauend eine Messvorschrift für den Elastizitätsmodul und die Querkontraktionszahl definieren?

Man diskutiere schließlich das folgende Argument nach Weiss (Weierstrass-Institut zu Berlin) und betrachte dazu einen 1-D Stab wie in der Abb. 6.1 zu sehen: An seiner in x_1-Richtung orientierten Stirnfläche bei $x_1 = l$ wird ein konstantes Verschiebungsfeld $\underset{(x)}{u}_1 = u_1(x_1 = l) = u_0$, $\underset{(x)}{u}_2 = u_2(x_1 = l) = 0$, $\underset{(x)}{u}_3 = u_3(x_1 = l) = 0$ aufgeprägt. Was ist anschaulich gesprochen der Unterschied zu dem soeben betrachteten freien Stab? Man wähle nun den semiinversen Ansatz $\partial/\partial x_2 = 0$, $\partial/\partial x_3 = 0$ und zeige durch Auswerten und Lösen der Impulsbilanz der Statik (ohne Volumenkräfte) zunächst, dass:

$$\underset{(x)}{\sigma}_{11} = C_1 \, , \quad \underset{(x)}{\sigma}_{12} = C_2 \, , \quad \underset{(x)}{\sigma}_{13} = C_3 \, . \tag{6.2.12}$$

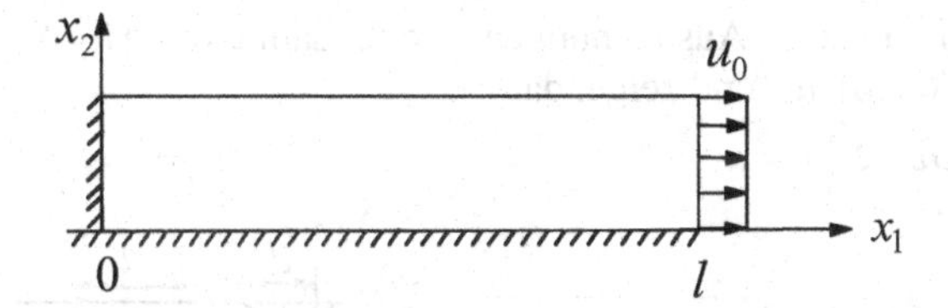

Abb. 6.1: Semiinverser Ansatz nach Weiss.

Man ziehe nun das HOOKEsche Gesetz in der Form (6.2.6) ohne thermische Anteile hinzu und folgere, dass:

$$\underset{(x)}{\sigma}_{11} = \left(\underset{(x)}{\lambda} + 2 \underset{(x)}{\mu} \right) \frac{\partial \underset{(x)}{u}_1}{\partial x_1} \, , \quad \underset{(x)}{\sigma}_{12} = \underset{(x)}{\mu} \frac{\partial \underset{(x)}{u}_2}{\partial x_1} \, , \quad \underset{(x)}{\sigma}_{13} = \underset{(x)}{\mu} \frac{\partial \underset{(x)}{u}_3}{\partial x_1} \, . \tag{6.2.13}$$

Man benutze nun wieder die Impulsbilanz der Statik, also die kartesische Version von Gleichung (5.5.1), sowie die Verformungsrandbedingungen, wie in der Abb. 6.1 zu sehen, um zu zeigen, dass gelten muss:

$$\underset{(x)}{u}_1 = \frac{u_0}{l} x_1 \, , \quad \underset{(x)}{u}_2 = 0 \, , \quad \underset{(x)}{u}_3 = 0 \tag{6.2.14}$$

sowie:

$$\underset{(x)}{\sigma}_{11} = \left(\underset{(x)}{\lambda} + 2 \underset{(x)}{\mu} \right) \frac{u_0}{l} \, , \quad \underset{(x)}{\sigma}_{22} = \underset{(x)}{\lambda} \frac{u_0}{l} \, , \quad \underset{(x)}{\sigma}_{33} = \underset{(x)}{\lambda} \frac{u_0}{l} \, . \tag{6.2.15}$$

Man interpretiere diese Gleichungen im Sinne von Kraftbedingungen, um die Seitenränder auf fester Höhe zu halten. Für welche Materialkoeffizienten (Interpretation!) wäre es im Vergleich mit den Gleichungen (6.2.8/9) also möglich, kräftefreie Seitenränder zu garantieren? Was passiert im Falle eines inkompressiblen Materials?

Übung 6.2.2: ***LAMÉ-NAVIERsche Gleichungen und elementarer Schubversuch***

Man stelle sich einen Quader vor, der wie in Abb. 6.2 links gezeigt, durch eine Scherkraft τ pro Einheitsfläche belastet ist und sich (ein wenig, im Sinne kleiner Deformationen) in ein Parallelepiped verformt. Wieder erläutere man zunächst mit Hilfe der kartesischen Impulsbilanzen für reguläre und singuläre Punkte, warum der Spannungszustand in jedem Körperpunkt die folgende Form hat:

$$\sigma_{ij} = \begin{bmatrix} 0 & \tau & 0 \\ \tau & 0 & 0 \\ 0 & 0 & 0 \end{bmatrix}. \tag{6.2.16}$$

Man ignoriere thermische Ausdehnungen, werte damit das HOOKEsche Gesetz nach Gleichung (6.2.6) aus und zeige, dass:

$$\tau = 2G\varepsilon_{12}, \quad G = \mu. \tag{6.2.17}$$

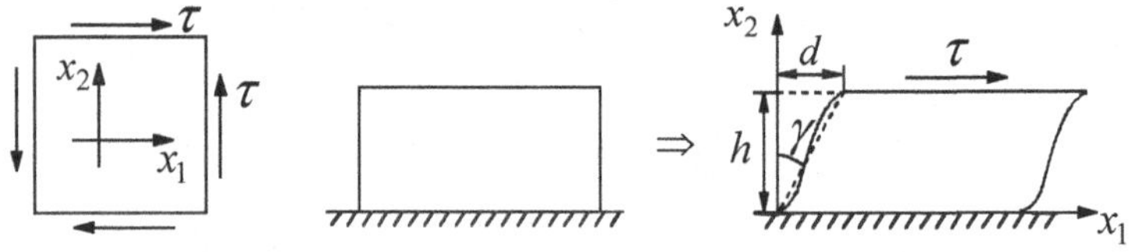

Abb. 6.2: Zum Zusammenhang zwischen Schubmodul G und LAMÉscher Konstante μ.

Letzteres stellt den Zusammenhang zwischen dem aus der elementaren Festigkeitslehre bekannten Schubmodul G mit der zweiten LAMÉschen Elastizitätskonstante μ dar. Sie sind gleich! Man diskutiere das Problem nun im Hinblick auf die in Übung 6.2.1 hergeleiteten LAMÉ-NAVIERschen Differentialgleichungen und erläutere, warum für den in Abb. 6.2 rechts dargestellten Deformationszustand der folgende Verschiebungsansatz sinnvoll erscheint:

$$\underset{(x)}{u}_1 = u_1(x_2), \quad \underset{(x)}{u}_2 \approx 0, \quad \underset{(x)}{u}_3 = 0. \tag{6.2.18}$$

Man gehe mit diesem Ansatz in die LAMÉ-NAVIERschen Gleichungen und zeige durch Lösung der resultierenden Differentialgleichung, dass gilt:

$$G = \mu \tag{6.2.19}$$

sowie:

$$\tau = G\gamma \,, \tag{6.2.20}$$

wobei γ den *Scherwinkel* bezeichnet (zu seiner Bedeutung vgl. Abb. 6.2 rechts). Welcher Unterschiede bestehen zur vorherigen Argumentation? Wie versteht man insbesondere die kräftefreien Flanken in Abb. 6.2 rechts im Gegensatz zu Abb. 6.2 links?

Anwendung der Transformationsgleichungen für Tensoren (2.4.15) auf Gleichung (6.2.6) liefert das HOOKEsche Gesetz vollständig kovariant geschrieben:

$$\underset{(z)}{\sigma}_{ij} = \underset{(z)}{\lambda} g^{kl} \underset{(z)}{\varepsilon}_{lk} g_{ij} + 2 \underset{(z)}{\mu} \underset{(z)}{\varepsilon}_{ij} - 3 \underset{(z)}{k} \underset{(z)}{\alpha} \Delta T g_{ij} \,. \tag{6.2.21}$$

Für den Verzerrungstensor in beliebigen Koordinaten lässt sich im Hinblick auf die Gleichungen (4.2.11 / 12) und (6.2.2) schreiben:

$$\underset{(z)}{\varepsilon}_{ij} = \frac{1}{2}\left(\underset{(z)}{u}_{i;j} + \underset{(z)}{u}_{j;i} \right). \tag{6.2.22}$$

Übung 6.2.3: ***HOOKEsches Gesetz und Verzerrungstensor in kontravarianter und anderen Schreibweisen***

Man erläutere nochmals alle Schritte, die von Gleichung (6.2.6) auf Gleichung (6.2.21), bzw. von Gleichung (4.2.11 / 12) und (6.2.2) auf Gleichung (6.2.22) führen. Man zeige bzw. erläutere außerdem die Gültigkeit der folgenden alternativen Schreibweisen für die (Spur der) Dehnung:

$$\underset{(z)}{\varepsilon}^{rs} = g^{ri} g^{sj} \underset{(z)}{\varepsilon}_{ij} \,, \quad \underset{(z)}{\varepsilon}^{r}{}_{j} = g^{ri} \underset{(z)}{\varepsilon}_{ij} \,, \quad \underset{(z)}{\varepsilon}_{i}{}^{s} = g^{sj} \underset{(z)}{\varepsilon}_{ij} \,, \tag{6.2.23}$$

$$\varepsilon_{<ij>} = \sqrt{g^{\underline{ii}}}\sqrt{g^{\underline{jj}}} \underset{(z)}{\varepsilon}_{ij} = \sqrt{g_{\underline{ii}}}\sqrt{g^{\underline{jj}}} \underset{(z)}{\varepsilon}^{i}{}_{j} = \sqrt{g_{\underline{ii}}}\sqrt{g^{\underline{jj}}} \underset{(z)}{\varepsilon}^{i}{}_{j} = \sqrt{g_{\underline{ii}}}\sqrt{g_{\underline{jj}}} \underset{(z)}{\varepsilon}^{ij} \,,$$

$$\underset{(z)}{\varepsilon}^{i}{}_{i} = g^{ij} \underset{(z)}{\varepsilon}_{ij} = g_{jr} \underset{(z)}{\varepsilon}^{rj} \,, \quad \underset{(z)}{\varepsilon}^{j}{}_{j} = g^{ji} \underset{(z)}{\varepsilon}_{ij} = g_{jr} \underset{(z)}{\varepsilon}^{rj} \,,$$

$$\underset{(z)}{\varepsilon}_{<ii>} = g^{ji} \underset{(z)}{\varepsilon}_{ij} = g_{jr} \underset{(z)}{\varepsilon}^{rj} \,,$$

und das HOOKEsche Gesetz:

$$\underset{(z)}{\sigma}^{ij} = \underset{(z)}{\lambda} g^{kl} \underset{(z)}{\varepsilon}_{lk} g^{ij} + 2 \underset{(z)}{\mu} \underset{(z)}{\varepsilon}^{ij} - 3 \underset{(z)}{k} \underset{(z)}{\alpha} \Delta T g^{ij} \,,$$

$$\underset{(z)}{\sigma}_{i}{}^{j} = \underset{(z)}{\lambda} g^{kl} \underset{(z)}{\varepsilon}_{lk} \delta_{i}^{j} + 2 \underset{(z)}{\mu} \underset{(z)}{\varepsilon}_{i}{}^{j} - 3 \underset{(z)}{k} \underset{(z)}{\alpha} \Delta T \delta_{i}^{j} \,, \tag{6.2.24}$$

$$\underset{(z)}{\sigma}{}^{i}{}_{j} = \underset{(z)}{\lambda} g^{kl} \underset{(z)}{\varepsilon}{}_{lk} \delta^{i}{}_{j} + 2 \underset{(z)}{\mu} \underset{(z)}{\varepsilon}{}^{i}{}_{j} - 3 \underset{(z)}{k} \underset{(z)}{\alpha} \Delta T \delta^{i}{}_{j} .$$

Man begründe schließlich die folgende, Gleichung (6.2.1) in beliebigen Systemen ersetzende Darstellung und erörtere mögliche Alternativdarstellungen:

$$\underset{(z)}{\sigma}{}_{ij} = \underset{(z)}{C}{}_{ij}{}^{kl} \left(\underset{(z)}{\varepsilon}{}_{kl} - \underset{(z)}{\overset{*}{\varepsilon}}{}_{kl} \right). \tag{6.2.25}$$

Übung 6.2.4: ***HOOKEsches Gesetz und Verzerrungstensor in Zylinderkoordinaten***

Man zeige mit Hilfe der Metrik und der CHRISTOFFELsymbole in Zylinderkoordinaten aus den Gleichungen (2.2.13) und (4.2.5) durch Auswertung der allgemeinen Gleichungen (6.2.21) und (6.2.22), dass gilt:

$$\sigma_{<ij>} = \lambda\, \varepsilon_{<ll>} \delta_{<ij>} + 2\mu\, \varepsilon_{<ij>} \,,\; i,j \in (r, \vartheta, z) \tag{6.2.26}$$

mit:

$$\varepsilon_{<rr>} = \frac{\partial u_{<r>}}{\partial r} \,,\quad \varepsilon_{<\vartheta\vartheta>} = \frac{1}{r} \frac{\partial u_{<\vartheta>}}{\partial \vartheta} + \frac{1}{r} u_{<r>} \,,$$

$$\varepsilon_{<zz>} = \frac{\partial u_{<z>}}{\partial z} \,,\quad \varepsilon_{<r\vartheta>} = \frac{1}{2} \left(\frac{1}{r} \frac{\partial u_{<r>}}{\partial \vartheta} + \frac{\partial u_{<\vartheta>}}{\partial r} - \frac{1}{r} u_{<\vartheta>} \right), \tag{6.2.27}$$

$$\varepsilon_{<rz>} = \frac{1}{2} \left(\frac{\partial u_{<r>}}{\partial z} + \frac{\partial u_{<z>}}{\partial r} \right) \,,\quad \varepsilon_{<\vartheta z>} = \frac{1}{2} \left(\frac{\partial u_{<\vartheta>}}{\partial z} + \frac{1}{r} \frac{\partial u_{<z>}}{\partial \vartheta} \right).$$

Übung 6.2.5: ***HOOKEsches Gesetz und Verzerrungstensor in Kugelkoordinaten***

Man zeige mit Hilfe der Metrik und der CHRISTOFFELsymbole in Kugelkoordinaten aus den Gleichungen (2.2.16) und (4.2.6) durch Auswertung der allgemeinen Gleichungen (6.2.21) und (6.2.22), dass gilt:

$$\sigma_{<ij>} = \lambda\, \varepsilon_{<ll>} \delta_{<ij>} + 2\mu\, \varepsilon_{<ij>} \,,\; i,j \in (r, \varphi, \vartheta) \tag{6.2.28}$$

und:

$$\varepsilon_{<rr>} = \frac{\partial u_{<r>}}{\partial r} \,,\quad \varepsilon_{<\vartheta\vartheta>} = \frac{1}{r} \frac{\partial u_{<\vartheta>}}{\partial \vartheta} + \frac{1}{r} u_{<r>} \,,$$

$$\varepsilon_{<\varphi\varphi>} = \frac{1}{r \sin(\vartheta)} \frac{\partial u_{<\varphi>}}{\partial \varphi} + \frac{1}{r} u_{<r>} + \frac{\cot(\vartheta)}{r} u_{<\vartheta>} \,,$$

$$\varepsilon_{<r\varphi>} = \frac{1}{2}\left(\frac{1}{r\sin(\vartheta)}\frac{\partial u_{<r>}}{\partial \varphi} - \frac{1}{r}u_{<\varphi>} + \frac{\partial u_{<\vartheta>}}{\partial r}\right), \tag{6.2.29}$$

$$\varepsilon_{<r\vartheta>} = \frac{1}{2}\left(\frac{1}{r}\frac{\partial u_{<r>}}{\partial \vartheta} - \frac{1}{r}u_{<\vartheta>} + \frac{\partial u_{<\vartheta>}}{\partial r}\right),$$

$$\varepsilon_{<\varphi\vartheta>} = \frac{1}{2}\left(\frac{1}{r}\frac{\partial u_{<\varphi>}}{\partial \vartheta} - \frac{\cot(\vartheta)}{r}u_{<\varphi>} + \frac{1}{r\sin(\vartheta)}\frac{\partial u_{<\vartheta>}}{\partial \varphi}\right).$$

Übung 6.2.6: ***Linearer Verzerrungstensor und Deformationsgradient***

Man erinnere sich einerseits an die Definition des Deformationsgradienten nach Gleichung (3.4.14), andererseits an die des linearen Verzerrungstensors (6.2.2) und der Verschiebung (6.2.3). In einem ersten Schritt zeige man durch Anwendung der Kettenregel, dass:

$$\left(\delta_{il} - \frac{\partial u_i}{\partial x_l}\right)F_{lk} = \delta_{ik}\,. \tag{6.2.30}$$

Nun nehme man an, dass die Verschiebungsgradienten klein sind und begründe die folgende Matrixinversion:

$$F_{ij} = \delta_{ij} + \frac{\partial u_i}{\partial x_j} + \mathrm{O}\left((\nabla \boldsymbol{u})^2\right). \tag{6.2.31}$$

Man begründe ferner, dass gilt:

$$\varepsilon_{ij} \approx \frac{1}{2}\left(F_{ij} + F_{ji}\right) - \delta_{ij}\,. \tag{6.2.32}$$

Nun zeige man unter Beachtung von Gleichung (3.4.17), dass für die JACOBIdeterminante gilt:

$$J \approx 1 + \varepsilon_{kk}\,. \tag{6.2.33}$$

Man erinnere sich an das Ergebnis aus Übung 3.8.1, wonach die aktuelle Massendichte sich mit Hilfe der JACOBIdeterminante aus der Referenzmassendichte berechnen lässt und zeige, dass bei kleinen Deformationen anstelle von Gleichung (3.8.12) gilt:

$$\rho = \rho_0\left(1 - \varepsilon_{kk}\right). \tag{6.2.34}$$

Man zeige mit Hilfe von Gleichung (6.2.8), dass bei einem unter Zug stehenden Stab gilt:

$$\frac{\rho - \rho_0}{\rho_0} = -(1 - 2\nu)\frac{\Delta l}{l} \,. \tag{6.2.35}$$

Um wieviel Prozent nimmt die Dichte eines um 5 % verlängerten Stahlstabes ab?

6.3 Das NAVIER-STOKES Gesetz

Zur viskosen Reibung fähige Fluide werden oft durch das NAVIER-STOKES Gesetz beschrieben. In einer kartesischen Basis x lautet es:

$$\underset{(x)}{\sigma}_{ij} = -\underset{(x)}{p}\,\delta_{ij} + \underset{(x)}{\lambda}\frac{\partial \underset{(x)}{\upsilon}_k}{\partial x_k}\delta_{ij} + \underset{(x)}{\mu}\left(\frac{\partial \underset{(x)}{\upsilon}_i}{\partial x_j} + \frac{\partial \underset{(x)}{\upsilon}_j}{\partial x_i}\right). \tag{6.3.1}$$

Die skalaren, eventuell temperatur- und dichteabhängigen Größen $\underset{(x)}{\lambda}$ und $\underset{(x)}{\mu}$ nennt man auch *Volumen-* bzw. *Scherviskosität.* Mithin ist das NAVIER-STOKES Gesetz dem HOOKEschen Gesetz für isotrope Festkörper mathematisch sehr ähnlich (vgl. Gleichungen (6.2.6) im Zusammenhang mit der Definition der Dehnung aus Gleichung (6.2.2)). Das ist nicht allzu verwunderlich, denn Flüssigkeiten verhalten sich isotrop, an die Stelle der Verschiebung tritt bei der Beschreibung ihrer „Deformation" sinnvollerweise die Geschwindigkeit und in erster Näherung werden Reibungseffekte durch lineare Ausdrücke in den Geschwindigkeitsgradienten beschrieben. In der Tat folgt bei „Abschaltung" der Reibung aus Gleichung (6.3.1):

$$\underset{(x)}{\sigma}_{ij} = -\underset{(x)}{p}\,\delta_{ij} \,. \tag{6.3.2}$$

Die skalare Materialgröße $\underset{(x)}{p}$ nennt man auch den *Druck*, der – wie man nicht anders vermuten würde – in alle Richtungen gleich wirkt, was man mathematisch auch an dem „Kugeltensor" δ_{ij} erkennt und zwar sowohl in der Gleichung (6.3.1) als auch in (6.3.2). Auch der Druck ist im allgemeinen von Dichte und Temperatur abhängig. Weiter unten werden wir eine einfache Materialgleichung für ihn angeben und ihn so in Verbindung mit diesen, primär interessierenden Feldgrößen bringen. Die Beziehung (6.3.2) bezeichnet man in Verbindung mit reibungsfreien Strömungen auch gerne als Spannungszusammenhang für ein EULERsches Fluid. Im Zusammenhang mit Gleichung (6.3.1) notieren wir nun die folgenden Transformationsgleichungen für die dort vorkommenden Skalare und Tensoren:

$$\underset{(x)}{\sigma}_{ij} = \frac{\partial z^k}{\partial x_i}\frac{\partial z^l}{\partial x_j}\underset{(z)}{\sigma}_{kl} \,, \quad \delta_{ij} = \frac{\partial z^k}{\partial x_i}\frac{\partial z^l}{\partial x_j} g_{kl} \,,$$

$$\frac{\partial \underset{(x)}{\upsilon}{}_i}{\partial x_j} = \frac{\partial z^k}{\partial x_i}\frac{\partial z^l}{\partial x_j}\underset{(z)}{\upsilon}{}_{k;l} \ , \quad \frac{\partial \underset{(x)}{\upsilon}{}^k}{\partial x_k} = \underset{(z)}{\upsilon}{}^k{}_{;k} \ , \tag{6.3.3}$$

$$\underset{(x)}{p} = \underset{(z)}{p} \ , \quad \underset{(x)}{p} = \underset{(z)}{p} \ , \quad \underset{(x)}{\mu} = \underset{(z)}{\mu} \ .$$

Nach Einsetzen dieser Beziehungen in Gleichung (6.3.1) kann man $\frac{\partial z^k}{\partial x_i}\frac{\partial z^l}{\partial x_j}$ als gemeinsamen Faktor herausziehen, und es entsteht das NAVIER-STOKESsche Gesetz in einer beliebigen Basis z,

vollständig kovariant geschrieben in Bezug auf die Indizes k und l:

$$\underset{(z)}{\sigma}{}_{kl} = -\underset{(z)}{p}\, g_{kl} + \underset{(z)}{\lambda}\,\underset{(z)}{\upsilon}{}^r{}_{;r}\, g_{kl} + \underset{(z)}{\mu}\left(\underset{(z)}{\upsilon}{}_{k;l} + \underset{(z)}{\upsilon}{}_{l;k}\right). \tag{6.3.4}$$

Übung 6.3.1: ***Das NAVIER-STOKES Gesetz alternativ geschrieben***

Es sei an die Möglichkeit erinnert, mit Hilfe des Metriktensors Indizes in Tensoren hoch bzw. runter zu ziehen und unter kovariante Ableitungen zu schieben: Übung 4.4.1. Man erläutere damit die Gültigkeit der folgenden Alternativformen zu Gleichung (6.3.4):

$$\underset{(z)}{\sigma}{}^{kl} = -\underset{(z)}{p}\, g^{kl} + \underset{(z)}{\lambda}\,\underset{(z)}{\upsilon}{}^r{}_{;r}\, g^{kl} + \underset{(z)}{\mu}\left(\underset{(z)}{\upsilon}{}^k{}_{;r} g^{rl} + \underset{(z)}{\upsilon}{}^l{}_{;r} g^{rk}\right),$$

$$\underset{(z)}{\sigma}{}^k{}_l = -\underset{(z)}{p}\, \delta^k_l + \underset{(z)}{\lambda}\,\underset{(z)}{\upsilon}{}^r{}_{;r}\, \delta^k_l + \underset{(z)}{\mu}\left(\underset{(z)}{\upsilon}{}^k{}_{;l} + \underset{(z)}{\upsilon}{}_{l;r} g^{rk}\right), \tag{6.3.5}$$

$$\underset{(z)}{\sigma}{}_k{}^l = -\underset{(z)}{p}\, \delta^l_k + \underset{(z)}{\lambda}\,\underset{(z)}{\upsilon}{}^r{}_{;r}\, \delta^l_k + \underset{(z)}{\mu}\left(\underset{(z)}{\upsilon}{}_{k;r} g^{rl} + \underset{(z)}{\upsilon}{}^l{}_{;k}\right).$$

Übung 6.3.2: ***NAVIER-STOKES Gesetz und Verzerrungstensor in physikalischen Zylinder- und Kugelkoordinaten***

Man begründe mit Hilfe der Ergebnisse aus den Übungen 6.2.4/5 die Gültigkeit der folgenden Darstellungen für das NAVIER-STOKES Gesetz:

$$\sigma_{<ij>} = \lambda\, d_{<ll>}\delta_{<ij>} + 2\mu\, d_{<ij>} \ , \ i,j \in (r,\vartheta,z), \tag{6.3.6}$$

wobei $i,j \in (r,\vartheta,z)$ für Zylinderkoordinaten und $i,j \in (r,\varphi,\vartheta)$ zu setzen ist und der *symmetrisierte Geschwindigkeitsgradient* wie folgt definiert wurde:

$$\underset{(z)}{d}_{kl} = \tfrac{1}{2}\left(\underset{(z)}{\upsilon}_{k;l} + \underset{(z)}{\upsilon}_{l;k} \right). \tag{6.3.7}$$

Man erläutere ferner anhand der Ergebnisse aus den Übungen 6.2.4/5, warum für Zylinder- bzw. für Kugelkoordinaten die folgenden Darstellungen für den symmetrisierten Geschwindigkeitsgradienten gelten müssen:

$$d_{<rr>} = \frac{\partial \upsilon_{<r>}}{\partial r}\ ,\ d_{<\vartheta\vartheta>} = \tfrac{1}{r}\left(\frac{\partial \upsilon_{<\vartheta>}}{\partial \vartheta} + \upsilon_{<r>} \right)\ ,\ d_{<zz>} = \frac{\partial \upsilon_{<z>}}{\partial z},$$

$$d_{<r\vartheta>} = \tfrac{1}{2}\left(\tfrac{1}{r}\frac{\partial \upsilon_{<r>}}{\partial \vartheta} + \frac{\partial \upsilon_{<\vartheta>}}{\partial r} - \tfrac{1}{r}\upsilon_{<\vartheta>} \right), \tag{6.3.8}$$

$$d_{<rz>} = \tfrac{1}{2}\left(\frac{\partial \upsilon_{<z>}}{\partial r} + \frac{\partial \upsilon_{<r>}}{\partial z} \right)\ ,\ d_{<\vartheta z>} = \tfrac{1}{2}\left(\frac{\partial \upsilon_{<\vartheta>}}{\partial r} + \tfrac{1}{r}\frac{\partial \upsilon_{<z>}}{\partial \vartheta} \right),$$

bzw.:

$$d_{<rr>} = \frac{\partial \upsilon_{<r>}}{\partial r}\ ,\ d_{<\vartheta\vartheta>} = \tfrac{1}{r}\left(\frac{\partial \upsilon_{<\vartheta>}}{\partial \vartheta} + \upsilon_{<r>} \right),$$

$$d_{<\varphi\varphi>} = \frac{1}{r\sin(\vartheta)}\frac{\partial \upsilon_{<\varphi>}}{\partial \varphi} + \tfrac{1}{r}\upsilon_{<r>} + \frac{\cot(\vartheta)}{r}\upsilon_{<\vartheta>},$$

$$d_{<r\varphi>} = \tfrac{1}{2}\left(\frac{1}{r\sin(\vartheta)}\frac{\partial \upsilon_{<r>}}{\partial \varphi} - \tfrac{1}{r}\upsilon_{<\varphi>} + \frac{\partial \upsilon_{<\vartheta>}}{\partial r} \right), \tag{6.3.9}$$

$$d_{<r\vartheta>} = \tfrac{1}{2}\left(\tfrac{1}{r}\left(\frac{\partial \upsilon_{<r>}}{\partial \vartheta} - \upsilon_{<\vartheta>} \right) + \frac{\partial \upsilon_{<\vartheta>}}{\partial r} \right),$$

$$d_{<\varphi\vartheta>} = \tfrac{1}{2}\left(\tfrac{1}{r}\frac{\partial \upsilon_{<\varphi>}}{\partial \vartheta} - \frac{\cot(\vartheta)}{r}\upsilon_{<\varphi>} + \frac{1}{r\sin(\vartheta)}\frac{\partial \upsilon_{<\vartheta>}}{\partial \varphi} \right).$$

Man notiere schließlich für beide Fälle die physikalischen Komponenten der Geschwindigkeit ausgedrückt durch die Zeitableitungen der jeweiligen Koordinaten z^i.

6.4 Das ideale Gasgesetz

Der in den Gleichungen (6.3.1/2) auftretende Druck ist i. a. eine nicht analytische Funktion der Elementarfelder Dichte ρ und Temperatur T (einzusetzen in Einheiten von Kelvin) sowie eventuell deren Ableitungen nach Ort und Zeit. gibt jedoch ein „Material", für welches sich ein analytischer Zusammenhang angeben lässt, nämlich das ideale Gas. Hierfür gilt (in jedem Koordinatensystem):

$$p = \rho \tfrac{R}{M} T \,. \tag{6.4.1}$$

Dabei bezeichnen $R = 8{,}314\ \mathrm{kJ/(kgK)}$ die sog. *ideale Gaskonstante* und M das der Periodentafel der Elemente zu entnehmende (dimensionslose) Molekulargewicht des betreffenden Stoffes also etwa 44 für CO_2. Man nennt einen Druck-Dichte-Temperatur-Zusammenhang wie in (6.4.1) auch *thermische Zustandsgleichung*. Die Gleichung mag dem ungeübten Auge auf den ersten Blick etwas verfremdet erscheinen, kennt man doch aus der Schulchemie zumeist die Formel:

$$pV = \nu \widetilde{R} T \,. \tag{6.4.2}$$

Lorenzo Romano Amedeo Carlo Bernadette AVOGADRO di Quaregna e Cerreto wurde am 9. August 1776 in Turin/Piemont geboren und starb ebenda am 9. Juli 1856. Er studierte zunächst Jura, wechselte 1800 jedoch zur Mathematik und Physik, um 1809 Professor für Naturphilosophie am Liceo Vercelli in Turin zu werden. Hier erarbeitete er auch seine Molekularhypothese. Er avancierte: 1820 wurde er Professor für Mathematische Physik an der Universität Turin. Auch politisch war er aktiv, beteiligte sich am Aufstand gegen den König von Sardinien und verlor 1823 seine Professur, um sich offiziell besser der Wissenschaft widmen zu können. 1833 durfte er zurück und lehrte dort bis zum Lebensende.

Dabei ist die Anzahl der Mole ν an Substanz in einer Kammer mit dem Volumen V eingeführt worden. Multipliziert man ν mit der sog. AVOGADROschen Zahl $N_{\mathrm{Avo}} = 6{,}021 \cdot 10^{23}$, so erhält man die Gesamtzahl an Molekülen in der Kammer. Die Gesamtmasse der Substanz (in kg) zu errechnen gelingt, wenn man nun noch die Masse eines Zwölftels des Kohlenstoffatoms kennt. Diese beträgt ungefähr $\mu = 1{,}66 \cdot 10^{-27}\ \mathrm{kg}$. Also gilt:

$$m = \nu \, N_{\mathrm{Avo}} \mu \, M \,, \tag{6.4.3}$$

wobei vorausgesetzt wurde, dass das Molekulargewicht im Periodensystem der Elemente auf der Basis eines Vielfachen des Zwölftels eines Kohlenstoffatoms angegeben wird. Indem wir nun die Anzahl der Mole mit dieser Gleichung in (6.4.2) ersetzen, entsteht:

$$p = \frac{m}{V} \frac{\widetilde{R}}{N_{\mathrm{Avo}} \mu \, M} T \,. \tag{6.4.4}$$

Beachten wir nun noch, dass für homogen gefüllte Behälter

$$\rho = \frac{m}{V} \tag{6.4.5}$$

gilt und dass ferner

$$N_{\text{Avo}}\mu = 10^{-3}\ \text{kg} \tag{6.4.6}$$

ist, so folgt aus Gleichung (6.4.4) die Beziehung (6.4.2), wenn man nur

$$\widetilde{R} = R \cdot 10^{-3}\text{kg} = 8{,}314\,\tfrac{\text{J}}{\text{K}} \tag{6.4.7}$$

setzt, was man als ideale Gaskonstante aus der Schule kennt. Gleichung (6.4.1) ist allgemeiner als die Beziehung (6.4.2), da sie lokal gilt, also auch für einen Behälter, in dem die Verhältnisse nicht homogen sind, es also einen Dichte- und Temperaturgradienten geben kann. Des weiteren hat die ideale Gasgleichung nichts mit dem Phänomen der Reibung zu schaffen, denn diese geht an einer ganz anderen Stelle ein, wie Gleichung (6.3.1) lehrt. Sie ist also auch bei der Beschreibung reibungsbehafteter Gasströmungen einsetzbar, jedenfalls in erster Näherung, als eine analytische Materialbeziehung für den Druck.

Ludwig BOLTZMANN wurde am 20. Februar 1844 in Wien geboren und starb am 5. September 1906 in Duino bei Triest. Er studierte in Wien Physik und wurde 1867 dort Assistent. 1869 nahm er eine Professur für Theoretische Physik in Graz an. Es folgten Aufenthalte an den Universitäten München, Wien und Leipzig, bis er 1895 die Nachfolge des Lehrstuhls von Josef STEFAN in Wien übernahm. Rufe nach Berlin kamen durch BOLTZMANNs innere Zerrissenheit nicht zustande. Sein Lebenswerk war die statistische Deutung der Thermodynamik und insbesondere die zugehörige Deutung die Entropie. Nota bene: Die Vorstellung eines atomaren Aufbaus der Materie war damals revolutionär, und BOLTZMANN hatte viele berühmte Gegner, unter ihnen Wilhelm OSTWALD und gelegentlich Max PLANCK. Man sagt, die Diskussionen nahmen ihn so mit, dass er Selbstmord beging. Möglicherweise war er aber einfach nur konsequenter Wiener.

Abschließend seien noch weitere Alternativformen zu den Gleichungen (6.4.1) und (6.4.2) angegeben, die man oft in Thermodynamikbüchern findet. Sie beruhen auf der Darstellung der Anzahl der Mole als Quotient zwischen aktueller Teilchenzahl N und der AVOGADROzahl:

$$\nu = \frac{N}{N_{\text{Avo}}} \tag{6.4.8}$$

und einer sozusagen „atomaren" Gaskonstante, der BOLTZMANNkonstante:

$$k = \mu R = 1{,}38 \cdot 10^{-23}\,\tfrac{\text{J}}{\text{K}}\,. \tag{6.4.9}$$

Einfache algebraische Umformungen führen so auf:

$$pV = NkT \ , \quad pV = \nu N_{\text{Avo}} kT\,. \tag{6.4.10}$$

6.5 Die innere Energie von Gasen und Festkörpern

Wir wenden uns nun der Materialgleichung für das Skalarfeld der inneren Energie zu. In diesem Zusammenhang spricht man auch von der *kalorischen Zustandsgleichung*, da diese wie wir gleich sehen werden, etwas mit dem Wärmeverhalten des Materials zu schaffen hat. Zunächst untersuchen wir Gase: Wie der Gasdruck ist die innere Energie eines Gases i. a. eine nichtanalytische Funktion von (mindestens) zwei Variablen, nämlich wie beim Druck von der Dichte ρ (bzw. dem Kehrwert derselben, also dem spezifischen Volumen υ) und von der Temperatur T:

$$u = \tilde{u}(\rho, T) \quad \text{oder} \quad u = \hat{u}(\upsilon, T). \tag{6.5.1}$$

Joseph Louis GAY-LUSSAC wurde am 6. Dezember 1778 in Saint-Léonard-de-Noblat geboren und starb am 9. Mai 1850 in Paris. Er besuchte zunächst die École Centrale des Travaux Publics und danach die berühmte École Nationale des Ponts et Chaussées. 1802 wurde er Repetitor für Chemie an der École Polytechnique und hielt dort auch Vorlesungen. Berühmt sind seine Ballonfahrten, bei denen das Erdmagnetfeld und die Luftzusammensetzung untersucht wurde. Im Jahre 1808 wurde er Professor für praktische Chemie an der École Polytechnique in Paris und gleichzeitig Professor für Physik und Chemie an der Sorbonne.

Für ein *ideales Gas* jedoch zeigt der sog. GAY-LUSSAC-JOULE Versuch jedoch, dass die innere Energie ausschließlich eine Funktion der Temperatur ist, $u = u(T)$, und zwar eine *lineare* Funktion, für die man den folgenden analytischen Zusammenhang angeben kann:

$$u = \zeta \tfrac{R}{M} T + u_0 . \tag{6.5.2}$$

James Prescott JOULE wurde am 24. Dezember 1818 in Salford bei Manchester geboren und starb am 11. Oktober 1889 in Sale, Greater Manchester. Er war der dritte Sohn eines Brauereibesitzers und übernahm und betrieb später die Brauerei mit einem Bruder. Er studierte ab 1834 Mathematik und Naturwissenschaften, teils als Hobby, teils zum Nutzen der Brauerei. 1837 richtete er sich ein chemisches Labor ein, das später von verschiedenen Vereinen finanziert wurde. Sein großes Werk war die Bestimmung des mechanischen Wärmeäquivalents zu einer Zeit, wo die thermodynamischen Begriffe sich gerade aus dem Nebel erhoben.In späteren Jahren plagten ihn verstärkt gesundheitliche und finanzielle Probleme. Bei Letzterem half Queen VICTORIA ab 1878 mit einer Pension.

Darin ist u_0 eine Konstante, die jedoch für unsere Zwecke irrelevant ist, da sie in die Bilanzgleichungen eingesetzt bei Differentiation nach Ort und Zeit herausfällt. Ferner ist ζ eine Zahl – und zwar gleich $\frac{3}{2}$, $\frac{5}{2}$ bzw. 3, – je nachdem, ob es sich um ein ein-, zwei- oder mehratomiges, ideales Gas handelt. Wenn man so will, definiert die Gleichung (6.5.2) das kalorische Verhalten eines idealen Gases. Trotzdem ist sie auch zur Beschreibung realer Gase zu gebrauchen, jedenfalls in guter

Näherung und zwar über einen großen Temperaturbereich. Für die Präzisierung praktischer Anwendungen wie beispielsweise die Auslegung von Turbinen, in denen man während des Betriebes ein Gemisch aus Luft (Sauerstoff) und Treibstoff verbrennt, hat Gleichung (6.5.2) ihre Grenzen und man „verbessert" sie, indem man schreibt:

$$u = c_\upsilon(T)\,T + u_0\,. \tag{6.5.3}$$

Es bezeichnet $c_\mathrm{V}(T)$ die sog. temperaturabhängige *spezifische Wärme bei konstantem Volumen* (typischerweise in $\frac{\mathrm{kJ}}{\mathrm{kgK}}$), die für viele (Elementar-) Gase in tabellierter Form als Funktion der Temperatur vorliegt und je nach Temperatur mehr oder weniger von dem konstanten Wert $\zeta\frac{R}{M}$ des idealen Gases abweicht. Warum diese Größe so heißt, wird klar, wenn man mit Hilfe von Tabelle 3.1 und der allgemeinen Bilanzgleichung in regulären Punkten (3.7.2) die lokale Bilanz für die innere Energie, also den 1. Hauptsatz aufschreibt:

$$\frac{\partial \rho u}{\partial t} + \frac{\partial}{\partial x_j}\left(\rho u \upsilon_j + q_j\right) = 0\,. \tag{6.5.4}$$

Bei Beachtung der Produktregel, der Massenbilanz in der Form (3.8.3) und der Definition für die materielle Zeitableitung, die in Gleichung (3.8.6) am Beispiel der Massendichte erläutert wurde, entsteht hieraus:

$$\rho\frac{\mathrm{d}u}{\mathrm{d}t} = -\frac{\partial q_j}{\partial x_j} + \sigma_{ji}\frac{\partial \upsilon_i}{\partial x_j}\,. \tag{6.5.5}$$

Wir wollen „langsame" Prozesse untersuchen, was bedeuten soll, dass Quadrate von Geschwindigkeitsgradienten keine Rolle spielen. Wenn wir also die Materialgleichung (6.3.1) nach NAVIER-STOKES in (6.5.5) einsetzen, so entsteht einfach:

$$\rho\frac{\mathrm{d}u}{\mathrm{d}t} = -\frac{\partial q_j}{\partial x_j} - p\frac{\partial \upsilon_i}{\partial x_i}\,. \tag{6.5.6}$$

Nun folgt aus der Massenbilanz in der Form (3.8.7):

$$\frac{\partial \upsilon_i}{\partial x_i} = -\frac{1}{\rho}\frac{\mathrm{d}\rho}{\mathrm{d}t} \equiv +\frac{1}{\upsilon}\frac{\mathrm{d}\upsilon}{\mathrm{d}t}\,, \tag{6.5.7}$$

und das bedeutet für Gleichung (6.5.6):

$$\frac{\mathrm{d}u}{\mathrm{d}t} = -\frac{1}{\rho}\frac{\partial q_j}{\partial x_j} - p\frac{\mathrm{d}\upsilon}{\mathrm{d}t}\,. \tag{6.5.8}$$

Das ist der *1. Hauptsatz für langsame Prozesse*, der sich mit der aus der Schule bekannten Formel

$$\mathrm{d}U = \delta Q - p\,\mathrm{d}V \tag{6.5.9}$$

deckt, wenn man diese nur auf die Massen- sowie Zeiteinheit bezieht. Im Vergleich versteht man nun auch, warum δQ kein totales Differential ist, handelt es sich doch im wesentlichen um die Divergenz des Wärmeflussvektors, was man je nach Vorzeichen als Energiequelle oder -senke interpretieren mag, was aber nicht einem Differentialquotienten $\mathrm{d}Q/\mathrm{d}t$ entspricht. Es ist üblich, bei Verwendung der Gleichung (6.5.8) auch von „$p\,\mathrm{d}V$-Thermodynamik" zu sprechen und dieser wenden wir uns jetzt ein wenig zu. Wir beachten $(6.5.1)_2$, bilden das totale Differential und erhalten:

$$\left.\frac{\partial u}{\partial \upsilon}\right|_T \frac{\mathrm{d}\upsilon}{\mathrm{d}t} + \left.\frac{\partial u}{\partial T}\right|_\upsilon \frac{\mathrm{d}T}{\mathrm{d}t} = -\frac{1}{\rho}\frac{\partial q_j}{\partial x_j} - p\frac{\mathrm{d}\upsilon}{\mathrm{d}t}. \tag{6.5.10}$$

Führen wir dem materiellen Teilchen nun bei konstantem Volumen Wärme zu oder ab, ist $\mathrm{d}\upsilon \equiv 0$ und es wird:

$$-\left.\frac{1}{\rho}\frac{\partial q_j}{\partial x_j}\right|_\upsilon \frac{\mathrm{d}t}{\mathrm{d}T} = \left.\frac{\partial u}{\partial T}\right|_\upsilon . \tag{6.5.11}$$

Die linke Seite stellt gerade die pro Masseneinheit und pro $\mathrm{d}T$ resultierender Temperaturerhöhung zugeführte Wärme dar, und wir nennen sie deshalb sinnvollerweise die *spezifische Wärme bei konstantem Volumen*:

$$c_\upsilon = \left.\frac{\partial u}{\partial T}\right|_\upsilon . \tag{6.5.12}$$

Für ein ideales Gas ist offenbar:

$$c_\upsilon = \zeta \tfrac{R}{M} = \text{const.} \tag{6.5.13}$$

Übung 6.5.1: ***Spezifische Wärme von Gasen bei konstantem Druck***

Man mache sich zunächst nochmals mit dem 1. Hauptsatz für langsame Prozesse nach Gleichung (6.5.8) vertraut, d. h. studiere im Detail die zu ihm führende Gleichungskette. Ist dies geschehen, so beweise man mit ihm die folgende Relation:

$$\frac{\mathrm{d}h}{\mathrm{d}t} = -\frac{1}{\rho}\frac{\partial q_j}{\partial x_j} + \upsilon\frac{\mathrm{d}p}{\mathrm{d}t}, \tag{6.5.14}$$

wobei die sog. *spezifischen freien Enthalpie* eingeführt wurde:

$$h = u + p\upsilon \,. \tag{6.5.15}$$

Man definiere nun analog zu Gleichung (6.5.12) eine *spezifische Wärme bei konstantem Druck*:

$$c_p = \left.\frac{\partial h}{\partial T}\right|_p \tag{6.5.16}$$

und zeige, dass gilt:

$$-\frac{1}{\rho}\left.\frac{\partial q_j}{\partial x_j}\right|_p \frac{\mathrm{d}t}{\mathrm{d}T} = \left.\frac{\partial h}{\partial T}\right|_p \,. \tag{6.5.17}$$

Nunmehr sei an die für ideale Gase gültigen Relationen (6.4.1) und (6.5.2) erinnert. Damit zeige man, dass für ideale Gase gilt:

$$h = (\zeta + 1)\tfrac{R}{M}T + u_0 \;,\quad c_p = (\zeta + 1)\tfrac{R}{M} \;,\quad c_p = c_\upsilon + \tfrac{R}{M} \,. \tag{6.5.18}$$

Offenbar ist die spezifische Wärme eines (idealen) Gases bei konstantem Druck größer als die bei konstantem Volumen. In gängigen Thermodynamiklehrbüchern interpretiert man dies dahingehend, dass man sagt, dass ein Gas, welches in einem Kolben unter konstantem Druck steht, bei Wärmezufuhr diesen anheben müsse. Dies ist eine zusätzliche Arbeit, welche bei einem Gas in einem Behälter fester Größe nicht anfällt. In letzterem Fall käme die zugeführte Wärme direkt und vollständig der Erhöhung der inneren Energie zu Gute. Was ist von einer solchen Argumentation zu halten? An dieser Stelle sei gesagt, dass es sich im Rahmen einer $p\,\mathrm{d}V$-Thermodynamik unter Verwendung des Entropiebegriffes und des 2. Hauptsatzes beweisen lässt, dass die spezifische Wärme bei konstantem Druck immer größer als die spezifische Wärme bei konstantem Volumen sein muss.

Für ideale Festkörper gilt eine zu (6.5.13) analoge Gleichung. Man darf sagen, dass bei einem Gas pro molekularem Freiheitsgrad die innere Energie um $\frac{1}{2}\frac{R}{M}T$ zunimmt. Ist das Gas einatomig, so gibt es drei *translative* Freiheitsgrade, also gilt $\zeta = \frac{3}{2}$. Handelt es sich um zweiatomige Gasmolekeln, so treten noch zwei *rotative* Freiheitsgrade jeweils senkrecht zur Bindungsachse hinzu. Also ist dann $\zeta = \frac{5}{2}$. Handelt es sich schließlich um Molekeln mit drei und mehr Atomen, so gibt es drei Freiheitsgrade der Translation und auch drei Freiheitsgrade der Rotation, und folglich ist $\zeta = \frac{6}{2} = 3$.

Dieses trifft mit etwas Phantasie auch für einen Festkörper zu. Man stellt sich den Körper als ein dreidimensionales System von Massen (den Atomen) vor, die untereinander durch nichtlineare Federn (die Bindungskräfte) verbunden sind. Der Festkörper hat dann drei Freiheitsgrade der Translation und (wegen der 3D Federkonstruktion) auch drei Freiheitsgrade an potentieller Energie. Jedem ordnet man den Wert $\frac{1}{2}\frac{R}{M}T$ zu, und folglich gilt für seine spezifische Wärme:

$$c = 3\frac{R}{M}. \tag{6.5.19}$$

Das ist die sog. Regel von DULONG-PETIT. Allerdings hat die bisherige Argumentation einen Pferdefuß. Wie man bemerkt, haben wir im Unterschied zum Gas bei der spezifischen Wärme des Festkörpers nämlich nicht gesagt, welche Größe konstant gehalten wird, also beispielsweise das Volumen oder der Druck. Daher starten wir von neuem und sagen, dass auch beim Festkörper die innere Energie von zwei Variablen abhängt, wovon die eine die Temperatur sein soll. Wir erinnern uns außerdem an Gleichung (6.2.34), wonach sich die Dichte (bei kleinen Verformungen) sich durch die Spur des Dehnungstensors darstellen lässt. Man darf also etwas allgemeiner sagen, dass anstelle der Variable Dichte sich bei der inneren Energie eines Festkörpers als Variablen die Komponenten des Dehnungstensors empfehlen:

$$u = \tilde{u}(\varepsilon, T). \tag{6.5.20}$$

Somit lautet die DULONG-PETITsche Regel eigentlich:

$$c_\varepsilon \overset{\text{Def.}}{=} \left.\frac{\partial u}{\partial T}\right|_\varepsilon = 3\frac{R}{M}. \tag{6.5.21}$$

Dass dies wirklich eine spezifische Wärme bei konstanter Dehnung ist, wird in der statistischen Mechanik mit einfachen Festkörpermodellen bewiesen. Ihre Gültigkeit jedoch wird oft in einem Schulexperiment geprüft, das in folgender Übung diskutiert werden soll.

Eduard GRÜNEISEN wurde am 26. Mai 1877 in Giebichenstein bei Halle geboren und starb am 5. April 1949 in Marburg. Mit 17 Jahren studiert er Physik in Halle und Berlin und promoviert 1900 bei WARBURG und PLANCK. 1911 wird er Professor an der Physikalisch-Technischen Reichsanstalt, 1919 dort Abteilungsdirektor und geht 1927 nach Marburg, wo er bis zu seinem Lebensende tätig ist. GRÜNEISEN arbeitete vornehmlich auf dem Gebiet der Zustandsgesetze der festen Körper. Eine seiner Aufgaben ist auch die Prüfung der Medizinstudenten, für jeden wahren Physiker eine Herausforderung. Nach Bericht des Vaters des Autors bereitete es ihm größte Freude, dass wenigstens einer der angehenden Mediziner wusste, dass die Geschwindigkeit über einen Differentialquotienten definiert wird.

Übung 6.5.2: *Spezifische Wärme eines Festkörpers*

Man betrachte den in Abb. 6.3 dargestellten Eisenklotz der Masse m_{Fe} der Ausgangstemperatur T_{Fe}. Dieser wird zur Zeit t_{st} in ein Wasserbad (Masse $m_{\mathrm{H_2O}}$, Ausgangstemperatur $T_{\mathrm{H_2O}}$) geworfen. Die beiden Substanzen tauschen über ihre

Grenzfläche Wärme aus, und die Temperatur des Eisens sinkt, bzw. die Temperatur des Wassers steigt bis zur Zeit t_{end} auf den gemeinsamen Gleichgewichtswert T_{end}. Wie groß ist diese Temperatur?

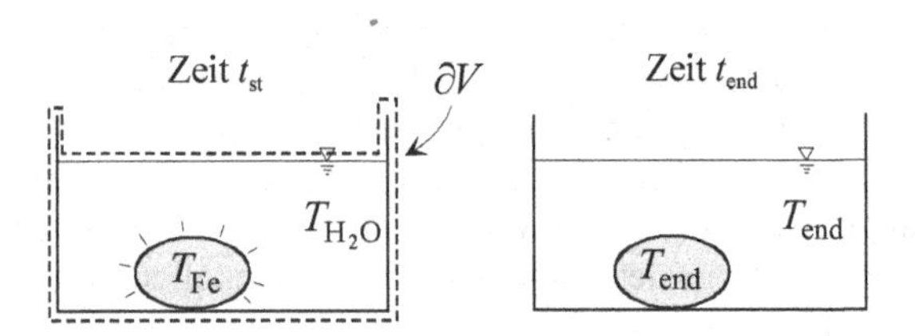

Abb. 6.3: Wärmeaustauschversuch zur Messung der spezifischen Wärme bei Festkörpern.

Man starte zur Lösung mit dem globalen Energiesatz in der Form (3.8.20) und wende ihn auf das aus Eisenklotz und Wasser bestehende materielle Volumen $V(t)$ mit der Oberfläche ∂V an (vgl. Abb. 6.3). Dabei setze man voraus, dass ein Wärmeaustausch nur zwischen dem Wasser und dem Eisenklotz erfolgt und der Wasserbehälter ansonsten keine Wärme durchlässt, d. h. *adiabat* abgeschlossen ist. Man begründe so, dass gilt:

$$\oint\!\!\oint_{\partial V} n_j q_j \,\mathrm{d}A = 0 \;, \quad \oint\!\!\oint_{\partial V} n_j \upsilon_i \sigma_{ji} \,\mathrm{d}A = -p_0 \frac{\mathrm{d}V}{\mathrm{d}t} \;, \tag{6.5.22}$$

wobei p_0 der (konstante) Druck der das Bad umgebenden Luft ist? Man integriere nun die Energiebilanz über die Zeit vom Anfang bis zum Ende des internen Wärmeaustausches. Unter welchen weiteren Annahmen folgt dann:

$$U(t_{\mathrm{end}}) + p_0 V(t_{\mathrm{end}}) = U(t_{\mathrm{st}}) + p_0 V(t_{\mathrm{st}}) \;? \tag{6.5.23}$$

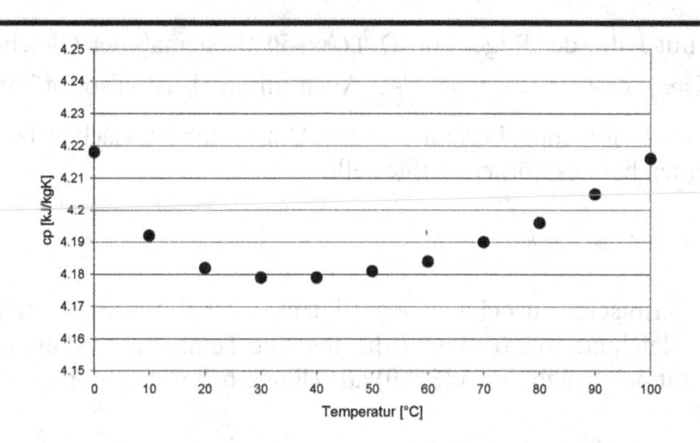

Abb. 6.4: Spezifische Wärme bei konstantem Druck für Wasser nach www.wissenschaft-technik-ethik.de/wasser_eigenschaften.html.

Handelt es sich hierbei um eine Enthalpie? Hätte man zur Lösung auch von der globalen Bilanz der inneren Energie, also vom 1. Hauptsatz, ausgehen können? Hätte man auch andere Bilanzhüllen ∂V wählen sollen? Was wäre ihr Vor- oder Nachteil? Man beachte nun die stückweise Homogenität des Systems am Anfang und am Ende des Wärmeaustauschprozesses und argumentiere, warum dann folgende Beziehung zu Gleichung (6.5.23) äquivalent ist:

$$m_{\mathrm{Fe}}[u_{\mathrm{Fe}} + p_0 \upsilon](t_{\mathrm{end}}) + m_{\mathrm{H_2O}}[u_{\mathrm{H_2O}} + p_0 \upsilon](t_{\mathrm{end}}) = \tag{6.5.24}$$

$$m_{\mathrm{Fe}}[u_{\mathrm{Fe}} + p_0 \upsilon](t_{\mathrm{st}}) + m_{\mathrm{H_2O}}[u_{\mathrm{H_2O}} + p_0 \upsilon](t_{\mathrm{st}}) \ ?$$

Das geschilderte Experiment wird offensichtlich bei konstantem Umgebungsdruck p_0 ausgeführt. Misst man die spezifische Wärme flüssigen Wassers bei konstantem Normaldruck, so stellt man fest, dass sie nahezu konstant bleibt und sich um den Wert $c_{p,\mathrm{H_2O}} = 4{,}18 \frac{\mathrm{kJ}}{\mathrm{kgK}}$ bewegt (vgl. Abb. 6.4). Die spezifische Wärme von Eisen gemessen unter konstantem Druck ist in einem weiten Temperaturbereich ebenfalls nahezu konstant und liegt (je nach Eisenart) im Bereich $c_{p,\mathrm{Fe}} \approx 0.46 - 0.54 \frac{\mathrm{kJ}}{\mathrm{kgK}}$. Man erkläre mit Gleichung (6.5.16), unter welchen Umständen wir dann folgendes schreiben dürfen:

$$m_{\mathrm{Fe}} c_{p,\mathrm{Fe}} (T_{\mathrm{end}} - T_{\mathrm{Fe}}) + m_{\mathrm{H_2O}} c_{p,\mathrm{H_2O}} (T_{\mathrm{end}} - T_{\mathrm{H_2O}}) = 0 \tag{6.5.25}$$

bzw.:

$$T_{\mathrm{end}} = \frac{m_{\mathrm{Fe}} c_{p,\mathrm{Fe}} T_{\mathrm{Fe}} + m_{\mathrm{H_2O}} c_{p,\mathrm{H_2O}} T_{\mathrm{H_2O}}}{m_{\mathrm{Fe}} c_{p,\mathrm{Fe}} + m_{\mathrm{H_2O}} c_{p,\mathrm{H_2O}}} . \tag{6.5.26}$$

Ferner ist mit Hilfe der Regel von DULONG-PETIT gemäß der Gleichung (6.5.21) nachzuweisen, dass $c_{\upsilon,\mathrm{Fe}} \approx 0.45 \frac{\mathrm{kJ}}{\mathrm{kgK}}$. Auch diesmal ist also offenbar $c_p > c_\upsilon$. GRÜNEISEN hat folgende Formel für den Unterschied zwischen beiden spezifischen Wärmen bei Festkörpern aufgestellt:

$$c_p - c_\upsilon = T\alpha^2 k \upsilon \,. \tag{6.5.27}$$

α ist der thermische Ausdehnungskoeffizient, k der Kompressionsmodul (zu beidem siehe Gleichung (6.2.6)) und T die absolute Temperatur. Man zeige zunächst allgemein mit den Ergebnissen (6.2.9) aus Übung 6.2.1, dass gilt:

$$k = \frac{E}{3(1-2\nu)} \tag{6.5.28}$$

und werte die Gleichung (6.5.25) dann mit typischen Kenndaten für Eisen bei Raumtemperatur aus, um zu zeigen, dass $c_{p,\mathrm{Fe}} - c_{\upsilon,\mathrm{Fe}} \approx 10^{-3} \frac{\mathrm{kJ}}{\mathrm{kgK}}$. Man beurteile diesen Unterschied vom praktischen Standpunkt aus.

Übung 6.5.3: ***Die Adiabatengleichung***

Man erinnere sich an die Bilanz für die innere Energie für langsame Prozesse in der Form (6.5.8). Unter welchen Annahmen folgt hieraus die sog. Adiabatengleichung in der Form:

$$p\upsilon^\kappa = \mathrm{const.}_t \;,\quad \kappa = \frac{\zeta+1}{\zeta} \;? \tag{6.5.29}$$

Wie ergeben sich folgende Alternativversionen zu dieser Gleichung:

$$\upsilon^{\kappa-1} T = \mathrm{const.}_t \;,\quad pT^{-\frac{\kappa}{\kappa-1}} = \mathrm{const.}_t \;? \tag{6.5.30}$$

Sind die Adiabatengleichungen Materialgleichungen wie das ideale Gasgesetz?

6.6 Die FOURIERsche Wärmegleichung

Bereits FOURIER hat festgestellt, dass der Wärmefluss dem Temperaturgradienten entgegen gerichtet ist. Wir schreiben in einem kartesischen System:

$$\underset{(x)}{q}_i = -\underset{(x)}{\kappa} \frac{\partial \underset{(x)}{T}}{\partial x_i} \,. \tag{6.6.1}$$

Darin bezeichnet die Größe κ eine skalare, eventuell von den Skalaren Dichte und Temperatur abhängige, positive Materialfunktion, auch bekannt als die *Wärmeleitfähigkeit*. Um diese Gleichung in ein beliebiges z-System umzuschreiben, multiplizieren wir sie mit $\partial x_i / \partial z^k$ und beachten, dass:

$$\underset{(z)}{q}_k = \frac{\partial x_i}{\partial z^k}\underset{(x)}{q}_i \,, \quad \underset{(z)}{T} = \underset{(x)}{T} \,, \quad \underset{(z)}{\kappa} = \underset{(x)}{\kappa} \,. \tag{6.6.2}$$

So folgt mit der Kettenregel die folgende kovariant geschriebene Beziehung:

$$\underset{(z)}{q}_k = -\underset{(z)}{\kappa}\frac{\partial \underset{(z)}{T}}{\partial z^k} \,. \tag{6.6.3}$$

Möchte man eine entsprechende, kontravariante Gleichung generieren, so ist mit der Metrik durchzumultiplizieren wie folgt:

$$\underset{(z)}{q}^r = -\underset{(z)}{\kappa}\, g^{rk}\frac{\partial \underset{(z)}{T}}{\partial z^k} = -\underset{(z)}{\kappa}\frac{\partial z^r}{\partial x_j}\frac{\partial z^k}{\partial x_j}\frac{\partial \underset{(z)}{T}}{\partial z^k} = -\underset{(z)}{\kappa}\frac{\partial z^r}{\partial x_j}\frac{\partial \underset{(z)}{T}}{\partial x_j} \,. \tag{6.6.4}$$

Übung 6.6.1: ***Richtung des Wärmeflusses und des Temperaturgradienten***

Man betrachte eine Wand der Dicke d, deren linke und rechte Seite auf den Temperaturwerten T_1 bzw. T_2 gehalten werden. Dabei soll $T_2 > T_1$ gelten. In welcher Richtung weist dann der Temperaturgradient und der Wärmeflussvektor? In wieweit harmoniert das Ergebnis mit der Regel „Die Wärme fließt immer von heiß nach kalt? Könnte man aus der geschilderten Situation die Wärmeleitfähigkeit der Wand abschätzen?

6.7 Would you like to know more?

Mögliche Formen und dabei notwendige Einschränkungen an Materialgleichungen sind ein aktuelles Forschungsthema und Aufgabe der sog. *Materialtheorie* mit ihren *thermodynamischen Prinzipien*. Detaillierte Informationen hierzu liefern beispielsweise die Bücher von Greve (2003), Haupt (2002), Müller (1973) und (1985). Der in diesem Kapitel erwähnte GAY-LUSSAC-JOULE Versuch wird im Detail bei Müller (1994), Abschnitt 2.3.4, Çengel und Boles (1998), Abschnitt 3-8 sowie Baehr und Kabelac (2009), Abschnitt 2.1.3 besprochen. „Seltsame“ Schreibweisen der Wärme wie im 1. Hauptsatzes in der Form (6.5.9) findet man auch in vielen Internet Wikis, etwa denen zum Thema spezifische Wärme. Truesdell (1969) mokiert sich auf Seite 3 seines Buches zu Recht über diesen desolaten Zustand in der thermodynamischen Zunft. Zur statistischen Herleitung der DULONG-PETITSCHEN Regel findet man weitere Informationen in dem Buch von Reif (1976), Abschnitt 10.1 sowie bei Becker (1975), §61.

The iron fist of the real, inside the velvet glove of airy mathematics

Gregory BENFORD in Timescape
über (EINSTEINS) Feldgleichungen

7. Erste Feldgleichungen

7.1 Eine Vorbemerkung

Bei der Lösung kontinuumstheoretischer Probleme geht man i. a. folgendermaßen vor: Durch Kombination der *lokalen* Bilanzen für Masse, Impuls und Energie in regulären Punkten mit geeigneten Materialgleichungen erhält man fünf partielle, miteinander gekoppelte Differentialgleichungen für die fünf primär interessierenden Feldgrößen Massendichte, Geschwindigkeit (bzw. Verschiebung) und Temperatur. Diese komplettieren wir durch Vorgabe von Rand- und Anfangsbedingungen. An scharfen Übergängen im Körper (z. B. Gebiete mit unterschiedlichen Materialkonstanten) sind Übergangsbedingungen zu gewährleisten und diese erhält man aus den lokalen Bilanzen in singulären Punkten, unter Umständen auch wieder unter Beachtung geeigneter Materialansätze. In ihrer Gesamtheit sprechen wir von diesem Komplex an Gleichungen auch als von einem *wohldefinierten Feldgleichungssystem*.

Wenn man so vorgeht, wird man zur konkreten Lösung des Feldgleichungssystems i. a. numerische Methoden verwenden müssen. Analytische Lösungen gelingen nur bei wenigen hochsymmetrischen Problemen mit relativ einfachen Materialansätzen, von denen wir in diesem Buch bereits das HOOKEsche Gesetz und den NAVIER-STOKES-FOURIER-Ansatz kennengelernt haben.

In den folgenden Abschnitten werden wir die zugehörigen partiellen Differentialgleichungen für Massendichte, Geschwindigkeit bzw. Verschiebung und Temperatur aufstellen, die den wesentlichen Korpus des Feldgleichungssystems ausmachen. Um die analytische Lösung einfacher Rand- und Anfangswertaufgaben geht es dann in den folgenden Kapiteln 9 bis 11.

Manchmal jedoch kann man die numerische Detaillösung eines komplizierten Anfangs- / Randwertproblems umgehen und zwar dann, wenn nicht die Details des Entwicklungsprozesses zwischen einem (homogenen, ruhenden) Anfangs- und Endzustand interessieren. In beiden Zuständen liegt sog. *thermodynamisches Gleichgewicht* vor, und es ist wie gesagt u. U. möglich, das Ende aus dem Anfang vorherzusagen, obwohl zwischendurch höchstgradig irreversible Vorgänge stattgefunden haben. Wir werden dieses Vorgehen im folgendem Abschnitt an einem nichttrivialen Beispiel erläutern, können jedoch schon jetzt sagen, dass eine solche Lösung auf der Auswertung der *globalen* Bilanzen für Masse, Impuls und Energie beruht, wobei eine möglichst günstige Bilanzhülle gewählt werden muss. Es sei

W.H. Müller, *Streifzüge durch die Kontinuumstheorie*,
DOI 10.1007/978-3-642-19870-0_7, © Springer-Verlag Berlin Heidelberg 2011

darauf verwiesen, dass wir diese „globale Methode" bereits in der Übung 6.5.2 angewendet haben, ohne dies nachdrücklich herauszustellen.

7.2 Globale Problemstellungen mit Kontrollvolumen

Wir betrachten den in Abb. 7.1 dargestellten, nach außen adiabat isolierten Kolben. Dieser hat die Masse m_K und die Grundfläche A. In seinem Inneren befindet sich ein ideales Gas der Masse m_G und er wird nach außen durch einen ebenfalls adiabat abgeschlossenen Zylinder mit der zum Kolben passenden Grundfläche A und der Masse m_Z) verschlossen. Der stets konstante Außendruck wird mit p_0 bezeichnet.

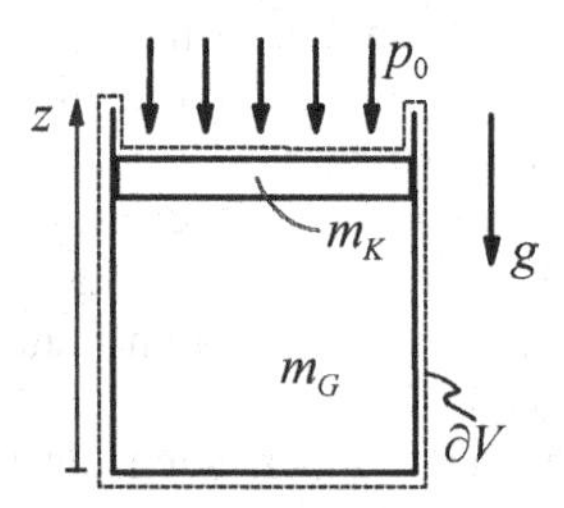

Abb. 7.1: Der adiabat abgeschlossenen Zylinder mit schwerem Kolben über einem Gas.

Das Gas stehe unter einem Anfangsdruck $p_{\mathrm{A}} \neq m_{\mathrm{K}} g / A + p_0$ bei der Anfangstemperatur T_{A} . M. a. W., man muss anfangs den Kolben in der Höhe z_{A} festhalten, damit er sich nicht bewegt. Wird er losgelassen, beginnt er sich unter seinem Eigengewicht zu bewegen und versetzt dabei das Gas in eine turbulente Strömung. Aufgrund innerer Reibung kommt die gesamte Bewegung schließlich zum Erliegen.

Die Frage ist, bei welcher Höhe z_{E} der Kolben schließlich stehen bleibt, welche Temperatur T_{E} das Gas, der Kolben und der Zylinder dann haben und wie groß der Druck p_{E} im Gas ist. Letzterer lässt sich sehr einfach errechnen, handelt es sich dabei doch um ein rein mechanisches Problem. Im Endzustand muss Kräftegleichgewicht herrschen und daher gilt:

$$-m_{\mathrm{K}} g - p_0 A + p_{\mathrm{E}} A = 0 \quad \Rightarrow \quad p_{\mathrm{E}} = p_0 + \tfrac{m_{\mathrm{K}} g}{A} . \tag{7.2.1}$$

Nun ist in dieser Aufgabe das Wort „adiabat" mehrfach gefallen, und im Rahmen eines naiv gehaltenen Anfängerkurses über Thermodynamik wäre man sicher versucht, die in Übung 6.5.3 hergeleiteten Adiabatengleichungen zur Bestimmung der übrigen Größen zu verwenden. Wir starten daher mit Gleichung (6.5.29), die wir mit der (stets gleichbleibenden) Masse m_{G} des Gases verknüpfen, wobei gilt und folgt:

$$\upsilon_{\text{A}} = \frac{V_{\text{A}}}{m_{\text{G}}} = \frac{Az_{\text{A}}}{m_{\text{G}}} \;,\; \upsilon_{\text{E}} = \frac{V_{\text{E}}}{m_{\text{G}}} = \frac{Az_{\text{E}}}{m_{\text{G}}} \;\Rightarrow\; z_{\text{E}} = z_{\text{A}} \left(\frac{p_{\text{A}}}{p_{\text{E}}} \right)^{\frac{1}{\kappa}} \tag{7.2.2}$$

$$\Rightarrow\; z_{\text{E}} = z_{\text{A}} \left(\frac{p_{\text{A}}}{p_0 + \frac{m_{\text{K}} g}{A}} \right)^{\frac{1}{\kappa}} .$$

Die Endtemperatur folgt aus der idealen Gasgleichung, die auf den Gleichgewichtszustand am Anfang und am Ende anwendbar ist:

$$p_{\text{A/E}} z_{\text{A/E}} A = m_{\text{G}} \tfrac{R}{M} T_{\text{A/E}} \;\Rightarrow\; T_{\text{E}} = T_{\text{A}} \frac{p_{\text{E}}}{p_{\text{A}}} \frac{z_{\text{E}}}{z_{\text{A}}} = T_{\text{A}} \left(\frac{p_{\text{E}}}{p_{\text{A}}} \right)^{\frac{\kappa - 1}{\kappa}} \tag{7.2.3}$$

$$\Rightarrow\; T_{\text{E}} = T_{\text{A}} \left(\frac{p_0 + \frac{m_{\text{K}} g}{A}}{p_{\text{A}}} \right)^{\frac{\kappa - 1}{\kappa}} .$$

Brook TAYLOR wurde am 18.8.1685 in Edmonton geboren und starb am 29.12.1731 in London. Seine Ausbildung erhielt er am St. John's College in London und er gilt als enthusiastischster Bewunderer NEWTONs. Von 1712 an publizierte er zahlreiche Arbeiten in den Philosophical Transactions der Royal Society, insbesondere über die Bewegung von Projektilen und die Form von Flüssigkeitsoberflächen. Sein berühmter Satz erscheint 1715 als Proposition 7 in der Arbeit Methodus Incrementorum Directa et In-versa.

Die Ergebnisse (7.2.2/3) sind jedoch aus mehreren Gründen fragwürdig. Der wohl wichtigste Kritikpunkt ist die Tatsache, dass es sich bei großen Druckunterschieden am Anfang – d. h. bei einem sehr schweren Kolben – nicht vermeiden lassen wird, dass Turbulenzen im Gas einsetzen und der Prozess im höchsten Maße irreversibel verläuft. Dann aber gelten die Adiabatengleichungen der Übung 6.5.3 nicht, und gerade sie wurden ja bei der Herleitung an entscheidender Stelle verwendet. Es ist zu vermuten, dass die Gleichungen bei kleinen Druckunterschieden die Situation in etwa korrekt wiedergeben. Daher entwickeln wir die Ergebnisse in TAYLORreihen mit dem Kleinheitsparameter Δp. Mit

$$p_{\text{A}} \approx p_0 + \tfrac{m_{\text{K}} g}{A} + \Delta p \tag{7.2.4}$$

folgt aus (7.2.2 / 3) bei Abbrechen nach dem ersten Glied:

$$z_E \approx z_A \left(1 + \frac{1}{\kappa} \frac{\Delta p}{p_0 + \frac{m_K g}{A}} \right) , \quad T_E \approx T_A \left(1 - \frac{\kappa - 1}{\kappa} \frac{\Delta p}{p_0 + \frac{m_K g}{A}} \right) . \tag{7.2.5}$$

Diese Gleichungen zeigen außerdem sehr schön, was man erwarten würde: Herrscht nämlich eingangs ein Über- bzw. ein Unterdruck, also $\Delta p > 0$ bzw. $\Delta p < 0$, so ist die Endhöhe z_E größer bzw. kleiner und die Endtemperatur T_E ist kleiner bzw. größer†.

Des weiteren ist es merkwürdig, dass in unser Lösung die thermischen Eigenschaften des Kolbens und des Zylinders nicht eingehen. Sie sind sozusagen ohne Wärmekapazität, und auch das ist gerade bei einem schweren Kolben kaum zu glauben. Diese Schwachpunkte werden wir jetzt beseitigen.

Wir benutzen zur Antwort den Energiesatz in der integralen Form (3.8.20) und wenden ihn auf das in Abb. 7.1 dargestellte *Kontrollvolumen* $\partial V(t)$ an. Da das gewählte Kontrollvolumen $\partial V(t)$ keinen Wärmeaustausch erlaubt, gilt:

$$\oiint_{\partial V(t)} \boldsymbol{n} \cdot \boldsymbol{q} \, \mathrm{d}A = 0 . \tag{7.2.6}$$

Man beachte, dass die Wahl der Kontrollvolumens für dieses einfache Ergebnis entscheidend war: Hätten wir beispielsweise einen Teil der Einhüllenden auf die Zylinderunter- anstelle der Zylinderoberseite gelegt, so würde (7.2.6) nicht gelten, denn das Gas wird während des Prozesses mit dem Zylinder Wärme austauschen. Strahlungszufuhr gibt es in diesem Problem nicht:

$$\iiint_{V(t)} \rho r \, \mathrm{d}V = 0 . \tag{7.2.7}$$

Der Leistungsterm an der Oberfläche lässt sich aufgrund von $p_0 = \text{const.}$ auf $\partial V(t)$ wie folgt berechnen:

$$\oiint_{\partial V(t)} \upsilon_i \sigma_{ji} n_j \, \mathrm{d}A = - \oiint_{\partial V(t)} \upsilon_i p_0 \delta_{ji} n_j \, \mathrm{d}A = -p_0 \oiint_{\partial V(t)} \upsilon_i n_i \, \mathrm{d}A = \tag{7.2.8}$$

$$- p_0 \frac{\mathrm{d}V}{\mathrm{d}t} \equiv - \frac{\mathrm{d}(p_0 A z)}{\mathrm{d}t} .$$

Der vorletzte Schritt erklärt sich am einfachsten aus dem REYNOLDSschen Transporttheorem (3.4.12), wobei $\underset{V}{\psi} = 1$ zu setzen ist. Das Ergebnis lässt sich auch durch direkte Auswertung bestätigen. Dazu nimmt man den Kolben als starren

† Den letzteren Effekt kennt man von der Luftpumpe, die sich bei schneller Kompression, also Volumenverringerung, erwärmt.

Körper mit der Normale $n_i = (0, 0, 1)$ an, der sich mit der in jedem seiner materiellen Punkte gleichen Geschwindigkeit $\upsilon_i = (0, 0, \mathrm{d}z/\mathrm{d}t)$ bewegt. Dann gilt:

$$\oiint_{\partial V(t)} \upsilon_i n_i \,\mathrm{d}A = \oiint_{\partial V(t)} \frac{\mathrm{d}z}{\mathrm{d}t} \mathrm{d}A = \frac{\mathrm{d}z}{\mathrm{d}t} \oiint_{\partial V(t)} \mathrm{d}A = \frac{\mathrm{d}z}{\mathrm{d}t} A = \frac{\mathrm{d}(zA)}{\mathrm{d}t} = \frac{\mathrm{d}V}{\mathrm{d}t}. \tag{7.2.9}$$

Um den Leistungsterm der Volumenkraft in der Energiebilanz umzuschreiben, sei bemerkt, dass es sich bei der hier relevanten Gravitationskraft um eine konservative Kraft handelt. Konservative Kräfte lassen sich ganz allgemein durch Ortsableitung eines skalaren Feldes, des Potentials φ, bestimmen:

$$f_i = -\frac{\partial \varphi}{\partial x_i}. \tag{7.2.10}$$

Somit folgt ganz allgemein für die zugehörige Leistung einer konservativen Kraftdichte:

$$\iiint_{V(t)} \rho \upsilon_i f_i \,\mathrm{d}V = -\iiint_{V(t)} \rho \frac{\partial \varphi}{\partial x_i} \frac{\mathrm{d}x_i}{\mathrm{d}t} \mathrm{d}V = -\iiint_{V(t)} \rho \frac{\mathrm{d}\varphi}{\mathrm{d}t} \mathrm{d}V = \tag{7.2.11}$$

$$-\int_M \frac{\mathrm{d}\varphi}{\mathrm{d}t} \mathrm{d}m = -\frac{\mathrm{d}}{\mathrm{d}t} \int_M \varphi \,\mathrm{d}m = -\frac{\mathrm{d}}{\mathrm{d}t} \iiint_{V(t)} \rho \varphi \,\mathrm{d}V.$$

Also wird für den hier interessierenden Fall des erdnahen Schwerefeldes mit $\varphi = gz$:

$$\iiint_{V(t)} \rho \upsilon_i f_i \,\mathrm{d}V = -\frac{\mathrm{d}}{\mathrm{d}t} \iiint_{V_\mathrm{K}} \rho_\mathrm{K} gz \,\mathrm{d}V - \frac{\mathrm{d}}{\mathrm{d}t} \iiint_{V_\mathrm{G}(t)} \rho_\mathrm{G} gz \,\mathrm{d}V =$$

$$-g\left(\frac{\mathrm{d}}{\mathrm{d}t} \iiint_{V_\mathrm{K}} \rho_\mathrm{K} z \,\mathrm{d}V + \frac{\mathrm{d}}{\mathrm{d}t} \iiint_{V_\mathrm{G}(t)} \rho_\mathrm{G} z \,\mathrm{d}V \right) = \tag{7.2.12}$$

$$-g\left(m_\mathrm{K} \frac{\mathrm{d}z_\mathrm{K}^\mathrm{S}}{\mathrm{d}t} + m_\mathrm{G} \frac{\mathrm{d}z_\mathrm{G}^\mathrm{S}}{\mathrm{d}t} \right) \equiv -\frac{\mathrm{d}}{\mathrm{d}t} \left(m_\mathrm{K} g z_\mathrm{K}^\mathrm{S} + m_\mathrm{G} g z_\mathrm{G}^\mathrm{S} \right).$$

Darin bezeichnen V_K und $V_\mathrm{G}(t)$ die (aktuellen) Volumina des Kolbens und des eingeschlossenen Gases, wobei nur letzteres als zeitabhängig angesehen werden braucht, da der Kolben bereits als starrer Körper idealisiert wurde. Ferner sind z_K^S und z_G^S die aktuellen Schwerpunktslagen in vertikaler Richtung für den Kolben bzw. für das Gas. Der jeweilige Schwerpunkt ist nämlich wie folgt definiert:

$$z_{\mathrm{K}}^{\mathrm{S}} = \frac{\iiint\limits_{V_{\mathrm{K}}} \rho_{\mathrm{K}} z \,\mathrm{d}V}{m_{\mathrm{K}}} \,, \quad z_{\mathrm{G}}^{\mathrm{S}} = \frac{\iiint\limits_{V_{\mathrm{G}}(t)} \rho_{\mathrm{G}} z \,\mathrm{d}V}{m_{\mathrm{G}}} \,. \tag{7.2.13}$$

Wir setzen nun die Teilergebnisse in die Energiebilanz (3.8.20) ein und finden:

$$\frac{\mathrm{d}}{\mathrm{d}t}\left[\iiint\limits_{V(t)} \rho\left(u + \tfrac{1}{2}\upsilon^2\right)\mathrm{d}V + p_0 A z + m_{\mathrm{K}} g z_{\mathrm{K}}^{\mathrm{S}} + m_{\mathrm{G}} g z_{\mathrm{G}}^{\mathrm{S}}\right] = 0 \,. \tag{7.2.14}$$

Diese Gleichung lässt sich zwischen dem Anfangs- und dem Endzeitpunkt t_{A} bzw. t_{E} des Prozesses integrieren:

$$\iiint\limits_{V(t_{\mathrm{A}})} \rho u \,\mathrm{d}V + p_0 A z_{\mathrm{A}} + m_K g z_{\mathrm{K}}^{\mathrm{S}}(t_A) + m_{\mathrm{G}} g z_{\mathrm{G}}^{\mathrm{S}}(t_{\mathrm{A}}) = \tag{7.2.15}$$

$$\iiint\limits_{V(t_{\mathrm{E}})} \rho u \,\mathrm{d}V + p_0 A z_{\mathrm{E}} + m_{\mathrm{K}} g z_{K}^{\mathrm{S}}(t_{\mathrm{E}}) + m_G g z_{\mathrm{G}}^{\mathrm{S}}(t_{\mathrm{E}}),$$

denn am Anfang und am Ende sind die kinetischen Energien gleich null, da das System in Ruhe ist. Für die Differenz der inneren Energien gilt nach (6.5.2/20/21):

$$\int\limits_{V(t_{\mathrm{E}})} \rho u \,\mathrm{d}V - \int\limits_{V(t_{\mathrm{A}})} \rho u \,\mathrm{d}V = \int\limits_{V_{\mathrm{K}} \cup V_{\mathrm{Z}}} \rho c_{\varepsilon}(T_{\mathrm{E}} - T_{\mathrm{A}})\,\mathrm{d}V + \tag{7.2.16}$$

$$\int\limits_{V_{\mathrm{G}}} \rho \zeta \tfrac{R}{M}(T_{\mathrm{E}} - T_{\mathrm{A}})\,\mathrm{d}V = \left[c_{\varepsilon}(m_{\mathrm{K}} + m_{\mathrm{Z}}) + \zeta \tfrac{R}{M} m_{\mathrm{G}}\right](T_{\mathrm{E}} - T_{\mathrm{A}}),$$

wenn wir davon ausgehen, dass die Temperaturen zu Anfang und zum Ende homogen sind und ferner annehmen, dass der Kolben und der Zylinder aus demselben Material bestehen, also die gleiche spezifische Wärme c_{ε} haben. Beachte, dass die Konstanten in (6.5.3) bei der Differenzbildung herausfallen, denn die Massen bleiben ja während des Prozesses erhalten. Ferner folgt aus der Geometrie, dass:

$$z_{\mathrm{K}}^{\mathrm{S}}(t_{\mathrm{E}}) - z_{\mathrm{K}}^{\mathrm{S}}(t_{\mathrm{A}}) = 2\left[z_{\mathrm{G}}^{\mathrm{S}}(t_{\mathrm{E}}) - z_{\mathrm{G}}^{\mathrm{S}}(t_{\mathrm{A}})\right] = z_{\mathrm{E}} - z_{\mathrm{A}} \,, \tag{7.2.17}$$

wobei z_{E} und z_{A} die Unterkante des Kolbens am Prozessbeginn und am Prozessende bezeichnen. Also entsteht aus (7.2.16):

$$\left[c_{\varepsilon}(m_{\mathrm{K}} + m_{\mathrm{Z}}) + \zeta \tfrac{R}{M} m_{\mathrm{G}}\right] (T_{\mathrm{E}} - T_{\mathrm{A}}) = \tag{7.2.18}$$

$$-\left[\left(m_{\mathrm{K}} + \tfrac{1}{2} m_{\mathrm{G}}\right)g + p_0 A\right] (z_{\mathrm{E}} - z_{\mathrm{A}}).$$

Es sei ferner daran erinnert, dass am Ende des Prozesses Kräftegleichgewicht am Kolben also Gleichung (7.2.1) erfüllt sein muss. So entsteht:

$$\left[c\left(m_K + m_Z\right) + \zeta \tfrac{R}{M} m_G\right] \left(T_E - T_A\right) = \qquad (7.2.19)$$

$$-\left[\left(m_K + \tfrac{1}{2} m_G\right) g + p_0 A\right] \left(z_E - z_A\right).$$

Ferner genügen die Drücke p_A und p_E im Gas am Anfang und am Ende des Prozesses der idealen Gasgleichung (6.4.1), die auf homogene Zustände angewendet ergibt:

$$p_A V_A = m_G \tfrac{R}{M} T_A \,, \quad p_E V_E = m_G \tfrac{R}{M} T_E \,, \qquad (7.2.20)$$

und es folgt aufgrund von $V_E = A z_E$:

$$T_A = \frac{p_A A}{m_G \frac{R}{M}} z_A \,, \quad T_E = \frac{m_K g + p_0 A}{m_G \frac{R}{M}} z_E \,. \qquad (7.2.21)$$

Entkopplung der Gleichungen (7.2.18/21) liefert das gesuchte Ergebnis:

$$z_E = \frac{\left(m_K + \frac{1}{2} m_G\right) g + p_0 A + p_A A \zeta \left(1 + \frac{m_K + m_Z}{m_G} \frac{c_\varepsilon}{\zeta \frac{R}{M}}\right)}{\left(\zeta + \frac{m_K + m_Z}{m_G} \frac{c_\varepsilon}{\frac{R}{M}}\right)\left(m_K g + p_0 A\right) + \left(m_K + \frac{1}{2} m_G\right) g + p_0 A} z_A \,, \qquad (7.2.22)$$

$$T_E = \frac{m_K g + p_0 A}{p_A A} \frac{\left(m_K + \frac{1}{2} m_G\right) g + p_0 A + p_A A \zeta \left(1 + \frac{m_K + m_Z}{m_G} \frac{c_\varepsilon}{\zeta \frac{R}{M}}\right)}{\left(\zeta + \frac{m_K + m_Z}{m_G} \frac{c_\varepsilon}{\frac{R}{M}}\right)\left(m_K g + p_0 A\right) + \left(m_K + \frac{1}{2} m_G\right) g + p_0 A} T_A .$$

Wir wollen zunächst an die Ergebnisse (7.2.5) der quasistatischen Rechnung mit der Adiabatengleichung anschließen. Dazu setzen wir in den beiden letzten Gleichungen diejenigen Größen gleich Null, die auch damals nicht in die Rechnung einflossen. Dieses sind die (schwere) Masse m_G des Gases und die spezifische Wärme c_ε des Kolben- und des Zylindermaterials. Aus den letzten beiden Gleichungen wird so:

$$z_E = \frac{m_K g + p_0 A + p_A A \zeta}{(\zeta + 1)\left(m_K g + p_0\right)} z_A \approx \left(1 + \frac{\zeta}{(\zeta + 1)\left[\frac{m_K g}{A} + p_0\right]} \Delta p\right) z_A \,, \qquad (7.2.23)$$

$$T_{\mathrm{E}} = \frac{m_{\mathrm{K}} g + p_0 A}{p_{\mathrm{A}} A} \frac{m_{\mathrm{K}} g + p_0 A + p_{\mathrm{A}} A \zeta}{(\zeta + 1)(m_{\mathrm{K}} g + p_0)} T_{\mathrm{A}} \approx \left(1 - \frac{1}{\zeta + 1} \frac{\Delta p}{p_0 + \frac{m_{\mathrm{K}} g}{A}} \right) T_{\mathrm{A}} .$$

Dabei haben wir die Näherungsformel (7.2.4) verwendet. Außerdem ist zu bedenken, dass:

$$\frac{\kappa - 1}{\kappa} = \frac{\frac{\zeta+1}{\zeta} - 1}{\frac{\zeta+1}{\zeta}} = \frac{1}{\zeta + 1} \, , \quad \frac{1}{\kappa} = \frac{\zeta}{\zeta + 1} . \tag{7.2.24}$$

Mit anderen Worten, es ergeben sich in konsistenter Weise die mit der Adiabatengleichung gewonnenen Näherungsformeln (7.2.5):

$$\Rightarrow \quad z_{\mathrm{E}} \approx z_{\mathrm{A}} \left(1 + \frac{1}{\kappa} \frac{\Delta p}{p_0 + \frac{m_{\mathrm{K}} g}{A}} \right) , \quad T_{\mathrm{E}} \approx T_{\mathrm{A}} \left(1 - \frac{\kappa - 1}{\kappa} \frac{\Delta p}{p_0 + \frac{m_{\mathrm{K}} g}{A}} \right) . \tag{7.2.25}$$

Nun untersuchen wir noch einige Spezialfälle und beginnen jeweils bei den vollständigen Gleichungen (7.2.22). Für den Grenzfall des unendlich schweren Kolbens, also für $m_{\mathrm{K}} \to \infty$, wird dann:

$$\lim_{m_{\mathrm{K}} \to \infty} z_{\mathrm{E}} = 0 \, , \quad \lim_{m_{\mathrm{K}} \to \infty} T_{\mathrm{E}} = T_{\mathrm{A}} + \frac{g}{c_{\varepsilon}} z_{\mathrm{A}} . \tag{7.2.26}$$

Das Gas wird also durch den unendlich schweren Kolben auf das Volumen Null zusammengepresst, und die Temperatur nimmt einen endlichen Wert an. Man beachte, dass das Ergebnis nur dann entsteht, wenn $c_{\varepsilon} \neq 0$ angesetzt wird. In Müller und Müller (2009) jedoch wurde die zu (7.2.22) analogen Größen unter Vernachlässigung der Schwerpunktsänderung der Gasmasse m_{G} für den Fall $c_{\varepsilon} = 0$ berechnet, und es ergibt sich dann:

$$z_{\mathrm{E}} = \frac{m_{\mathrm{K}} g + p_0 A + p_{\mathrm{A}} A \zeta}{(\zeta + 1)(m_{\mathrm{K}} g + p_0 A)} z_{\mathrm{A}} \equiv \frac{1}{\zeta + 1} z_{\mathrm{A}} + \frac{\zeta}{\zeta + 1} \frac{m_{\mathrm{G}} \frac{R}{M}}{m_{\mathrm{K}} g + p_0 A} T_{\mathrm{A}} , \tag{7.2.27}$$

$$T_{\mathrm{E}} = \frac{1}{p_{\mathrm{A}} A} \frac{m_{\mathrm{K}} g + p_0 A + p_{\mathrm{A}} A \zeta}{\zeta + 1} T_{\mathrm{A}} \equiv \frac{\zeta}{\zeta + 1} T_{\mathrm{A}} + \frac{1}{\zeta + 1} \frac{m_{\mathrm{K}} g + p_0 A}{m_{\mathrm{G}} \frac{R}{M}} z_{\mathrm{A}} .$$

Interessanterweise gilt nun im Grenzfall $m_{\mathrm{K}} \to \infty$:

$$\lim_{m_{\mathrm{K}} \to \infty} z_{\mathrm{E}} = \frac{1}{\zeta + 1} z_{\mathrm{A}} \, , \quad \lim_{m_{\mathrm{K}} \to \infty} T_{\mathrm{E}} \to \infty . \tag{7.2.28}$$

Dies bedeutet, dass selbst ein unendlich schwerer Kolben nicht in der Lage ist, das Gasvolumen auf Null zusammenzudrücken, denn die Temperatur des Gases wird zuvor unendlich groß, da innere Energie weder vom Kolben noch vom Zylinder aufgenommen wird, denn diese sollen ja keine Wärmekapazität haben.

Übung 7.2.1: ***Versagen der Halterung zwischen zwei Gaskammern***

Man betrachte die in der Abb. 7.2 dargestellte Situation. Das Gas in der rechten Kammer (Volumen V_2^{st} , Masse m_2 , Molekulargewicht M_2) steht eingangs unter einem viel höheren Druck p_2^{St} , als das Gas in der linken Kammer (Volumen V_1^{st} , Masse m_1 , Molekulargewicht M_1 , Druck p_1^{St} ,).

Beide Gase haben die gleiche Temperatur T^{st} . Nach Versagen der Sicherungshalterung beginnt sich der beide Kammern trennende Kolben zu bewegen. Die Gase werden turbulent verwirbelt und zwar solange, bis aufgrund von Reibung die kinetische Energie vernichtet wurde und wieder stationäre, homogene Verhältnisse vorliegen. Man nehme an, dass der Kolben wärmeleitend ist, die äußeren Kammerwände jedoch adiabat (= wärmeundurchlässig) versiegelt sind, so dass die Temperatur am Ende des Prozesses in beiden Kammern wieder gleich ist: $T_1^{\text{end}} = T_2^{\text{end}} = T^{\text{end}}$. Beide Gase sollen ferner einatomig und (im Ruhezustand) mit der idealen Gasgleichung beschreibbar sein. Man gehe analog zu den Ausführungen des Abschnittes vor und zeige, dass gilt:

$$T^{\text{end}} = T^{\text{st}}, \quad p_1^{\text{end}} = p_2^{\text{end}} = p^{\text{end}} = \frac{m_1 \frac{R}{M_1} + m_2 \frac{R}{M_2}}{V^{\text{tot}}} T^{\text{st}}, \tag{7.2.29}$$

$$V_1^{\text{end}} = V^{\text{tot}} \frac{\frac{m_1}{M_1}}{\frac{m_1}{M_1} + \frac{m_2}{M_2}}, \quad V_2^{\text{end}} = V^{\text{tot}} \frac{\frac{m_2}{M_2}}{\frac{m_1}{M_1} + \frac{m_2}{M_2}}, \quad V^{\text{tot}} = V_1^{\text{st}} + V_2^{\text{st}}.$$

Abb. 7.2: Zwei Gaskammern.

Kann man das Problem lösen, wenn man annimmt, dass der Kolben adiabat ist?

7.3 Die NAVIER-LAMÉschen Gleichungen

Zur ersten Orientierung behandeln wir zunächst den Fall kartesischer Koordinaten x und kombinieren unter Vernachlässigung der Volumenkräfte die Impulsbilanz der Statik mit dem HOOKEschen Gesetz, also i. w. die Gleichungen (5.5.1) und (6.2.6):

$$\frac{\partial \underset{(x)}{\sigma}_{ji}}{\partial x_j} = 0\,, \quad \underset{(x)}{\sigma}_{ji} = \underset{(x)}{\lambda} \frac{\partial \underset{(x)}{u}_k}{\partial x_k} \delta_{ji} + \underset{(x)}{\mu} \left(\frac{\partial \underset{(x)}{u}_j}{\partial x_i} + \frac{\partial \underset{(x)}{u}_i}{\partial x_j} \right) - 3 \underset{(x)}{k} \underset{(x)}{\alpha} \Delta T \delta_{ij} \,. \tag{7.3.1}$$

Setzen wir ferner voraus, dass die Temperatur nicht vom Ort abhängt, so entsteht hieraus nach kurzer Rechnung:

$$\frac{\partial^2 \underset{(x)}{u}_j}{\partial x_i \partial x_j} + \frac{\underset{(x)}{\mu}}{\underset{(x)}{\lambda} + \underset{(x)}{\mu}} \frac{\partial^2 \underset{(x)}{u}_i}{\partial x_j \partial x_j} = 0\,, \quad i, j = 1, 2, 3\,. \tag{7.3.2}$$

Dies sind *drei* miteinander *gekoppelte partielle Differentialgleichungen zweiter Ordnung* für die drei unbekannten Verschiebungen $\underset{(x)}{u}_i$. Es handelt sich um *Feldgleichungen* im Sinne der Kontinuumstheorie, denn in ihnen kommen nur Derivate des Grundfeldes „Geschwindigkeit“ vor und keine sonstigen Unbekannten, setzen wir doch die LAMÉschen Elastizitätskonstanten als gegeben voraus. Man nennt diese Gleichungen nach ihren Entdeckern auch die NAVIER-LAMÉschen Gleichungen. Ihre Lösung ist i. a. nur numerisch möglich, wobei geeignete Randbedingungen zu formulieren sind. In manchen einfachen Fällen gelingen jedoch analytische Lösungen, so zum Beispiel im Falle eindimensionaler Spannungszustände, die wir für den Zugstab und die einfache Scherung in den Übungen 6.2.1 und 6.2.2 bereits kennengelernt haben. Hier empfiehlt es sich, die sog. *semiinverse Methode* zu verwenden, d. h. sinnvoll erscheinende Ansätze wie in den Gleichungen (6.2.11) und (6.2.18) gezeigt, werden eingesetzt und danach wird nachgewiesen, dass die resultierenden Beziehungen ohne innere Widersprüche gelöst werden können. Treten Widersprüche auf, so ist der vorgeschlagene Ansatz zu einfach, eben „falsch“, und ein komplexerer Ansatz ist zu wählen, was es im Extremfall notwendig machen kann, eine numerische Lösung zu finden.

Es ist interessant zu bemerken, dass es sich bei dem ersten Term der Gleichung (7.3.2) um den Gradienten eines Skalars, nämlich der Divergenz des Verschiebungsvektors handelt: $\frac{\partial^2 \underset{(x)}{u}_j}{\partial x_i \partial x_j} = \frac{\partial}{\partial x_i} \left(\frac{\partial \underset{(x)}{u}_j}{\partial x_j} \right)$. Dass sich ein solcher Ausdruck wie die Komponenten eines kovarianten Vektorfeldes transformiert, haben wir bereits in Abschnitt 4.1 gelernt. Dasselbe Resultat sollte sich auch ergeben, wenn man direkt mit den (7.3.2) entsprechenden Gleichungen im z -System arbeitet. Es ist ferner beachtenswert, dass die Ableitungen im zweiten Term der Gleichung (7.3.2) wie ein LAPLACEoperator aussehen, welcher auf die einzelnen Verschiebungskomponenten wirkt. Mithin gilt es zu überlegen, wie sich dieser Term in einem beliebigen Koordinatensystem z gestaltet, denn der LAPLACEoperator ist ja präzise gesprochen nicht als Operation auf einen Vektor, sondern auf einen Skalar erklärt (vgl. Übung 4.2.7). Zur Klärung all’ dieser Fragen starten wir nun von den zu

(7.3.2) entsprechenden Beziehungen im z -System, so wie sie sich aus den Gleichungen (5.5.1) und (6.2.21/22) ergeben:

$$\underset{(z)}{\sigma}^{ji}{}_{;j}=0\,, \tag{7.3.3}$$

$$\underset{(z)}{\sigma}^{ji}=\underset{(z)}{\lambda}\,\underset{(z)}{u}^{k}{}_{;k}g^{ji}+\underset{(z)}{\mu}\left(g^{ik}\underset{(z)}{u}^{j}{}_{;k}+g^{jk}\underset{(z)}{u}^{i}{}_{;k}\right)-3\,\underset{(z)}{k}\,\underset{(z)}{\alpha}\,\Delta\underset{(z)}{T}\,g^{ji}\,.$$

Gegenseitiges Einsetzen führt auf die kontravariante Beziehung:

$$g^{ij}\underset{(z)}{u}^{k}{}_{;kj}+\frac{\underset{(z)}{\mu}}{\underset{(z)}{\lambda}+\underset{(z)}{\mu}}g^{jk}\underset{(z)}{u}^{i}{}_{;kj}=0 \tag{7.3.4}$$

oder auch auf die entsprechende kovariante Version:

$$\underset{(z)}{u}^{k}{}_{;ki}+\frac{\underset{(z)}{\mu}}{\underset{(z)}{\lambda}+\underset{(z)}{\mu}}g^{jk}\underset{(z)}{u}_{i;kj}=0\,. \tag{7.3.5}$$

Übung 7.3.1: ***Kontra- und kovariante Form der NAVIER-LAMÉschen Gleichungen***

Man erläutere die Darstellung $(7.3.3)_2$, weise die Gültigkeit der Beziehungen (7.3.4/5) nach und kläre insbesondere, warum man schreiben kann:

$$\underset{(z)}{u}^{k}{}_{;ki}=\frac{\partial\underset{(z)}{u}^{k}{}_{;k}}{\partial z^{i}}\,, \tag{7.3.6}$$

bzw. dass es sinnvoll ist, den LAPLACEoperator folgendermaßen zu definieren:

$$\Delta\underset{(z)}{u}_{i}=\left(g^{jk}\underset{(z)}{u}_{i}\right)_{;kj}\,. \tag{7.3.7}$$

Hinweis: Die Begründung hierzu kann beide Male verbal ohne große Rechnung gegeben werden. Wer mag, darf die erste der beiden Gleichungen aber auch mit Hilfe nachstehender, aus der Definition einer kovarianten Ableitung eines gemischten Tensors zweiter Stufe folgender Beziehung nachweisen:

$$\underset{(z)}{u}^{k}{}_{;ji}=\left(\underset{(z)}{u}^{k}{}_{;j}\right)_{;i}=\frac{\partial\underset{(z)}{u}^{k}{}_{;j}}{\partial z^{i}}+\Gamma^{k}_{ir}\underset{(z)}{u}^{r}{}_{;j}-\Gamma^{r}_{ji}\underset{(z)}{u}^{k}{}_{;r}\,. \tag{7.3.8}$$

Bei orthogonalen Koordinatensystemen ist es selbstverständlich möglich, die partiellen Differentialgleichungen für die Verschiebungen (7.3.4/5) in physikalischen Komponenten aufzuschreiben, um danach mit der (numerischen) Lösung zu beginnen. Dazu ist es nötig, die Gleichungen (7.3.4/5) mit Hilfe der folgenden Beziehungen auszuwerten:

$$g_{kj} = \begin{bmatrix} g_{11} & 0 & 0 \\ 0 & g_{22} & 0 \\ 0 & 0 & g_{33} \end{bmatrix}, \quad g^{jk} = \begin{bmatrix} 1/g_{11} & 0 & 0 \\ 0 & 1/g_{22} & 0 \\ 0 & 0 & 1/g_{33} \end{bmatrix}, \tag{7.3.9}$$

$$u_{<1>} = \sqrt{g_{11}}\,u^1 = \frac{1}{\sqrt{g_{11}}}u_1 \ , \quad u_{<2>} = \sqrt{g_{22}}\,u^2 = \frac{1}{\sqrt{g_{22}}}u_2 \ ,$$

$$u_{<3>} = \sqrt{g_{33}}\,u^3 = \frac{1}{\sqrt{g_{33}}}u_3 \ .$$

Um noch konkreter zu werden, müssten wir die Koordinatentransformationen explizit angeben. Wir kämen dann zu den zu (7.3.4/5) entsprechenden NAVIER-LAMÉschen Gleichungen in physikalischen Komponenten, etwa für Zylinder- oder Kugelkoordinaten. Dies durchzuführen ist möglich, aber nicht unbedingt nötig, da wir für Zylinder- und Kugelkoordinaten bereits im Abschnitt 5.6 und in den Übungen 6.2.4 / 5 die Impulsbilanz der Statik und das HOOKEsche Gesetz inklusive der Darstellung der Komponenten des Verzerrungstensors angegeben haben. Die nächste Übung soll erläutern, wie diese Gleichungen im konkreten Fall mit Hilfe der semiinversen Methode auszuwerten sind.

Übung 7.3.2: ***Der linear-elastische, kreisförmige Torsionsstab***

Man betrachte einen schlanken, zylindrischen Stab der Länge l mit konstantem Kreisquerschnitt (Außenradius R). Der Stab ist an einer Seite eingespannt. An der anderen Seite wird er verdrillt und zwar so, dass alle senkrecht zur Zylinderachse stehenden Querschnitte eben bleiben und dass alle materiellen Teilchen des auf der Verdrillseite befindlichen Querschnitts um den Winkel ϑ_0 gegen den Achsenursprung verdreht werden (siehe Abb. 7.3).

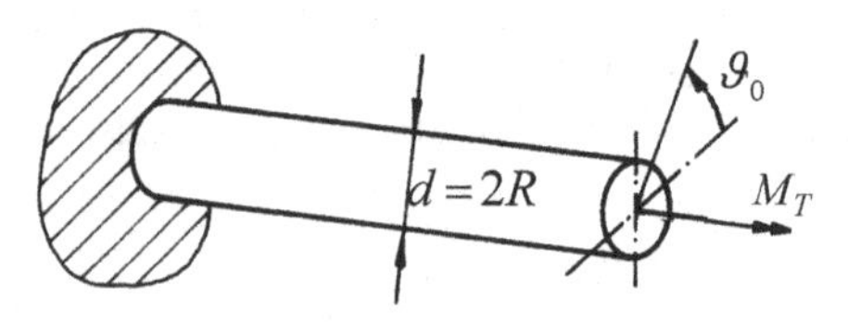

Abb. 7.3: Torsionsstab.

Um die resultierenden Verschiebungen und Spannungen zu ermitteln, begründe und wähle man den folgenden Ansatz:

$$u^r = 0 \ , \ u^\vartheta = f(z) \ , \ u^z = 0 \,. \tag{7.3.10}$$

Man schreibe diesen Ansatz in physikalische Komponenten um und gehe dann in Verbindung mit dem HOOKEschen Materialgesetz nach (6.2.26/27) in die Impulsbilanz der Statik (5.6.1), wobei Volumenkräfte zu vernachlässigen sind. Man weise nach, dass bis auf eine Komponente alle Impulsgleichungen identisch erfüllt sind und schließe durch Integration der verbleibenden gewöhnlichen Differentialgleichung und Anpassung der Lösung an die Randbedingungen, dass gilt:

$$u_{<\vartheta>} = r\frac{z}{l}\vartheta_0 \tag{7.3.11}$$

und lediglich die folgenden Verzerrungs- bzw. Spannungskomponenten von Null verschieden sind:

$$\varepsilon_{<\vartheta z>} = \frac{r}{2l}\vartheta_0 \ , \ \sigma_{<\vartheta z>} = \mu\frac{r}{l}\vartheta_0 \,. \tag{7.3.12}$$

7.4 Die NAVIER-STOKESschen Gleichungen

Zur ersten Orientierung behandeln wir zunächst auch hier den Fall kartesischer Koordinaten x. Jedoch verwenden wir die volle Impulsbilanz in der Form (3.8.14), schreiben darin die materielle Zeitableitung aus und kombinieren diese mit dem NAVIER-STOKES Gesetz aus Gleichung (6.3.1):

$$\underset{(x)}{\rho}\frac{\partial \underset{(x)}{\upsilon}{}_i}{\partial t} + \underset{(x)}{\rho}\,\underset{(x)}{\upsilon}{}_j\frac{\partial \underset{(x)}{\upsilon}{}_i}{\partial x_j} = \frac{\partial \underset{(x)}{\sigma}{}_{ji}}{\partial x_j} + \underset{(x)}{\rho}\,\underset{(x)}{f}{}_i \,, \tag{7.4.1}$$

$$\underset{(x)}{\sigma}{}_{ij} = -\underset{(x)}{p}\,\delta_{ij} + \underset{(x)}{\lambda}\frac{\partial \underset{(x)}{\upsilon}{}_k}{\partial x_k}\delta_{ij} + \underset{(x)}{\mu}\left(\frac{\partial \underset{(x)}{\upsilon}{}_i}{\partial x_j} + \frac{\partial \underset{(x)}{\upsilon}{}_j}{\partial x_i}\right).$$

Somit entsteht:

$$\underset{(x)}{\rho}\frac{\partial \underset{(x)}{\upsilon}{}_i}{\partial t} + \underset{(x)}{\rho}\,\underset{(x)}{\upsilon}{}_j\frac{\partial \underset{(x)}{\upsilon}{}_i}{\partial x_j} = -\frac{\partial \underset{(x)}{p}}{\partial x_i} + \left(\underset{(x)}{\lambda} + \underset{(x)}{\mu}\right)\frac{\partial^2 \underset{(x)}{\upsilon}{}_k}{\partial x_i \partial x_k} + \underset{(x)}{\mu}\frac{\partial^2 \underset{(x)}{\upsilon}{}_i}{\partial x_j \partial x_j} + \underset{(x)}{\rho}\,\underset{(x)}{f}{}_i \,. \tag{7.4.2}$$

Dies sind *drei* miteinander gekoppelte partielle Differentialgleichungen zweiter Ordnung die letztendlich dazu dienen, die drei unbekannten Geschwindigkeitskomponenten $\underset{(x)}{\upsilon}{}_i$ zu ermitteln. Es handelt sich wiederum um *Feldgleichungen* im Sinne der Kontinuumstheorie, denn in ihnen kommen nur die Grundfelder „Massendichte“ und „Geschwindigkeit“ vor. Andere Unbekannte gibt es nicht, denn wir setzen voraus, dass die Volumen- und die Scherviskosität bekannte Funktionen der Dichte und der Temperatur sind. Gleiches gilt für die thermische Zustandsgleichung $\underset{(x)}{p}$ und für die Volumenkraftdichte $\underset{(x)}{f}_i$. Man nennt diese Gleichungen nach ihren Entdeckern auch die *instationären* NAVIER-STOKESschen Gleichungen für *kompressible* Fluide. Ihre Lösung ist i. a. nur numerisch möglich, wobei geeignete Randbedingungen zu formulieren sind. Für einfache Strömungen gelingen jedoch analytische Lösungen, wie wir weiter unten sehen werden. Hier empfiehlt es sich genauso wie bei den NAVIER-LAMÉschen Gleichungen, die *semiinverse Methode* zu verwenden. Allerdings werden meist zwei Einschränkungen gemacht. Man spezialisiert die Gleichungen (7.4.2) auf den *stationären* Fall:

$$\frac{\partial \underset{(x)}{\upsilon}_i}{\partial t} = 0 \tag{7.4.3}$$

und idealisiert die Flüssigkeit als *inkompressibel*. Um die mathematischen Konsequenzen zu verstehen, starten wir mit der Massenbilanz aus Gleichung $(3.8.3)_1$:

$$\frac{\partial \underset{(x)}{\rho}}{\partial t} + \frac{\partial \underset{(x)}{\rho}\,\underset{(x)}{\upsilon}_j}{\partial x_j} = 0\,. \tag{7.4.4}$$

Inkompressibel heißt, dass die Massendichte konstant ist und nicht von Ort und Zeit abhängt, also folgt aus der letzten Beziehung:

$$\frac{\partial \underset{(x)}{\upsilon}_j}{\partial x_j} = 0\,. \tag{7.4.5}$$

Mithin verschwindet die Divergenz des Geschwindigkeitsvektors und Gleichung (7.4.2) vereinfacht sich insgesamt zu:

$$\underset{(x)}{\rho}\,\underset{(x)}{\upsilon}_j \frac{\partial \underset{(x)}{\upsilon}_i}{\partial x_j} = -\frac{\partial \underset{(x)}{p}}{\partial x_i} + \underset{(x)}{\mu} \frac{\partial^2 \underset{(x)}{\upsilon}_i}{\partial x_j \partial x_j} + \underset{(x)}{\rho}\,\underset{(x)}{f}_i\,. \tag{7.4.6}$$

Überhaupt ist es interessant zu bemerken, dass es sich bei dem ersten Term nach dem Gleichheitszeichen in Gleichung (7.4.6) um den Gradienten eines Skalars, nämlich des Druckfeldes handelt. Auch beim zweiten Term liegt der Gradient eines Skalars vor, nämlich der einer Divergenz des Geschwindigkeitsvektors: $\frac{\partial^2 \underset{(x)}{\upsilon}_j}{\partial x_i \partial x_j} = \frac{\partial}{\partial x_i}\left(\frac{\partial \underset{(x)}{\upsilon}_j}{\partial x_j}\right)$. Dass sich solche Ausdrücke wie die Komponenten eines kovarianten Vektorfeldes transformiert, haben wir bereits in Abschnitt 4.1 gelernt. Dasselbe Resultat sollte sich auch ergeben, wenn man direkt mit den (7.4.6) entsprechenden Gleichungen im z-System arbeitet. Diese Beobachtungen stehen in voller Analogie zu denen bei den NAVIER-LAMÉschen Gleichungen, ebenso wie die Tatsache, dass die Ableitungen im zweiten Term der Gleichung (7.4.6) aussehen, wie ein LAPLACEoperator, welcher auf die einzelnen Geschwindigkeitskomponenten wirkt. Wie sich ein solcher Term in einem beliebigen Koordinatensystem z gestaltet, haben wir bereits weiter oben untersucht. Bevor nun die Umschreibung der Gleichung (7.4.6) in ein beliebiges System z erfolgt, noch zwei vorbereitende Übungen.

Übung 7.4.1: ***Planparallele Plattenströmung***

Gesucht ist in einem ersten Schritt die stationäre Geschwindigkeitsverteilung eines reibungsbehafteten, inkompressiblen NAVIER-STOKES-Fluids in einem Kanal zwischen einer gleichförmig bewegten Platte und dem dazu planparallelen, ruhenden Boden: Abb. 7.4. Zur Lösung verwende man den Ansatz:

$$\upsilon_1 = \upsilon_1(x_2)\ ,\quad \upsilon_2 = 0\ ,\quad \upsilon_3 = 0\ , \tag{7.4.7}$$

den es vorher zu motivieren gilt. In einem zweiten Schritt untersuche den Fall, dass beide Platten ruhen und die Flüssigkeit in horizontaler Richtung durch einen konstanten Druckgradienten p' stationär vorangetrieben wird. Wie sieht die Geschwindigkeitsverteilung in diesem Fall aus? Man verwende bei der Lösung wieder den Ansatz aus Gleichung (7.4.7), lege aber das Koordinatensystem in die Mitte der beiden Platten.

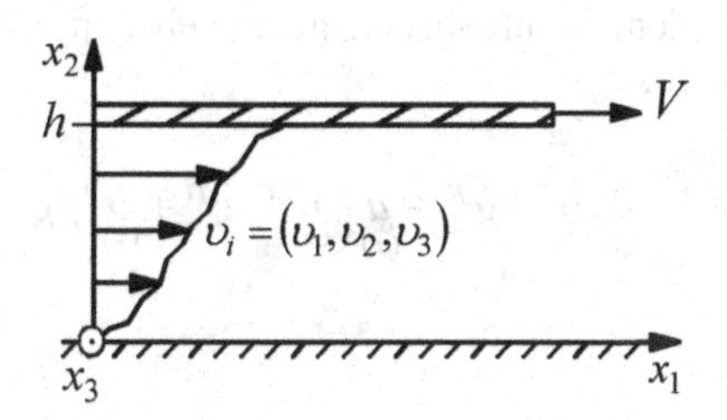

Abb. 7.4: Skizze des Geschwindigkeitsfeldes im Kanal.

Übung 7.4.2: ***Alternative Schreibweisen/Bezeichnungen bei NAVIER-STOKES-Gleichungen***

Andere Mechanikbücher bedienen sich anderer Schreibwiesen. So findet man z. B. in dem Buch von Ziegler (1985) auf Seite 521 die folgende Darstellung für die NAVIER-STOKES-Gleichungen:

$$\rho\,\vec{a} = \vec{k} - \text{grad}\ p + \eta\ \Delta\vec{\upsilon}\ . \tag{7.4.8}$$

In welchem Zusammenhang steht diese Beziehung mit Gleichung (7.4.6)? Welche Annahmen wurden hier gemacht? Den Materialparameter η bezeichnet Ziegler als *dynamischen Zähigkeitsbeiwert* und gibt ihn für Wasser bei 20°C als $\eta = 10^{-3}\,\mathrm{Ns/m^2}$ an. Handelt es sich hierbei um eine neue Kenngröße, die wir noch nicht kennengelernt haben?

Gibt es auch einen *statischen* Zähigkeitsbeiwert oder handelt es sich bei dem Ausdruck „dynamischer Zähigkeitsbeiwert" um eine Art Pleonasmus?

In anderen Büchern findet man außerdem die Bezeichnung *kinematische Zähigkeit/Viskosität*. Wie steht diese im Zusammenhang mit unseren Viskositätskenngrößen? Gern spricht man bei reibungsbehafteten Flüssigkeitsströmungen auch von einer NEWTONschen Flüssigkeit. In wie fern ist das zugehörige Materialgesetz „anders" als bei einer NAVIER-STOKES-Flüssigkeit?

Nun zur Darstellung der Gleichungen im z-System. Wir starten mit der kontravariant geschriebenen Impulsbilanz gemäß Gleichung (5.3.2):

$$\underset{(z)}{\rho}\left(\frac{\partial \underset{(z)}{\upsilon}^{i}}{\partial t} + \underset{(z)}{\upsilon}^{j}\,\underset{(z)}{\upsilon}^{i}{}_{;j}\right) = \underset{(z)}{\sigma}^{ji}{}_{;j} + \underset{(z)}{\rho}\,\underset{(z)}{f}^{i} \tag{7.4.9}$$

und verbinden sie mit dem kontravariant geschriebenen NAVIER-STOKES-Gesetz gemäß Gleichung $(6.3.5)_1$:

$$\underset{(z)}{\sigma}^{ji} = -\underset{(z)}{p}\,g^{ji} + \underset{(z)}{\lambda}\,\underset{(z)}{\upsilon}^{r}{}_{;r}\,g^{ji} + \underset{(z)}{\mu}\left(\underset{(z)}{\upsilon}^{j}{}_{;r}g^{ri} + \underset{(z)}{\upsilon}^{i}{}_{;r}g^{rj}\right). \tag{7.4.10}$$

Es entsteht:

$$\underset{(z)}{\rho}\left(\frac{\partial \underset{(z)}{\upsilon}^{i}}{\partial t} + \underset{(z)}{\upsilon}^{j}\,\underset{(z)}{\upsilon}^{i}{}_{;j}\right) = -\frac{\partial \underset{(z)}{p}}{\partial z^{j}}g^{ji} + \underset{(z)}{\lambda}\,\underset{(z)}{\upsilon}^{r}{}_{;rj}\,g^{ji} + \tag{7.4.11}$$

$$\underset{(z)}{\mu}\left(\underset{(z)}{\upsilon}^{j}{}_{;rj}g^{ri} + \underset{(z)}{\upsilon}^{i}{}_{;rj}g^{rj}\right) + \underset{(z)}{\rho}\,\underset{(z)}{f}^{i}.$$

Übung 7.4.3: *NAVIER-STOKES-Gleichungen in kontravarianter Schreibweise*

Man erläutere, warum in Gleichung (7.4.11) $\frac{\partial \underset{(z)}{p}}{\partial z^{j}}$ und nicht $\underset{(z)}{p}{}_{;j}$ geschrieben wurde. Darf man ferner schreiben:

$$\underset{(z)}{\upsilon}^{r}{}_{;rj} = \frac{\partial \underset{(z)}{\upsilon}^{r}{}_{;r}}{\partial z^{j}} \; ? \tag{7.4.12}$$

Deute schließlich die kontravarianten Gleichungen (7.4.11) im Sinne der invarianten Schreibweise aus Gleichung (7.4.8).

7.5 Die Wärmeleitungsgleichung

Wir beginnen damit, die Wärmeleitungsgleichung für ein (ruhendes) Gas herzuleiten. Dazu starten wir vom 1. Hauptsatz in lokal regulärer Form gemäß Gleichung (6.5.5) im kartesischen System:

$$\underset{(x)}{\rho}\frac{\mathrm{d}\underset{(x)}{u}_i}{\mathrm{d}t} = -\frac{\partial \underset{(x)}{q}_i}{\partial x_i} + \underset{(x)}{\sigma}_{ji}\frac{\partial \underset{(x)}{\upsilon}_i}{\partial x_j} + \underset{(x)}{\rho}\,\underset{(x)}{r}\,, \tag{7.5.1}$$

Nun berücksichtigen wir einerseits die Materialgleichung für die innere Energie des idealen Gases, Gleichung (6.5.2), das FOURIERsche Gesetz (6.6.1), die Materialgleichung für ein reibungsfreies Fluid (6.3.2) und die Massenbilanz in der Form (6.5.7), so dass wird:

$$\underset{(x)}{\rho}c_\upsilon\frac{\mathrm{d}\underset{(x)}{T}}{\mathrm{d}t} = \underset{(x)}{\kappa}\frac{\partial^2 \underset{(x)}{T}_i}{\partial x_i^2} - \underset{(x)}{p}\frac{\mathrm{d}\underset{(x)}{\upsilon}}{\mathrm{d}t} + \underset{(x)}{\rho}\,\underset{(x)}{r}\,. \tag{7.5.2}$$

Wenn wir isochore Wärmeleitungsvorgänge betrachten, entfällt der zweite Term nach dem Gleichheitszeichen:

$$\underset{(x)}{\rho}c_\upsilon\frac{\mathrm{d}\underset{(x)}{T}}{\mathrm{d}t} = \underset{(x)}{\kappa}\frac{\partial^2 \underset{(x)}{T}_i}{\partial x_i^2} + \underset{(x)}{\rho}\,\underset{(x)}{r}\,. \tag{7.5.3}$$

Betrachten wir hingegen isobare Vorgänge, dann folgt mit dem idealen Gasgesetz (6.4.1) und mit der Relation $(6.5.18)_3$ für die spezifische Wärme bei konstantem Volumen:

$$\underset{(x)}{\rho}c_p\frac{\mathrm{d}\underset{(x)}{T}}{\mathrm{d}t} = \underset{(x)}{\kappa}\frac{\partial^2 \underset{(x)}{T}_i}{\partial x_i^2} + \underset{(x)}{\rho}\,\underset{(x)}{r}\,. \tag{7.5.4}$$

Die Differentialgleichung hat also in beiden Fällen die gleiche Form:

$$\underset{(x)}{\rho}c_{\upsilon/p}\left(\frac{\partial \underset{(x)}{T}}{\partial t} + \underset{(x)}{\upsilon}_i\frac{\partial \underset{(x)}{T}}{\partial x_i}\right) = \underset{(x)}{\kappa}\frac{\partial^2 \underset{(x)}{T}}{\partial x_i^2} + \underset{(x)}{\rho}\,\underset{(x)}{r}\,, \tag{7.5.5}$$

und oft betrachtet man ein ruhendes Gas, so dass auch noch der zweite Term auf der linken Seite herausfällt. Dies ist die klassische Wärmeleitungsgleichung, eine *parabolische* Differentialgleichung für die Temperatur. Parabolische Differentialgleichungen leiden an dem Artefakt, dass sie eine unendlich schnelle Ausbreitung von Störungen vorhersagen. So würde eine im Zentrum eingebrachte Temperaturstörung (die Anfangsbedingung) sofort im gesamten Ortsraum spürbar ausbreiten und zwar gleichgültig, wie groß der Ortsraum ist. Das ist eine Konsequenz der verwendeten Materialansätze, also hier des FOURIERschen Gesetzes. Für praktische Anwendungen jedoch ist dieser Effekt i. a. irrelevant und die Wärmeleitungsgleichung leistet als Feldgleichung gute Dienste bei der Berechnung der Zeit- und Ortsabhängigkeit des Temperaturfeldes.

Die Umschreibung der Wärmeleitungsgleichung auf beliebige andere Koordinatensysteme ist leicht. Wir wissen, dass materielle Zeitableitungen von Skalaren (hier von der Temperatur) direkt auf das gekrümmte Koordinatensystem übertragbar sind. Ferner gilt für den LAPLACEoperator angewendet auf die skalare Temperatur einfach Gleichung (4.2.16). Also folgt:

$$\underset{(z)}{\rho} c_{p/\upsilon} \frac{\mathrm{d} \underset{(z)}{T}}{\mathrm{d}t} = \underset{(z)}{\kappa} \left(g^{nm} \frac{\partial \underset{(z)}{T}}{\partial z^m} \right)_{;n} + \underset{(z)}{\rho} \underset{(z)}{r} \, . \tag{7.5.6}$$

Die Ableitung einer Wärmeleitungsgleichung für Festkörper ist komplexer. Hier müssen wir auf das Konzept der Entropie vorgreifen, das ausführlich im Kapitel 12 erläutert wird. Wir starten mit der Annahme, dass die innere Energie, die spezifische Entropie und auch der Spannungstensor Funktionen der Temperatur und des linearen Dehnungstensors sind, so wie vormals schon in Gleichung (6.5.20) angesetzt:

$$u = \tilde{u}(T, \varepsilon) \; , \quad s = \tilde{s}(T, \varepsilon) \; , \quad \boldsymbol{\sigma} = \tilde{\boldsymbol{\sigma}}(T, \boldsymbol{\varepsilon}) \, . \tag{7.5.7}$$

Wir starten vom ersten Hauptsatz in der Form (6.5.5), nähern aber den Leistungsterm durch folgenden für Festkörper günstigeren Ausdruck an:

$$\sigma_{ji} \frac{\partial \upsilon_i}{\partial x_j} \approx \sigma_{ji} \frac{\mathrm{d} \varepsilon_{ij}}{\mathrm{d}t} \, . \tag{7.5.8}$$

Es ergibt sich so:

$$\rho \frac{\mathrm{d}u}{\mathrm{d}t} \approx \rho_0 \left(\left. \frac{\partial u}{\partial T} \right|_{\varepsilon} \frac{\mathrm{d}T}{\mathrm{d}t} + \left. \frac{\partial u}{\partial \varepsilon_{ij}} \right|_T \frac{\mathrm{d}\varepsilon_{ij}}{\mathrm{d}t} \right) = -\frac{\partial q_j}{\partial x_j} + \sigma_{ji} \frac{\mathrm{d}\varepsilon_{ij}}{\mathrm{d}t} \, . \tag{7.5.9}$$

Wir führen nun diverse Nebenrechnungen durch, um die aufgetretenen partiellen Ableitungen umzuschreiben. Dabei machen wir von der GIBBSschen Gleichung für Festkörper unter kleinen Deformationen Gebrauch, die wir allerdings erst in

Abschnitt 12 als Konsequenz der Entropieungleichung (auch 2. Hauptsatz der Thermodynamik genannt) kennenlernen werden. Die GIBBSsche Gleichung setzt gewisse Größen aus Gleichung (7.5.8) in Bezug mit der materiellen Zeitableitung der spezifischen Entropie:

$$T\frac{\mathrm{d}s}{\mathrm{d}t} = \frac{\mathrm{d}u}{\mathrm{d}t} - \frac{1}{\rho_0}\sigma_{ji}\frac{\mathrm{d}\varepsilon_{ij}}{\mathrm{d}t}. \tag{7.5.10}$$

Josiah Willard GIBBS wurde am 11. Februar 1839 in New Haven, Connecticut geboren und starb am 28. April 1903 ebenda. Er war ein theoretischer Physiker, der besonders durch seine grundlegenden Arbeiten über Thermodynamik bekannt wurde. Man darf mit Fug' und Recht behaupten, dass GIBBS wohl der erste amerikanische Physiker von weltweiter Bedeutung war. Er begann mit Lehr- und Wanderjahren durch die Physikhochburgen Europas, trug das erworbene Wissen zurück nach U.S.A. und entschied sich danach, seine Heimatstadt möglichst wenig zu verlassen. Die Fama sagt, dass er auch höchst ungern auf Kongresse ging.

Indem wir nun die Abhängigkeiten aus Gleichung (7.5.6) berücksichtigen, die Zeitableitungen per Kettenregel auswerten und die Vorfaktoren zu den Größen $\mathrm{d}T/\mathrm{d}t$ und $\mathrm{d}\varepsilon_{ij}/\mathrm{d}t$ in Beziehung setzen, entsteht:

$$T\left.\frac{\partial s}{\partial T}\right|_{\varepsilon} = \left.\frac{\partial u}{\partial T}\right|_{\varepsilon}, \quad T\left.\frac{\partial s}{\partial \varepsilon_{ij}}\right|_{T} = \left.\frac{\partial u}{\partial \varepsilon_{ij}}\right|_{T} - \frac{1}{\rho_0}\sigma_{ji}. \tag{7.5.11}$$

Kreuzdifferentiation beider Gleichungen und Gleichsetzen liefert bei Vertauschbarkeit der Integrationsreihenfolge:

$$\left.\frac{\partial s}{\partial \varepsilon_{ij}}\right|_{T} = -\frac{1}{\rho_0}\left.\frac{\partial \sigma_{ji}}{\partial T}\right|_{\varepsilon}. \tag{7.5.12}$$

Dies in Gleichung $(7.5.11)_2$ eingesetzt ergibt:

$$\left.\frac{\partial u}{\partial \varepsilon_{ij}}\right|_{T} = -\frac{T}{\rho_0}\left.\frac{\partial \sigma_{ji}}{\partial T}\right|_{\varepsilon} + \frac{1}{\rho_0}\sigma_{ji}. \tag{7.5.13}$$

Damit haben wir die zweite partielle Ableitung in Gleichung (7.5.9) in Beziehung mit der Spannung (in Anlehnung an die thermodynamische Sprachweise bei Gasen könnte man dabei auch von der thermischen Zustandsgleichung sprechen, vgl. Abschnitt 6.4) gebracht. Die erste partielle Ableitung hingegen ist schon bekannt, da sie nach der Gleichung (6.5.21) mit der spezifischen Wärme von Festkörpern bei konstanter Dehnung verbunden ist, also einer Messgröße, vgl. Übung 6.5.2. Somit entsteht:

$$\rho_0 c_\varepsilon \frac{\mathrm{d}T}{\mathrm{d}t} = -\frac{\partial q_j}{\partial x_j} + T \left.\frac{\partial \sigma_{ji}}{\partial T}\right|_\varepsilon \frac{\mathrm{d}\varepsilon_{ij}}{\mathrm{d}t} . \tag{7.5.14}$$

Und wenn wir jetzt noch das FOURIERsche Gesetz (6.6.1) verwenden, ergibt sich die Wärmeleitungsgleichung für Festkörper in einer zu Gleichung (7.5.5) ähnlichen Form:

$$\rho_0 c_\varepsilon \left(\frac{\partial T}{\partial t} + \upsilon_i \frac{\partial T}{\partial x_i} \right) = \kappa \frac{\partial^2 T}{\partial x_i^2} + T \left.\frac{\partial \sigma_{ji}}{\partial T}\right|_\varepsilon \frac{\mathrm{d}\varepsilon_{ij}}{\mathrm{d}t} . \tag{7.5.15}$$

Für einen ruhenden Festkörper muss man darin $\upsilon_i = 0$ einsetzen. Wenn wir dann noch das HOOKEsche Gesetz in der Form (6.2.6) verwenden, resultiert:

$$\rho_0 c_\varepsilon \frac{\partial T}{\partial t} = \kappa \frac{\partial^2 T}{\partial x_i^2} - 3k\alpha T \frac{\mathrm{d}\varepsilon_{kk}}{\mathrm{d}t} . \tag{7.5.16}$$

Übung 7.5.1: *Wärmeleitung durch eine Wand*

Eine Wand der Gesamtfläche A und der Dicke d trennt ein Zimmer der Temperatur T_Z von kalter Außenluft T_L. Man zeige, dass für den Temperaturverlauf innerhalb der Wand gilt:

$$T(x_1) = (T_Z - T_L)\frac{x_1}{d} + T_L . \tag{7.5.17}$$

Starte beim Beweis mit dem 1. Hauptsatz der Thermodynamik und argumentiere zunächst, dass im vorliegenden Fall gelten muss:

$$\frac{\partial \underset{(x)}{q}_i}{\partial x_i} = 0 . \tag{7.5.18}$$

Man begründe und verwende nun den Ansatz:

$$\underset{(x)}{q}_i = \left(\underset{(x)}{q}_1(x_1), 0, 0 \right) . \tag{7.5.19}$$

in Kombination mit der FOURIERschen Wärmeleitungsgleichung (6.6.1) zur Erstellung einer Differentialgleichung für $T(x_1)$. Man integriere, passe die Lösung geeignet an, berechne nun noch $\underset{(x)}{q}_1(x_1)$ und zeichne $\boldsymbol{q}$ in ein Schemabild der Situation (Richtung!). Wie groß ist der gesamte Wärmeverlust des Zimmers pro Zeiteinheit?

Übung 7.5.2: ***Temperaturverteilung um einen Hitzdraht***

Man betrachte einen sehr langen, geraden, stromführenden Draht, in dem durch Dissipation JOULEsche Wärme entsteht. Der Draht gibt dadurch über seine Oberfläche bei $r = r_0$ den Wärmestrom q_0 an die umgebende Luft weiter. Zur Ableitung der Wärme und zur Aufrechterhaltung stationärer Verhältnisse ist im Abstand $r = r_a$ ein Metallzylinder axialsymmetrisch um den Hitzdraht gestellt, der auf konstanter Temperatur T_a gehalten wird. Man nehme stationäre Verhältnisse an und berechne mit Hilfe der lokalen Bilanz für die innere Energie in Zylinderkoordinaten und einem geeigneten semiinversen Ansatz den Wärmeflussvektor (erinnere in diesem Zusammenhang auch die Gleichungen für die Divergenz eines Vektorfeldes, (4.2.15) und (5.2.2)). Man schreibe dann das FOURIERsche Gesetz nach Gleichung (6.6.3) in physikalische Zylinderkoordinaten um und berechne die Temperaturverteilung um den Draht im Bereich $r_0 \leq r \leq r_a$.

Wie verhält sich die Lösung für $r_a \to \infty$, und wie ist das Ergebnis zu interpretieren? Wie sieht die Lösung aus, wenn man anstelle des Wärmestromes an der Hitzdrahtoberfläche eine Oberflächentemperatur T_0 vorgibt? Was haben beide Probleme miteinander zu schaffen, wie lassen sie sich ineinander überführen?

7.6 Would you like to know more?

Das Konzept des Kontrollvolumens wird in der Strömungslehre und der Thermodynamik hochgehalten, allerdings meist ohne kontinuumstheoretischen Touch. Beispiele finden sich in Abschnitt 1.3 und Kapitel 4 von Çengel und Boles (1997) sowie bei Baehr und Kabelac (2009) in den Abschnitten 1.2.1, 2.3.2, 3.1.6 und 3.1.7. Vor kontinuumstheoretischem Hintergrund findet man weitere Beispiele in Müller (1994) und zwar unter 1.3.2, 1.4.6-1.4.9, 1.5.4, 1.5.6 und 1.5.7 sowie in Müller und Müller (2009) in 1.5.5-1.5.9. Dabei kommen alle drei Bilanzen für Masse, Impuls und Energie (in den Varianten für die gesamte und die innere Energie) zur Sprache. Auch die semiinverse Methode bei der Lösung der Feldgleichungen ist Gegenstand der beiden letztgenannten Bücher.

Eine Bemerkung: Man könnte versucht sein anzunehmen, dass die in Übung 7.4.1 diskutierte Plattenströmung *isotherm* also mit *überall konstanter* Temperatur abläuft. Die Annahme eines isothermen Zustandes jedoch steht im Widerspruch mit dem 1. Hauptsatz. Das ist bei weiterem Nachdenken auch nicht verwunderlich, denn das Abgleiten von Flüssigkeitsschichten ist ja mit Reibung verbunden, und das erhöht die Temperatur lokal! Man muss also Wärme über die angrenzenden Platten abführen und daraus ergibt sich eine von der Höhe abhängige, stationäre Temperaturverteilung. Die Details sind in Müller und Müller (2009) im Abschnitt 12.1.2 zu finden.

Here's looking at you, kid!

Humphrey BOGART in Casablanca

8. Beobachterwechsel in der klassischen Kontinuumstheorie

8.1 Einführung

In Kapitel 5 haben wir uns bereits ausführlich mit der Frage beschäftigt, wie sich die Bilanzgleichungen in beliebigen krummlinigen Koordinatensystemen schreiben. Zusammenfassend darf man sagen, dass die Bilanzen in allen Koordinatensystemen dieselbe Form haben und bei Koordinatenwechsel keine koordinatensystemabhängigen Größen zusätzlich auf den Plan treten. Die Bilanzgleichung in generischer, voll allgemeiner Form haben wir schon in (3.7.3) notiert: Es gibt eine lokale Zeitableitung der betreffenden zu bilanzierenden Größe, einen konvektive und einen nichtkonvektiven Term, eine Zufuhr und eine Produktion. Und in der Tat, diese Struktur bleibt erhalten, gleichgültig welches Koordinatensystem wir zugrunde legen: Wollen wir aus praktischen Gründen die Bilanzgleichungen in einem nichtkartesischen Koordinatensystem lösen, so transformieren wir jeden Term, der in kartesischen Koordinaten relativ einfach zu formulieren ist, aus dem kartesischen System heraus in das krummlinige System hinein. Diesen Übergang zu konkretisieren, erlauben die ko-/kontravariant formulierten Gleichungen für Masse, Impuls und Energie aus Kapitel 5. Man beachte nochmals, dass beim Heraustransformieren keinerlei koordinatensystemsbedingte Größen entstehen, die man dann z. B. im Sinne einer zusätzlichen Zufuhr interpretieren müsste, welche sich nur durch die Wahl des betreffenden Koordinatensystem ergäbe.

Eigentlich wundert das auch nicht weiter, denn ein „seriöses“ Naturgesetz darf nicht davon abhängen, welches Koordinatensystem verwendet wird. Es muss erstens forminvariant gegen Koordinatensystemswechsel bleiben, und zweitens darf der Koordinatenwechsel nicht dazu führen, dass neue Flüsse, Zufuhren oder Produktionen entstehen, die es nur in bestimmten Koordinatensystemen gibt. Die gleiche Bemerkung gilt analog auch für „seriöse“ Materialgesetze.

Allen Koordinatensystemswechsel ist übrigens eines gemeinsam: Wir transformieren Orte und zwar in *zeitunabhängiger* Weise. Das wollen wir in diesem Kapitel ändern. Wir wollen das Koordinatensystem wechseln, aber der Wechsel soll zeitabhängig geschehen. Anders ausgedrückt: Das neue Koordinatensystem soll sich gegenüber dem alten „bewegen“. Man spricht in diesem Zusammenhang von *Beobachterwechsel* und dieser bringt eine völlig neue Qualität in unsere bisherigen Argumente. Das liegt, wie wir gleich sehen werden, an der Zeitableitung in Gleichung (3.7.3), welche wir bislang völlig ignorieren konnten!

W.H. Müller, *Streifzüge durch die Kontinuumstheorie*,
DOI 10.1007/978-3-642-19870-0_8, © Springer-Verlag Berlin Heidelberg 2011

8.2 EUKLIDische Beobachtertransformationen

Wir wollen uns zunächst auf den zugegebenermaßen naiven Standpunkt stellen, dass die Bilanzen für Masse, Impuls und Energie ursprünglich für den Fall eines „ruhenden" Systems experimentell abgesichert wurden. Dieses ruhende System nennen wir auch *GALILEIsches Inertialsystem*. Es soll die Frage geklärt werden, ob und wie sich die Bilanzen verändern, wenn man aus dem Inertialsystem in ein dagegen möglichst allgemein, also „beliebig" bewegtes System wechselt. Im Rahmen der klassischen Physik ist der allgemeinst mögliche Bezugsystemswechsel dadurch gegeben, dass man erstens die Ursprünge beider Systeme sich beliebig schnell auseinander bewegen lässt und es zweitens erlaubt, dass sich die Koordinatenachsen beider Systeme beliebig schnell gegeneinander verdrehen.

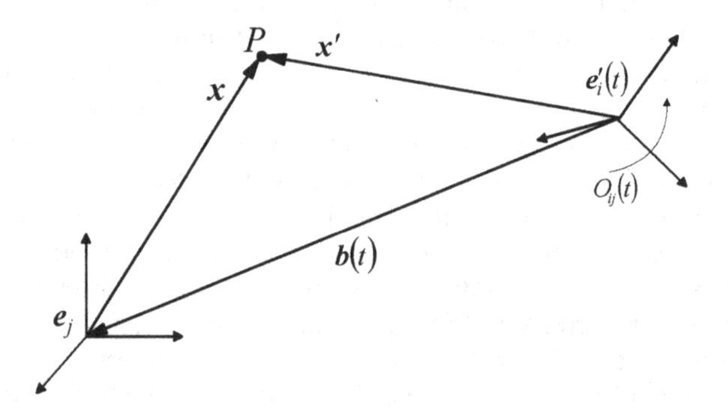

Abb. 8.1: Veranschaulichung der EUKLIDischen Transformation.

Galileo GALILEI wurde am 15. Februar 1564 in Pisa geboren und starb am 8. Januar 1642 in Arcetri nahe Florenz. Mit ihm beginnt ein neuer Geist endgültig in die Physik einzuziehen: Das Experiment entscheidet letztendlich darüber, ob eine Theorie „richtig" ist. Entsprechend trägt Galilei auch den Nimbus eines Revoluzzers. Wir alle kennen die Geschichte, dass er der erste war, der statt des formalen Lateins lieber seine Muttersprache Italienisch zum Niederschreiben seiner Ideen verwendete, quasi für das Volk, einer Art wissenschaftlichem Martin Luther gleich. Berühmt ist auch sein angeblich mannhaftes Auftreten gegenüber der Inquisition. Wunschglaube oder Wahrheit? Wir alle lieben Helden.

Diese Aussagen gilt es nun in mathematische Sprache umzusetzen. Die ruhende kartesische Inertialsystemseinheitsbasis bezeichnen wir mit $\boldsymbol{e}_j$ – wir sprechen auch von dem *Inertialsystemsbeobachter* – und die sich bewegende, also zeitlich veränderliche kartesische Einheitsbasis mit $\boldsymbol{e}'_i(t)$ – der sog. *EUKLIDische Beobachter*. Beide fixieren *zeitgleich* einen Ort P im Raum, an dem sich zum Beispiel ein materieller Punkt befinden kann. Das bewegte Koordinatensystem kann aber muss nicht fest an dem sich bewegenden materiellen Punkt angebracht sein. Es gilt wie in der Abb. 8.1 angedeutet:

$$\boldsymbol{x}' = \boldsymbol{x} + \boldsymbol{b} \quad \Rightarrow \quad x_i'(t)\boldsymbol{e}_i'(t) = x_j(t)\boldsymbol{e}_j + b_i'(t)\boldsymbol{e}_i'(t). \tag{8.2.1}$$

Durch Skalarmultiplikation mit $\boldsymbol{e}_i'(t)$ entsteht hieraus die folgende Relation in kartesischen Koordinaten:

$$x_i' = O_{ij}'(t)x_j + b_i'(t) \tag{8.2.2}$$

mit der Definition der sog. *Drehmatrix*:

$$O_{ij}'(t) = \boldsymbol{e}_i'(t) \cdot \boldsymbol{e}_j \tag{8.2.3}$$

beziehungsweise:

$$x_j = O_{ij}'(t)\left(x_i' - b_i'(t)\right), \tag{8.2.4}$$

denn die Drehmatrix hat die folgende *Orthonormalitätseigenschaft*:

$$O_{ik}'O_{jk}' = \delta_{ij}' = O_{ki}'O_{kj}'. \tag{8.2.5}$$

Diese Beziehungen sind noch einmal in der Abb. 8.1 verdeutlicht. Man beachte, dass zu ihrer eindeutigen Identifikation mit einem Strich versehende Orts- und Abstandsvektoren kartesische Komponenten in Bezug auf die Basis $\boldsymbol{e}_i'(t)$ bezeichnen und umgekehrt. Die Drehmatrix trägt auch einen Strich, denn sie sorgt in Gleichung (8.2.2) dafür, dass die sich auf das Inertialsystem beziehenden Komponenten x_j in Komponenten im bewegten, gestrichenen System umgerechnet werden (Summation über den hinteren Index). In Gleichung (8.2.4) hingegen transformiert sie Komponenten im bewegten System (beide Größen in der Klammer) auf Inertialsystemsgrößen (Summation über den vorderen Index). Alternativ zu den Komponentendarstellungen (8.2.2) und (8.2.4) lässt sich auch folgendes schreiben:

$$\boldsymbol{x}' = \boldsymbol{O}' \cdot \boldsymbol{x} + \boldsymbol{b}' \quad \Leftrightarrow \quad \boldsymbol{x} = \boldsymbol{O}'^{\mathrm{T}} \cdot (\boldsymbol{x}' - \boldsymbol{b}') \tag{8.2.6}$$

mit:

$$\boldsymbol{O}' \cdot \boldsymbol{O}'^{\mathrm{T}} = \boldsymbol{1}\ , \ \boldsymbol{O}'^{\mathrm{T}} \cdot \boldsymbol{O}' = \boldsymbol{1}. \tag{8.2.7}$$

Auf den ersten Blick scheint Gleichung (8.2.6) eine Alternative bzw. einen möglichen Widerspruch zur vektoriellen Schreibweise $(8.2.1)_1$ darzustellen. Das ist jedoch nur scheinbar, wie wir in Übung 8.2.1 zeigen werden. Zuvor jedoch noch einige Bemerkungen: In den Gleichungen (8.2.1 / 2) handelt es sich bei $\boldsymbol{x}'$ und $\boldsymbol{x}$

um Ortsvektoren, bzw. bei x'_i und x_j um die Komponenten dieser Ortsvektoren in kartesischen Koordinaten. Im Sinne der in Abschnitt 2.4 eingeführten Nomenklatur müssten wir ganz streng genommen also

$$\underset{(x')}{x'}_i = \underset{(x',x)}{O'}_{ij}(t)\underset{(x)}{x}_j + \underset{(x')}{b'}_i(t) \tag{8.2.8}$$

schreiben. Ohne Zweifel ist diese Schreibweise etwas sperrig, ja sogar redundant, was den oberen Strich in den Symbolen $\underset{(x')}{x'}_i$, $\underset{(x',x)}{O'}_{ij}(t)$ und $\underset{(x')}{b'}_i(t)$ angeht. Ferner hätten wir in Gleichung (8.2.1) auch schreiben können:

$$\boldsymbol{x} = \boldsymbol{x}' - \boldsymbol{b} \quad \Rightarrow \quad x_i(t)\boldsymbol{e}_i = x'_j(t)\boldsymbol{e}'_j(t) - b_i(t)\boldsymbol{e}_i\,. \tag{8.2.9}$$

Skalarmultiplikation mit $\boldsymbol{e}_i$ würde dann auf folgendes Resultat führen:

$$x'_i = O_{ij}(t)x'_i - b_i(t) \tag{8.2.10}$$

mit der Definition der folgenden Drehmatrix:

$$O_{ij}(t) = \boldsymbol{e}_i \cdot \boldsymbol{e}'_j(t)\,. \tag{8.2.11}$$

Durch Vergleich mit (8.2.3) sehen wir, dass gilt:

$$O_{ij} = O'_{ji}\,, \tag{8.2.12}$$

also gemäß (8.2.5) auch

$$O_{ik}O_{jk} = \delta_{ij} = O_{ki}O_{kj} \tag{8.2.13}$$

folgt. Abschließend zu diesen Bemerkungen stellen wir fest, dass wir im Sinne der in Abschnitt 2.4 benutzten Nomenklatur für (8.2.10) eigentlich

$$\underset{(x)}{x}_i = \underset{(x',x)}{O}_{ij}(t)\underset{(x')}{x'}_j - \underset{(x)}{b}_i(t) \tag{8.2.14}$$

schreiben sollten. Hierin ist nurmehr der obere Strich am Symbol $\underset{(x')}{x'}_j$ in gewissem Sinne redundant.

Übung 8.2.1: ***Alternativschreibweisen der EUKLIDischen Transformation***

Man starte mit der Vektorgleichung $(8.2.1)_1$ und werte sie dann mit Hilfe der Orthonormalbasen $\boldsymbol{e}'_i$ und $\boldsymbol{e}_k$ aus, um zu Gleichung (8.2.2) zu gelangen. Hierzu ist es nötig, die Drehmatrix $\boldsymbol{O}'$ als Skalarprodukt zwischen beiden Basen einzuführen: vgl. die Definitionsgleichung (8.2.3). Es handelt sich also um eine durch Größen aus beiden Basen definierte Größe mit zwei Indizes.

Erinnert sei nun weiterhin an die für die Einheitsvektoren $\boldsymbol{e}'_i$ stets mögliche Berechnung aus der anderen Basis $\boldsymbol{e}_j$ und umgekehrt (lineare Abbildung): $\boldsymbol{e}'_i = A_{ij}\boldsymbol{e}_j$ bzw. $\boldsymbol{e}_i = B_{ij}\boldsymbol{e}'_j$. Man zeige damit in einem ersten Schritt, dass $A_{ij} = O'_{ij}$ und $B_{ij} = O'_{ji}$ bzw. auch $B_{ij} = O_{ij}$ und $A_{ij} = O_{ji}$ folgen, sowie in einem zweiten Schritt die Gültigkeit von (8.2.5 / 13) und von (8.2.12).

Nun sollen als nächstes zu (8.2.1-5) analoge Darstellungen in krummlinigen Koordinatensystemen untersucht werden. Mit Hilfe der Ausführungen in den Abschnitten 2.4 und 2.5 kommentiere man zunächst die Gültigkeit folgender Gleichungen (Achtung: ko- und kontravariante Schreibweise):

$$\boldsymbol{x}' = \boldsymbol{x} + \boldsymbol{b} \quad \Rightarrow \tag{8.2.15}$$

$$\underset{(z')}{x'^i}\, \underset{(z')}{\boldsymbol{g}'_i}(t) = \underset{(z)}{x^j}(t)\, \underset{(z)}{\boldsymbol{g}_j} + \underset{(z')}{b'^i}(t)\, \underset{(z')}{\boldsymbol{g}'_i}(t)\,, \quad \underset{(z')}{x'_i}\, \underset{(z')}{\boldsymbol{g}'^i}(t) = \underset{(z)}{x_j}(t)\, \underset{(z)}{\boldsymbol{g}^j} + \underset{(z')}{b'_i}(t)\, \underset{(z')}{\boldsymbol{g}'^i}(t)\,.$$

Mit Hilfe der Gleichung (2.5.8) ist daraus abzuleiten, dass gilt:

$$\underset{(z')}{x'^i} = \underset{(z',z)}{O'^i{}_j}(t)\, \underset{(z)}{x^j}(t) + \underset{(z')}{b'^i}(t)\,, \quad \underset{(z')}{x'_i} = \underset{(z',z)}{O'_i{}^j}(t)\, \underset{(z)}{x_j}(t) + \underset{(z')}{b'_i}(t)\,, \tag{8.2.16}$$

wobei die gemischt ko- / kontravarianten Formen der Drehmatrix wie folgt definiert sind:

$$\underset{(z',z)}{O'^i{}_j} = \underset{(z')}{\boldsymbol{g}'^i}(t) \cdot \underset{(z)}{\boldsymbol{g}_j}\,, \quad \underset{(z',z)}{O'_i{}^j} = \underset{(z')}{\boldsymbol{g}'_i}(t) \cdot \underset{(z)}{\boldsymbol{g}^j}\,. \tag{8.2.17}$$

Man leite nun folgende Beziehungen her:

$$\underset{(z')}{x'_i} = \underset{(z',z)}{O'_{ij}}\, \underset{(z)}{x^j} + \underset{(z')}{b'_i}\,, \quad \underset{(z)}{x^i} = \underset{(z',z)}{O'^{ji}} \left(\underset{(z')}{x'_i} - \underset{(z')}{b'_i} \right), \tag{8.2.18}$$

wobei:

$$\underset{(z',z)}{O_{ij}} = \underset{(z')}{\boldsymbol{g}'_i}(t) \cdot \underset{(z)}{\boldsymbol{g}_j}\,, \quad \underset{(z',z)}{O'^{ij}} = \underset{(z')}{\boldsymbol{g}'^i}(t) \cdot \underset{(z)}{\boldsymbol{g}^j}\,. \tag{8.2.19}$$

Mit welcher Metrik muss man $\underset{(z',z)}{O_{ij}}$ multiplizieren, um daraus $\underset{(z',z)}{O'^i{}_j}$ bzw. $\underset{(z',z)}{O'_i{}^j}$ zu erhalten (analoge Frage für $\underset{(z',z)}{O'^{ij}}$)? Man diskutiere alle mögliche Varianten dieser Darstellungen, kläre die Frage, ob der obere Strich bei $\underset{(z',z)}{O'_{ij}}$, $\underset{(z')}{b'_i}$, $\underset{(z')}{x'_i}$ entfallen kann und zeige außerdem die Gültigkeit von (Transformations-) Gleichungen wie:

$$\underset{(z',z)}{O'}_{ij} = \frac{\partial x'_k}{\partial z'^i} \frac{\partial x_l}{\partial z^j} \underset{(x',x)}{O'}_{kl} \ , \ \underset{(x',x)}{O'}_{ij} \equiv O'_{ij} \ , \tag{8.2.20}$$

$$\underset{(z')}{b'}_i = \frac{\partial x'_l}{\partial z'^i} \underset{(x')}{b'}_l \ , \ \underset{(x')}{b'}_l \equiv b'_l \ , \ \underset{(z)}{x}^j = \frac{\partial z^j}{\partial x_l} \underset{(x)}{x}_l \ , \ \underset{(x)}{x}_l \equiv x_l \ , \ \text{u.s.w.}$$

Ist also $\boldsymbol{O}'$ eine tensorielle Größe zweiter Stufe im Sinne der Ausführungen um die Gleichung (2.4.15)? Und schließlich: Wie muss man die Gleichungen (8.2.10-14) in krummlinigen Koordinaten schreiben?

Man diskutiere nun die invariant geschriebenen Beziehungen (8.2.6 / 7). In welchem Sinne ist der Strich am Abstandsvektor $\boldsymbol{b}$ zu verstehen? In gleichem Zusammenhang kommentiere man auch die Formel

$$\boldsymbol{e}'_i = \boldsymbol{O}' \cdot \boldsymbol{e}_j \tag{8.2.21}$$

respektive Aussage aus dem Buch von Greve (2003): „Der Widerspruch löst sich eben dadurch auf, dass sich die beiden Gleichungen (Anmerkung: Gemeint sind die Gleichungen $(8.2.1)_1$ und $(8.2.6)_1$) auf verschiedene Dinge beziehen, nämlich zum einen auf die Vektoren selbst als geometrische Objekte, zum anderen aber auf deren Darstellung in verschiedenen Koordinatensystemen in Form von Zahlentripeln."

Für spätere Rechnungen sei auf die folgenden nützlichen, aus den Gleichungen (8.2.2) und (8.2.4) folgenden Formeln hingewiesen:

$$\frac{\partial x'_i}{\partial x_j} = O'_{ij} \ , \ \frac{\partial x_i}{\partial x'_j} = O'_{ji} \ . \tag{8.2.22}$$

Man beachte, dass sich die Gleichung (8.2.2) auch auf den Fall anwenden lässt, dass man von einem Inertialsystem zu einem anderen Inertialsystem wechselt. Für einen solchen Bezugswechsel hielt man in der klassischen Kontinuumstheorie die sog. *GALILEItransformationen*. Für sie ist charakteristisch, dass die Drehmatrix zeitunabhängig ist und sich die beiden Ursprünge der beteiligten Basen *geradlinig gleichförmig* auseinander bewegen. Man schreibt:

$$x'_i = O'_{ij} x_j + V'_i t \quad \text{mit} \quad O'_{ij}, V'_i = \text{const.}_t \ . \tag{8.2.23}$$

Wie und ob man überhaupt feststellen kann, dass man sich in einem Inertial-, GALILEI- oder EUKLIDischen Bezugssystem befindet, werden wir im Abschnitt über das Verhalten der Impulsbilanz unter EUKLIDischen Transformationen diskutieren. Schließlich sei noch bemerkt, dass man aus den in diesem Abschnitt behandelten Gleichungen die das GALILEIsystem betreffenden Anteile eliminieren und zwischen *zwei* EUKLIDischen Beobachtern gültige Ortsbeziehungen herleiten kann. Diese entsprechen in ihrer Form exakt den Gleichungen (8.2.2) bzw. (8.2.10).

8.3 Objektive Tensorgrößen und kinematische Anwendungen

Es wird nun ein sog. *EUKLIDischer Tensor* wie folgt definiert: Eine Größe A, welche bzgl. des ursprünglichen kartesischen Systems die Komponenten $A_{j_1 j_2 \ldots j_l}$ und bzgl. des bewegten Systems die kartesischen Komponenten $A'_{i_1 i_2 \ldots i_l}$ hat, so dass:

$$A'_{i_1 i_2 \cdots i_l} = (\det \boldsymbol{O}')^p O'_{i_1 j_1} O'_{i_2 j_2} \ldots O'_{i_l j_l} A_{j_1 j_2 \cdots j_l} \qquad (8.3.1)$$

gilt, heißt *Tensor l-ter Stufe bzgl. EUKLIDischer Transformationen* oder auch *objektiver Tensor l-ter Stufe*, falls $p = 0$ gilt†. Falls $p = 1$ ist, so spricht man von einem *axialen* Tensor. Man beachte, dass man unter Beachtung der Gleichung $(8.2.22)_1$ für (8.3.1) auch schreiben darf:

$$A'_{i_1 i_2 \cdots i_l} = \left(\det \frac{\partial x'_i}{\partial x_j} \right)^p \frac{\partial x'_{i_1}}{\partial x_{j_1}} \frac{\partial x'_{i_2}}{\partial x_{j_2}} \cdots \frac{\partial x'_{i_l}}{\partial x_{j_l}} A_{j_1 j_2 \cdots j_l} . \qquad (8.3.2)$$

Übung 8.3.1: ***Alternativschreibweisen zum EUKLIDischen Tensor***

Man diskutiere und zeige von Gleichung (8.3.2) ausgehend und unter Beachtung der Ergebnisse aus Übung 8.2.1 die Gültigkeit der folgenden Definitionsgleichungen für einen EUKLIDischen Tensor l-ter Stufe:

$$\boldsymbol{A}' = \boldsymbol{A} \quad \Leftrightarrow \quad A'_{i_1 i_2 \cdots i_l} = \boldsymbol{e}'_{i_1} \cdot \boldsymbol{e}_{j_1} \boldsymbol{e}'_{i_2} \cdot \boldsymbol{e}_{j_2} \cdots \boldsymbol{e}'_{i_l} \cdot \boldsymbol{e}_{j_l} A_{j_1 j_2 \cdots j_l} \quad \Leftrightarrow \qquad (8.3.3)$$

$$\underset{(z')}{A}^{i_1 i_2 \cdots i_l} = \underset{(z')}{\boldsymbol{g}}^{i_1} \cdot \underset{(z)}{\boldsymbol{g}}^{j_1} \underset{(z')}{\boldsymbol{g}}^{i_2} \cdot \underset{(z)}{\boldsymbol{g}}^{j_2} \cdots \underset{(z')}{\boldsymbol{g}}^{i_l} \cdot \underset{(z)}{\boldsymbol{g}}^{j_l} \underset{(z)}{A}_{j_1 j_2 \cdots j_l} .$$

Erinnert sei in diesem Zusammenhang auch an die folgenden Vektorschreibweisen:

† In Gleichung (8.3.1) darf man eigentlich für die Determinante auch einfach det($\boldsymbol{O}'$)=±1 schreiben. Das ist eine Konsequenz der Gleichungen (8.2.5/7), d. h. der Tatsache, dass bei Drehmatrizen die Inverse gleich der Transponierten ist. Dass wir die Gleichung (8.3.1) aber nicht derart „einfach" hinschreiben, geschieht aus didaktischen Gründen, da wir in Kapitel 13 in Analogie zu Gleichung (8.3.1/2) die Transformationsvorschrift sog. Welttensoren angeben werden. Die dabei auftretenden Transformationen jedoch sind nicht orthonormiert.

$$\boldsymbol{A}' = \boldsymbol{e}'_{i_1}\boldsymbol{e}'_{i_2}\cdots\boldsymbol{e}'_{i_l}A'_{i_1 i_2\cdots i_l}\;,\quad \boldsymbol{A} = \boldsymbol{e}_{j_1}\boldsymbol{e}_{j_2}\cdots\boldsymbol{e}_{j_l}A_{j_1 j_2\cdots j_l}\,, \tag{8.3.4}$$

$$\boldsymbol{A}' = \underset{(z')}{\boldsymbol{g}'}{}_{i_1}\underset{(z')}{\boldsymbol{g}'}{}_{i_2}\cdots\underset{(z')}{\boldsymbol{g}'}{}_{i_l}\underset{(z')}{A}{}^{i_1 i_2\cdots i_l}\;,\quad \boldsymbol{A} = \underset{(z)}{\boldsymbol{g}}{}^{j_1}\underset{(z)}{\boldsymbol{g}}{}^{j_2}\cdots\underset{(z)}{\boldsymbol{g}}{}^{j_l}\underset{(z)}{A}{}_{j_1 j_2\cdots j_l}\,.$$

Man diskutiere alle mögliche Varianten dieser Darstellungen, insbesondere gemischt ko- / kontravariante Darstellungen. Wie lassen sich folgende Transformationsregeln (und weitere, nicht explizit hier genannte gemischt ko-/kontravariante Derivate) bei Mehrfachanwendung der Kettenregel herleiten:

$$A'_{i_1 i_2\cdots i_l} = \frac{\partial x'_{i_1}}{\partial x_{j_1}}\frac{\partial x'_{i_2}}{\partial x_{j_2}}\cdots\frac{\partial x'_{i_l}}{\partial x_{j_l}}A_{j_1 j_2\cdots j_l}\,, \tag{8.3.5}$$

$$\underset{(z')}{A}{}'^{i_1 i_2\cdots i_l} = \frac{\partial z'^{i_1}}{\partial x'_{i_1}}\frac{\partial z'^{i_2}}{\partial x'_{i_2}}\cdots\frac{\partial z'^{i_l}}{\partial x'_{i_l}}\underset{(x')}{A'}{}_{i_1 i_2\cdots i_l}\;?$$

Welcher Unterschied und welche Übereinstimmung besteht zu Gleichungen in der Art von (2.4.15)? Gelten auch Beziehungen folgender Art (man beachte in diesem Zusammenhang insbesondere die Gleichungen (8.2.2) und (8.2.16)):

$$\underset{(x',x)}{O'}{}_{ij} = \frac{\partial x'_i}{\partial x_j}\;,\quad \underset{(z',z)}{O'}{}^{i}{}_{j} = \frac{\partial z'^i}{\partial z^j}\;,\quad \underset{(z',z)}{O'}{}_{i}{}^{j} = \frac{\partial x'_k}{\partial z'^i}\frac{\partial z^j}{\partial x_l}\underset{(x',x)}{O'}{}_{kl}\;, \tag{8.3.6}$$

$$\underset{(z')}{A}{}'^{i_1 i_2\cdots i_l} = \frac{\partial z'^{i_1}}{\partial z^{j_1}}\frac{\partial z'^{i_2}}{\partial z^{j_2}}\cdots\frac{\partial z'^{i_l}}{\partial z^{j_l}}\underset{(z)}{A}{}^{j_1 j_2\cdots j_l}\;?$$

Ob eine indizierte Größe objektiv ist, muss man in jedem Fall gesondert überprüfen bzw. physikalisch motiviert postulieren. Die Nachprüfung gelingt bei geometrischen Größen relativ einfach. So ist z. B. der Ortsvektor offenbar nicht objektiv, denn es gilt ja, wie bereits oben festgestellt:

$$x'_i = O'_{ij}x_j + b'_i\,. \tag{8.3.7}$$

Der Abstandsvektor $\boldsymbol{\delta}$ zwischen zwei (zeitgleichen materiellen) Raumpunkten $\overset{(1)}{P}$ und $\overset{(2)}{P}$ hingegen ist objektiv. Für ihn gilt:

$$\delta_i = \overset{(2)}{x}_i - \overset{(1)}{x}_i \Rightarrow \delta'_i = \overset{(2)}{x'}_i - \overset{(1)}{x'}_i = O'_{ij}\left(\overset{(2)}{x}_j - \overset{(1)}{x}_j\right) = O'_{ij}\delta_j\,. \tag{8.3.8}$$

Das Transformationsverhalten der Verschiebung eines materiellen Punktes ist vielschichtig, denn wir haben einerseits:

$$u_i = x_i - X_i \quad \text{und} \quad u'_i = x'_i - X'_i . \tag{8.3.9}$$

Andererseits gilt für die aktuelle Lagen Gleichung (8.3.7) und für die Referenzlagen in analoger Weise:

$$X'_i = O'_{ij}(t_0)X_j + b'_i(t_0), \tag{8.3.10}$$

wobei:

$$X'_i = x'_i(t_0) \ , \ X_j = x_j(t_0). \tag{8.3.11}$$

Hiermit prüft man leicht nach, dass gilt:

$$u'_i = O'_{ij}(t)u_j + \left[O'_{ij}(t) - O'_{ij}(t_0)\right] x_j(t_0) + b'_i(t) - b'_i(t_0). \tag{8.3.12}$$

Der Verschiebungsvektor ist also definitiv nicht objektiv. Allerdings ist es sein Gradient, wie man durch Anwendung der Kettenregel auf die letzte Gleichung sieht:

$$\frac{\partial u'_i}{\partial x'_j} = \frac{\partial u'_i}{\partial u_k}\frac{\partial u_k}{\partial x_l}\frac{\partial x_l}{\partial x'_j} = O'_{ik}O'_{jl}\frac{\partial u_k}{\partial x_l} . \tag{8.3.13}$$

Damit ist auch die lineare Verzerrung objektiv:

$$\varepsilon'_{ij} = \tfrac{1}{2}\left(\frac{\partial u'_i}{\partial x'_j} + \frac{\partial u'_j}{\partial x'_i}\right) = \tfrac{1}{2}\left(O'_{ik}O'_{jl}\frac{\partial u_k}{\partial x_l} + O'_{jk}O'_{il}\frac{\partial u_k}{\partial x_l}\right) = \tag{8.3.14}$$

$$\tfrac{1}{2}O'_{ik}O'_{jl}\left(\frac{\partial u_k}{\partial x_l} + \frac{\partial u_l}{\partial x_k}\right) = O'_{ik}O'_{jl}\varepsilon_{kl},$$

und das ist ein wichtiges Ergebnis! Denn immerhin ist die Verzerrung, wie die Gleichungen (6.2.1) oder (6.2.6) zeigen, die wichtigste „Zutat" zu der Materialgleichung für den Spannungstensor, also dem HOOKEschen Gesetz. Und Materialgleichungen müssen genauso wie die Bilanzgleichungen objektiv sein, also vom Beobachterzustand unabhängig sein.

Um das Transformationsverhalten des Geschwindigkeitsvektors herauszufinden, betrachten wir:

$$\upsilon_i \equiv \dot{x}_i \quad \Rightarrow \quad \dot{x}'_i = \dot{O}'_{ij}x_j + O'_{ij}\dot{x}_j + \dot{b}'_i . \tag{8.3.15}$$

Weiterhin gilt:

$$O'_{ik}O'_{jk} = \delta'_{ij} \quad \Rightarrow \quad \dot{O}'_{ik}O'_{jk} + O'_{ik}\dot{O}'_{jk} = 0\,. \tag{8.3.16}$$

Nun wird die *Winkelgeschwindigkeitsmatrix* als:

$$\Omega'_{ij} = \dot{O}'_{ik}O'_{jk} \tag{8.3.17}$$

definiert. Multipliziert man Ω'_{ij} mit O'_{jr}, so ergibt sich folgende Beziehung:

$$\Omega'_{ij}O'_{jr} = \dot{O}'_{ik}O'_{jk}O'_{jr} = \dot{O}'_{ik}\delta'_{kr} = \dot{O}'_{ir} \tag{8.3.18}$$

$$\Rightarrow \quad \upsilon'_i = \Omega'_{ir}O'_{rj}x_j + O'_{ij}\upsilon_j + \dot{b}'_i = O'_{ij}\upsilon_j + \Omega'_{ir}\left(x'_r - b'_r\right) + \dot{b}'_i\,.$$

Also handelt es sich bei der *Geschwindigkeit nicht* um einen *objektiven Vektor*. Nachdem wir schon gesehen haben, dass die Verschiebung nicht objektiv ist, sollte uns dieses Ergebnis nicht verwundern: Wenn man so will, ist ja die Geschwindigkeit gleich einer momentanen Positionsänderung, also einer „kleinen" Verschiebung, pro Zeiteinheit. Zwar ist die Zeit in der klassischen Physik ein objektiver Skalar:

$$t' = t\,, \tag{8.3.19}$$

die Positionsänderung aber eben nicht.

Außerdem verdient die Gleichung $(8.3.18)_2$ eine Interpretation: Gäbe es nur den ersten Term nach dem zweiten Gleichheitszeichen, so wäre die Geschwindigkeit ein objektiver Vektor. υ_j bezeichnen die Komponenten der Geschwindigkeit des Punktes P in Bezug auf die kartesische Inertialsystemsbasis. Durch die Matrix O'_{ij} werden sie quasi in das Koordinatensystem des EULERschen Beobachters „hineingedreht". Entsprechend stellen $O'_{rj}x_j \equiv x'_r - b'_r$ die Komponenten des Ortsvektors $\boldsymbol{x}$ im EUKLIDischen System dar. Die Größe Ω'_{ir} ist eine für den Nichtinertialsystemszustand charakteristische Größe (nicht zuletzt deshalb beaufschlagen wir sie auch mit einem Strich), denn für ein Inertialsystem verschwindet sie. Dies versteht man sofort, wenn man sich die GALILEItransformation (8.2.23) vor Augen hält, denn aufgrund der zeitlich konstanten Drehmatrix verschwindet für den GALILEIbeobachter per Definitionsgleichung (8.3.17) die Winkelgeschwindigkeit Ω'_{ir}. Die Winkelgeschwindigkeitsmatrix hat von ihrer Struktur her die Form 3×3. Allerdings ist sie nicht voll besetzt und enthält auch nur drei unabhängige Komponenten. Dies liegt daran, dass Ω'_{ir} antisymmetrisch ist, wie man aus Gleichung $(8.3.16)_2$ ersieht:

$$\dot{O}'_{ik}O'_{jk} = -\dot{O}'_{jk}O'_{ik} \quad \Rightarrow \quad \Omega'_{ij} = -\Omega'_{ji}\,. \tag{8.3.20}$$

Tullio LEVI-CIVITA wurde am 29. März 1873 in Padua geboren und starb am 29. Dezember 1941 in Rom. Vom Naturell her Mathematiker wurde er 1898 jedoch zunächst Professor für Mechanik in Padua, um 1918 schließlich eine Mathematikprofessur in Rom anzunehmen. Als Juden erteilten ihm die Faschisten 1938 Berufsverbot. Wir haben ihm wesentliche Beiträge zur Tensoranalysis zu verdanken. So sagt man, dass er die kovariante Ableitung „erfand". Sicher ist jedoch, dass er die mathematische Grundlage schuf, auf der Albert EINSTEIN angeregt durch seinen Freund Grossmann die Allgemeine Relativitätstheorie schuf.

Da nur drei unabhängige Komponenten existieren, ist es möglich, anstelle einer Winkelgeschwindigkeitsmatrix einen *Winkelgeschwindigkeitsvektor* $\boldsymbol{\omega}$ zu definieren und zwar mit Hilfe des *LEVI-CIVITÀsymbols* $\boldsymbol{\varepsilon}$, eines axialen Tensors dritter Stufe, der in der nächsten Übung eingeführt wird:

$$\Omega'_{ij} = \varepsilon'_{ijk}\omega'_k \Leftrightarrow \omega'_i = \tfrac{1}{2}\varepsilon'_{ijk}\Omega'_{jk} \quad \text{mit} \quad \Omega'_{ij} = \begin{bmatrix} 0 & \omega'_3 & -\omega'_2 \\ -\omega'_3 & 0 & \omega'_1 \\ \omega'_2 & -\omega'_1 & 0 \end{bmatrix}. \qquad (8.3.21)$$

Übung 8.3.2: ***Das Kreuzprodukt neu gesehen***

Es sei an das aus der Schule bekannte Kreuzprodukt zwischen zwei Vektoren $\boldsymbol{a}$ und $\boldsymbol{b}$ erinnert:

$$\boldsymbol{c} = \boldsymbol{a} \times \boldsymbol{b}\,, \qquad (8.3.22)$$

wonach die Richtung des resultierenden Vektors $\boldsymbol{c}$ sich nach der *rechten-Hand-Regel* ergibt: Wenn man mit der rechten Hand $\boldsymbol{a}$ auf $\boldsymbol{b}$ dreht, zeigt der Daumen in Richtung $\boldsymbol{c}$. Ferner steht $\boldsymbol{c}$ senkrecht auf $\boldsymbol{a}$ und $\boldsymbol{b}$, und sein Betrag ist gegeben durch:

$$|\boldsymbol{c}| = |\boldsymbol{a}| \times |\boldsymbol{b}| \cos(\alpha), \qquad (8.3.23)$$

wobei α der von $\boldsymbol{a}$ und $\boldsymbol{b}$ eingeschlossene Winkel ist. Man zeige, dass man in kartesischen Komponenten schreiben darf:

$$\boldsymbol{c} = \begin{vmatrix} \boldsymbol{e}_1 & \boldsymbol{e}_2 & \boldsymbol{e}_3 \\ a_1 & a_2 & a_3 \\ b_1 & b_2 & b_3 \end{vmatrix} \equiv \varepsilon_{ijk}\boldsymbol{e}_i a_j b_k \quad \Rightarrow \quad c_i = \varepsilon_{ijk} a_j b_k \qquad (8.3.24)$$

mit dem *LEVI-CEVITÀsymbol* (auch total antisymmetrischer Tensor dritter Stufe genannt):

$$\varepsilon_{ijk} = \begin{cases} +1 & & i,j,k = 1,2,3 \text{ und zyklische Permutationen} \\ -1 & \text{falls} & i,j,k = 2,1,3 \text{ und zyklische Permutationen} \\ 0 & & \text{sonst.} \end{cases} \tag{8.3.25}$$

Man betrachte nun eine Spiegelung der Form:

$$\boldsymbol{e}'_1 = -\boldsymbol{e}_1 \ , \ \boldsymbol{e}'_2 = \boldsymbol{e}_2 \ , \ \boldsymbol{e}'_3 = \boldsymbol{e}_3 \tag{8.3.26}$$

und berechne die Transformationsmatrix O'_{ij} gemäß der Vorschrift (8.2.3) sowie $\det(\boldsymbol{O}')$. Man zeige speziell durch Berechnung von ε'_{123}, dass nur bei Forderung das LEVI-CEVITÀsymbol verhalte sich wie ein axialer Tensor dritter Stufe, also:

$$\varepsilon'_{ijk} = \det(\boldsymbol{O}') O'_{ir} O'_{js} O'_{kt} \varepsilon_{rst} \tag{8.3.27}$$

die gleiche Zahlenwertvorschrift

$$\varepsilon'_{ijk} = \begin{cases} +1 & & i,j,k = 1,2,3 \text{ und zyklische Permutationen} \\ -1 & \text{falls} & i,j,k = 2,1,3 \text{ und zyklische Permutationen} \\ 0 & & \text{sonst} \end{cases} \tag{8.3.28}$$

im gedrehten wie im ungedrehten System garantiert ist. Man setze ferner an, dass:

$$\boldsymbol{a} = a\boldsymbol{e}_1 \ , \ \boldsymbol{b} = b\boldsymbol{e}_2 \tag{8.3.29}$$

und zeige durch Nachrechnen mit (8.3.24), dass:

$$\boldsymbol{c} = ab\boldsymbol{e}_3 \ . \tag{8.3.30}$$

Man benutze nun folgende Transformationsformeln für Vektoren:

$$a'_i = O'_{ij} a_j \ , \ b'_i = O'_{ij} b_j \ , \ c'_i = O'_{ij} c_j \tag{8.3.31}$$

und zeige, dass

$$\boldsymbol{a}' = -a\boldsymbol{e}'_1 \ , \ \boldsymbol{b}' = b\boldsymbol{e}'_2 \ , \ \boldsymbol{c}' = ab\boldsymbol{e}'_3 \ . \tag{8.3.32}$$

Durch Multiplikation von $(8.3.24)_2$ mit O'_{ri}, Anwendung der Orthonormalitätsrelationen (8.2.5) und unter Verwendung der Axialrelation (8.3.27) transformiere man sich in das „gestrichene" Koordinatensystem hinein und weise nach, dass:

$$c'_r = \det(\boldsymbol{O}') \varepsilon'_{rst} a'_s b'_t \ . \tag{8.3.33}$$

Man werte diese Relation nun mit $(8.3.32)_{1,2}$ aus und zeige, dass in Übereinstimmung mit $(8.3.32)_3$ gilt:

$$\boldsymbol{c}' = +ab\boldsymbol{e}'_3 \ . \tag{8.3.34}$$

Abschließend bestätige man mit dem Erlernten die Richtigkeit der Gleichungskette (8.3.21) und erkläre insbesondere die Richtigkeit des Faktors $1/2$. Man verwende dabei die Hilfsformel:

$$\varepsilon_{ijk}\varepsilon_{klm} = \delta_{il}\delta_{jm} - \delta_{im}\delta_{jl}\,, \tag{8.3.35}$$

die es auch zu beweisen gilt.

Mit Gleichung (8.3.21) erhält man unter Beachtung der Antisymmetrie von ε:

$$\upsilon'_i = O'_{ij}\upsilon_j - \varepsilon'_{irs}\omega'_r\left(x'_s - b'_s\right) + \dot{b}'_i = O'_{ij}\upsilon_j - \varepsilon'_{irs}\omega'_r x'_s + \dot{b}'_i + \varepsilon'_{irs}\omega'_r b'_s\,. \tag{8.3.36}$$

Wenn wir nun analog zum Übergang zwischen (8.2.1) und (8.2.2) auch für die Geschwindigkeit eine Vektorbeziehung etablieren wollen, müssen wir schreiben:

$$\boldsymbol{\upsilon}' = \boldsymbol{\upsilon} - \boldsymbol{\omega} \times \boldsymbol{x}' + \dot{\boldsymbol{b}}\,. \tag{8.3.37}$$

Man beachte, dass wir an den Winkelgeschwindigkeitsvektor keinen Strich gemacht haben, wie auch in der Vektorrelation $(8.2.1)_1$ bei dem Abstandsvektor $\boldsymbol{b}$. Der Winkelgeschwindigkeitsvektor ist wie die Winkelgeschwindigkeitsmatrix Ω'_{ij} eine Größe, deren Nichtverschwinden das Vorliegen eines Nichtinertialsystems anzeigt (was das Strichsystem ja i. a. sein soll). Wir können den Winkelgeschwindigkeitsvektor $\boldsymbol{\omega}$ wie alle Vektoren sowohl in der Basis $\boldsymbol{e}_i$ (mit den Komponenten ω_i) als auch in der Basis $\boldsymbol{e}'_i$ (mit den Komponenten ω'_i) darstellen. Letztere haben wir in den Gleichungen (8.3.36) bereits verwendet. Aufgrund seiner Definitionsgleichung (8.3.21) ist der Winkelgeschwindigkeitsvektor eine axiale Größe und genügt dem Transformationsgesetz:

$$\omega'_i = \det(\boldsymbol{O}')O'_{ir}\omega_r\,. \tag{8.3.38}$$

Dass die beiden ersten Terme nach dem Gleichheitszeichen in Gleichung (8.3.37) richtig sind, sieht man durch Analogieschluss mit der Größe $O'_{ij}x_j$ aus (8.3.36) und den Gleichungen (8.2.1/2) sowie unter Beachtung der Ergebnisse von Übung 8.3.2. Der letzte Term in Gleichung (8.3.36) ist etwas gewöhnungsbedürftig, denn man muss beachten, dass die Basis $\boldsymbol{e}'_i$ zeitabhängig ist:

$$\dot{\boldsymbol{b}} = \left(b'_i\boldsymbol{e}'_i\right)^{\dot{}} = \dot{b}'_i\boldsymbol{e}'_i + b'_i\dot{\boldsymbol{e}}'_i\,. \tag{8.3.39}$$

Weiterhin gilt:

$$\dot{\boldsymbol{e}}'_i = \dot{O}'_{ij}\boldsymbol{e}_j = \dot{O}'_{ij}O'_{kj}\boldsymbol{e}'_k = \Omega'_{ik}\boldsymbol{e}'_k = \varepsilon'_{ikl}\omega'_l\boldsymbol{e}'_k \tag{8.3.40}$$

also:

$$b_i'\dot{e}_i' = \varepsilon_{ikl}'\omega_l' b_i' e_k' = \varepsilon_{ilk}'\omega_l' b_k' e_i' \tag{8.3.41}$$

und somit:

$$\dot{b}' = \left(\dot{b}_i' + \varepsilon_{ilk}'\omega_l' b_k'\right) e_i' , \tag{8.3.42}$$

was den Beweis beschließt. Es sei darauf hingewiesen, dass die Gleichung (8.3.37) die Form darstellt, in der man die Transformationsformel für die Geschwindigkeit in den meisten Grundlagenlehrbüchern zur Mechanik findet. In diesem Zusammenhang findet man dann oft auch seltsam anmutende Formeln wie:

$$\frac{\mathrm{d}(\cdot)}{\mathrm{d}t} = \frac{\mathrm{d}'(\cdot)}{\mathrm{d}t} + \boldsymbol{\omega} \times (\cdot) , \tag{8.3.43}$$

wobei der Strich am Differentiationssymbol eine Zeitableitung im bewegten System kennzeichnen soll. Derartigen Definitionen und Überlegungen brauchen wir uns hier jedoch nicht anzuschließen. In jedem Fall ist das Endergebnis dasselbe.

Im Gegensatz zu Verschiebungsgradienten sind auch Geschwindigkeitsgradienten nicht objektiv. Um dies explizit nachzuweisen, differenzieren wir Gleichung (8.3.36) nach dem Ort:

$$\frac{\partial \upsilon_i'}{\partial x_j'} = O_{ik}' \frac{\partial \upsilon_k}{\partial x_l} \frac{\partial x_l}{\partial x_j'} - \varepsilon_{irs}'\omega_r'\delta_{sj} = O_{ik}' O_{jl}' \frac{\partial \upsilon_k}{\partial x_l} + \varepsilon_{ijr}'\omega_r' . \tag{8.3.44}$$

Bilden wir den *symmetrischen* Geschwindigkeitsgradienten gemäß Gleichung (6.3.7) ausgewertet in kartesischen Koordinaten, so entsteht:

$$d_{ij}' = \frac{1}{2}\left(\frac{\partial \upsilon_i'}{\partial x_j'} + \frac{\partial \upsilon_j'}{\partial x_i'}\right) = O_{ik}' O_{jl}' \frac{1}{2}\left(\frac{\partial \upsilon_k}{\partial x_l} + \frac{\partial \upsilon_l}{\partial x_k}\right) + \varepsilon_{ijr}'\omega_r' + \varepsilon_{jir}'\omega_r' \equiv \tag{8.3.45}$$

$$O_{ik}' O_{jl}' d_{kl}' .$$

Auch dies ist im Hinblick auf das NAVIER-STOKESsche Materialgesetz ein überaus befriedigendes Ergebnis. Wie sieht es nun mit der Beschleunigung aus? Wir starten bei $(8.3.18)_2$ indem wir identifizieren:

$$a_i \equiv \dot{\upsilon}_i \tag{8.3.46}$$

$$\Rightarrow \quad a_i' = O_{ij}' a_j + \dot{O}_{ij}' \upsilon_j + \dot{\Omega}_{ir}'(x_r' - b_r') + \Omega_{ir}'\dot{O}_{rj}' x_j + \Omega_{ir}' O_{rj}' \upsilon_j + \ddot{b}_i' =$$

$$O_{ij}' a_j + 2\Omega_{ir}'\left(\upsilon_r' - \dot{b}_r'\right) - \Omega_{ir}'\Omega_{rs}'(x_s' - b_s') + \dot{\Omega}_{ir}'(x_r' - b_r') + \ddot{b}_i' .$$

Dabei wurde von der Beziehung

$$\dot{O}'_{ij}\upsilon_j = \Omega'_{ir}O'_{rj}\upsilon_j = \Omega'_{ir}\left(\upsilon'_r - \Omega'_{rs}[x'_s - b'_s] - \dot{b}'_r\right) \tag{8.3.47}$$

Gebrauch gemacht. Man bezeichnet den Term

- $2\Omega'_{ir}\left(\upsilon'_r - \dot{b}'_r\right)$ als die *CORIOLISbeschleunigung*,
- $-\Omega'_{ir}\Omega'_{rs}\left(x'_s - b'_s\right)$ als die *Zentrifugalbeschleunigung*,
- $\dot{\Omega}'_{ir}\left(x'_r - b'_r\right)$ als die *EULERbeschleunigung* und
- $\ddot{b}'_i$ als die *Relativbeschleunigung*.

Gaspard-Gustave de CORIOLIS wurde am 21. Mai 1792 in Paris geboren und starb ebenda am 19. September 1843. Auch er besuchte die berühmte École Polytechnique. Bedingt durch den Tod seines Vaters im Jahre 1816 nahm er dort schließlich eine Stelle als Tutor für Analysis und Mechanik an. Früh interessierten ihn Drehbewegungen, wie der Drall bei Stößen oder Bewegungen von Körpern auf rotierenden Flächen. Daran „entdeckte" er quasi die nach ihm benannte Kraft. CORIOLIS veröffentlichte auch verschiedene Arbeiten zur Wirtschaftsmathematik und wurde 1836 Mitglied der Académie. Er ist wie AMPÈRE, CARNOT, CAUCHY, COULOMB, DULONG, FOURIER, FOUCOULT, GAY-LUSSAC, LAGRANGE, LAMÉ, LAPLACE, LEGENDRE, POISSON aus diesem Buch einer der 72 namentlich auf dem Eiffelturm Verewigten.

Letztendlich erhalten wir somit:

$$a_j = O'_{ij}\left(a'_i - 2\Omega'_{ik}\left(\upsilon'_k - \dot{b}'_k\right) + \Omega'_{ir}\Omega'_{rs}\left(x'_s - b'_s\right) - \dot{\Omega}'_{ir}\left(x'_r - b'_r\right) - \ddot{b}'_i\right). \tag{8.3.48}$$

Es liegt also auch bei der *Beschleunigung kein objektiver Vektor* vor. Wir stellen abschließend nochmals fest, dass sich bei kinematischen Größen die Frage nach der Objektivität durch Nachrechnen entscheiden lässt.

Übung 8.3.3: *Zentrifugalbeschleunigung und Co. in absoluter Schreibweise*

Analog zum Vorgehen bei der Geschwindigkeit in den Gleichungen (8.3.36-41) zeige man, dass für den Beschleunigungsvektor gilt:

$$\boldsymbol{a}' = \boldsymbol{a} - 2\boldsymbol{\omega}\times\boldsymbol{\upsilon}' - \boldsymbol{\omega}\times\left(\boldsymbol{\omega}\times\boldsymbol{x}'\right) - \dot{\boldsymbol{\omega}}\times\boldsymbol{x}' + \ddot{\boldsymbol{b}}\,. \tag{8.3.49}$$

Man beachte bei der Herleitung folgende zu Gleichung (8.3.35) analoge, nützliche Beziehung:

$$\varepsilon'_{ijk}\varepsilon'_{klm} = \delta'_{il}\delta'_{jm} - \delta'_{im}\delta'_{jl}\,. \tag{8.3.50}$$

Wie heißen die einzelnen Beschleunigungsanteile in den Gleichungen (8.3.36-41) (Vorzeichen beachten)? Gibt es auch eine Zentripetalbeschleunigung? Wie sähe diese aus?

8.4 Massenbilanz und EUKLIDische Transformationen

Wir wollen die Frage beantworten, wie sich die Massenbilanz in der Form $(3.8.3)_1$ unter EUKLIDischen Transformationen verhält. Angesichts der Ergebnisse aus Abschnitt 5.1 wird man vermuten, dass sie wohl im EUKLIDischen System genauso wie im Inertialsystem aussehen wird und man ungestrichene Größen einfach durch gestrichene zu ersetzen hat. Dass diese Aussage nicht selbstverständlich übertragbar ist, liegt darin, dass es sich bei der EUKLIDischen Transformation um eine zeitabhängige Transformation handelt und in der Massenbilanz eine Zeitableitung auftritt. Man kann sich also ohne Nachrechnen nicht sicher sein, ob und wie sich diese auswirkt.

Zunächst einmal werden wir im Rahmen der klassischen Physik annehmen, dass die Masse eines materiellen Teilchens ein objektiver Skalar ist:

$$\mathrm{d}m' = \mathrm{d}m \,. \tag{8.4.1}$$

Bei dem zugehörigen Volumenelement ist das ebenso:

$$\mathrm{d}V' = \mathrm{d}V \,, \tag{8.4.2}$$

wenn wir es als *Betrag eines Spatproduktes* aus drei (infinitesimalen) Abständen $\mathrm{d}\overset{(i)}{\boldsymbol{x}}$ begreifen:

$$\mathrm{d}V = \left|\mathrm{d}\overset{(1)}{\boldsymbol{x}} \cdot \left(\mathrm{d}\overset{(2)}{\boldsymbol{x}} \times \mathrm{d}\overset{(3)}{\boldsymbol{x}}\right)\right| . \tag{8.4.3}$$

Laut Gleichung (8.3.8) sind Abstandsvektoren zwischen zwei Punkten nämlich objektiv. Dem Problem, dass sich beim Volumenelement aufgrund des Vektorprodukts bei reiner Spatproduktsdefinition *nicht* um einen axialen Skalar handelt (vgl. Übung 8.3.2), begegnen wir durch die Betragsbildung. Aufgrund der Definitionsgleichung $\rho = \mathrm{d}m/\mathrm{d}V$ schließen wir also, dass die Massendichte ein objektiver Skalar ist:

$$\rho' = \rho \,. \tag{8.4.4}$$

Nun betrachten wir die *materielle Zeitableitung* eines objektiven Skalars, nämlich speziell derjenigen für die Massendichte ρ. Wir erinnern uns, dass für sie per Definition in LAGRANGEscher bzw. in EULERscher Darstellung nach Abschnitt 3.8 gilt:

$$\dot{\rho} \equiv \frac{\mathrm{d}\rho}{\mathrm{d}t} = \frac{\partial \rho(\boldsymbol{X},t)}{\partial t} = \frac{\partial \rho}{\partial t} + \upsilon_i \frac{\partial \rho}{\partial x_i} \,. \tag{8.4.5}$$

Nun schreiben wir in LAGRANGEscher Darstellung:

$$\frac{\partial\rho(\boldsymbol{X},t)}{\partial t}=\frac{\partial\rho'(\boldsymbol{X},t)}{\partial t} \quad \Leftrightarrow \quad \dot{\rho}=\dot{\rho}' . \tag{8.4.6}$$

Die materielle Zeitableitung eines objektiven Skalars ist also ebenfalls objektiv. Übrigens ist der Beweis in EULERscher Darstellung etwas langwieriger. Für den ersten Teil der materiellen Zeitableitung in EULERscher Darstellung gilt:

$$\left.\frac{\partial\rho(\boldsymbol{x},t)}{\partial t}\right|_{\boldsymbol{x}}=\left.\frac{\partial\rho'(\boldsymbol{x}',t)}{\partial x_i'}\right|_t\frac{\partial x_i'}{\partial t}+\left.\frac{\partial\rho'}{\partial t}\right|_{\boldsymbol{x}'}=\frac{\partial\rho'}{\partial x_i'}\left(\dot{O}_{ij}'x_j+\dot{b}_i'\right)+\frac{\partial\rho'}{\partial t}= \tag{8.4.7}$$

$$\frac{\partial\rho'}{\partial x_i'}\left(\Omega_{ik}'\left(x_k'-b_k'\right)+\dot{b}_i'\right)+\frac{\partial\rho'}{\partial t};$$

und für den zweiten:

$$\upsilon_k\frac{\partial\rho}{\partial x_k}=\upsilon_k\frac{\partial x_l'}{\partial x_k}\frac{\partial\rho}{\partial x_l'}=\upsilon_k O_{lk}'\frac{\partial\rho}{\partial x_l'}=\left(\upsilon_l'-\Omega_{lk}'\left(x_k'-b_k'\right)-\dot{b}_l'\right)\frac{\partial\rho'}{\partial x_l'} . \tag{8.4.8}$$

Also findet man in der Summe:

$$\frac{\partial\rho}{\partial t}+\upsilon_k\frac{\partial\rho}{\partial x_k}=\frac{\partial\rho'}{\partial x_i'}\left(\Omega_{ik}'\left(x_k'-b_k'\right)+\dot{b}_i'\right)+\frac{\partial\rho'}{\partial t}+ \tag{8.4.9}$$

$$\left(\upsilon_l'-\Omega_{lk}'\left(x_k'-b_k'\right)-\dot{b}_l'\right)\frac{\partial\rho'}{\partial x_l'}=\frac{\partial\rho'}{\partial t}+\upsilon_l'\frac{\partial\rho'}{\partial x_l'} .$$

Hierbei wurde die Gleichung $(8.3.18)_2$ sowie die Grundgleichungen für EUKLIDische Transformationen (8.2.2/4) verwendet. Außerdem ist bei EULERscher Darstellung darauf zu achten, dass die Variablen x_k und t voneinander unabhängig sind. Auch dies wurde bei den Differentiationen nach der Zeit indirekt benutzt.

Als letztes wenden wir uns dem Transformationsverhalten der Divergenz der Geschwindigkeit unter EUKLIDischem Bezugswechsel zu. Aus Gleichung (8.3.36) folgt:

$$\frac{\partial\upsilon_i'}{\partial x_i'}=O_{ik}'\frac{\partial\upsilon_k}{\partial x_l}\frac{\partial x_l}{\partial x_i'}-\varepsilon_{irs}'\omega_r'\delta_{si}=O_{ik}'O_{il}'\frac{\partial\upsilon_k}{\partial x_l}+\varepsilon_{iir}'\omega_r'= \tag{8.4.10}$$

$$\delta_{kl}\frac{\partial\upsilon_k}{\partial x_l}+0=\frac{\partial\upsilon_k}{\partial x_k} .$$

Durch Kombination der Gleichungen (8.4.9/10) stellen wir fest, dass:

$$\frac{\partial \rho}{\partial t} + \frac{\partial \rho \upsilon_k}{\partial x_k} = \frac{\partial \rho'}{\partial t} + \frac{\partial \rho' \upsilon_l'}{\partial x_l'} \quad \Leftrightarrow \quad \dot{\rho} + \rho \frac{\partial \upsilon_k}{\partial x_k} = \dot{\rho}' + \rho' \frac{\partial \upsilon_l'}{\partial x_l'} . \tag{8.4.11}$$

Die Massenbilanz ist also forminvariant unter den allgemeinsten Beobachterwechseln der klassischen Physik, und sie enthält auch keinerlei systemabhängige Terme. Und genauso soll es bei einem wahren Naturgesetz auch sein!

8.5 Die Impulsbilanz in bewegten Koordinatensystemen: Ein beinahe philosophischer Exkurs

Wenn der Kraftbegriff physikalisch Sinn machen soll, dann sollten Kräfte unabhängig vom Beobachter existieren, also *objektive* Vektoren sein. Bei Kraftdichten, d. h. auf die Volumeneinheit bezogenen Kräften, stellen wir fest, dass es sich nach den Ausführungen im Zusammenhang mit Gleichung (8.4.3) um eine objektive Größe handelt, und wir dürfen schreiben:

$$f_i' = O_{ij}' f_j . \tag{8.5.1}$$

Bei der Oberflächenkraftdichte $\boldsymbol{t}$ ist das nicht ganz so einfach. Ein gerichtetes Flächenelement $\mathrm{d}\boldsymbol{A}$ bilden wir nämlich aus einem Kreuzprodukt (!) zweier (objektiver) Abstandvektoren:

$$\mathrm{d}A_i = \varepsilon_{ijk} \mathrm{d}x_j \mathrm{d}x_k . \tag{8.5.2}$$

Der total antisymmetrische Tensor ist, wie wir aus Übung 8.3.2 wissen, eine *axial* objektive Größe. Also ist auch das Flächenelement von diesem Typ:

$$\mathrm{d}A_i' = \det(\boldsymbol{O}') O_{ij}' \mathrm{d}A_j . \tag{8.5.3}$$

Das gilt auch für den Normaleneinheitsvektor, denn dieser entsteht aus $\mathrm{d}\boldsymbol{A}$, indem man durch den Betrag der Fläche $|\mathrm{d}\boldsymbol{A}|$ dividiert, und der Betrag der Fläche ist genauso wie das Volumenelement ein objektiver Skalar, denn die Größe einer Fläche sollte in der klassischen Physik nicht vom Beobachter abhängen (was übrigens auch aus Gleichung (8.5.3) folgt), so dass:

$$|\mathrm{d}A_i'| = |\mathrm{d}A_j| \quad \Rightarrow \quad n_i' = \det(\boldsymbol{O}') O_{ij}' n_j . \tag{8.5.4}$$

Über den Spannungsvektor wissen wir nach Gleichung (3.2.7), dass es sich bei ihm um eine lineare Funktion des Normalenvektors handelt, und wir fordern, dass er deshalb auch ein axialer Tensor erster Stufe sei:

$$t_i' = O_{ij}' t_j , \tag{8.5.5}$$

so dass dann der Spannungstensor ein objektiver Tensor 2. Stufe wird:

$$\sigma'_{ij} = O'_{ir} O'_{js} \sigma_{rs} . \tag{8.5.6}$$

Damit verschieben wir unseren Wunsch nach objektiven (und nicht *axial* objektiven) Kraftgrößen bei der Oberflächenkraft vom Spannungsvektor auf den Spannungstensor.

Übung 8.5.1: ***Der Spannungstensor als objektive Größe***

Man starte von der CAUCHYschen Gleichung:

$$t_i = \sigma_{ji} n_j \tag{8.5.7}$$

und verifiziere unter Verwendung der Gleichungen (8.5.2/3) die Beziehung (8.5.6), wonach der CAUCHYsche Spannungstensor ein objektiver Tensor zweiter Stufe ist.

Für die Divergenz des Spannungstensors folgt somit:

$$\frac{\partial \sigma'_{ji}}{\partial x'_j} = \frac{\partial \sigma'_{ji}}{\partial x_k} \frac{\partial x_k}{\partial x'_j} = O'_{jr} O'_{is} \frac{\partial \sigma_{rs}}{\partial x_k} O'_{jk} = \delta'_{rk} O'_{is} \frac{\partial \sigma_{rs}}{\partial x_k} = O'_{is} \frac{\partial \sigma_{ks}}{\partial x_k} . \tag{8.5.8}$$

Schließlich erinnern wir noch auf die Transformationsgleichung für die Beschleunigung gemäß Gleichung (8.3.46) und an die mit Hilfe der Massenbilanz umgeschrieben Imbulsbilanz gemäß Gleichung $(3.8.14)_1$, deren Gültigkeit sozusagen im Inertialsystem etabliert wurde. Wir finden so, dass im EUKLIDischen System gelten muss:

$$\rho' \dot{\upsilon}'_i - \frac{\partial \sigma'_{ji}}{\partial x'_j} = \tag{8.5.9}$$

$$\rho' f'_i + \rho' \left\{ 2\Omega'_{ik} \left(\upsilon'_k - \dot{b}'_k \right) - \Omega'_{il} \Omega'_{lk} \left(x'_k - b'_k \right) + \dot{\Omega}'_{ik} \left(x'_k - b'_k \right) + \ddot{b}'_i \right\}$$

und stellen fest, dass sich die Impulsbilanz in EUKLIDischen Systemen stark von der im Inertialsystem unterscheidet. Im Unterschied zur Massenbilanz gibt es plötzlich systemabhängige Terme und die Forminvarianz scheint gefährdet. Man hilft sich mit einem Trick: Die diversen Beschleunigungen werden in einer spezifischen Kraftgröße zusammengefasst:

$$\hat{f}'_i = f'_i + 2\Omega'_{ik} \left(\upsilon'_k - \dot{b}'_k \right) - \Omega'_{il} \Omega'_{lk} \left(x'_k - b'_k \right) + \dot{\Omega}'_{ik} \left(x'_k - b'_k \right) + \ddot{b}'_i , \tag{8.5.10}$$

so dass entsteht:

$$\rho' \dot{\upsilon}'_i = \frac{\partial \sigma'_{ji}}{\partial x'_j} + \rho' \hat{f}'_i , \tag{8.5.11}$$

und das entspricht der Form nach der Impulsbilanz im Inertialsystem. In diesem Sinne darf man auch von der Forminvarianz der Impulsbilanz bei Anwesenheit systemabhängiger Größen sprechen. Mystisch wird es, wenn man beginnt, die mit der Massendichte multiplizierten und auf die rechte Seite gebrachten Kraftgrößen als *Scheinkräfte* zu bezeichnen. Das Wort „Schein" ist hier extrem ungünstig gewählt, denn ganz im Gegenteil, diese „Scheinkräfte" sind äußerst real, wovon man sich bei jedem Autounfall sofort überzeugt. Mehr noch, sie sind in ihrer Wirkung überhaupt nicht vom Protagonisten der Kraftdichte f_i' zu unterscheiden, nämlich von der Erdbeschleunigung. Bei dieser haben wir uns daran gewöhnt zu sagen, dass sie ursächlich auf die anziehende Wirkung zwischen schweren Massen zurückzuführen sei. Aber zu klären, warum sich schwere Massen anziehen, geschweige denn zu sagen, was eine schwere Masse eigentlich ist, das verschweigen wir, jedenfalls im Rahmen der klassischen Kontinuumsphysik.

Übung 8.5.2: *Impulsbilanz im bewegten System vektoriell geschrieben*

Man beachte die Gleichung (8.5.9) sowie das Ergebnis aus Übung 8.3.3 und zeige, dass gilt:

$$\rho \dot{\boldsymbol{v}}' = \nabla' \cdot \boldsymbol{\sigma} + \rho\left(\boldsymbol{f} - 2\boldsymbol{\omega} \times \boldsymbol{v}' - \boldsymbol{\omega} \times (\boldsymbol{\omega} \times \boldsymbol{x}') - \dot{\boldsymbol{\omega}} \times \boldsymbol{x}' + \ddot{\boldsymbol{b}}\right). \tag{8.5.12}$$

Warum wurden die Striche am ρ, am $\boldsymbol{\sigma}$ und am $\boldsymbol{f}$ weggelassen? Man nennt $-2\rho\boldsymbol{\omega} \times \boldsymbol{v}'$ die CORIOLIS-, $-\rho\boldsymbol{\omega} \times (\boldsymbol{\omega} \times \boldsymbol{x}')$ die Zentrifugal-, $-\rho\dot{\boldsymbol{\omega}} \times \boldsymbol{x}'$ die EULER-kraft und $\rho'\ddot{\boldsymbol{b}}$ die Kraft der relativen Translation. Sie sind allesamt Inertialkräfte.

Besser als von Scheinkräften spricht man von *Trägheits-* oder (lateinisch) *Inertialkräften*[†], denn genau darum handelt es sich bei den systemabhängigen Kraftgrößen. Massen scheinen in ihrem ursprünglichen Bewegungszustand zu beharren, also träge zu sein und um sie davon abzubringen, bedarf es Kräfte. Genau das hat NEWTON erkannt, denn in seinem berühmten Buch *Philosophiae Naturalis Principia Mathematica* (1726)[‡] (Mathematische Prinzipien der Naturphilosophie) unterscheidet er zunächst in seinen *Definitiones* zwei Arten von Kräften, nämlich einerseits die *vis insita*, also eine der Materie „eigene" Kraft (die wir heute bis auf das Vorzeichen Trägheitskraft nennen):

[†] In der Tat redet man nicht nur in der deutschen Sprache von „Scheinkräften", auch im Englischen kommt der Begriff „fictitious force" vor, gleich gefolgt von „inertia force" (vgl. Meriam (1978), pg. 201).

[‡] Die nachfolgenden Zitate stammen aus der dritten Auflage von NEWTON's Buch, so wie sie in dem gewissenhaft gestalteten, zweibändigen Werk von Koyré, Cohen und Whitman (1972) zu finden sind. Gegenüber der ersten Auflage der *Principia* (1687) unterscheidet sich der Wortlaut zum Teil beachtlich im Sinne von Abänderung bzw. kommentierender Ergänzung, was zeigt, wie sehr NEWTON während seines ganzen Lebens mit den neuen Erkenntnissen gerungen hat und sein Verständnis wuchs.

„Definitio III. Materiae vis insita est potentia resistendi, qua corpus unumquodque, quantum in se est, perseverat in statu suo vel quiescendi vel movendi uniformiter in directum.“ (3. Definition. Die der Materie eigene Kraft ist das Vermögen zu widerstehen, wie jeder einzelne Körper, um soviel in ihm ist, entweder in seinem Zustand der Ruhe oder des gleichförmigen Bewegens in gerader Richtung verharrt.)

und andererseits die *vis impressa* (d. h. „aufgeprägte“ Kraft, welche von außen kommt und auf die rechte Seite des Impulssatzes gehört):

„Definitio IV. Vis impressa est actio in corpus exercita, ad mutandum ejus statum vel quiescendi vel movendi uniformiter in directum.“ (4. Definition. Die eingeprägte Kraft ist die auf den Körper ausgeübte Handlung, zum Ändern seines Zustandes entweder des Ruhens oder des gleichförmigen Bewegens in gerader Richtung.).

Sehr spannend wird es, wenn Newton in seiner 5. Definition erstmalig den Begriff Zentripetalkraft erläutert, denn seine Zentripetalkraft ist nicht das, was wir heute unter ihr verstehen, also nicht $\rho\,\boldsymbol{\omega}\times(\boldsymbol{\omega}\times\boldsymbol{x}')$:

„Definitio V. Vis centripeta est, qua corpora versus punctum aliquod, tanquam ad centrum, undique trahuntur, impelluntur, vel utcunque tendunt.“ (5. Definition. Die Zentripetalkraft ist wie die Körper gegen irgendeinen Punkt, gleichsam an das Zentrum, von überall her gezogen, angetrieben, oder wie nur immer angespannt werden.)

Er erklärt das danach noch weiter: „Hujus generis est gravitas, qua corpora tendunt ad centrum terrae; vis magnetica, qua ferrum petit magnetem; … . Lapis, in funda circumactus, a circumagente manu abire conatur; & conatu suo fundam distendit, eoque fortius quo celerius revolvitur; &, quamprimum dimittitur, avolat. Vim conatui illi contrariam, qua funda lapidem in manum perpetuo retrahit & in orbe retinet, quoniam in manum ceu orbis centrum dirigitur, centripetam appello.“ (Solcher Art ist die Schwere, die einen Körper zum Zentrum der Erde spannt; die magnetische Kraft, die das Eisen den Magneten erstreben lässt … . Ein Stein, in einer Schleuder im Kreise geführt, versucht von der im Kreise herumführenden Hand abzuweichen; und durch seinen Versuch verlängert er die Schleuder, dieselbe umso kräftiger, je schneller er herumgewirbelt wird; und sobald er aufgegeben wird, fliegt er davon. Die diesem Versuch entgegengesetzte Kraft, wie (sie) die Schleuder den Stein in der Hand beständig zurückzieht und in den Umlauf zurückhält, weil (sie) ja in die Hand, gleichsam das Zentrum des Umlaufs, gerichtet wird, nenne ich zentripetal.). NEWTON denkt also bei einer „Zentripetalkraft“ nicht in kinematischen Begriffen, sondern vielmehr an physikalische Ursachen, die wir heute in den Größen $\rho\boldsymbol{f}$ (für die Erdschwere und die im Zusammenhang mit dem Magnetismus zu nennende elektromotorische Kraft) und $\nabla\cdot\boldsymbol{\sigma}$ (für die Zugspannung im Schleuderstrick, an dem der Stein hängt) subsummieren.

„*Lex I. Corpus omne perseverare in statu suo quiescendi vel movendi uniformiter in directum, nisi quatenus illud a viribus impressis cogitur statum illum mutare.*" (1. Gesetz. Jeder Körper verharrt in Zustand seines Ruhens oder des in der Richtung gleichförmigen Bewegens, falls nicht in wie weit jener durch aufgeprägte Kräfte gedenkt, jenen Zustand zu ändern.)

Auf den ersten Blick könnte man denken, das erste Gesetz sei lediglich ein Spezialfall des zweiten Gesetzes, angewandt auf den kräftefreien Fall:

„*Lex II. Mutationem motus proportionalem esse vi motrici impressae, & fieri secundum lineam rectam qua vis illa imprimitur.*" (2. Gesetz. Die Veränderung der Bewegung sei der Einwirkung der bewegenden Kraft proportional und geschehe nächst der geraden Linie, wie jene Kraft eingeprägt wird.)

Konsequent zu Ende gedacht, impliziert das erste Gesetz vielmehr die Existenz eines Inertialsystems, in dem der Körper mangels vorhandener Kräfte ruht, bzw. sich geradlinig gleichförmig bewegt. Im 2. Gesetz hingegen ist die simpelste Form einer Bilanz enthalten: Eine Größe (nämlich der „motus") ändert sich zeitlich („mutatio"), aufgrund der aufgeprägten bewegenden Kraft („vi motrici impressae"). Ersteres ist die Wirkung, letzteres die Ursache. Übrigens sagt Newton einige Seiten vorher ganz klar, dass er unter „motus" das versteht, was wir heute den Impuls nennen:

„*Definitio II. Quantitas motus est mensura ejusdem orta ex velocitate et quantitate materiae conjunctim.*" (2. Definition. Die Menge an Bewegung ist ein Maß gleichermaßen gemeinschaftlich abstammend aus der Geschwindigkeit und der Menge an Materie.

Oft wird die Frage gestellt, ob die Kraft (also die rechte Seite des 2. Gesetzes) durch die linke Seite, also die Änderung des Impulses, d. h. bei konstanter Masse durch die Lageänderung, und somit durch die Geometrie definiert sei. Das ist nicht so! Die Kraft ist in diesem Zusammenhang eine ursprüngliche („primitive") Größe, und das 2. Gesetz ist keineswegs ihre Definitionsgleichung. Die Frage nach einer Messvorschrift für die Kraft ist also berechtigt. Letztlich ist die Kraft aber nur durch ein übergeordnetes Verständnis ihres Zustandekommens, etwa auf atomarem oder noch darunter liegendem Niveau, endgültig klärbar. Dies gilt sowohl für die Volumenkraftdichte $\rho \boldsymbol{f}$ als auch für den Spannungskraftanteil $\nabla \cdot \boldsymbol{\sigma}$, wobei wir für den Spannungstensor Zusammenhänge und Erklärungen im materialtheoretischen Sinne meinen, und diese spielen sich auf mehreren Skalenebenen ab.

NEWTON dachte bei Kräften u. a. ganz sicher auch an die von ihm im Gravitationsgesetz formulierte Massenanziehung. Ziemlich zum Ende seiner Principia (im *Scholium Generale* nach *Propositio XLII*) sinniert NEWTON darüber, dass er bisher den Grund für das Zustandekommen der Schwerkraft nicht habe finden können: „Rationem vero harum gravitatis proprietatum ex phaenomenis nondum potui deducere, & hypotheses non fingo. Quicquid enim ex phaenomenis non deducitur, *hypothesis* vocanda est; & hypotheses seu metaphysicae, seu physicae, seu qualitatum occultarum, seu mechanicae, in *philosophia experimentali* locum non habent." („Den wahren ihr eigenen Grund der Schwere habe ich aus den Phänomenen nicht ableiten können, und Hypothesen erdichte ich nicht. Was auch immer nämlich aus den Phänomenen nicht abgeleitet wird, ist Hypothese zu nennen; und Hypothesen, seien sie metaphysisch, oder physi(kali)sch, oder von der Art des Okkulten, oder mechanisch haben in der Experimentalphilosophie keinen Platz.") Im Sinne seines lakonischen „hypotheses non fingo" ist die Kraft eben auch für uns nur eine *ursprüngliche Größe (primitive quantity).*

Neben CORIOLISkraft und Co. ist es in der Mechanik durchaus auch üblich, die mit einem negativen Vorzeichen versehene, zeitliche Änderung des Impulses, als Trägheitskraft zu bezeichnen. Dies erlaubt es, das 2. Gesetz in der Form „die Summe aller Kräfte inkl. Trägheitskräfte ist gleich Null" zu schreiben und alle rechnerisch-technischen Methoden, die man in der Statik gelernt hat, auf die Dynamik nutzbringend zu übertragen. Das mag zweckmäßig sein, konzeptionell jedoch ist es kontraproduktiv, denn der wichtige Aspekt, dass es möglich ist, die additive Größe Impuls zu bilanzieren, geht dadurch völlig verloren. Diese „Methode" geht wohl auf D'ALEMBERT (1967) zurück, und ich bin geneigt zu sagen, dass sie wohl eher eine Reaktion eines Französischen Akademiemitglieds auf die dominante angelsächsische Mechanik war, denn eine tiefe Erkenntnis.

Jean le Rond D'ALEMBERT wurde am 16. November 1717 in Paris geboren und starb am 29. Oktober 1783 ebenda. Er graduierte 1735 am Collège des Quatre Nations, betätigte sich zunächst als Rechtsanwalt bzw. als Mediziner, gab dies dann aber zugunsten der Mathematik und Mechanik auf und zwar in Paris an der Akademie der Wissenschaften bzw. an der Französischen Akademie, deren Sekretär er 1775 wurde. Zu seinen wichtigen Aufgaben dort gehörte u. a. das Schreiben der Todesanzeigen von Akademiemitgliedern.

Wenden wir uns nun dem 3. Gesetz zu, wonach zu jeder Kraft (der Aktion) eine Gegenkraft (die Reaktion) gehört:

„*Lex III. Actioni contrariam semper & aequalem esse reactionem: sive corporum duorum actiones in se mutuo semper esse aequales & in partes contrarias dirigi.*" („3. Gesetz. Die Reaktion sei der Aktion immer entgegen und gleich: Die Aktionen zwischen zwei Körpern sind in sich wechselseitig immer gleich und in unterschiedlichen Seiten gerichtet.")

In manchen Mechaniklehrbüchern (etwa Hauger, Schnell, Gross, 1993) findet man hinsichtlich der D'ALEMBERTschen Trägheitskraft den Satz: „Diese Kraft ist keine Kraft im NEWTONschen Sinne, da zu ihr keine Gegenkraft existiert (sie verletzt das Axiom actio = reactio!)". Solches wurde von NEWTON auch nie behauptet, denn es sind von ihm hier ganz klar die eingeprägten Kräfte aus seinem 1. bzw. 2. Gesetz gemeint (vgl. „Vis impressa est actio ..." in Definitio IV und die Worte „ ...

a viribus impressis ... “ in Lex I sowie „ ... vi motrici impressae ... “ aus Lex II) und nicht die zeitliche Änderung der Bewegung, welche die heute als Trägheitskraft bezeichnete Größe repräsentiert. Dies unterstreicht er in seinem Buch durch Beispiele, z. B. eines Steins, der auf einen Finger drückt und umgekehrt sowie eines Pferdes, das einen Stein zieht und der dessen Bewegung behindert, weil er zurückzieht. Von CORIOLISkraft & Co. ist bei NEWTON an dieser Stelle schon gar nicht die Rede, noch hat er behauptet, dass dafür ein actio=reactio-Prinzip gilt. Das zeigt umso mehr, dass der ganze D'ALEMBERTsche Ansatz von vornherein wurmstichig ist.

Ernst Waldfried Josef Wenzel MACH wurde am 18. Februar 1838 in Chirlitz-Turas, Mähren, heute Brünn, geboren und starb am 19. Februar 1916 in Vaterstetten bei München. Als wahrer Österreicher war MACH Physiker, Philosoph, Psychologe und Wissenschaftstheoretiker. Sein Name ist uns zunächst einmal durch die nach ihm benannte MACHzahl beim Überschallflug bekannt. Er ist aber auch einer der einflussreichsten Vertreter wenn nicht gar Begründer des Empiriokritizismus. In der Psychologie machte er sich als Wegbereiter der Gestaltpsychologie bzw. Gestalttheorie einen Namen.

Zu Recht sollte man aber die Frage stellen, wo die Scheinbeschleunigungen denn herkommen. Zu sagen, sie seien eine Konsequenz des korrekten Differenzierens der Ortstransformation nach der Zeit, ist keine wirkliche Antwort darauf. Es war der Wiener Physiker und Naturphilosoph Ernst MACH, der wohl als erster eine zugegebenerweise sybillinische Antwort zu geben gewagt hat: „ ... Dies Argument (Anm.: wonach die Bewegung des relativ zum Inertialsystem rotierenden Beobachters *K'* als absolut aufzufassen sei) ist aber – wie insbesondere E. Mach ausgeführt hat – nicht stichhaltig. Die Existenz jener Zentrifugalkräfte brauchen wir nämlich nicht auf eine Bewegung von *K'* zurückführen; wir können sie vielmehr ebenso gut zurückführen auf die durchschnittliche Rotationsbewegung der ponderablen fernen Massen in der Umgebung von *K'*, wobei wir *K'* als ruhend behandeln.“ (Einstein, 1914). In einem Satz: Die Scheinkräfte haben ihre Ursache in der Schwerewirkung ferner Massen.

Jean Bernard Léon FOUCAULT wurde am 18. September 1819 in Paris geboren und starb am 11. Februar 1868 ebenda. Er besuchte von 1829 zunächst das College Stanislas in Paris. Es wurde ihm wegen mangelnden Fleißes und ungemäßem Betragen nahegelegt, die Schule zu verlassen, so dass er seine weitere Ausbildung von einem Privatlehrer erhielt. Ein Medizinstudium brach er wegen unüberwindlichen Ekels beim Sezieren ab und widmete sich fortan autodidaktisch der Physik. Dabei zeigte er beachtliches experimentelles Geschick und führte 1851 das nach ihm benannte Pendel öffentlich vor. Um 1850 vermaß er die Lichtgeschwindigkeit mit einer Drehspiegelkonstruktion, baute 1855 eine Schreibmaschine, usw. Seine Abneigung gegen Medizin rächte sich schließlich, als er an Aphasie in tragischem Zustand fast blind und stumm starb.

Und damit sind wir wieder bei der Frage nach der Existenz eines Inertialsystems angelangt. Der aus der Schule bekannte FOUCOULTsche Pendelversuch, der auf dem Vorhandensein und der Wirkung der CORIOLISbeschleunigung auf der Erde beruht, zeigt sehr deutlich, dass unser Planet eben kein Inertialsystem darstellt, jedenfalls nicht im Prinzip, sondern allerhöchstens näherungsweise, denn der Effekt ist ja schwach und behindert die alltägliche Bewegung eines Menschen nicht. Wo aber machen wir dann den besagten Inertialrahmen fest? Auf der Sonne, in der Mitte unsere Galaxis, zwischen uns und dem Andromedanebel, oder wo? Die Antwort ist, dass es sich bei dem Begriff Inertialsystem lediglich um ein Modell unserer Welt handelt, und unsere alltäglichen Bewegungsabläufe werden in guter Näherung bereits durch dieses Modell beschrieben. Ein besseres Modell, was gegen den Erdboden beschleunigt bewegte Beobachter angeht, ist der EUKLIDische Rahmen, denn mit Hilfe von CORIOLIS- und den übrigen Trägheitskräften lassen sich Wirkungen dieses Zustandes planbar und ingenieurtechnisch noch besser in den Griff bekommen. Möchte man schließlich wirklich große Strukturen untersuchen, wie Planetensysteme oder Galaxien, so werden die NEWTONschen Grundgleichungen als Modell unzureichend, und man muss relativistische Feldgleichungen einsetzen.

Hans THIRRING wurde am 23. März 1888 in Wien geboren und starb am 22. März 1976 ebenda. Er studierte bis 1910 an der Universität Wien Mathematik und Physik und – sinnvollerweise – Leibesübungen. 1911 wurde er Assistent am Institut für Theoretische Physik der Universität Wien, wo er 1911 promovierte und sich 1915 habilitierte. 1921 wurde er außerordentlicher Professor und 1927 dann ordentlicher Professor. Neben theoretischen Arbeiten war er auch praktischen Dingen aufgeschlossen. So erfand er eine Methode zur Tonfilmherstellung und –wiedergabe und gründete ein Unternehmen zur Herstellung von Tonfilmen. Die Nazis sorgten 1938 für Zwangsurlaub: Sein Interesse an der Relativitätstheorie, die Freundschaft mit EINSTEIN und FREUD und sein notorischer Pazifismus waren Gründe genug. Nach dem Krieg wurde er Dekan der Philosophischen Fakultät der Universität Wien.

Genau so ging THIRRING (1918/1921) vor, um die Trägheitskräfte als Wirkung sich drehender ferner Massen zu erklären, also die MACHsche Idee, zu verifizieren. Er betrachtete eine „dünnwandige“, gleichförmig mit Masse belegte Hohlkugel (Gesamtmasse M) mit dem Radius a, in dessen Zentrum sich ein mit konstanter Winkelgeschwindigkeit ω zentral um die x_3'-Achse drehender Beobachter befindet†. Durch Lösung der EINSTEINschen Feldgleichungen bestimmte er für diese Massenverteilung näherungsweise die vierdimensionale Metrik im Inneren der Hohlkugel. Bei bekannter Metrik konnte er nun wiederum über die Geodätengleichung die Bewegung einer punktförmigen Testmasse im Hochkugelinneren ermitteln. Hierfür fand er in der Nomenklatur der Gleichung (8.5.9) die Formeln:

$$\ddot{x}_1' = 2\omega\left(1+\frac{\kappa M}{4\pi c^2 a}\right)\dot{x}_2' + \omega^2\left(1+\frac{\kappa M}{4\pi c^2 a}\right)x_1' \,, \tag{8.5.13}$$

† Genau genommen erlaubt THIRRING zusätzlich, dass sich auch noch die Hohlkugel mit einer von ω verschiedenen Winkelgeschwindigkeit dreht.

$$\ddot{x}_2' = -2\omega\left(1+\frac{\kappa M}{4\pi c^2 a}\right)\dot{x}_1' + \omega^2\left(1+\frac{\kappa M}{4\pi c^2 a}\right)x_2' \ , \ \ddot{z}' = 0 \ .$$

Dabei bezeichnet $\kappa = 6{,}67 \cdot 10^{-11} \frac{\mathrm{m}}{\mathrm{kgs}^2}$ die Gravitationskonstante und $c = 3 \cdot 10^8 \frac{\mathrm{m}}{\mathrm{s}}$ die Lichtgeschwindigkeit. Die Terme auf der rechten Seite entsprechen – bis auf einen relativistischen Korrekturterm – in ihrer Abhängigkeit von der Winkelgeschwindigkeit und den Koordinaten gerade der CORIOLIS- bzw. der Zentrifugalbeschleunigung, wie die nachfolgende Übung zeigt.

Übung 8.5.3: ***Drehung um eine feste Achse***

Man betrachte die in der Abb. 8.2 dargestellte Situation: Ein Nichtinertialsystem $\boldsymbol{e}_i'$ dreht um den Ursprung eines Inertialsystems $\boldsymbol{e}_j$ entgegen dem Urzeigersinn, so dass sich der eingezeichnete Winkel $\alpha(t)$ stetig vergrößert. Man zeige die Gültigkeit der folgenden Relationen:

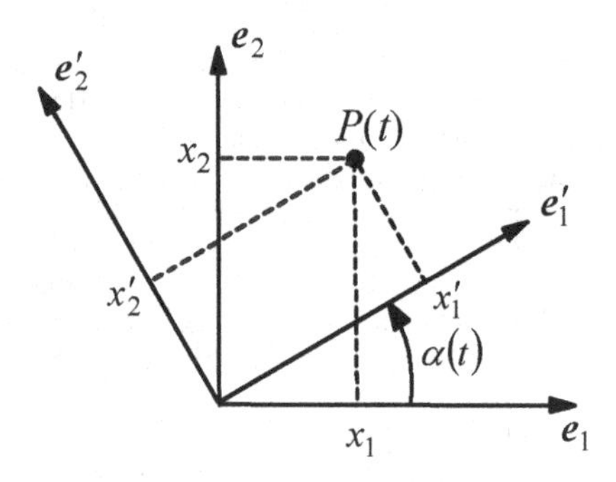

Abb. 8.2: Linksdrehung in der Ebene.

$$O_{ij}' = \begin{bmatrix} \cos(\alpha) & \sin(\alpha) & 0 \\ -\sin(\alpha) & \cos(\alpha) & 0 \\ 0 & 0 & 1 \end{bmatrix} \ , \ \Omega_{ij}' = \begin{bmatrix} 0 & \omega & 0 \\ -\omega & 0 & 0 \\ 0 & 0 & 0 \end{bmatrix} \tag{8.5.14}$$

mit dem Betrag der Winkelgeschwindigkeit $\omega = \dot{\alpha}$. Hiermit zeige man, dass:

$$\boldsymbol{\omega} = (0,0,\omega) \ , \ \omega_1' = 0 \ , \ \omega_2' = 0 \ , \ \omega_3' = \omega \ . \tag{8.5.15}$$

Man zeige damit wiederum, dass für die einzelnen Anteile der Bewegungsgleichung (8.5.12) gilt (alle Komponenten im Nichtinertialsystem $\boldsymbol{e}_i'$):

$$\boldsymbol{x}' = (x_1', x_2', x_3') \ , \ \dot{\boldsymbol{v}}' = (\ddot{x}_1', \ddot{x}_2', \ddot{x}_3') \ , \ \boldsymbol{\omega} \times \boldsymbol{v}' = \omega(-\dot{x}_2', \dot{x}_1', 0) \ , \tag{8.5.16}$$

$$\boldsymbol{\omega} \times (\boldsymbol{\omega} \times \boldsymbol{x}') = -\omega^2 (x_1', x_2', 0) \ , \ \dot{\boldsymbol{\omega}} \times \boldsymbol{x}' = \dot{\omega}(-x_2', x_1', 0) \ , \ \boldsymbol{b} = (0,0,0) .$$

Hiermit gehe man in die Bewegungsgleichung (8.5.12) und weise nach, dass (bei Abwesenheit mechanischer Spannungen sowie eingeprägter Volumenkräfte) für die kartesisch im Nichtinertialsystem geschriebenen Bewegungsgleichungen gilt:

$$\ddot{x}_1' = 2\omega\,\dot{x}_2' + \omega^2 x_1' + \dot{\omega}\,x_2' \ , \quad \ddot{x}_2' = -2\omega\,\dot{x}_1' + \omega^2 x_2' - \dot{\omega}\,x_2' \ , \quad \ddot{x}_3' = 0 \ . \tag{8.5.17}$$

Man vergleiche dieses Resultat mit der relativistischen Gleichung (8.5.13) und prüfe insbesondere die einander entsprechenden Vorzeichen ab. Man zeige ferner, dass die Bewegungsgleichungen im Inertialsystem lauten:

$$\ddot{x}_1 = 0 \ , \quad \ddot{x}_2 = 0 \ , \quad \ddot{x}_3 = 0 \tag{8.5.18}$$

und löse dieselben analytisch unter Vorgabe folgender Anfangsbedingungen:

$$x_1(0) = 0 \ , \quad x_2(0) = 0 \ , \quad x_3(0) = 0 \ , \tag{8.5.19}$$

$$\dot{x}_1(0) = 0 \ , \quad \dot{x}_2(0) = V \ , \quad \dot{x}_3(0) = 0 \ .$$

Man nehme nun an, dass am Anfang beide Koordinatensysteme auf einer Kreisscheibe mit Radius R übereinander liegen und löse die Gleichungen (8.5.15) numerisch, um zu zeigen, dass sich dann (geeignet normiert) die in der Abb. 8.3 dargestellte Bahnkurve ergibt. Die Winkelgeschwindigkeit sei dabei konstant.

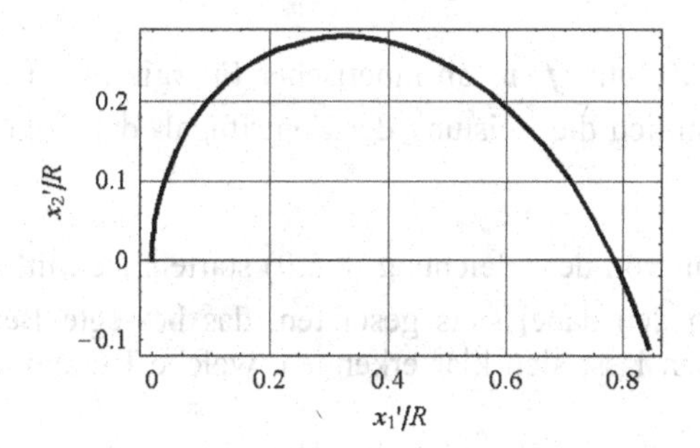

Abb. 8.3: Bahnkurve im mitbewegten Koordinatensystem ($V/(R\omega)$ =0.5).

Wie sieht im Vergleich hierzu die Bahnkurve im Inertialsystem aus?

Übung 8.5.4: ***Planung einer Raumstation***

Man informiere sich im Internet über die typische Größe derzeitiger und noch geplanter Raumstationen und setze sich zum Ziel, diese durch Rotation um einen

zentralen Punkt zum Außenrand hin in einen Zustand künstlicher Gravitation zu setzen, wobei die Schwerewirkung durch Zentrifugalbeschleunigungen, also durch

$$\boldsymbol{a}_Z = \boldsymbol{\omega} \times (\boldsymbol{\omega} \times \boldsymbol{x}') \tag{8.5.20}$$

erreicht werden soll. Um an Zahlenwerte zu gelangen, spezialisiere man die Gleichung (8.5.10) auf den Fall einer wie ein „ebenes Speichenrad" organisierten Station, das um seine „Nabe" gegenüber den Fixsternen mit der konstanten Winkelschwindigkeit ω_0 rotiert, also:

$$\boldsymbol{\omega} = \omega_0 \boldsymbol{e}_3 \,. \tag{8.5.21}$$

Wie groß ist ω_0 und wie stark ist dann die CORIOLISkraft, die ein radial vom Zentrum in Fußgängergeschwindigkeit sich vorwärts bewegender Astronaut verspürt?

8.6 Energiebilanzen im rotierenden System

Um die Bilanz der kinetischen Energie im bewegten System herzuleiten, kann man unterschiedlich vorgehen. Eine Möglichkeit besteht darin, die Impulsbilanz (8.5.12) skalar mit der Geschwindigkeit $\boldsymbol{\upsilon}'$ zu multiplizieren und leicht umzuformen:

$$\rho\left(\tfrac{1}{2}\boldsymbol{\upsilon}'^2\right)^{\cdot} = \nabla' \cdot (\boldsymbol{\sigma} \cdot \boldsymbol{\upsilon}') - \boldsymbol{\sigma} : \nabla'\boldsymbol{\upsilon}' + \rho\left(\boldsymbol{f} - \boldsymbol{\omega} \times (\boldsymbol{\omega} \times \boldsymbol{x}') - \dot{\boldsymbol{\omega}} \times \boldsymbol{x}' + \ddot{\boldsymbol{b}}\right) \cdot \boldsymbol{\upsilon}' \,. \tag{8.6.1}$$

Zur der bekannten Zufuhr $\boldsymbol{f} \cdot \boldsymbol{\upsilon}'$ an kinetischer Energie treten also noch weitere Zufuhren hinzu, nämlich die Leistung der Zentrifugal- der EULER- und der Relativbeschleunigung.

Alternativ kann man von der Gleichung (8.5.9) starten, sie mit υ_i' multiplizieren und umformen. An den dabei stets gesetzten, das bewegte Bezugsystem kennzeichnenden Strichen lässt sich klar erkennen, welche Komponenten jeweils gemeint sind:

$$\rho'\left(\tfrac{1}{2}\upsilon_i'\upsilon_i'\right)^{\cdot} = \frac{\partial \sigma_{ji}'\upsilon_i'}{\partial x_j'} - \sigma_{ji}'\frac{\partial \upsilon_i'}{\partial x_j'} + \tag{8.6.2}$$
$$\rho'\left(f_i' - \Omega_{il}'\Omega_{lk}'(x_k' - b_k') + \dot{\Omega}_{ik}'(x_k' - b_k') + \ddot{b}_i' - 2\Omega_{ik}'\dot{b}_k'\right)\upsilon_i' \,.$$

Übung 8.6.1: ***Die Leistung der Scheinkräfte***

Man zeige analog zum Vorgehen bei der Gleichungskette (8.3.39-42) und in Übung 8.5.1 die Äquivalenz der Gleichungen (8.6.1) und (8.6.2). Warum ist der CORIOLISkraft keine Leistung zuzuordnen?

Um die Bilanz für die innere Energie im bewegten System herzuleiten, erinnern wir an Tabelle 3.1, beachten die Massenbilanz und die Definition der materiellen Zeitableitung und schreiben in kartesischen Koordinaten:

$$\rho \dot{u} = -\frac{\partial q_k}{\partial x_k} + \sigma_{ji} \frac{\partial \upsilon_i}{\partial x_j} + \rho r \, . \tag{8.6.3}$$

Man postuliert, dass es sich bei der spezifischen inneren Energie und der Strahlungsdichte um EUKLIDische Skalare handelt:

$$u' = u \; , \quad r' = r \, . \tag{8.6.4}$$

und beim Wärmefluss um einen EUKLIDischen Vektor:

$$q_i' = O_{ik}' q_k \, . \tag{8.6.5}$$

Die letzte Gleichung ist übrigens vom gleichen Kaliber wie Gleichung (8.5.6) für den Spannungstensor: Für die über die Oberfläche des Körpers fließende Wärme schreibt man nämlich ursprünglich:

$$\dot{Q} = -\oiint_{\partial V(t)} \hat{q}(\boldsymbol{x}, t; \boldsymbol{n}) \, \mathrm{d}A \, . \tag{8.6.6}$$

Die darin auftauchende Wärmestromdichte $q = \hat{q}(\boldsymbol{x}, t; \boldsymbol{n})$ ist (wegen ihrer Abhängigkeit vom axialen Normalenvektor) ein Beispiel für den relativ selten auftretenden Fall eines axial objektiven Tensors nullter Stufe, also einen axialen Skalar:

$$q' = \det(\boldsymbol{O}') \, q \, . \tag{8.6.7}$$

Die Wärmestromdichte lässt sich analog zum CAUCHYschen Tetraederargument für den Spannungsvektor in einen objektiven Tensor erster Stufe, den Wärmeflussvektor, abbilden, wobei analog zu Gleichung (3.2.7) gilt:

$$\hat{q}(\boldsymbol{x}, t; \boldsymbol{n}) = n_j q_j \quad \text{mit} \quad q_j = \hat{q}^j(\boldsymbol{x}, t; -\boldsymbol{e}_j) . \tag{8.6.8}$$

Die materielle Zeitableitung eines EUKLIDischen Skalars ist objektiv und ferner ist mit Gleichung (8.3.18) schnell gezeigt, dass gilt:

$$\sigma_{ji}' \frac{\partial \upsilon_i'}{\partial x_j'} = O_{js}' O_{it}' \sigma_{st} \frac{\partial}{\partial x_k} \left(O_{il}' \upsilon_l + \Omega_{ir}' (x_r' - b_r') + \dot{b}_i' \right) \frac{\partial x_k}{\partial x_j'} = \tag{8.6.9}$$

$$O_{js}' O_{it}' \sigma_{st} \left(O_{il}' \frac{\partial \upsilon_l}{\partial x_k} + \Omega_{ir}' O_{rk}' \right) O_{jk}' = \sigma_{kl} \frac{\partial \upsilon_l}{\partial x_k} + O_{rs}' O_{it}' \sigma_{st} \Omega_{ir}' = \sigma_{kl} \frac{\partial \upsilon_l}{\partial x_k} .$$

Somit schreibt sich (8.6.3) im EUKLIDischen System wie folgt:

$$\rho' \dot{u}' = -\frac{\partial q'_k}{\partial x'_k} + \sigma'_{ji} \frac{\partial \upsilon'_i}{\partial x'_j} + \rho' r' . \tag{8.6.10}$$

Es liegt also vollständige Forminvarianz bei Beobachterwechsel vor. Systemabhängige Terme treten nicht auf.

Übung 8.6.2: ***Forminvarianz des ersten Hauptsatzes***

Man motiviere die Objektivität der Felder der inneren Energie, der Strahlungsleistung und des Wärmeflussvektors. Warum verschwindet der Winkelgeschwindigkeitsanteil in Gleichung (8.6.9)?

Damit ist klar, wie die Gesamtenergiebilanz aussehen muss. Man erhält durch Addition der Gleichungen (8.6.2) und (8.6.10):

$$\rho' \left(u' + \tfrac{1}{2}\upsilon'_i \upsilon'_i\right)^{\cdot} = -\frac{\partial q'_k}{\partial x'_k} + \frac{\partial \sigma'_{ji} \upsilon'_i}{\partial x'_j} + \tag{8.6.11}$$

$$\rho' \left[\left(f'_i - \Omega'_{il}\Omega'_{lk}\left(x'_k - b'_k\right) + \dot{\Omega}'_{ik}\left(x'_k - b'_k\right) + \ddot{b}'_i - 2\Omega'_{ik}\dot{b}'_k\right)\upsilon'_i + r'\right].$$

8.7 Zeitableitungen in bewegten Systemen

In Abschnitt 8.4 haben wir bereits über die (materielle) Zeitableitung einer skalaren Größe, nämlich der Dichte ρ, gesprochen: Gleichung (8.4.6). In den Kapiteln 10 und 11 jedoch, in denen wir Flüssigkeiten mit Gedächtnis behandeln bzw. eine Einführung in die Plastizitätstheorie geben, werden in Materialgleichungen Zeitableitungen höherwertiger EUKLIDischer Tensoren auftreten, nämlich insbesondere solche des Spannungstensors. Mithin stellt sich die Frage nach ihren Transformationsregeln bei Beobachterwechsel. Insbesondere sollte es ja wieder so sein, dass die Materialgleichung bei Beobachterwechsel ihre Form behält und auch keine beobachterspezifischen Größen auftreten. Diesem Problem werden wir uns jetzt zuwenden. Als erstes untersuchen wir die Zeitableitungen eines objektiven Tensors 1. Stufe, also eines EUKLIDischen Vektors:

$$k'_i = O'_{ir} k_r . \tag{8.7.1}$$

Es folgt für dessen materielle Zeitableitung:

$$\dot{k}'_i = O'_{ir} \dot{k}_r + \dot{O}'_{ir} k_r . \tag{8.7.2}$$

Mit der Definition der Winkelgeschwindigkeit:

$$\Omega'_{ij} = \dot{O}'_{ik} O'_{jk} \tag{8.7.3}$$

lässt sich dies umschreiben in:

$$\dot{k}'_i = O'_{ir}\dot{k}_r + \dot{O}'_{ir}\delta_{rt}k_t = O'_{ir}\dot{k}_r + \dot{O}'_{ir}O'_{nr}O'_{nt}k_t = \tag{8.7.4}$$

$$O'_{ir}\dot{k}_r + \Omega'_{in}O'_{nt}k_t = O'_{ir}\dot{k}_r + \Omega'_{in}k'_n \,.$$

Gustav Andreas Johannes JAUMANN wurde am 18. April 1863 in Karánsebes, Ungarn geboren und starb am 21. Juli 1924 in den Ötztaler Alpen, Österreich bei einem Unfall. Er studierte zunächst Chemie an der TH Prag, wo er 1890 promovierte. Danach wurde er Schüler und Assistent Ernst MACHs, arbeitete anfänglich als Experimental-, später als theoretischer Physiker und habilitierte sich an der Deutschen Universität in Prag. Dort wurde er 1893 zum außerordentlichen Professor für Experimentalphysik und physikalischen Chemie ernannt. 1901 folgte er einem Ruf als ordentlicher Professor der Physik an die TH in Brünn. Er war Mitglied der Österreichischen Akademie der Wissenschaften und seit 1891 auch der Deutschen Akademie der Naturforscher Leopoldina. Pikant ist die Geschichte seiner Listenfolge auf eine Professur an der Universität von Prag. Hier wurde sein Name „secundo loco" nach dem Albert EINSTEINs geführt. JAUMANN schmollte dem Bericht nach.

Also ist der Ausdruck:

$$\overset{\circ}{k}'_i = \dot{k}'_i - \Omega'_{in}k'_n = O'_{ir}\dot{k}_r \tag{8.7.5}$$

ein objektiver Tensor 1. Stufe. Wir sprechen im Zusammenhang mit dem Zeitdifferentiationssymbol „°" auch von der sog. JAUMANNschen Zeitableitung. Sie ist im Gegensatz zur materiellen Zeitableitung bei einem EUKLIDischen Vektor objektiv. Wir betrachten nun einen objektiven Tensor T_{rs} 2. Stufe:

$$T'_{ij} = O'_{ir}O'_{js}T_{rs} \,. \tag{8.7.6}$$

James Gardner OLDROYD wurde 1921 geboren und starb am 22. November 1982. Seine Schulausbildung erhielt er an der Bradford Grammar School, danach besuchte er das Trinity College an der Universität Cambridge. Nach seiner Graduierung arbeitete er während des 2. Weltkrieges für das Ministry of Supply. Nach dem Krieg ging an das Forschungslaboratorium von Courtaulds. 1953 wurde er Mathematikprofessor an der University of Wales in Swansea. 1965 wechselte er an die Liverpool University und wurde der Head of Department of Applied Mathematics and Theoretical Physics in 1973 bis zu seinem Tode. Sein Hauptarbeitsgebiet war das viskoelastische Verhalten Nicht-NEWTONscher Fluide.

Es soll nun bewiesen werden, dass seine materielle Zeitableitung ebenfalls *nicht* objektiv ist. Dazu wird als Erstes die Operation $\frac{\mathrm{d}}{\mathrm{d}t} \equiv (\;)^{\cdot}$ auf die Gleichung (8.7.6) angewendet. Es ergibt sich unter Beachtung von (8.7.3):

$$\dot{T}'_{ij} = O'_{ir}O'_{js}\dot{T}_{rs} + \dot{O}'_{ir}O'_{js}T_{rs} + O'_{ir}\dot{O}'_{js}T_{rs} = \tag{8.7.7}$$

$$O'_{ir}O'_{js}\dot{T}_{rs} + \dot{O}'_{ir}O'_{pr}O'_{pu}O'_{js}T_{us} + O'_{ir}\dot{O}'_{js}O'_{ps}O'_{pw}T_{rw} =$$

$$O'_{ir}O'_{js}\dot{T}_{rs} + \Omega'_{ip}T'_{pj} + \Omega'_{jp}T'_{ip}\,.$$

Somit folgt dann:

$$\overset{\circ}{T}_{ij} = \dot{T}'_{ij} - \Omega'_{ip}T'_{pj} - \Omega'_{jp}T'_{ip} = O'_{ir}O'_{js}\dot{T}_{rs}\,. \tag{8.7.8}$$

Also ist die JAUMANNsche Zeitableitung eines Tensors zweiter Stufe ebenfalls objektiv:

Clifford Ambrose TRUESDELL III wurde am 18. Februar 1919 in Los Angeles geboren und starb am 14. Januar 2000 in Baltimore. Er studierte zunächst Mathematik und Physik am Caltech. In Princeton doktorierte er 1943. Von 1944 bis 1946 war er am Radiation Laboratory des M.I.T. und danach bis 1950 am Naval Research Laboratory in Washington, D.C. An der Indiana University wurde er 1950 Professor für Mechanik und 1961 an der Johns Hopkins University schließlich Professor für „Rational Mechanics". Seine Hauptleistung sind sicher die zahlreichen Monographien, mit denen er die rationale Denkensart in Mechanik und Thermodynamik als grundlegendes Prinzip etablierte.

Abschließend sei darauf verwiesen, dass sich noch weitere ebenfalls objektive Zeitableitungen definieren lassen: die OLDROYDTsche Zeitableitung, die TRUESDELLsche Zeitableitung, die LIEableitung, ...

Marius Sophus LIE wurde am 17. Dezember 1842 in Nordfjordeid geboren und starb am 18. Februar 1899 in Christiania, heute Oslo. Er studierte in Christiania Naturwissenschaften, legte 1865 das Lehrerexamen ab und wandte sich 1868 völlig der Mathematik zu. Durch ein Reisestipendium kam er ins Ausland und lernte er den berühmten Mathematiker Felix KLEIN kennen. Gemeinsame Arbeiten resultierten. 1872 wurde er Professor in Christiania und 1886 Nachfolger KLEINs in Leipzig. LIEs Gesundheit und Psyche war prekär. Er litt an perniziöser Anämie, Nervenzusammenbrüchen und zerstritt sich mit Kollegen über Prioritätsfragen. 1894 verschaffte ihm Norwegen eine persönliche Professur in Christiania. Er kehrte jedoch erst 1898 schwer krank dorthin zurück.

8.8 Bemerkung zur Forminvarianz von Materialgleichungen

Abschließend soll in diesem Kapitel noch die Frage nach der Forminvarianz der in Kapitel 6 erwähnten Materialgleichungen angerissen werden. Im Falle des HOOKEschen Gesetzes startet man von Gleichung (6.2.6). Will man den Beobachter wechseln, so nimmt man an, dass es sich bei den LAMÉschen Konstanten, dem Ausdehnungskoeffizienten und der Temperatur um EUKLIDische Skalare handelt.

Mit den Orthogalitätsrelationen (8.2.5) folgt ferner, dass sich das KRONECKER-symbol wie ein EUKLIDischer Tensor 2. Stufe transformiert:

$$\delta'_{ij} = O'_{ir} O'_{js} \delta_{rs} , \tag{8.8.1}$$

und wegen der Transformationseigenschaft des linearen Verzerrungstensors sowie des Spannungstensors gemäß (8.3.14) und (8.5.6) folgt schließlich, dass das HOOKEsche Gesetz für den EUKLIDischen Beobachter dieselbe Form wie im Inertialsystem besitzt:

$$\sigma'_{ij} = \lambda' \varepsilon'_{kk} \delta'_{ij} + 2\mu' \varepsilon'_{ij} - 3k' \alpha' \Delta T' \delta'_{ij} . \tag{8.8.2}$$

Ebenso ist das NAVIER-STOKES-Gesetz nach Gleichung (6.3.1) forminvariant, wenn man annimmt, dass der Druck ein EUKLIDischer Skalar ist (was er als Spur des Spannungstensors im Sinne der Gleichungen (2.6.11) und (6.3.2) und der obigen Transformationsformel für das KRONECKERsymbol sein muss) und die Transformationseigenschaft des symmetrischen Geschwindigkeitsgradienten nach Gleichung (8.3.45) beachtet:

$$\sigma'_{ij} = -p' \delta'_{ij} + \lambda' d'_{kk} \delta'_{ij} + 2\mu' d'_{ij} . \tag{8.8.3}$$

Aus dem bisher Gesagten und unter Beachtung der Tatsache, dass die Massendichte ein EUKLIDischer Skalar ist, siehe Gleichung (8.4.4), folgt, dass auch das ideale Gasgesetz nach (6.4.1) forminvariant bleibt. Bei der inneren Energie haben wir bereits gesagt, dass sie ein EUKLIDischer Skalar ist: (8.6.4). Das wiederum ist konsistent mit der Darstellung der kalorischen Zustandsgleichung des idealen Gases in Gleichung (6.5.3). Was die FOURIERsche Wärmeleitungsgleichung in der Form (6.6.1) angeht, so ist auch sie wegen Gleichung (8.2.22) forminvariant, wenn man die Wärmeleitfähigkeit als EUKLIDischen Skalar ansieht:

$$q'_i = -\kappa' \frac{\partial T'}{\partial x'_i} . \tag{8.8.4}$$

8.9 Would you like to know more?

In allen gängigen Kontinuumsmechaniklehrbüchern wird das Problem der Beobachtertransformationen diskutiert; so z. B. in Greve (2003) im Abschnitt 1.4, bei Bertram (2008) in 4.3 (mit zusätzlichen Erläuterungen zum Prinzip der materiellen Objektivität (PmO), das wir hier nicht behandeln), bei Becker und Bürger (1975) im Abschnitt 1.5, bei Liu (2010), Abschnitte 1.7 und 3.2 (zum PmO) und bei Truesdell (1966) auf den Seiten 22 ff sowie zum PmO auf den Seiten 39 ff. Dort und im angrenzenden Text finden sich auch Anmerkungen über objektive Zeitableitungen. Im Handbuchartikel von Truesdell und Toupin (1960) ist die Problematik des EUKLIDischen Beobachterwechsels in Sect. 143 angesprochen. Den Begriff der GALILEIinvarianz findet man in Sect. 171. Das Problem der sog. *material frame-indifference* (ein noch vornehmeres Wort für objektive Größen) wird in Truesdell und Noll (1965) in Sect. 19 ausführlich mit vielen historischen Hinweisen erörtert. Dass der Gegenstand der materiellen Objektivität auch heute noch zu heftigen Kontroversen und Verwechslungen mit dem Begriff objektiver Größen und EUKLIDischer Transformationen Anlass gibt, zeigt der Artikel von Bertram und Svendsen (2004), der auch viele weitere Referenzen zum Thema enthält.

Für diejenigen, die sich für den wahren Wortlaut der NEWTONschen Mechanik interessieren, seien die Originalausgaben der Principia empfohlen, allerdings nicht die Erstauflage von 1687, sondern die dritte, erheblich von Newton ergänzte Ausgabe in der annotierten Version von Koyré, Cohen und Whitman (1972). Dort findet man auch NEWTONs Ideen über Relativbewegung und den absoluten Raum und die absolute Zeit, die in dem berühmten Gedankenexperiment kulminiert, der in der Literatur als der NEWTONsche Eimerversuch bekannt ist. Will man über die dahinter stehende Philosophie mehr wissen, so sei auf das Buch von Mach im Nachdruck von 1976 verwiesen.

I try not to break the rules but merely to test their elasticity.

Bill VEECK, amerikanischer Baseballspieler

9. Probleme der linearen Elastizitätstheorie

9.1 Einführung

Wir haben in den vorherigen Abschnitten die mathematischen Grundlagen zur Behandlung kontinuumsmechanischer Probleme gelegt, nämlich die Bilanzgleichungen für Masse, Impuls und Energie in lokaler und globaler Form. In Verbindung mit entsprechenden Materialgesetzen, in unserem Falle konkret dem HOOKEschen Gesetz und der NAVIER-STOKES-FOURIERschen Materialgleichung haben wir auch bereits die resultierenden Feldgleichungen für einfachste Geometrien (etwa den eindimensionalen Zugstab oder die planparallele Scherströmung) gelöst. In den sich anschließenden Abschnitten wollen wir nun geometrisch anspruchsvollere Problemstellungen betrachten. Wir werden dabei sogar über das Gebiet der Thermomechanik hinausgehen und den Elektromagnetismus in kontinuumstheoretischer Weise mit einbeziehen.

9.2 Die sich drehende Kreisscheibe

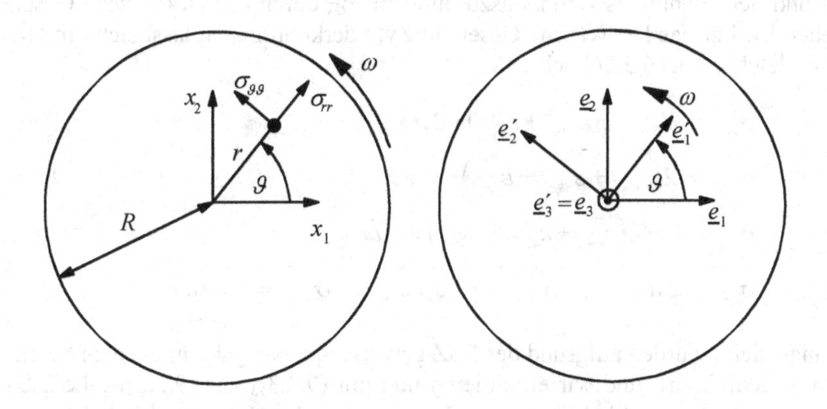

Abb. 9.1: Eine sich mit konstanter Winkelgeschwindigkeit drehende Kreisscheibe.

Man betrachte die in Abb. 9.1 links dargestellte, mit der konstanten Winkelgeschwindigkeit ω rotierende Kreisscheibe. Ihr Außenradius sei R. Gesucht sind die sich aufgrund der Rotation, d. h. aufgrund von Zentrifugalbeschleunigungen, in der Scheibe einstellenden Spannungen. Wir wollen annehmen, dass die Platte sehr „dünn" ist und sich Spannungen nur innerhalb der Plattenebene ausbilden können. Mit anderen Worten, von den neun verschiedenen Komponenten des

W.H. Müller, *Streifzüge durch die Kontinuumstheorie*,
DOI 10.1007/978-3-642-19870-0_9, © Springer-Verlag Berlin Heidelberg 2011

Spannungstensors in Zylinderkoordinaten verbleiben lediglich $\sigma_{<rr>}$, $\sigma_{<\vartheta\vartheta>}$ und $\sigma_{<r\vartheta>}$, und alle anderen Komponenten verschwinden.

Solche Fälle treten in der linearen Festkörpermechanik sehr häufig auf, man spricht vom *ebenen Spannungszustand* (engl. *plane stress*), in dem sich das System befindet, oder kurz auch vom *ESZ*.

Die Impulsbilanz der Elastostatik in Zylinderkoordinaten, Gleichung (5.6.1), vereinfacht sich entsprechend auf zwei Komponenten:

$$\frac{\partial \sigma_{<rr>}}{\partial r} + \frac{1}{r}\frac{\partial \sigma_{<r\vartheta>}}{\partial \vartheta} + \frac{\sigma_{<rr>} - \sigma_{<\vartheta\vartheta>}}{r} = -\rho f_{<r>} , \qquad (9.2.1)$$

$$\frac{\partial \sigma_{<r\vartheta>}}{\partial r} + \frac{1}{r}\frac{\partial \sigma_{<\vartheta\vartheta>}}{\partial \vartheta} + \frac{2}{r}\sigma_{<r\vartheta>} = -\rho f_{<\vartheta>} .$$

Bei den Volumenkräften auf der rechten Seite setzen wir die *Zentrifugalbeschleunigung* ein. Aus der Schule weiß man, dass diese linear proportional zum Abstand r vom Drehzentrum ist, so dass gilt:

$$\rho f_{<r>} = \rho \omega^2 r \ , \ \rho f_{<\vartheta>} = 0 . \qquad (9.2.2)$$

Wir wollen nun annehmen, dass die Scheibe linear-elastisches Materialverhalten zeigt und der Spannungs-Dehnungszusammenhang durch das HOOKEsche Gesetz gegeben ist. Für das HOOKEsche Gesetz in Zylinderkoordinaten lässt sich mit Hilfe der Gleichungen (6.2.26) schreiben:

$$\sigma_{<rr>} = \lambda\left(\varepsilon_{<rr>} + \varepsilon_{<\vartheta\vartheta>} + \varepsilon_{<zz>}\right) + 2\mu\, \varepsilon_{<rr>} ,$$

$$\sigma_{<\vartheta\vartheta>} = \lambda\left(\varepsilon_{<rr>} + \varepsilon_{<\vartheta\vartheta>} + \varepsilon_{<zz>}\right) + 2\mu\, \varepsilon_{<\vartheta\vartheta>} , \qquad (9.2.3)$$

$$\sigma_{<zz>} = 0 = \lambda\left(\varepsilon_{<rr>} + \varepsilon_{<\vartheta\vartheta>} + \varepsilon_{<zz>}\right) + 2\mu\, \varepsilon_{<zz>} ,$$

$$\sigma_{<r\vartheta>} = 2\mu\, \varepsilon_{<r\vartheta>} \ , \ \sigma_{<rz>} = 0 = 2\mu\, \varepsilon_{<rz>} \ , \ \sigma_{<\vartheta z>} = 0 = 2\mu\, \varepsilon_{<\vartheta z>} .$$

Wie man sieht, wurden aufgrund des ESZ gewisse Spannungskomponenten bereits zu Null identifiziert, und wir eliminieren nun mit $(9.2.3)_3$ aus $(9.2.3)_{1,2}$ die „störende“, von Null verschiedene 3D-Größe $\varepsilon_{<zz>}$ (man beachte, dass die beiden anderen die Koordinate z enthaltenden Verzerrungen, also $\varepsilon_{<rz>}$ und $\varepsilon_{<\vartheta z>}$, aufgrund der Forderung nach ESZ verschwinden), um zu erhalten:

$$\sigma_{<rr>} = \lambda^*\left(\varepsilon_{<rr>} + \varepsilon_{<\vartheta\vartheta>}\right) + 2\mu\, \varepsilon_{<rr>} ,$$

$$\sigma_{<\vartheta\vartheta>} = \lambda^*\left(\varepsilon_{<rr>} + \varepsilon_{<\vartheta\vartheta>}\right) + 2\mu \varepsilon_{<\vartheta\vartheta>} , \qquad (9.2.4)$$

$$\sigma_{<r\vartheta>} = 2\mu\varepsilon_{<r\vartheta>} \; , \; \lambda^* = \frac{2\mu}{\lambda + 2\mu}\lambda \, .$$

Nun verwenden wir für die verbliebenen Komponenten des Verzerrungstensors in Zylinderkoordinaten gewisse Beziehungen aus Gleichung (6.2.27) und schreiben weiter:

$$\sigma_{<rr>} = \left(\lambda^* + 2\mu\right)\frac{\partial u_{<r>}}{\partial r} + \lambda^*\left(\frac{1}{r}\frac{\partial u_{<\vartheta>}}{\partial \vartheta} + \frac{u_{<r>}}{r}\right),$$

$$\sigma_{<\vartheta\vartheta>} = \lambda^* \frac{\partial u_{<r>}}{\partial r} + \left(\lambda^* + 2\mu\right)\frac{1}{r}\left(\frac{\partial u_{<\vartheta>}}{\partial \vartheta} + u_{<r>}\right), \tag{9.2.5}$$

$$\sigma_{<r\vartheta>} = \mu\left(\frac{1}{r}\left(\frac{\partial u_{<r>}}{\partial \vartheta} - u_{<\vartheta>}\right) + \frac{\partial u_{<\vartheta>}}{\partial r}\right).$$

Setzt man die Beziehungen (9.2.2) und (9.2.5) in die Impulsbilanz (9.2.1) ein, so erhält man *gekoppelte* partielle Differentialgleichungen für die Verschiebungen $u_{<r>}$ und $u_{<\vartheta>}$, die zu lösen nicht einfach wäre. Wir haben jedoch noch nicht alles Wissen um die mathematische Form der Verschiebungen ausgenutzt. Die Scheibe bewegt sich ja mit *konstanter* Winkelgeschwindigkeit und zwar für jeden Punkt der Scheibe und zu jeder Zeit. Aus Symmetriegründen darf dann der Radialanteil der Verschiebung keine Winkelabhängigkeit mehr zeigen, und ferner darf in Winkelrichtung auch keine Verschiebung existieren. Es ist daher naheliegend, den folgenden Ansatz für die Verschiebungen zu wählen:

$$u_{<r>} = f(r) \; , \; u_{<\vartheta>} = 0 \, . \tag{9.2.6}$$

$f(r)$ ist eine noch unbekannte Funktion, die wir durch Lösung einer Differentialgleichung bestimmen werden. Die Vorgehensweise, nach der man die Struktur der zu erwartenden Lösung eines Problems vorab weitestgehend errät, wird sehr häufig in der Kontinuumstheorie angewandt. Wir haben sie bereits in den Übungen 7.3.2 und 7.4.1 unter dem Namen *semiinverse Methode* kennengelernt. Setzen wir nun Gleichung (9.2.6) in (9.2.5) ein, so entsteht:

$$\sigma_{<rr>} = \left(\lambda^* + 2\mu\right)f'(r) + \lambda^*\frac{f(r)}{r}, \tag{9.2.7}$$

$$\sigma_{<\vartheta\vartheta>} = \lambda^* f'(r) + \left(\lambda^* + 2\mu\right)\frac{f(r)}{r} \; , \; \sigma_{<r\vartheta>} = 0$$

und aus $(9.2.1)_1$:

$$f''(r)+\frac{f'(r)}{r}-\frac{f(r)}{r^2}=-\frac{\rho\omega^2}{\left(\lambda^*+2\mu\right)}r\,. \tag{9.2.8}$$

Es treten also *keine* Scherspannungen auf, wie man es bei eingefahrenem Zustand der drehenden Scheibe auch erwartet. Die gewöhnliche Differentialgleichung (9.2.8) ist vom *EULERschen Typ*, und sie wird wie folgt gelöst (vgl. z. B. Kneschke, 1965):

$$f(r)=f_{\mathrm{h}}(r)+f_{\mathrm{p}}(r)\,. \tag{9.2.9}$$

Die Indizes „h“ und „p“ kennzeichnen dabei die *homogene* bzw. *partikuläre* Lösung aus denen sich $f(r)$ additiv zusammensetzt. Mit den folgenden Potenzansätzen:

$$f_{\mathrm{h}}(r)=Dr^{\alpha}\ ,\quad f_{\mathrm{p}}(r)=Cr^{s+1} \tag{9.2.10}$$

folgt durch Einsetzen:

$$\alpha_1=1\ ,\quad \alpha_2=-1\ ,\quad s=2\ ,\quad C=-\frac{\rho\omega^2}{8\left(\lambda^*+2\mu\right)} \tag{9.2.11}$$

und damit:

$$u_{<r>}\equiv f(r)=Ar+\frac{B}{r}-\frac{\rho\omega^2}{8\left(\lambda^*+2\mu\right)}r^3\,. \tag{9.2.12}$$

Die noch verbleibenden Konstanten A und B müssen aus geeigneten *Randbedingungen* ermittelt werden. Zunächst einmal ist anschaulich klar, dass in keinem Punkt r der Scheibe die Verschiebung singulär werden kann. Da es sich um eine Vollscheibe handeln soll, also der Punkt $r=0$ mit zum System gehört, muss gelten:

$$B=0\,. \tag{9.2.13}$$

Außerdem muss am äußeren Rand der Scheibe der Kraftvektor $t_{<i>}$ stetig sein, wie man aus den Ausführungen über Bilanzen in (ruhenden) singulären Punkten aus Abschnitt 5.8, Gleichung (5.8.5) weiß. Man berechnet ihn aus den Spannungen wie folgt:

$$t_{<i>}=\sigma_{<ji>}n_{<j>}\,. \tag{9.2.14}$$

$n_{<j>}$ bezeichnet dabei den Normaleneinheitsvektor der betreffenden Fläche. In unserem Fall bedeutet dies:

$$t_{<r>} = \sigma_{<rr>} \ , \ t_{<\vartheta>} = 0 \, , \tag{9.2.15}$$

denn offenbar gilt für den Normalenvektor in Polarkoordinaten:

$$n_{<r>} = 1 \ , \ n_{<\vartheta>} = 0 \, . \tag{9.2.16}$$

Da am äußeren Rand kein Außendruck vorhanden sein soll, folgt durch Einsetzen von Gleichung (9.2.12) in Gleichung $(9.2.7)_1$ an der Stelle $r = R$:

$$A = \frac{1}{8} \frac{2\lambda^* + 3\mu}{(\lambda^* + \mu)(\lambda^* + 2\mu)} \rho \omega^2 R^2 \, . \tag{9.2.17}$$

Damit sind alle Konstanten in (9.2.12) bekannt, und man kann für die Spannungen und die Dehnung aus den Gleichungen (9.2.6 / 7) zusammenfassend schreiben:

$$\sigma_{<rr>} = \sigma_0 \left(1 - \left(\frac{r}{R} \right)^2 \right) \ , \ \sigma_{<\vartheta\vartheta>} = \sigma_0 \left(1 - \frac{2\lambda^* + \mu}{2\lambda^* + 3\mu} \left(\frac{r}{R} \right)^2 \right) , \tag{9.2.18}$$

$$\sigma_0 = \frac{1}{4} \frac{2\lambda^* + \mu}{2\lambda^* + 3\mu} \rho \omega^2 R^2 \ , \ \sigma_{<r\vartheta>} = 0 \ , \ u_{<r>} = \frac{\rho \omega^2 R^2}{8(\lambda^* + 2\mu)} r \left(\frac{2\lambda^* + \mu}{2\lambda^* + 3\mu} - \left(\frac{r}{R} \right)^2 \right) .$$

Die Abb. 9.2 zeigt den Verlauf der Spannungen über dem Radius r der Kreisscheibe. Man beachte, dass die Winkelspannung $\sigma_{<\vartheta\vartheta>}$ im Gegensatz zur Radialspannung $\sigma_{<rr>}$ am Rande *nicht* auf Null abfällt.

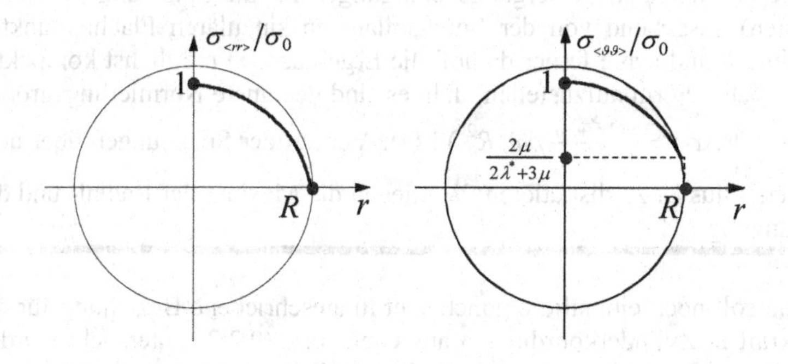

Abb. 9.2: Spannungsverlauf in der sich mit konstanter Winkelgeschwindigkeit drehenden Kreisscheibe.

Übung 9.2.1: ***Nachlese zur rotierenden Kreisscheibe ohne Innenloch***

Im vorigen Abschnitt wurde so getan, als ob die Verschiebung/Verformung eine rein zweidimensionale Angelegenheit sei. Dies manifestiert sich im Ansatz (9.2.6) und in der Tatsache, dass es gelang, mit Hilfe der Annahme ESZ die Komponente $\varepsilon_{<zz>}$ des Verschiebungstensors zu eliminieren. Mit den in Gleichung (9.2.18) gezeigten Ergebnissen gilt es nun, $\varepsilon_{<zz>}$ explizit zu ermitteln.

Mit Hilfe von Gleichung $(6.2.27)_3$ soll dieses Resultat dann integriert und die Verschiebung $u_{<z>}$ sowie ihr Vorzeichen berechnet werden (Interpretation des Vorzeichens ?). Im Vergleich mit der Beziehung $(6.2.27)_5$ ist dann zu zeigen, dass eine Inkonsistenz mit den aus der Forderung nach ESZ verschwindenden Verzerrungskomponente $\varepsilon_{<rz>}$ vorliegt. Mögliche Abhilfen, wie etwa das Verschwinden der Scherspannungen im Mittel über eine Kreisscheibe der Höhe $-d \leq z \leq +d$ sind zu diskutieren.

Übung 9.2.2: ***Rotierende Kreisscheibe mit Innenloch***

Man überlege wie die oben beschriebene Methode abzuändern ist, falls die mit konstanter Winkelgeschwindigkeit rotierende Scheibe vom Außenradius R_a ein zentrisches Loch mit Radius R_i besitzt. Analog zum bisherigen Vorgehen sind Formeln für die sich einstellenden Spannungen herzuleiten. Man diskutiere zuvor nochmals die Gültigkeit der Übergangsbedingungen für die Spannung (in Zylinderkoordinaten) ausgehend von der Impulsbilanz in singulären Flächenpunkten aus Abschnitt 5.8 und achte ferner darauf, die Ergebnisse in möglichst kompakter und übersichtlicher Form aufzustellen, d. h. es sind geeignete Normierungsgrößen einzuführen (z. B. $\sigma_0 = \frac{1}{4}\frac{2\lambda^* + 3\mu}{\lambda^* + 2\mu}\rho\omega^2 R_a^2$) ! Der Verlauf der Spannungen über dem Kreisscheibenradius ist zu diskutieren: Wo liegen die Maxima der Radial- und der Umfangsspannung ?

Abschließend soll noch einmal die nonchalant hingeschriebene Beziehung für die Zentrifugalkraft in Zylinderkoordinaten aus Gleichung (9.2.2) untersucht werden und zwar mit den Ergebnissen aus Abschnitt 8.5. Wir starten von der kartesisch geschriebenen Gleichung (8.5.9) und stellen zunächst einmal fest, dass in der hier interessierenden Situation einer drehenden Scheibe für das mit ihr mitbewegte Koordinatensystem im Verbund mit dem ruhenden Inertialsystem gelten muss:

$$b_i' = 0\,, \tag{9.2.19}$$

denn den Ursprung beider System legen wir selbstverständlich ins Zentrum der Scheibe und er bewegt sich nicht. Für die Drehmatrix gilt nach Gleichung (8.2.3) mit den in Abb. 9.1 rechts eingezeichneten Einheitsvektoren:

$$O'_{ij}(t) = \begin{bmatrix} \cos(\vartheta) & \sin(\vartheta) & 0 \\ -\sin(\vartheta) & \cos(\vartheta) & 0 \\ 0 & 0 & 1 \end{bmatrix}. \tag{9.2.20}$$

Für die Änderung des Winkels (also die Winkelgeschwindigkeit) gilt:

$$\omega = \dot{\vartheta} = \text{const.}, \tag{9.2.21}$$

und es ergibt sich aus (8.3.17) für die Winkelgeschwindigkeitsmatrix und ihre zeitliche Änderung:

$$\Omega'_{ij} = \omega \begin{bmatrix} -\sin(\vartheta) & \cos(\vartheta) & 0 \\ -\cos(\vartheta) & -\sin(\vartheta) & 0 \\ 0 & 0 & 0 \end{bmatrix} \begin{bmatrix} \cos(\vartheta) & -\sin(\vartheta) & 0 \\ \sin(\vartheta) & \cos(\vartheta) & 0 \\ 0 & 0 & 1 \end{bmatrix} = \tag{9.2.22}$$

$$\omega \begin{bmatrix} 0 & 1 & 0 \\ -1 & 0 & 0 \\ 0 & 0 & 0 \end{bmatrix} \quad \Rightarrow \quad \dot{\Omega}'_{ij} = 0 .$$

Außerdem bleibt festzuhalten, dass sich im stationären Zustand ein materieller Punkt auf der Scheibe in Bezug auf den mitbewegten Beobachter *nicht* bewegt:

$$\upsilon'_i = 0 . \tag{9.2.23}$$

Also reduziert sich Gleichung (8.5.9) auf:

$$\frac{\partial \sigma'_{ji}}{\partial x'_j} = \rho \Omega'_{il} \Omega'_{lk} x'_k = \rho \omega^2 \begin{bmatrix} 0 & 1 & 0 \\ -1 & 0 & 0 \\ 0 & 0 & 0 \end{bmatrix} \begin{bmatrix} 0 & 1 & 0 \\ -1 & 0 & 0 \\ 0 & 0 & 0 \end{bmatrix} \begin{bmatrix} x'_1 \\ x'_2 \\ x'_3 \end{bmatrix} = \tag{9.2.24}$$

$$-\rho\omega^2 \begin{bmatrix} x'_1 \\ x'_2 \\ 0 \end{bmatrix} .$$

Nun transformieren wir den Ortsvektor $\mathbf{x}'$ (in der Ebene) noch in Polarkoordinaten (vgl. Übung 2.4.5, sinngemäß übertragen):

$$\underset{(z)}{x'^1} = r , \; \underset{(z)}{x'^2} = 0 , \; \underset{(z)}{x'^3} = 0 \quad \Rightarrow \quad x'_{<r>} = r , \; x'_{<\vartheta>} = 0 , \; x'_{<z>} = 0 , \tag{9.2.25}$$

und schon bestätigt sich das Ergebnis in der Kombination der Gleichungen (9.2.1/2) inklusive Vorzeichen der rechten Seite.

9.3 Das Pipelineproblem: Ein dickwandiger Hohlzylinder unter Innen- und Außendruck

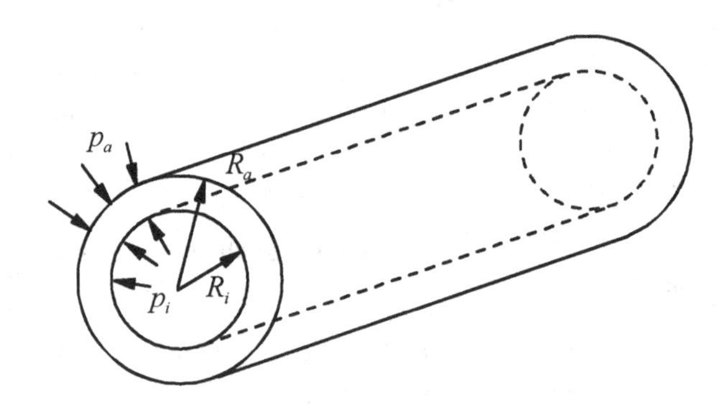

Abb. 9.3: Dickwandiger Hohlzylinder unter Innen- und Außendruck.

Betrachte die in Abb. 9.3 dargestellte Situation. Ein langer, dickwandiger Hohlzylinder mit Innenradius R_i und Außenradius R_a, die Pipeline, befindet sich unter einem (hohen) Innendruck p_i und einem (niedrigen) Außendruck p_a. Gesucht sind die sich dabei in der Zylinderwand ausbildenden Spannungen.

Wegen der großen Länge des Zylinders ist es sinnvoll anzunehmen, dass alle relevanten Größen *nicht* von der Zylinderachsenkoordinate z abhängen. Darüber hinaus soll auch die Verschiebung in z-Richtung verschwinden, bzw. konstant sein. Man sagt, der Zylinder befindet sich im *Zustand ebener Verzerrung*, kurz *EVZ* (englisch *plane strain*) genannt.

Unter diesen Voraussetzungen schreibt sich das HOOKEsche Gesetz aus Gleichung (6.2.26) wie folgt:

$$\sigma_{<rr>} = \lambda\left(\varepsilon_{<rr>} + \varepsilon_{<\vartheta\vartheta>}\right) + 2\mu\,\varepsilon_{<rr>}\ ,\quad \sigma_{<\vartheta\vartheta>} = \lambda\left(\varepsilon_{<rr>} + \varepsilon_{<\vartheta\vartheta>}\right) + 2\mu\,\varepsilon_{<\vartheta\vartheta>}\ ,$$

$$\sigma_{<zz>} = \lambda\left(\varepsilon_{<rr>} + \varepsilon_{<\vartheta\vartheta>}\right)\ ,\quad \sigma_{<r\vartheta>} = 2\mu\varepsilon_{<r\vartheta>}\ ,\quad \sigma_{<rz>} = 0\ ,\ \sigma_{<\vartheta z>} = 0\ , \qquad (9.3.1)$$

worin wir die Komponenten des Verzerrungstensor in Zylinderkoordinaten aus Gleichung (6.2.27) einsetzen:

$$\sigma_{<rr>} = \left(\lambda + 2\mu\right)\frac{\partial u_{<r>}}{\partial r} + \lambda\left(\frac{1}{r}\frac{\partial u_{<\vartheta>}}{\partial \vartheta} + \frac{u_{<r>}}{r}\right),$$

$$\sigma_{<\vartheta\vartheta>} = \lambda \frac{\partial u_{<r>}}{\partial r} + (\lambda + 2\mu)\left(\frac{1}{r}\frac{\partial u_{<\vartheta>}}{\partial \vartheta} + \frac{u_{<r>}}{r}\right), \tag{9.3.2}$$

$$\sigma_{<r\vartheta>} = \mu\left(\frac{1}{r}\frac{\partial u_{<r>}}{\partial \vartheta} + \frac{\partial u_{<\vartheta>}}{\partial r} - \frac{1}{r}u_{<\vartheta>}\right), \quad \sigma_{<zz>} = \lambda\left(\frac{\partial u_{<r>}}{\partial r} + \frac{1}{r}\frac{\partial u_{<\vartheta>}}{\partial \vartheta} + \frac{1}{r}u_{<r>}\right).$$

Man beachte, dass die resultierenden Gleichungen bis auf die letzte vollkommen identisch mit den Beziehungen (9.2.5) für den ebenen Spannungszustand sind, wenn man nur λ durch λ^* ersetzt. Dieses vereinfacht die nachfolgenden Rechnungen. Zum Beispiel können wir für die Verschiebungen in radialer und in Winkelrichtung mit (9.2.6) und (9.2.12) sofort schreiben ($\omega = 0$):

$$u_{<r>} = Ar + \frac{B}{r}, \quad u_{<\vartheta>} = 0, \tag{9.3.3}$$

so dass sich für die Spannungen ergibt:

$$\sigma_{<rr>} = 2(\lambda + \mu)A - 2\mu\frac{B}{r^2}, \quad \sigma_{<\vartheta\vartheta>} = 2(\lambda + \mu)A + 2\mu\frac{B}{r^2}, \tag{9.3.4}$$

$$\sigma_{<r\vartheta>} = 0, \quad \sigma_{<zz>} = 2\lambda A.$$

Die Bestimmung der Integrationskonstanten A und B verläuft jedoch etwas anders als im Fall der sich drehenden Scheibe. Dieses Mal gibt es nämlich zwei Grenzflächen, an denen der Kraftvektor stetig sein muss, am Innenradius R_{i} sowie am Außenradius R_{a}. Aufgrund ähnlicher Argumente wie im Zusammenhang mit den Gleichungen (9.2.15) und (9.2.16) müssen wir diesmal fordern, dass:

$$\sigma_{<rr>}\big|_{R_{\mathrm{i}}} = -p_{\mathrm{i}}, \quad \sigma_{<rr>}\big|_{R_{\mathrm{a}}} = -p_{\mathrm{a}}. \tag{9.3.5}$$

Lösen des resultierenden Gleichungssystems für A und B und Einsetzen in Gleichung (9.3.4) ergibt:

$$\sigma_{<rr>} = \frac{R_{\mathrm{i}}^2 p_{\mathrm{i}} - R_{\mathrm{a}}^2 p_{\mathrm{a}}}{R_{\mathrm{a}}^2 - R_{\mathrm{i}}^2} - (p_{\mathrm{i}} - p_{\mathrm{a}})\frac{R_{\mathrm{i}}^2 R_{\mathrm{a}}^2}{R_{\mathrm{a}}^2 - R_{\mathrm{i}}^2}\frac{1}{r^2},$$

$$\sigma_{<\vartheta\vartheta>} = \frac{R_{\mathrm{i}}^2 p_{\mathrm{i}} - R_{\mathrm{a}}^2 p_{\mathrm{a}}}{R_{\mathrm{a}}^2 - R_{\mathrm{i}}^2} + (p_{\mathrm{i}} - p_{\mathrm{a}})\frac{R_{\mathrm{i}}^2 R_{\mathrm{a}}^2}{R_{\mathrm{a}}^2 - R_{\mathrm{i}}^2}\frac{1}{r^2}, \tag{9.3.6}$$

$$\sigma_{<r\vartheta>} = 0, \quad \sigma_{<zz>} = \frac{\lambda}{\lambda + \mu}\frac{R_{\mathrm{i}}^2}{R_{\mathrm{a}}^2 - R_{\mathrm{i}}^2}(p_{\mathrm{i}} - p_{\mathrm{a}}).$$

Nehmen wir nun an, dass es sich bei dem Zylinder um ein dünnwandiges Gebilde mit der Wandstärke t handelt, so können wir schreiben:

$$R_{\mathrm{a}} = R_{\mathrm{i}} + t\ ,\ R_{\mathrm{a}}^2 \approx R_{\mathrm{i}}^2 + 2R_i t\ ,\quad r \approx \tfrac{1}{2}\left(R_{\mathrm{a}} + R_{\mathrm{i}}\right) = R_{\mathrm{i}} + \tfrac{1}{2}t\,. \tag{9.3.7}$$

Wenn man dieses in die Gleichungen (9.3.6) einsetzt, ergibt sich bei Entwicklung nach dem Kleinheitsparameter t/R_{i} :

$$\sigma_{<rr>} = -\tfrac{1}{2}\left(p_{\mathrm{i}} + p_{\mathrm{a}}\right)\ ,\quad \sigma_{<\vartheta\vartheta>} = \frac{R_i}{t}\left(p_{\mathrm{i}} - p_{\mathrm{a}}\right)\ , \tag{9.3.8}$$

$$\sigma_{<zz>} = \frac{\lambda}{\lambda + \mu}\frac{R_{\mathrm{i}}}{2t}\left(p_{\mathrm{i}} - p_{\mathrm{a}}\right).$$

Übung 9.3.1: ***Vorbereitungen zum „Bratwursteffekt“***

Man leite die Gleichungen (9.3.8) her und diskutiere die Vorzeichen (Druck- oder Zugspannung und unter welchen Umständen?)

Die Gleichungen (9.3.8) sind auch unter dem Begriff „elementare Kesselformeln“ bekannt. Offenbar ist die Radialspannung im Fall eines dünnwandigen Zylinders gerade durch den Mittelwert von Außen- und Innendruck gegeben. Wie das negative Vorzeichen zeigt, handelt sich um eine *Druckspannung*, was unmittelbar einleuchtet. Um die Gleichungen für die Winkel- und die Axialspannung zu interpretieren, ist es sinnvoll anzunehmen, dass der Außendruck kleiner als der Innendruck ist. Dann handelt es sich bei beiden um Zugspannungen, was man bei der Tangentialspannung sofort einsieht. Darüber hinaus fällt auf, dass die Winkelspannung mehr als zweimal so groß wie die axiale Spannung ist.

Die Konsequenz dieser Beobachtung hat jeder erlebt, der in seinem Leben schon eine Bratwurst zubereitet oder zumindest dabei zugesehen hat: Wenn die Wurstfüllung schwillt und die Wurstpelle reißt, läuft der resultierende Schlitz (meist) in axialer Richtung. Anders ausgedrückt: Die Haut reißt zuerst aufgrund der höheren Winkelspannungen und nicht wegen der Axialspannungen.

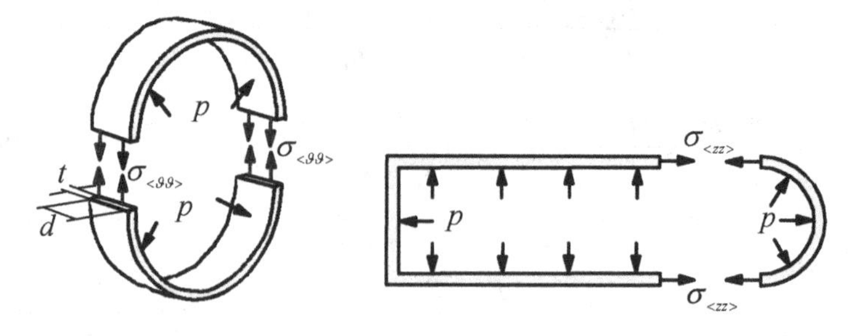

Abb. 9.4: Zu den Kesselformeln („Bratwursteffekt“).

Übung 9.3.2: ***Alternative Herleitung der „Bratwurstgleichungen"***

Man betrachte die beiden Zeichnungen in Abb. 9.4 und berechne zuerst die Winkelspannung $\sigma_{<\vartheta\vartheta>}$, indem man die Kraft F ermittelt, die nötig ist, die Zylinderschale im Gleichgewicht zu halten. Man zeige, dass gilt:

$$F = 2pdr\ . \tag{9.3.9}$$

Man berechne als nächstes die Fläche, auf der diese Kraft wirkt, und folgere:

$$\sigma_{<\vartheta\vartheta>} = \frac{rp}{t}\ , \tag{9.3.10}$$

wobei p den Innendruck des Zylinders bezeichnet. Man verfahre nun in derselben Weise mit der Axialspannung $\sigma_{<zz>}$ und beweise die Richtigkeit des folgenden Ausdrucks:

$$\sigma_{<zz>} = \frac{rp}{2t}\ . \tag{9.3.11}$$

Man vergleiche abschließend die beiden Ergebnisse mit den Gleichungen (9.3.8). Für welchen Wert der Querkontraktionszahl sind die Ergebnisse für $\sigma_{<zz>}$ identisch und warum ?

9.4 Thermospannungen in Faserverbundwerkstoffen

Wir kehren nun zu dem im Kapitel 1 angesprochenen Problem zurück, die Thermospannungen um eine Faser in einem Verbundwerkstoff zu berechnen. Dabei beziehen wir uns auf Abb. 1.7, die ein idealisiertes Modell eines faserverstärkten Materials präsentiert und erinnern, dass sowohl die Faser (genannt „1") als auch die Matrix (genannt „2") verschiedene elastische und thermische Konstanten besitzen, die wir mit λ_1, μ_1, α_1 bzw. λ_2, μ_2, α_2 bezeichnen. Wir verwenden im folgenden auch die sog. Kompressibilität: $3k_1 = 3\lambda_1 + 2\mu_1$ und $3k_2 = 3\lambda_2 + 2\mu_2$.

Sinnvollerweise nehmen wir an, dass sich das dargestellte System im ebenen Verzerrungszustand befindet (die Länge der Fasern ist nämlich typischerweise sehr viel größer als ihr Durchmesser). Die Faser selbst wird außerdem im allgemeinen sehr viel länger als der Abstand zum nächsten Fasernachbarn, also $R_2 - R_1$ sein.

Wir können dann die Lösung für die nicht verschwindenden Spannungen und die Verschiebungen sofort aus den Gleichungen (9.3.4) und (6.2.24) ablesen:

$$\left.\begin{aligned}
\sigma^1_{<rr>} &= -3k_1\alpha_1(T-T_{\mathrm{R}}) + 2(\lambda_1+\mu_1)A_1 - 2\mu_1\frac{B_1}{r^2} \\
\sigma^1_{<\vartheta\vartheta>} &= -3k_1\alpha_1(T-T_{\mathrm{R}}) + 2(\lambda_1+\mu_1)A_1 + 2\mu_1\frac{B_1}{r^2} \\
\sigma^1_{<zz>} &= -3k_1\alpha_1(T-T_{\mathrm{R}}) + 2\lambda_1 A_1 \;,\; u^1_{<r>} = A_1 r + \frac{B_1}{r}
\end{aligned}\right\}\quad 0 \le r \le R_1 \;,$$

$$(9.4.1)$$

$$\left.\begin{aligned}
\sigma^2_{<rr>} &= -3k_2\alpha_2(T-T_{\mathrm{R}}) + 2(\lambda_2+\mu_2)A_2 - 2\mu_2\frac{B_2}{r^2} \\
\sigma^2_{<\vartheta\vartheta>} &= -3k_2\alpha_2(T-T_{\mathrm{R}}) + 2(\lambda_2+\mu_2)A_2 + 2\mu_2\frac{B_2}{r^2} \\
\sigma^2_{<zz>} &= -3k_2\alpha_2(T-T_{\mathrm{R}}) + 2\lambda_2 A_2 \;,\; u^2_{<r>} = A_2 r + \frac{B_2}{r}
\end{aligned}\right\},\quad R_1 \le r \le R_2 \;,$$

wobei wir beachtet haben, dass erstens Thermospannungen mit einbezogen werden müssen, was mit Hilfe des verallgemeinerten HOOKEschen Gesetzes aus Gleichung (6.2.24) einfach möglich ist, und dass zweitens zwischen zwei Gebieten mit jeweils anderen Materialparametern unterschieden werden muss. Dieses erhöht die Anzahl der relevanten Gleichungen und macht jede für sich auch länger und unübersichtlicher. Aus diesen Gründen haben wir auch darauf verzichtet, die entsprechenden Beziehungen für die Scherspannungen (welche verschwinden) und für die Axialspannungen aufzuschreiben.

Offenbar gilt es, *vier* Integrationskonstanten zu bestimmen, nämlich A_1, A_2, B_1 und B_2. Dazu benötigen wir *vier* Bedingungsgleichungen. Diese sind entsprechend den Ausführungen in den vorherigen Abschnitten gegeben durch:

1. Die Forderung nach Regularität:

$$\sigma^1_{<rr>}\Big|_{r=0} < \infty \;; \tag{9.4.2}$$

2. Die Forderung nach stetigem Übergang der Kraftvektoren an den beiden Grenzflächen:

$$\sigma^1_{<rr>}\Big|_{r=R_1} = \sigma^2_{<rr>}\Big|_{r=R_1} \;,\quad \sigma^2_{<rr>}\Big|_{r=R_2} = 0 \;; \tag{9.4.3}$$

und außerdem Kontinuität, d. h. Aneinanderpassen beider Zylinder an der inneren Grenzfläche:

$$u^1_{<r>}\Big|_{r=R_1} = u^2_{<r>}\Big|_{r=R_1} \;. \tag{9.4.4}$$

Die letzte Beziehung lässt sich mit Hilfe von Gleichung (9.3.3) sofort mit den vier Konstanten A_1, A_2, B_1 und B_2 in Beziehung setzen.

Damit ist das Problem im Prinzip gelöst. Die konkrete Berechnung der Spannungen führt in voller Allgemeinheit jedoch auf sehr unhandliche Formeln, die wohl nur den Kompositforscher interessieren dürften. In zwei Übungen werden daher Spezialfälle untersucht.

Übung 9.4.1: ***Faserverbundwerkstoffe I***

Man leite für den Fall eines stark ausgedünnten Faserverbundwerkstoffes mit gleichen POISSONzahlen explizite Gleichungen für die resultierenden Thermospannungen her, d. h. spezialisiere auf den Fall $R_2 \to \infty$:

$$\sigma^1_{<rr>} = \sigma^1_{<\vartheta\vartheta>} = \frac{E_1 E_2}{E_1 + E_2(1-2\nu)}(\alpha_2 - \alpha_1)(T - T_R),$$

$$\sigma^1_{<zz>} = \frac{E_1}{E_1 + E_2(1-2\nu)}(2E_2 \nu \alpha_2 - (E_1 + E_2)\alpha_1)(T - T_R),$$

$$\sigma^2_{<rr>} = -\sigma^2_{<\vartheta\vartheta>} = \frac{E_1 E_2}{E_1 + E_2(1-2\nu)}(\alpha_2 - \alpha_1)(T - T_R)\frac{R_1^2}{r^2}, \tag{9.4.5}$$

$$\sigma^2_{<zz>} = -E_2 \alpha_2 (T - T_R).$$

Man diskutiere die Vorzeichen der Spannungen. Was ergibt sich im Falle eines Loches, was für einen inkompressiblen Einschluss ? Man suche im Internet nach typischen Materialkonstanten für ein Faserverbundsystem und berechne zahlenmäßig den Spannungsverlauf nach Abkühlung von Herstellungs- auf Raumtemperatur (Zeichnung !).

Übung 9.4.2: ***Faserverbundwerkstoffe II***

Man leite für den Fall eines endlichen Wirkungssphärenradius R_2 und unter der Annahme gleicher elastischer Konstanten aber unterschiedlicher Wärmeausdehnungszahlen möglichst kompakte Ausdrücke für alle Thermospannungen, inkl. Axialspannung her, etwa von der Form:

$$\sigma^1_{<rr>} = \frac{3k\mu}{\lambda + 2\mu}\left(1 - \frac{R_1^2}{R_2^2}\right)(\alpha_2 - \alpha_1)(T - T_R). \tag{9.4.6}$$

Man diskutiere die Vorzeichen der Spannungen.

9.5 Umwandlungsverstärkte keramische Werkstoffe

Der Einsatz keramischer Werkstoffe in der Technik hat auf den ersten Blick viele Vorteile. Keramiken sind bekanntlich feuerfeste Werkstoffe. Als solche können sie hohen Temperaturen ausgesetzt werden, ohne dass es zu Kriech- und Alterungsvorgängen sowie zu Korrosion kommt. Das ist beispielsweise für den Motoren- und Turbinenbau wichtig, wo man mit Hilfe höherer Temperaturen versucht, einen besseren Wirkungsgrad zu erreichen. Die Nase des Space-Shuttles ist ein anderes Beispiel, wo die hohe Wärmeresistenz von Keramiken ausgenutzt wird. Wie bekannt, wird sie mit Keramikplatten belegt, um während des Eintauchvorganges in die Erdatmosphäre einen Schutzschild gegen die entstehende Reibungswärme zu schaffen.

Wie schon angedeutet, sind Keramiken außerdem extrem resistent gegen Korrosion, was für die chemische Industrie von großer Bedeutung ist. Außerdem haben sie gute tribologische Eigenschaften (auch bei hohen Temperaturen), d. h. sie sind sehr widerstandsfähig gegen Reibung und Verschleiß, was Keramiken als Sonderwerkstoffe für extrem widerstandsfähige (Kugel-)Lager interessant macht.

Keramiken haben bekanntlich aber auch einen großen Nachteil. Sie sind sehr spröde, d. h. sie brechen leicht, reagieren empfindlich auf Stoß und Zug und geben nicht wie Metalle durch plastisches Fließen nach. Um dies zu verdeutlichen, wollen wir die Bruchwiderstände verschiedener technischer Werkstoffe miteinander vergleichen: Tabelle 9.1.

Material	K_{Ic} / MPa $\sqrt{\text{m}}$
Stahl	50
Gusseisen	13
Al_2O_3	3-4
Al_2O_3 + 10% ZrO_2	8-20

Tabelle 9.1: Bruchwiderstand verschiedener Materialien.

Den Bruchwiderstand eines Materials kennzeichnet man durch die sog. Bruchzähigkeit, den K_{Ic}-Wert. Ohne in die Details zu gehen, kann man sagen, dass ein Material umso resistenter gegen Bruch ist, je höher diese Werkstoffkenngröße ausfällt. Und in der Tat: Stahl hat einen wesentlich höheren K_{Ic}-Wert als beispielsweise Gusseisen. Der K_{Ic}-Wert einer typischen Keramik, etwa Al_2O_3, liegt, wie man sieht, aber nochmals um eine Zehnerpotenz unter dem von Gusseisen. Und das macht Sinn, denn Keramiken sind eben typischerweise sehr spröde und bruchanfällig.

Sintert man in die Al_2O_3 - Keramik jedoch einen gewissen Volumenanteil von bis zu einigen Mikrometern großen ZrO_2-Teilchen ein, so stellt man fest, dass der Bruchwiderstand rapide wächst, teilweise sogar über dem K_{Ic}-Wert von Gusseisen liegt. Mit einem Korn Salz kann man also sagen, dass hier der „keramische Stahl" erfunden wurde.

Man fragt sich natürlich sofort, warum der Zusatz von Zirkondioxid einen derart dramatischen Anstieg in der Bruchzähigkeit zur Folge hat. Der Grund liegt darin, dass es sich bei ZrO_2 um einen *polymorphen* Festkörper handelt. Dieses sind Festkörper, die je nach Temperatur eine andere Kristallstruktur besitzen. Im Falle von Zirkondioxid ist es so, dass bei Temperaturen oberhalb von 1480K (ca. 1200°C) bei Umgebungsdruck der Körper in *tetragonaler* Form, unterhalb dagegen in monokliner Form kristallisiert. Hinzu kommt, dass beide Kristallstrukturen ein unterschiedliches Raumvolumen beanspruchen. Die *monokline* Phase ist, wie Abb. 9.5 andeutet, ca. 3% voluminöser als die tetragonale†. Kühlt man also ein Stück Zirkondioxid von hohen Temperaturen auf Raumtemperatur ab, so beobachtet man bei ca. 1480K eine spontane Volumenvergrößerung. Man hat es mit einem Phasenübergang zu tun, ähnlich dem von Wasser zu Eis.

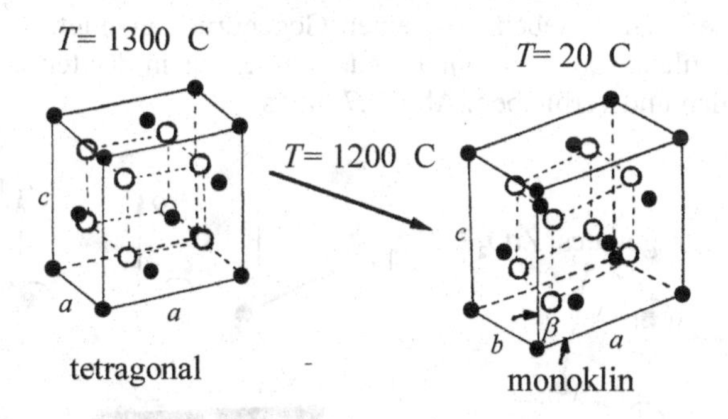

Abb. 9.5: Zirkondioxid als polymorpher Festkörper.

Die Temperatur, bei der Zirkondioxid von der tetragonalen in die monokline Phase überwechselt, hängt vom Umgebungsdruck ab. Spannt man es beispielsweise in eine Höchstdruckkammer, einen sogenannten „Bridgman Amboss", und setzt es Drücken von einigen GPa aus, so lässt sich die Umwandlungstemperatur von 1480 K bis auf Raumtemperatur absenken: Abb. 9.6.

† Ganz genau genommen ändert sich bei dem hier beschriebenen Phasenübergang nicht nur das Volumen, sondern auch die Form: die rechtwinklige, tetragonale Einheitszelle wandelt sich in eine leicht geneigte, monokline um, d. h. der Winkel β in Abb. 9.5 ist nicht ganz 90°. Dies gibt zu Scherdehnungen und einem komplexeren Spannungszustand Anlass. Wir vernachlässigen hier diesen Einfluss.

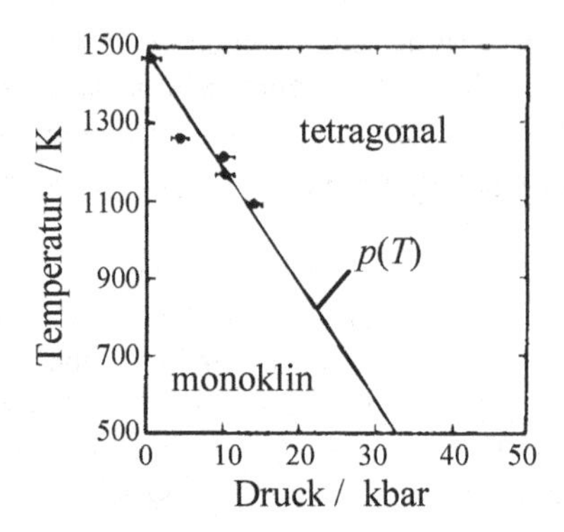

Abb. 9.6: Phasendiagramm von ZrO_2 (nach Whitney, 1965).

Und genau das passiert, wenn ZrO_2-Teilchen in eine Al_2O_3-Matrix eingesintert werden. Bei Abkühlung unterhalb 1480°K müssten die Zirkondioxidteilchen eigentlich von der tetragonalen Phase in die monokline überwechseln. Dieses ist nun aber wegen der Volumenausdehnung nicht mehr ohne weiteres möglich. Es gilt, die Matrix beiseite zu schieben, was einen Gegendruck erzeugt, der so groß ist, dass die ZrO_2-Teilchen bis weit unter Raumtemperatur in der tetragonalen Phase stabilisiert werden und verbleiben: Abb. 9.7, links.

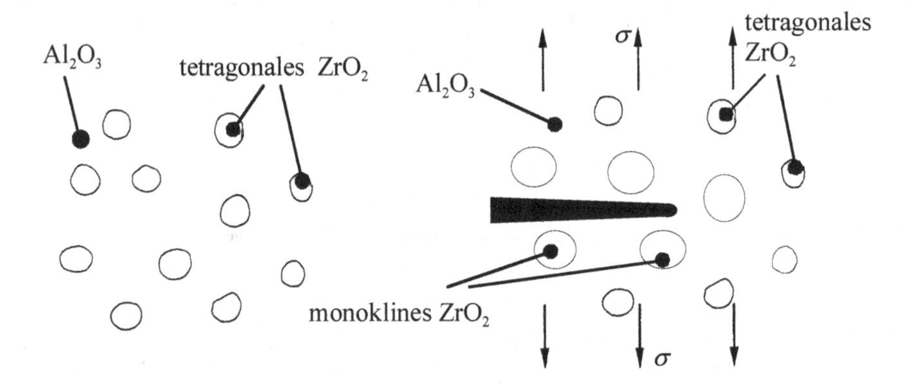

Abb. 9.7: Zur Umwandlungsverstärkung in einer zirkondioxidhaltigen Keramik.

Dringt nun in ein solches metastabiles System unter Wirkung einer äußeren Spannung ein Riss ein (vgl. Abb. 9.7, rechts), so verringert dieser in seiner Umgebung die stabilisierende Wirkung der Matrix auf die Zirkondioxidteilchen. Diese können nun in der Umgebung des Risses spontan von der tetragonalen in die monokline Phase umwandeln. Dabei vergrößern sie ihr Volumen, schieben die Matrix beiseite und erzeugen um den Riss eine kompressive Zone, die dieser wiederum überwinden muss. Das kostet zusätzliche Energie, was sich makroskopisch in der vergrößerten Bruchzähigkeit zirkondioxidhaltiger Werkstoffe bemerkbar macht.

Um eine optimale Erhöhung der Bruchzähigkeit zu garantieren, ist es offenbar nötig, dass die Zirkondioxidteilchen in ihrem metastabilen, tetragonalen Zustand vorliegen und sich nicht bereits umgewandelt haben, bevor der Riss in das Material läuft. Es ist also von Interesse vorauszusagen, bei welcher Temperatur ein Zirkondioxidteilchen gegebener Größe in einer unbeschädigten Matrix mit vorgegebener Steifigkeit umwandelt. Diese Temperatur wollen wir im folgenden abschätzen.

Dazu idealisieren wir die Situation und betrachten ein kugelförmiges Zirkondioxidteilchen, genannt „1", vom Radius R_1 in einer unendlich großen Matrixschale, genannt „2": Abb. 1.7. Um die Spannungen in diesem System zu berechnen, verwenden wir die Impulsbilanz der Elastostatik in der Form (5.6.2) zusammen mit dem HOOKEschen Gesetz aus (6.2.28) und dem Verzerrungstensor aus (6.2.29), schreiben also alles in Kugelkoordinaten. Aus Symmetriegründen ist es außerdem sinnvoll anzunehmen, dass gilt:

$$u_{<r>} = f(r) \ , \ u_{<\varphi>} = 0 \ , \ u_{<\vartheta>} = 0 \ . \tag{9.5.1}$$

Geht man mit diesem Ansatz in die erwähnten Gleichungen, so verbleibt für den Verzerrungstensor:

$$\varepsilon_{<rr>} = f'(r) \ , \ \varepsilon_{<\vartheta\vartheta>} = \frac{f(r)}{r} \ , \ \varepsilon_{<\varphi\varphi>} = \frac{f(r)}{r} \ , \tag{9.5.2}$$

$$\varepsilon_{<r\varphi>} = 0 \ , \ \varepsilon_{<r\vartheta>} = 0 \ , \ \varepsilon_{<\varphi\vartheta>} = 0 \ ;$$

für den Spannungstensor:

$$\sigma_{<rr>} = (\lambda + 2\mu) f'(r) + 2\lambda \frac{f(r)}{r} \ ,$$

$$\sigma_{<\vartheta\vartheta>} = \sigma_{<\varphi\varphi>} = 2(\lambda + \mu)\frac{f(r)}{r} + \lambda f'(r) \ , \tag{9.5.3}$$

$$\sigma_{<r\varphi>} = 0 \ , \ \sigma_{<r\vartheta>} = 0 \ , \ \sigma_{<\varphi\vartheta>} = 0 \ ;$$

und aus der Radialkomponente der Impulsbilanz (die beiden anderen Komponenten sind identisch erfüllt):

$$f''(r) + 2\frac{f'(r)}{r} - 2\frac{f(r)}{r^2} = 0 \ . \tag{9.5.4}$$

Diese gewöhnliche Differentialgleichung lösen wir mit dem Potenzansatz $(9.2.10)_1$ und erhalten für die Verschiebung in radialer Richtung:

$$u_{<r>} = Ar + \frac{B}{r^2} \tag{9.5.5}$$

und damit für die von Null verschiedenen Spannungen:

$$\sigma_{<rr>} = (3\lambda + 2\mu)A - 4\mu \frac{B}{r^3} \ , \ \sigma_{<\vartheta\vartheta>} = \sigma_{<\varphi\varphi>} = (3\lambda + 2\mu)A + 2\mu \frac{B}{r^3} \ . \tag{9.5.6}$$

Dabei bezeichnen A und B zwei Integrationskonstanten.

Übung 9.5.1: ***Verschiebungen und Spannungen im kugelsymmetrischen Fall***

Man erläutere im Detail die einzelnen Schritte, die notwendig sind, um das Endergebnis (9.5.5/6) für die Verschiebungen und Spannungen im voll kugelsymmetrischen Fall zu erhalten. Ferner sei an die Definition der Verschiebung als:

$$\underset{(z)}{u}{}^i = z^i - Z^i \tag{9.5.7}$$

erinnert, mit der aktuellen Position z^i und der Referenzlage Z^i. Man werte diese Beziehung für den Fall von Kugelkoordinaten aus und leite (unter Verwendung von Gleichung (9.5.5)) einen Ausdruck für den *aktuellen* Radialabstand r als Funktion des Referenzradialabstandes R her. Man diskutiere in diesem Zusammenhang, ob es bei kleinen Verschiebungen und Verzerrungen wichtig ist, in den Gleichungen (9.5.5/6) zwischen r und R zu unterscheiden.

Diese Gleichungen müssen nun jeweils für die Vollkugel aus (monoklinem) Zirkondioxid, gekennzeichnet durch Index 1 mit dem Referenzradius R_{m}, und für die (um einfache Endformeln zu erhalten, die dennoch den Effekt zu erkennen gestatten, im Grenzfall eines unendlich großen Radius betrachtete) Hohlkugel aus Matrixmaterial, gekennzeichnet durch Index 2, mit dem Referenzinnnenradius einer tetragonalen Zirkondioxidvollkugel R_{t} hingeschrieben werden. Das führt zu den folgenden Gleichungen mit vier unbekannten Integrationskonstanten A_1, A_2, B_1 und B_2 (vgl. auch das zylindrische Analogproblem in Abb. 1.7):

$$r_1 = \left(1 + A_1 + \frac{B_1}{R^3}\right) R \ , \ \sigma^1_{<rr>} = (3\lambda_1 + 2\mu_1)A_1 - 4\mu_1 \frac{B_1}{R^3} \ , \tag{9.5.8}$$

$$\sigma^1_{<\vartheta\vartheta>} = \sigma^1_{<\varphi\varphi>} = (3\lambda_1 + 2\mu_1)A_1 + 2\mu_1 \frac{B_1}{R^3} \ , \ 0 \leq R \leq R_{\mathrm{m}}$$

sowie:

$$r_2 = \left(1 + A_2 + \frac{B_2}{R^3}\right) R \ , \ \ \sigma^2_{<rr>} = (3\lambda_2 + 2\mu_2) A_2 - 4\mu_2 \frac{B_2}{R^3} \ , \tag{9.5.9}$$

$$\sigma^2_{<\vartheta\vartheta>} = \sigma^2_{<\varphi\varphi>} = (3\lambda_2 + 2\mu_2) A_2 + 2\mu_2 \frac{B_2}{R^3} \ , \ \ R_t \leq R \leq R_2 \to \infty \ .$$

Zur Bestimmung von vier Konstanten benötigt man vier Randbedingungen. Diese sind

1. Regularität im Punkte $r = 0$, etwa:

$$\left. \sigma^1_{<rr>} \right|_{r=0} < \infty \ ; \tag{9.5.10}$$

2. Stetigkeit des Kraftvektors am Übergang von Zirkondioxidkugel zur Matrix:

$$\left. \sigma^1_{<rr>} \right|_{r=R_m} = \left. \sigma^2_{<rr>} \right|_{r=R_t} \ ; \tag{9.5.11}$$

3. Einpassbedingung, d. h. die Hohlkugel muss solange gedehnt und die Zirkonkugel solange gestaucht werden, bis die $\zeta = 3\%$ Volumenausdehnung durch den Phasenübergang kompensiert sind:

$$\left. r_1 \right|_{r=R_m} = \left. r_2 \right|_{r=R_t} \ ; \tag{9.5.12}$$

4. Die Spannungen müssen im Unendlichen gegen Null abfallen:

$$\left. \sigma^2_{<rr>} \right|_{R_2 \to \infty} = 0 \ . \tag{9.5.13}$$

Wertet man diese vier Gleichungen zusammen mit Gleichung (9.5.8/9) aus, und beachtet zusätzlich die Massenbilanz:

$$\frac{4\pi}{3} \rho_t R_t^3 = \frac{4\pi}{3} \rho_m R_m^3 \ , \tag{9.5.14}$$

mit den Massendichten ρ_t und ρ_m des tetragonalen bzw. des monoklinen Zirkondioxids im Referenzzustand, so wird unter Beachtung des Kleinheitsparameters:

$$\zeta = \frac{\rho_t - \rho_m}{3\rho_m} > 0 \tag{9.5.15}$$

sofort:

$$A_2 = B_1 = 0 \ , \quad \frac{B_2}{R_t^3} = \frac{3\lambda_1 + 2\mu_1}{3\lambda_1 + 2\mu_1 + 4\mu_2}\zeta \ , \tag{9.5.16}$$

$$A_1 = -\frac{4\mu_2}{3\lambda_1 + 2\mu_1 + 4\mu_2}\zeta \ .$$

Damit lauten die Spannungen, für die wir uns interessieren:

$$\sigma^1_{<rr>} = \sigma^1_{<\vartheta\vartheta>} = \sigma^1_{<\varphi\varphi>} = -\frac{4\mu_2(3\lambda_1 + 2\mu_1)}{3\lambda_1 + 2\mu_1 + 4\mu_2}\zeta \ ,$$

$$\sigma^2_{<rr>} = -\frac{4\mu_2(3\lambda_1 + 2\mu_1)}{3\lambda_1 + 2\mu_1 + 4\mu_2}\frac{R_t^3}{R^3}\zeta \ , \tag{9.5.17}$$

$$\sigma^2_{<\vartheta\vartheta>} = \sigma^2_{<\varphi\varphi>} = \frac{2\mu_2(3\lambda_1 + 2\mu_1)}{3\lambda_1 + 2\mu_1 + 4\mu_2}\frac{R_t^3}{R^3}\zeta \ .$$

Man beachte, dass die Zirkonkugel einem *isotrop-homogenen* Spannungszustand, also einem „Druck“, ausgesetzt ist. Um die Umwandlungstemperatur T des in die Matrix eingebetteten Zirkondioxids auszurechnen, setzen wir:

$$-\frac{1}{3}\left(\sigma^1_{<rr>} + \sigma^1_{<\vartheta\vartheta>} + \sigma^1_{<\varphi\varphi>}\right) = p(T) \ , \tag{9.5.18}$$

wobei $p(T)$ die in Abb. 9.6 dargestellte Gerade ist, die den Bereich tetragonaler Phase von dem monokliner Phase trennt. Aus Messungen ist bekannt, dass gilt:

$$p(T) = -\frac{10^{-2}}{3{,}02}\frac{\text{GPa}}{\text{K}} \cdot T + 4{,}89\,\text{GPa} \ , \tag{9.5.19}$$

$$\lambda_1 = 31\,\text{GPa} \ , \quad \mu_1 = 66\,\text{GPa} \ , \quad \lambda_2 = 102\,\text{GPa} \ , \quad \mu_2 = 110\,\text{GPa} \ .$$

Damit ergibt sich:

$$T = 128\,\text{K} \ . \tag{9.5.20}$$

Übung 9.5.2: ***Umwandlungstemperatur eines Zirkoneinschlusses***

Man bestätige im Detail die in den Gleichungen (9.5.17) dargestellte Lösung für die Spannung durch konkrete Berechnung der Integrationskonstanten aus den Rand- und Übergangsbedingungen und erläutere insbesondere das Zustandekommen der Kontinuitätsbedingung (9.5.12).

Man verifiziere auch die Umwandlungstemperatur (9.5.20) und erläutere nochmals, warum wir im Zusammenhang mit einer umgewandelten Zirkonkugel zu ihrer Bestimmung das in Abb. 9.6 gezeigte experimentelle Ergebnis verwenden dürfen. Ginge das auch bei einem beliebig geformten Zirkoneinschluss ?

Und genau das wird beobachtet: Um in Aluminiumoxid eingeschlossene Zirkondioxidteilchen umzuwandeln, muss man je nach Teilchengröße bis zu Temperaturen flüssigen Stickstoffs abkühlen. Es gilt: Je kleiner das Teilchen, desto schwieriger gelingt die Umwandlung. Den Fall relativ kleiner Teilchen haben wir aber gerade betrachtet, denn schließlich war unsere Zirkondioxidkugel in einer unendlich großen Matrix eingeschlossen. Die gezeigte Methode lässt sich auf Teilchen, die von endlich viel Matrix umgeben sind, verallgemeinern und der angedeutete Teilchengrößeneffekt kann mit den resultierenden Gleichungen vorausberechnet werden.

Übung 9.5.3: ***Erweitertes HOOKEsches Gesetz***

Um das in den Gleichungen (9.5.7-9) verwendete Konzept der Referenzkonfiguration zu vermeiden, das im Rahmen der linearen Elastizitätstheorie eigentlich unüblich ist, lässt sich nach dem Buch von Mura (1987) auch wie folgt argumentieren. Das HOOKEsche Gesetz verbindet allgemein Spannungen mit *elastischen* Dehnungen (der Einfachheit halber in kartesischen Koordinaten geschrieben):

$$\sigma_{ij} = C_{ijkl}\varepsilon_{kl}^{\text{el}} . \tag{9.5.21}$$

Die elastischen Dehnungen teilen wir *additiv* in totale Dehnungen und „nicht-elastische Anteile" auf:

$$\varepsilon_{ij}^{\text{el}} = \varepsilon_{ij} - \varepsilon'_{ij} . \tag{9.5.22}$$

Ein Beispiel für derartige „nicht-elastische Anteile" waren die thermischen Dehnungen, für welche im isotropen Fall galt:

$$\varepsilon'_{ij} = \alpha\left(T - T_{\text{R}}\right)\delta_{ij} . \tag{9.5.23}$$

Ein anderes Beispiel sind mit Volumenänderung verbundene Phasenumwandlungen im Sinne von Gleichung (9.5.15). Man formuliere damit ein entsprechendes HOOKEsches Gesetz und zeige, dass man damit unter Verwendung der Bedingung:

$$u_{<r>}^{1}\Big|_{r_{\text{i}}} = u_{<r>}^{2}\Big|_{r_{\text{i}}} \tag{9.5.24}$$

zu denselben Resultaten wie in den Gleichungen (9.5.17) gelangt, wobei man einfach den Innenradius r_{i} der Matrixhohlkugel als Abstandsmaß verwendet. Man diskutiere Vor- und Nachteile dieses Verfahrens.

9.6 Das Rissmodell von GRIFFITH

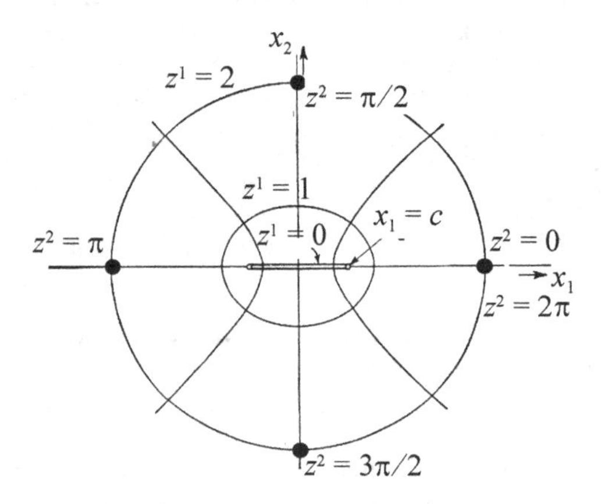

Abb. 9.8: Zum Begriff elliptischer Koordinaten.

Das erste zweidimensionale mathematische Modell für einen scharfen Riss in einem spröden Festkörper wurde in den zwanziger Jahren des letzten Jahrhunderts von dem Engländer A.A. GRIFFITH vorgeschlagen und gerechnet.

GRIFFITH betrachtet, wie in Abb. 9.8 dargestellt, eine Folge von Ellipsen mit sich verringender kleiner Halbachse. Mathematisch lässt sich, wie wir aus Abschnitt 2.3 bereits wissen, diese Ellipsenschar durch sogenannte elliptische Koordinaten (z^1, z^2) charakterisieren. Zwischen diesen und den kartesischen Koordinaten (x_1, x_2) besteht der folgende Zusammenhang

$$x_1 = c\cosh\left(z^1\right)\cos\left(z^2\right), \quad x_2 = c\sinh\left(z^1\right)\sin\left(z^2\right), \tag{9.6.1}$$

$$z^1 \in [0, \infty), \quad z^2 \in [0, 2\pi).$$

Eliminiert man hieraus den Winkel z^2, so entsteht die bekannte Ellipsengleichung in kartesischen Koordinaten:

$$\frac{x_1^2}{c^2\cosh^2\left(z^1\right)} + \frac{x_2^2}{c^2\sinh^2\left(z^1\right)} = 1, \tag{9.6.2}$$

und man erkennt, dass die große und die kleine Halbachse, a bzw. b, gegeben sind durch:

$$a = c\cosh\left(z^1\right) \ , \quad b = c\sinh\left(z^1\right) . \tag{9.6.3}$$

Offenbar entsteht im Grenzfall $z^1 \to 0$ ein beliebig scharfer Schlitz, eben der GRIFFITHriss. Dabei ist die halbe Risslänge durch den Parameter c gegeben. Wir wollen die Spannungen untersuchen, die sich in unmittelbarer Nähe vor der Rißspitze bei $x_1 = c + r$ einstellen, wenn man im Unendlichen in x_1 - sowie in x_2 - Richtung mit der Spannung σ auf Zug beansprucht (Abb. 9.9). Es soll also gelten:

$$c + r = c\cosh\left(\Delta z^1\right) , \quad \frac{r}{c} \ll 1 . \tag{9.6.4}$$

Wenn man hierin die Hyperbelfunktion in eine TAYLORreihe entwickelt, folgt:

$$\Delta z^1 = \sqrt{2\frac{r}{c}} . \tag{9.6.5}$$

Um die Spannungen in der Nähe des Griffithrisses zu errechnen, ermitteln wir zunächst ganz allgemein die Spannungen um ein elliptisches Loch, das durch $z^1 = \alpha = \text{const.}$ charakterisiert ist und werden danach den Grenzfall $z^1 \to 0$ studieren: Abb. 9.9.

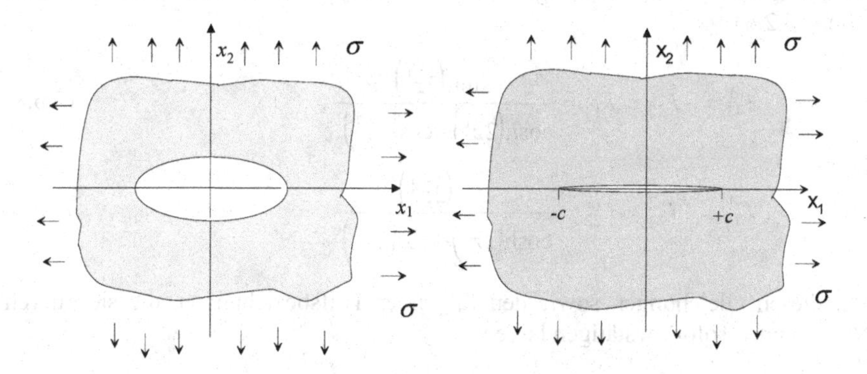

Abb. 9.9: Übergang vom elliptischen Loch zum GRIFFITHriss.

Um die Spannungen um ein elliptisches Loch zu charakterisieren, arbeitet man am besten von vornherein mit elliptischen Koordinaten. Ein erster Schritt dabei besteht darin, die in allgemeinen Koordinaten gültige Impulsbilanz der Elastostatik aus Gleichung (5.5.1) umzuschreiben. Beachtet man die Definition der kovarianten Ableitung für Tensoren (4.4.3/5), so folgt in zwei Dimensionen:

$$\frac{\partial\sigma^{11}}{\partial z^1}+\frac{\partial\sigma^{12}}{\partial z^2}+\sigma^{11}\left(2\Gamma^1_{11}+\Gamma^2_{12}\right)+\sigma^{12}\left(3\Gamma^1_{12}+\Gamma^2_{22}\right)+\sigma^{22}\Gamma^1_{22}=0\,, \tag{9.6.6}$$

$$\frac{\partial\sigma^{12}}{\partial z^1}+\frac{\partial\sigma^{22}}{\partial z^2}+\sigma^{11}\Gamma^2_{11}+\sigma^{12}\left(3\Gamma^2_{12}+\Gamma^1_{11}\right)+\sigma^{22}\left(2\Gamma^2_{22}+\Gamma^1_{12}\right)=0\,.$$

Aus Gleichung (9.6.1) ermittelt man mit (2.2.8) und (2.4.7) sofort die Metrikkoeffizienten (vgl. auch Übung 4.2.4):

$$g_{ij}=\tfrac{c^2}{2}\begin{pmatrix}\cosh\left(2z^1\right)-\cos\left(2z^2\right) & 0\\ 0 & \cosh\left(2z^1\right)-\cos\left(2z^2\right)\end{pmatrix}, \tag{9.6.7}$$

$$g^{kl}=\tfrac{2}{c^2}\begin{pmatrix}\dfrac{1}{\cosh\left(2z^1\right)-\cos\left(2z^2\right)} & 0\\ 0 & \dfrac{1}{\cosh\left(2z^1\right)-\cos\left(2z^2\right)}\end{pmatrix}.$$

Es sei daran erinnert, dass es sich bei den elliptischen Koordinaten (z^1,z^2) um ein Orthogonalsystem handelt, denn nur die auf der Diagonale liegenden Metrikkoeffizienten sind von Null verschieden. Als besonderes Kuriosum ist zu vermerken, dass beide Diagonalkoeffizienten der Metrik gleich sind. Gleichung (4.2.4) erlaubt es nun, die dazugehörigen CHRISTOFFELsymbole zu berechnen (vgl. auch Übung 4.2.4):

$$\Gamma^1_{11}=-\Gamma^1_{22}=\Gamma^2_{12}=\frac{\sinh\left(2z^1\right)}{\cosh\left(2z^1\right)-\cos\left(2z^2\right)}\,, \tag{9.6.8}$$

$$\Gamma^1_{12}=-\Gamma^2_{11}=\Gamma^2_{22}=\frac{\sin\left(2z^2\right)}{\cosh\left(2z^1\right)-\cos\left(2z^2\right)}\,.$$

Mit diesen Gleichungen sowie den folgenden Hilfsbeziehungen, die sich durch Nachrechnen sofort bestätigen lassen:

$$2\Gamma^1_{11}=\frac{1}{g_{11}}\frac{\partial g_{11}}{\partial z^1}\,,\quad 2\Gamma^1_{12}=\frac{1}{g_{11}}\frac{\partial g_{11}}{\partial z^2}\,, \tag{9.6.9}$$

und indem man die Definition physikalischer Komponenten von Tensoren nach Gleichung (2.6.5) beachtet, lässt sich alternativ zur kontravariant geschriebenen, zweidimensionalen Impulsbilanz, also den Gleichungen (9.6.6), schreiben:

$$\frac{\partial \sigma_{<11>}}{\partial z^1} + \frac{\partial \sigma_{<12>}}{\partial z^2} + \Gamma^1_{11}\sigma_{<11>} + 2\Gamma^1_{12}\sigma_{<12>} + \Gamma^1_{22}\sigma_{<22>} = 0 \,, \tag{9.6.10}$$

$$\frac{\partial \sigma_{<12>}}{\partial z^1} + \frac{\partial \sigma_{<22>}}{\partial z^2} + \Gamma^2_{11}\sigma_{<11>} + 2\Gamma^1_{11}\sigma_{<12>} + \Gamma^2_{22}\sigma_{<22>} = 0 \,.$$

Übung 9.6.1: ***Impulsbilanz in physikalischen elliptischen Koordinaten***

Man verifiziere die Gleichung (9.6.10) für die zweidimensionale Impulsbilanz in physikalischen elliptischen Koordinaten. Wie lautet das HOOKEsche Gesetz in physikalischen elliptischen Koordinaten ?

Durch Einsetzen stellt man fest, dass die folgenden Ausdrücke für die Spannungen die Impulsbilanz identisch erfüllen:

$$\frac{\sigma_{<11>}}{\sigma} = \frac{\sinh\left(2z^1\right)\left[\cosh\left(2z^1\right) - \cosh(2\alpha)\right]}{\left[\cosh\left(2z^1\right) - \cos\left(2z^2\right)\right]^2} \,,$$

$$\frac{\sigma_{<12>}}{\sigma} = \frac{\sin\left(2z^2\right)\left[\cosh\left(2z^1\right) - \cosh(2\alpha)\right]}{\left[\cosh\left(2z^1\right) - \cos\left(2z^2\right)\right]^2} \,, \tag{9.6.11}$$

$$\frac{\sigma_{<22>}}{\sigma} = \frac{\sinh\left(2z^1\right)\left[\cosh\left(2z^1\right) + \cosh(2\alpha) - 2\cos\left(2z^2\right)\right]}{\left[\cosh\left(2z^1\right) - \cos\left(2z^2\right)\right]^2} \,.$$

Darüber hinaus stellt man sofort fest, dass diese Beziehungen am Lochrand, also für $z^1 = \alpha = \text{const.}$, die Bedingungen für ein kräftefreies elliptisches Loch erfüllen, denn die Komponenten des hier relevanten Spannungsvektors verschwinden:

$$\frac{\sigma_{<11>}}{\sigma} = 0 \;,\quad \frac{\sigma_{<12>}}{\sigma} = 0 \,. \tag{9.6.12}$$

Ferner gilt für $z^1 \to \infty$:

$$\sigma_{<11>} \to \sigma \;,\quad \sigma_{<12>} \to 0 \;,\quad \sigma_{<22>} \to \sigma \,. \tag{9.6.13}$$

Zusammengefasst kann man also sagen, dass die Gleichungen (9.6.11) die Lösung für die Spannungen um ein elliptisches Loch in einer Platte unter allseitigem Zug darstellen.

Übung 9.6.2: ***Spannungsfeld um einen GRIFFITHriss I***

Man bestätige durch Nachrechnen die letzte Aussage und starte dazu mit den Gleichungen (9.6.11). Man zeige außerdem, dass durch die Komponenten $\sigma_{<11>}$ und $\sigma_{<12>}$ die relevanten Komponenten des Spannungsvektors am Lochrand gegeben sind und stelle die dort herrschende Sprungbedingung für den Impulsfluss auf.

Nunmehr wollen wir mit den Gleichungen (9.6.11) das Verhalten der Spannung $\sigma_{<22>}$ unmittelbar vor einem GRIFFITHriss untersuchen. Bei der Zugspannung σ dürfen wir von einem positiven Vorzeichen ausgehen. Dann entnimmt man der Gleichung (9.6.11)$_3$, dass die Spannung $\sigma_{<22>}$ dazu führt, dass die x_1-Achse aufgerissen wird, oder anders ausgedrückt, dass die Flanken des Griffithrisses weiter auseinandergetrieben werden.

Durch eine TAYLORentwicklung erhält man unter Beachtung der Gleichungen (9.6.11)$_3$ und (9.6.5):

$$\lim_{\alpha \to 0} \left. \frac{\sigma_{<22>}}{\sigma} \right|_{\substack{z^1 = \Delta z^1 \\ z^2 = 0}} \approx \frac{1}{\Delta z^1} . \tag{9.6.14}$$

bzw.:

$$\sigma_{<22>} \approx \frac{K_{\mathrm{I}}}{\sqrt{2\pi\, r}} \; , \quad K_{\mathrm{I}} = \sigma \sqrt{\pi\, c} \, . \tag{9.6.15}$$

Man nennt die Größe K_{I} auch den *Spannungsintensitätsfaktor* für einen Griffithriss in einer unendlichen unter allseitigem Zug stehenden Ebene. Wie der Name sagt, gibt er die Intensität der $1/\sqrt{r}$-Singularität an, mit der die Spannungen vor der Rissspitze abfallen. Offenbar wird die Spannung an der Rissspitze unendlich groß. Man würde vermuten, dass damit der Griffithriss nicht stabil sein kann. Dies ist aber nur scheinbar. In der Tat entscheiden nicht die Spannungen sondern die elastische Energie, die bei Rissfortschritt freigesetzt wird, darüber, ob ein Riss stabil oder instabil ist. Diese Energiefreisetzungsrate ist dem Quadrat des Spannungsintensitätsfaktors proportional, und es kommt zum Bruch, wenn ein kritischer Wert des Spannungsintensitätsfaktors, die sogenannte Bruchzähigkeit K_{Ic}, überschritten wird. Letztere haben wir im Abschnitt 9.5 bereits kennengelernt.

Übung 9.6.3: ***Spannungsfeld um einen GRIFFITHriss II***

Man bestätige im Detail die Gleichungen (9.6.14/15). Wie lauten die nächsthöheren Terme nach der $1/\sqrt{r}$–Entwicklung? Man zeichne den Spannungsverlauf gemäß der Gleichungen (9.6.11), weise dabei die Spannungssingularität nach und zeige außerdem, dass im Fernfeld sich gewisse Spannungen an den Wert σ annähern. Welche sind das und warum ?

Übung 9.6.4: *Bruchzähigkeit*

Man verwende das Internet bzw. ein geeignetes Buch über Werkstoffmechanik, um kritische Spannungsintensitätsfaktoren / Bruchzähigkeitswerte für spröde bzw. duktile Werkstoffe zu gewinnen und die Gültigkeit des Bruchkriteriums nach GRIFFITH zu motivieren:

$$K_{\mathrm{I}}\big|_{\mathrm{c}} = K_{\mathrm{Ic}} = \sqrt{2E\gamma}\ , \tag{9.6.16}$$

wobei E den Elastizitätsmodul des Werkstoffes und γ seine spezifische Oberflächenenergie bezeichnet. Wie groß sind typische Werkstoffkenndaten für die Oberflächenenergie bei Sprödmaterialien?

9.7 Would you like to know more?

Elastizitätstheorie ist ein weites Feld und zwar bereits die sog. *ebene* Elastizitätstheorie, also die Welt des EVZ und des ESZ. Eine schöne Einführung in das gesamte Gebiet gibt das Buch von Hahn (1985). Die beiden Klassiker zum Thema ebene elastische Probleme sind die Monographien von Mußchelischwili (1971) und Milne-Thomsen (1968), in denen der Einsatz komplexer Funktionen bei der Lösung zur Vollendung gebracht wird. Der Klassiker zum Thema Elastizitätslehre schlechthin ist das Buch von Love (1944). Hier wird auch die in Übung 9.2.1 indirekt angesprochene Frage zum sog. *verallgemeinerten ebenen Verzerrungszustand* angegangen.

Einen tieferen Einblick in die (lineare) Bruchmechanik geben die Lehrbücher von Hahn (1976) und von Gross und Seelig (2007). Schließlich ist das schon erwähnte Buch von Mura (1987) *die* Fundgrube, wenn es darum geht, Spannungen und Dehnungen in und um Einschlüsse beliebiger Form zu berechnen.

Very simple was my explanation, and plausible enough
– as most wrong theories are!

H.G. WELLS, The Time Machine

10. Instationäre reibungsbehaftete Fluidmechanik†

10.1 Problemstellung

Man betrachte die analog zur Abb. 7.4 verlaufende ebene Scherströmung zwischen zwei unendlich ausgedehnten, planparallelen Platten: Abb. 10.1. Aus Gründen der Vereinfachung der kommenden Rechenoperationen soll jedoch diesmal die obere Platte an der Stelle $y = H$ fest sein, während sich die untere bei $y = 0$ im Gegensatz zur Aufgabenstellung der Übung 7.4.1 mit der *zeitabhängigen* Geschwindigkeit $V(t)$ bewegt. Wie in jener Übung suchen wir das sich ausbildende Strömungsfeld, mit dem Unterschied, dass diesmal nicht der stationäre Zustand, sondern die *Anlaufströmung* von besonderem Interesse ist. Die Störung, d. h. der Anriss, geht von der unteren Platte aus. Um die resultierenden Formeln einfach zu halten, legen wir den Ursprung des Koordinatensystems in die untere Plattenebene. Für das resultierende Strömungsfeld nehmen wir an:

$$\upsilon_x = \upsilon(y,t) \ , \ \upsilon_y = 0 \ , \ \upsilon_z = 0 \ . \tag{10.1.1}$$

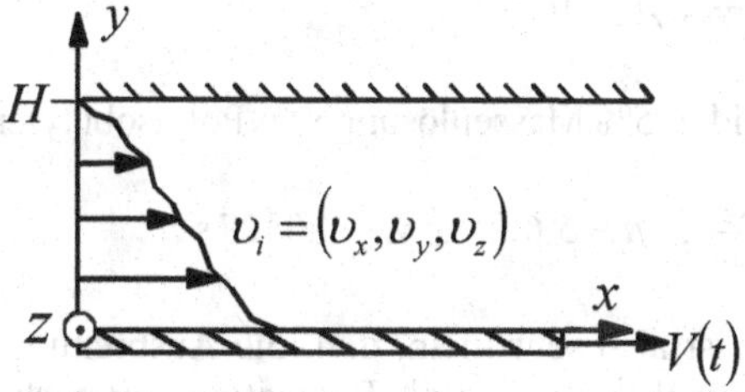

Abb. 10.1: Planparallele, instationäre Plattenströmung.

Wir vernachlässigen den Einfluss der Schwerkraft, legen keine Druckgradienten zum Antrieb der Flüssigkeiten an und setzen voraus, dass die Flüssigkeit inkompressibel ist. Damit liefert die Massenbilanz nach Gleichung (3.8.13) $\partial \upsilon_k / \partial x_k = 0$, und diese Forderung ist im vollen Einklang mit dem Ansatz nach Gleichung (10.1.1). Für die nichtverschwindenden Komponenten des Spannungstensors setzen wir nach der NAVIER-STOKES-Gleichung (6.3.1) somit an:

† Für die im folgenden vorgestellten Lösungen möchte ich den Herren Prof. Dr. W. Dreyer und Dr. W. Weiss vom Weierstrass Institut zu Berlin herzlich danken.

W.H. Müller, *Streifzüge durch die Kontinuumstheorie*,
DOI 10.1007/978-3-642-19870-0_10, © Springer-Verlag Berlin Heidelberg 2011

$$\sigma_{xx} = \sigma_{yy} = \sigma_{zz} = -p \ , \quad \sigma_{xy} = \sigma_{yx} = \mu \frac{\partial \upsilon}{\partial y} \ . \tag{10.1.2}$$

Eine Flüssigkeit, die diesem Gesetz genügt, wird in der Literatur auch *NEWTONsche Flüssigkeit* genannt. Wir werden gleich sehen, dass dieser Materialansatz ähnlich wie der FOURIER-Ansatz für den Wärmefluss in der traditionellen Wärmeleitungsgleichung auf eine *parabolische* PDgl, hier für die Geschwindigkeitskomponente $\upsilon(y,t)$, führen wird. Mit anderen Worten, die Information, dass zum Zeitpunkt $t = 0$ die untere Platte angerissen wird bzw. auch jedwege Änderung der Geschwindigkeit $V(t)$ der unteren Platte, wird sich *instantan* durch das Fluid auf die obere Platte übertragen. Dieses unphysikalische Verhalten lässt sich vermeiden, indem man ein anderes Materialgesetz für die Scherkomponente des Spannungstensors verwendet. So schreibt man für ein sog. *MAXWELLfluid*, auch *Nicht-NEWTONsche Flüssigkeit* oder *Flüssigkeit mit Gedächtnis* genannt, wie folgt:

$$\lambda \frac{\partial \sigma_{xy}}{\partial t} + \sigma_{xy} = \mu \frac{\partial \upsilon}{\partial y} \ . \tag{10.1.3}$$

Wie in Gleichung (10.1.2) bezeichnet μ die Scherviskosität und λ ist eine Relaxationszeit. Typische Werte sind für

a) ein NEWTONsches Fluid, etwaWasser:

$$\rho = 10^3 \, \tfrac{\mathrm{kg}}{\mathrm{m}^3} \ , \ \mu = 10^{-2} \, \tfrac{\mathrm{Ns}}{\mathrm{m}^2} \ . \tag{10.1.4}$$

b) ein MAXWELLfluid, 6,5% Massenlösung von Polyisobutylen in Decalin:

$$\rho = 10^3 \, \tfrac{\mathrm{kg}}{\mathrm{m}^3} \ , \ \mu = 5{,}6 \, \tfrac{\mathrm{Ns}}{\mathrm{m}^2} \ , \ \lambda = 0{,}0427 \, \mathrm{s} \ . \tag{10.1.5}$$

Die Relaxationszeit ist also sehr klein, d. h. die Ausbreitung der Störung ist entsprechend schnell. Für Wasser wäre die Relaxationszeit noch um mehrere Zehnerpotenzen geringer, und so kommt es, dass für diesen Fall der Einfluss der endlichen Ausbreitungsgeschwindigkeit von Störungen vernachlässigbar klein ist.

Aus der y- und der z-Komponente der Impulsbilanz nach Gleichung $(3.8.14)_1$ folgt mit dem Ansatz (10.1.1) sowie den Gleichungen (10.1.2 / 3) für beide Materialien zunächst einmal, dass der Druck nurmehr eine Funktion von x (und der Zeit t) sein kann. Andererseits liefert die x-Komponente der Impulsbilanz:

$$\rho \frac{\partial \upsilon}{\partial t} = -\frac{\partial p}{\partial x} + \frac{\partial \sigma_{xy}}{\partial y} \quad \Rightarrow \quad \rho \frac{\partial \upsilon}{\partial t} - \frac{\partial \sigma_{xy}}{\partial y} = -\frac{\partial p}{\partial x} \ . \tag{10.1.6}$$

Links steht eine Funktion, die nach dem Ansatz (10.1.1) und den Materialgesetzen (10.1.2 / 3) höchstens eine Funktion von y (und der Zeit t) sein kann, und rechts steht eine Größe, die nur von x (und der Zeit t) abhängen kann. Die Gleichheit fordert, dass beide Seiten konstant sind, also auch der Druckgradient in Strömungsrichtung x. Der Druckgradient in Strömungsrichtung ist aufgrund der Randvorgaben aber gleich Null und somit folgt:

$$\rho \frac{\partial \upsilon}{\partial t} = \frac{\partial \sigma_{xy}}{\partial y} . \tag{10.1.7}$$

Mit Gleichung (10.1.2) resultiert für NEWTONsche Fluide die schon erwähnte *parabolische* PDgl:

$$\frac{\partial \upsilon}{\partial t} = D \frac{\partial^2 \upsilon}{\partial y^2} \ , \ D = \frac{\mu}{\rho} , \tag{10.1.8}$$

und für MAXWELLfluide ergibt sich durch Kombination von Gleichung (10.1.3) und (10.1.6) zunächst:

$$\rho \frac{\partial \upsilon}{\partial t} = \mu \frac{\partial^2 \upsilon}{\partial y^2} - \lambda \frac{\partial^2 \sigma_{xy}}{\partial y \partial t} . \tag{10.1.9}$$

Indem wir nun die Feldgleichung (10.1.6) nach der Zeit differenzieren und erneut annehmen und betonen, dass es sich um eine *inkompressible* Flüssigkeit handeln soll, folgt die *hyperbolische* Gleichung:

$$\frac{\partial^2 \upsilon}{\partial t^2} + \frac{1}{\lambda} \frac{\partial \upsilon}{\partial t} = c^2 \frac{\partial^2 \upsilon}{\partial y^2} \ , \ c^2 = \frac{D}{\lambda} . \tag{10.1.10}$$

Die Größe c hat die Dimension einer Geschwindigkeit, und mit den obigen Werten folgt:

$$c = \left(\frac{D}{\lambda} \right)^{1/2} = \left(\frac{\mu}{\rho \lambda} \right)^{1/2} = 0{,}36 \, \tfrac{\text{m}}{\text{s}} . \tag{10.1.11}$$

Übung 10.1.1: ***NEWTONsches vs. MAXWELLsches Materialverhalten: Natur der resultierenden Feldgleichungen***

Man betrachte die folgende allgemeine Form einer linearen PDgl zweiter Ordnung zweier Veränderlicher x und y:

$$A \frac{\partial^2 u}{\partial x^2} + 2B \frac{\partial^2 u}{\partial x \partial y} + C \frac{\partial^2 u}{\partial y^2} + \alpha \frac{\partial u}{\partial x} + \beta \frac{\partial u}{\partial y} + \gamma u = f . \tag{10.1.12}$$

In älteren Mathematikbüchern ist es üblich, die folgende Größe δ zur Klassifikation dieser PDgl zu verwenden:

$$\delta = AC - B^2 . \tag{10.1.13}$$

Man sagt, die PDgl ist vom *elliptischen* Typ, falls $\delta > 0$, vom *parabolischen* Typ, falls $\delta = 0$ und vom *hyperbolischen* Typ, falls $\delta > 0$ ist. Man zeige mit diesem Schema, dass es sich bei den Gleichungen (10.1.8) und (10.1.10) um PDgln vom parabolischen bzw. vom hyperbolischen Typ handelt und interpretiere c als Wellenausbreitungsgeschwindigkeit (welcher Größe?). Ferner konsultiere man moderne Mathematikbücher bzw. das Internet, um alternative Klassifikationsschemata zu finden.

Um die Gleichungen (10.1.8) bzw. (10.1.10) zu lösen, benötigen wir Anfangs- und Randbedingungen. Die Randbedingungen lauten:

$$\upsilon(0,t) = V(t) \ , \quad \upsilon(H,t) = 0 \ , \quad t \geq 0 \tag{10.1.14}$$

und die Anfangsbedingungen:

$$\upsilon(y,0) = 0 \ , \quad \frac{\partial \upsilon}{\partial t}(y,0) = 0 \ , \quad t = 0 , \tag{10.1.15}$$

wobei die zweite Anfangsbedingung nur für den MAXWELLfall nötig ist (Gleichung 2. Ordnung in der Zeit). Für die Plattengeschwindigkeit $V(t)$ wählen wir die in Abb. 10.2 dargestellte Sprungfunktion, d. h.:

$$V(t) = \begin{cases} 0 \ , t \leq 0 \\ V_0 \ , t > 0 . \end{cases} \tag{10.1.16}$$

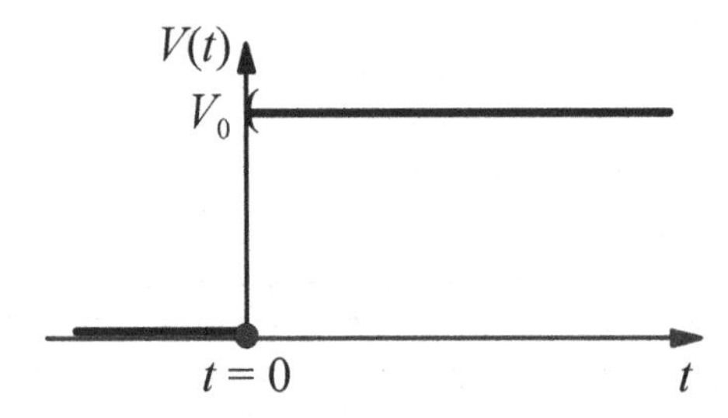

Abb. 10.2: Die Sprungfunktion für den Geschwindigkeitsanriss.

Für $t \to \infty$ müssen sich *stationäre* Verhältnisse einstellen, d. h. mit den Ergebnissen aus Übung 7.4.1 können wir schreiben:

$$\upsilon_s(y) = V_0\left(1 - \frac{y}{H}\right) \text{ wobei } \upsilon_s = \lim_{t\to\infty} \upsilon(y,t). \tag{10.1.17}$$

Falls wir diese Lösung von $\upsilon(y,t)$ abspalten, vereinfachen sich die nachfolgenden Rechnungen erheblich. Wir definieren eine reduzierte Geschwindigkeit:

$$w(y,t) = \upsilon(y,t) - \upsilon_s(y) \tag{10.1.18}$$

und erhalten die PDgln:

$$\frac{\partial w}{\partial t} = D\frac{\partial^2 w}{\partial y^2} \text{ bzw. } \frac{\partial^2 w}{\partial t^2} + \frac{1}{\lambda}\frac{\partial w}{\partial t} = c^2\frac{\partial^2 w}{\partial y^2} \tag{10.1.19}$$

mit veränderten (!) Anfangs- und Randbedingungen:

$$w(0,t) = 0 \ , \ w(H,t) = 0 \tag{10.1.20}$$

und

$$w(y,0) = -\upsilon_s(y) \ , \ \frac{\partial w}{\partial t}(y,0) = 0 \, . \tag{10.1.21}$$

10.2 Lösung im NAVIER-STOKES-Fall

Wir versuchen, die erste PDgl in Gleichung (10.1.19) mit Hilfe eines *Separationsansatzes* nach BERNOULLI zu lösen:

$$w(y,t) = \psi(y)\chi(t) \, . \tag{10.2.1}$$

Es folgt:

$$\frac{1}{D}\frac{\dot{\chi}}{\chi} = \frac{\psi''}{\psi} = -k^2 \, , \tag{10.2.2}$$

denn die linke Seite hängt nur von der Zeit t und die rechte Seite nur vom Ort y ab. Das Minuszeichen ist physikalisch motiviert, denn wir erwarten eine Dämpfung der Bewegung mit zunehmender Zeit und keine Anfachung. Die allgemeine Lösung der beiden gewöhnlichen DGln lautet:

$$\dot{\chi} + Dk^2\chi = 0 \ \Rightarrow \ \chi = \exp\left(-Dk^2 t\right) \tag{10.2.3}$$

und:

$$\psi'' + k^2\psi = 0 \ \Rightarrow \ \psi = A\sin(ky) + B\cos(ky) \, . \tag{10.2.4}$$

Johann BERNOULLI wurde am 6. August 1667 in Basel geboren und starb am 1. Januar 1748 ebenda. Er war sozusagen Seniormitglied der Mathematikerfamilie BERNOULLI. Ursprünglich sollte er Kaufmann werden. Stattdessen studierte er ab 1683 an der Universität Basel, wo er 1685 seinen Magister machte. Danach studierte er Medizin. In die Mathematik und speziell die damals neue Analysis führte ihn sein älterer Bruder Jakob BERNOULLI ein, mit dem er anfangs eng zusammenarbeitete, sich aber später wie auch mit seinem Sohn überwarf. Ab 1693 begann eine umfangreiche Korrespondenz mit LEIBNIZ, in der auch die Methode der Trennung der Veränderlichen erwähnt ist. Für LEIBNIZ setzt er sich ein und führt nach dessen Tod die Fehde der kontinentalen Mathematiker gegen die NEWTONianer weiter.

Indem wir die Randbedingungen (10.1.20) auswerten, finden wir:

$$B = 0 \ , \ \ k = \frac{n\pi}{H} \ , \ \ n = 1, 2, 3, \cdots . \tag{10.2.5}$$

Also ist die Form

$$w_n(y,t) = A_n \exp\left(-D\frac{n^2\pi^2}{H^2}t\right)\sin\left(\frac{n\pi}{H}y\right). \tag{10.2.6}$$

eine Lösung, und gemäß dem linearen Superpositionsprinzip folgt:

$$w(y,t) = \sum_{n=1}^{\infty} A_n \exp\left(-D\frac{n^2\pi^2}{H^2}t\right)\sin\left(\frac{n\pi}{H}y\right). \tag{10.2.7}$$

Die Konstanten A_n müssen wir so bestimmen, dass auch die (erste) Anfangsbedingung aus Gleichung (10.1.21) erfüllt ist:

$$w(y,0) = -V_0\left(1-\frac{y}{H}\right) = \sum_{n=1}^{\infty} A_n \sin\left(\frac{n\pi}{H}y\right). \tag{10.2.8}$$

Wir multiplizieren diese Gleichung mit $\sin\left(\frac{m\pi}{H}y\right)$ und integrieren zwischen 0 und H, eben über den Bereich, auf dem das Problem zunächst definiert ist. Wertet man die zugehörigen Integrale aus, so resultiert für die Koeffizienten A_n die Beziehung:

$$A_n = -\frac{2V_0}{n\pi}, \tag{10.2.9}$$

und es folgt die Lösung für die Anrissströmung eines NEWTONschen Fluids zwischen zwei planparallelen Platten zu:

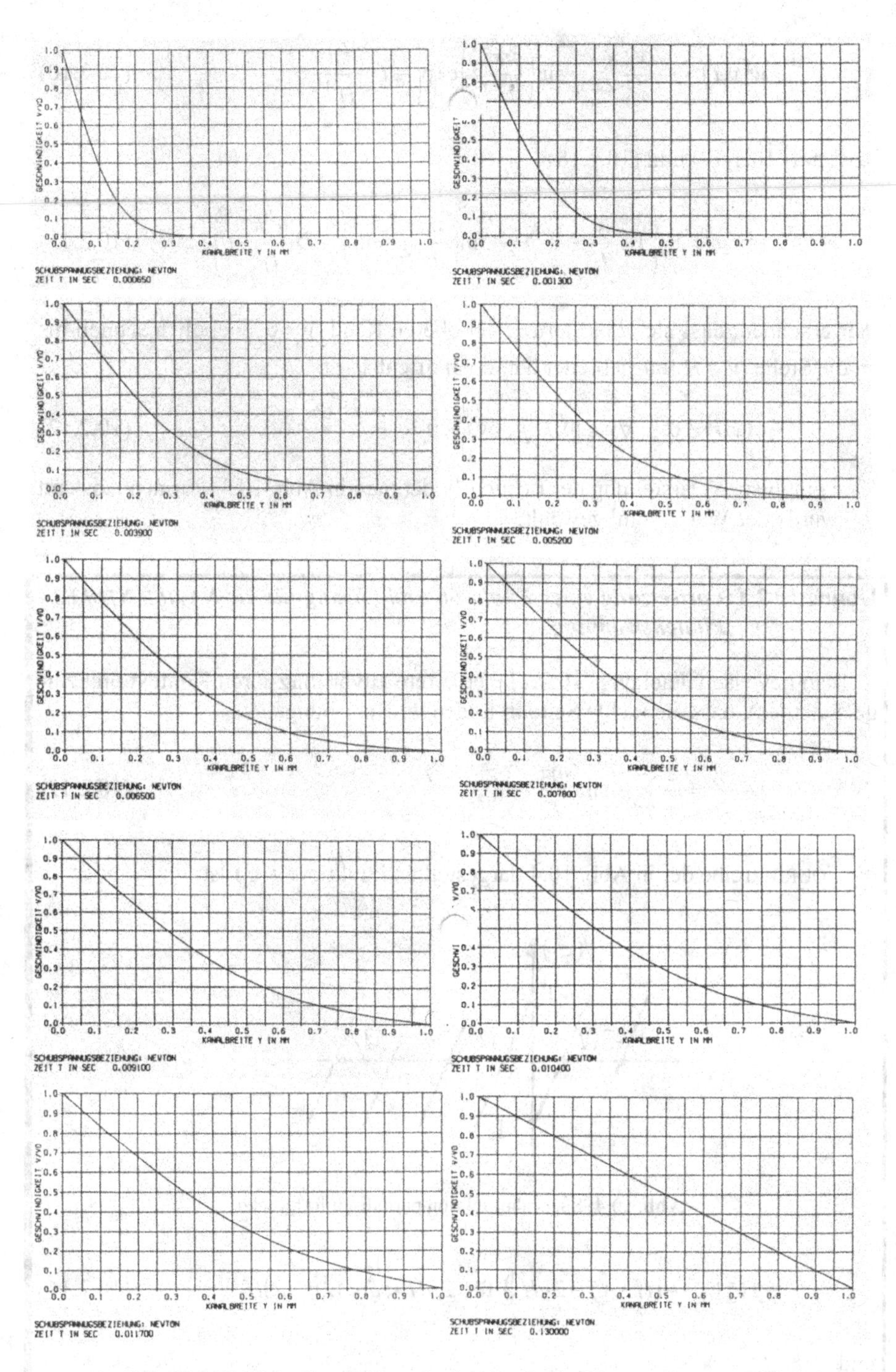

Abb. 10.3: Zeitliche Entwicklung der Lösung für den NAVIER-STOKES-Fall.

$$w(y,t) = -\frac{2V_0}{\pi}\sum_{n=1}^{\infty}\frac{1}{n}\sin\left(\frac{n\pi}{H}y\right)\exp\left(-D\frac{n^2\pi^2}{H^2}t\right), \qquad (10.2.10)$$

bzw. mit (10.1.17) und (10.1.18):

$$\upsilon(y,t) = V_0\left(1-\frac{y}{H}-\frac{2}{\pi}\sum_{n=1}^{\infty}\frac{1}{n}\sin\left(\frac{n\pi}{H}y\right)\exp\left(-D\frac{n^2\pi^2}{H^2}t\right)\right). \qquad (10.2.11)$$

Wir erkennen, dass sich die Störung am oberen Rand $y = 0$ unendlich schnell bis an die Stelle $y = H$ ausgebreitet hat, denn offenbar ist:

$$\upsilon(y,t) \neq 0 \ , \ \forall y \in [0,H) \ , \ \forall t > 0 \, . \qquad (10.2.12)$$

Eine graphische Darstellung der Lösung findet man in Abb. 10.3. Für den Abstand H wurde der Wert 1 mm gewählt.

Übung 10.2.1: ***Fortsetzung einer Funktion und Lösung für die NAVIER-STOKES Plattenströmung***

Man beweise Gleichung (10.2.11), erläutere zuvor kurz ihren Kontext und zeige außerdem, dass die rechte Seite in folgender Beziehung

$$1-\frac{y}{H} = \frac{2}{\pi}\sum_{n=1}^{\infty}\frac{1}{n}\sin\left(\frac{n\pi}{H}y\right) \qquad (10.2.13)$$

die FOURIERreihe der in Abb. 10.4 dargestellten Funktion $f(\xi)$ ist:

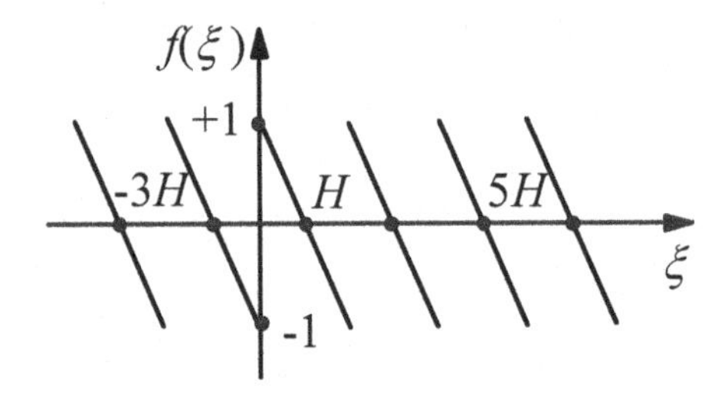

Abb. 10.4: Sägezahnfunktion periodisch fortgesetzt.

$$f(\xi) = \frac{1}{H}\left(H - [\xi - 2nH]\right) \text{ für } 2nH < \xi < (2n+2)H \qquad (10.2.14)$$

und

$$f(\xi) = -\frac{1}{H}\left(H + [\xi + 2nH]\right) \text{ für } -2(n+1)H < \xi < -2nH\,, \qquad (10.2.15)$$

wobei $n = 0, 1, 2, \cdots$. Man interpretiere diese Funktion als periodische Fortsetzung von $1 - \frac{y}{H}$.

10.3 Lösung im MAXWELL-Fall

Wir wenden uns nun der zweiten PDgl aus Gleichung (10.1.19) zu. Für die spätere Diskussion ist es hilfreich, zunächst den folgenden Spezialfall, auch *Wellenfall* genannt, zu behandeln: Wir vernachlässigen daher zunächst in der genannten Gleichung den Term $\frac{\partial w}{\partial t}$ und erhalten:

$$\frac{\partial^2 w}{\partial t^2} = c^2 \frac{\partial^2 w}{\partial y^2} \qquad (10.3.1)$$

mit den oben angegebenen Anfangs- und Randbedingungen. Mit dem Separationsansatz (10.2.1) folgt:

$$\frac{1}{c^2}\frac{\ddot{\chi}}{\chi} = \frac{\psi''}{\psi} = -k^2 \qquad (10.3.2)$$

und somit:

$$\ddot{\chi} + c^2 k^2 \chi = 0 \quad \Rightarrow \quad \chi = C\sin(ckt) + D\cos(ckt)\,, \qquad (10.3.3)$$

und:

$$\psi'' + k^2 \psi = 0 \quad \Rightarrow \quad \psi = A\sin(ky) + B\cos(ky)\,. \qquad (10.3.4)$$

Indem wir wieder die Randbedingungen (10.1.20) auswerten, entsteht:

$$B = 0\,,\quad k = \frac{n\pi}{H}\,,\quad n = 1, 2, 3, \cdots \qquad (10.3.5)$$

und somit ist:

$$w(y,t) = \sum_{n=1}^{\infty}\left[A_n \sin\left(\frac{n\pi}{H}ct\right) + B_n \cos\left(\frac{n\pi}{H}ct\right)\right]\sin\left(\frac{n\pi}{H}y\right) \qquad (10.3.6)$$

die Lösung der Differentialgleichung, wobei gesetzt wurde: $A_n = AC$ und $B_n = AD$. Wir bestimmen die verbliebenen Koeffizienten so, dass die Anfangsbedingungen aus Gleichung (10.1.21) erfüllt sind. Es folgt analog zur Gleichung (10.2.9) aus dem NAVIER-STOKES-Fall:

$$\sum_{n=1}^{\infty} B_n \sin\left(\frac{n\pi}{H} y\right) = -\upsilon_s(y) \quad \Rightarrow \quad B_n = -\frac{2V_0}{n\pi} \tag{10.3.7}$$

und

$$\sum_{n=1}^{\infty} \frac{n\pi}{H} c A_n \sin\left(\frac{n\pi}{H} y\right) = 0 \quad \Rightarrow \quad A_n = 0\,. \tag{10.3.8}$$

Die Lösung im Wellenfall lautet also:

$$w(y,t) = -\frac{2V_0}{\pi} \sum_{n=1}^{\infty} \frac{1}{n} \cos\left(\frac{n\pi}{H} ct\right) \sin\left(\frac{n\pi}{H} y\right), \tag{10.3.9}$$

bzw. mit Gleichung (10.1.18) auch:

$$\upsilon(y,t) = V_0 \left[1 - \frac{y}{H} - \frac{2}{\pi} \sum_{n=1}^{\infty} \frac{1}{n} \cos\left(\frac{n\pi}{H} ct\right) \sin\left(\frac{n\pi}{H} y\right)\right]. \tag{10.3.10}$$

Mit dem Additionstheorem

$$\sin(\alpha)\cos(\beta) = \tfrac{1}{2}\left[\sin(\alpha - \beta) + \sin(\alpha + \beta)\right] \tag{10.3.11}$$

lässt sich dies auch wie folgt schreiben:

$$\upsilon(y,t) = V_0 \left(1 - \frac{y}{H} - \frac{1}{\pi}\left[\sum_{n=1}^{\infty} \frac{1}{n} \sin\left(\frac{n\pi}{H}(y - ct)\right) + \sum_{n=1}^{\infty} \frac{1}{n} \sin\left(\frac{n\pi}{H}(y + ct)\right)\right]\right). \tag{10.3.12}$$

Definiert man

$$\xi_{\pm} = y \pm ct\,, \tag{10.3.13}$$

dann sieht man, dass die beiden Summen in Gleichung (10.3.12) die FOURIERentwicklung der in Abb. 10.4 dargestellten Funktion sind. Wir erhalten also die kompakteste Lösung, falls wir die FOURIERreihen zurück übersetzen und schreiben:

$$\upsilon(y,t) = V_0\left(1 - \frac{y}{H} - \tfrac{1}{2}\left[f(\xi_-) + f(\xi_+)\right]\right) \tag{10.3.14}$$

mit:

$$f(\xi_\pm) = \frac{1}{H}\left(H - \left[\xi_\pm - 2nH\right]\right) \text{ für } 2nH < \xi_\pm < 2(n+1)H \tag{10.3.15}$$

und:

$$f(\xi_\pm) = -\frac{1}{H}\left(H + \left[\xi_\pm + 2nH\right]\right) \text{ für } -2(n+1)H < \xi < -2nH \tag{10.3.16}$$

mit $n = 0, 1, 2, \cdots$. Dieses Vorgehen ist in der Literatur auch als die D'ALEMBERTsche Charakteristikenmethode bekannt.

Wir wollen uns als nächstes vom Wellencharakter dieser Lösung überzeugen und zeigen, dass sie beschreibt, wie sich die Störung am Rand bei $y = 0$ mit der endlichen Geschwindigkeit $c = \sqrt{D/\lambda} = \sqrt{\mu/\rho\lambda}$ in das Innere der Flüssigkeit ausbreitet. Dazu erstellen wir das folgende Schema:

$y = \frac{H}{2}$	$ct = 0$	$\frac{H}{4}$	$\frac{2H}{4}$	$\frac{4H}{4}$	$\frac{4H}{4}$	$\frac{5H}{4}$	$\frac{6H}{4}$	$\frac{7H}{4}$	$\frac{8H}{4}$
$\xi_- = \frac{2H}{4} - ct$	$\frac{2H}{4}$	$\frac{H}{4}$	0	$-\frac{H}{4}$	$-\frac{2H}{4}$	$-\frac{3H}{4}$	$-\frac{4H}{4}$	$-\frac{5H}{4}$	$-\frac{6H}{4}$
$\xi_+ = \frac{2H}{4} + ct$	$\frac{2H}{4}$	$\frac{3H}{4}$	$\frac{4H}{4}$	$\frac{5H}{4}$	$\frac{6H}{4}$	$\frac{7H}{4}$	$\frac{8H}{4}$	$\frac{9H}{4}$	$\frac{10H}{4}$
$f(\xi_-)$	$\frac{2}{4}$	$\frac{3}{4}$	$\frac{4}{4}$	$-\frac{3}{4}$	$-\frac{2}{4}$	$-\frac{1}{4}$	0	$\frac{1}{4}$	$\frac{2}{4}$
$f(\xi_+)$	$\frac{2}{4}$	$\frac{1}{4}$	0	$-\frac{1}{4}$	$-\frac{2}{4}$	$-\frac{3}{4}$	$-\frac{4}{4}$	$\frac{3}{4}$	$\frac{2}{4}$
$\frac{\upsilon(\frac{H}{2},t)}{V_0}$	0	0	0	1	1	1	1	0	0

Wir sehen, dass an der Stelle $y = H/2$ die Geschwindigkeit $\upsilon(H/2,t)$ auf Null bleibt, solange $ct < H/2$ gilt. Ab dem Zeitpunkt $ct = H/2$ springt υ auf V_0 und bleibt solange auf diesem Wert stehen, bis die Zeit $ct = 6H/4$ überschritten ist, nämlich dann, wenn die von der ersten Welle an der Wand $y = H$ erzeugte Reflektionswelle die Stelle $y = H/2$ erreicht hat, um dort die von $y = 0$ ausgegangene Störung wieder auszulöschen. Der gesamte zeitliche Ablauf an allen Punkten y ist in der Bildsequenz 10.5 dargestellt.

Mit denselben Methoden wie beim Wellenfall versuchen wir nun, den eigentlichen MAXWELLfall, d. h. die zweite PDgl aus Gleichung (10.1.19) unter den Anfangs- und Randbedingungen aus Gleichung (10.1.20) und (10.1.21) zu lösen. Mit dem Separationsansatz aus Gleichung (10.2.1) folgt so zunächst:

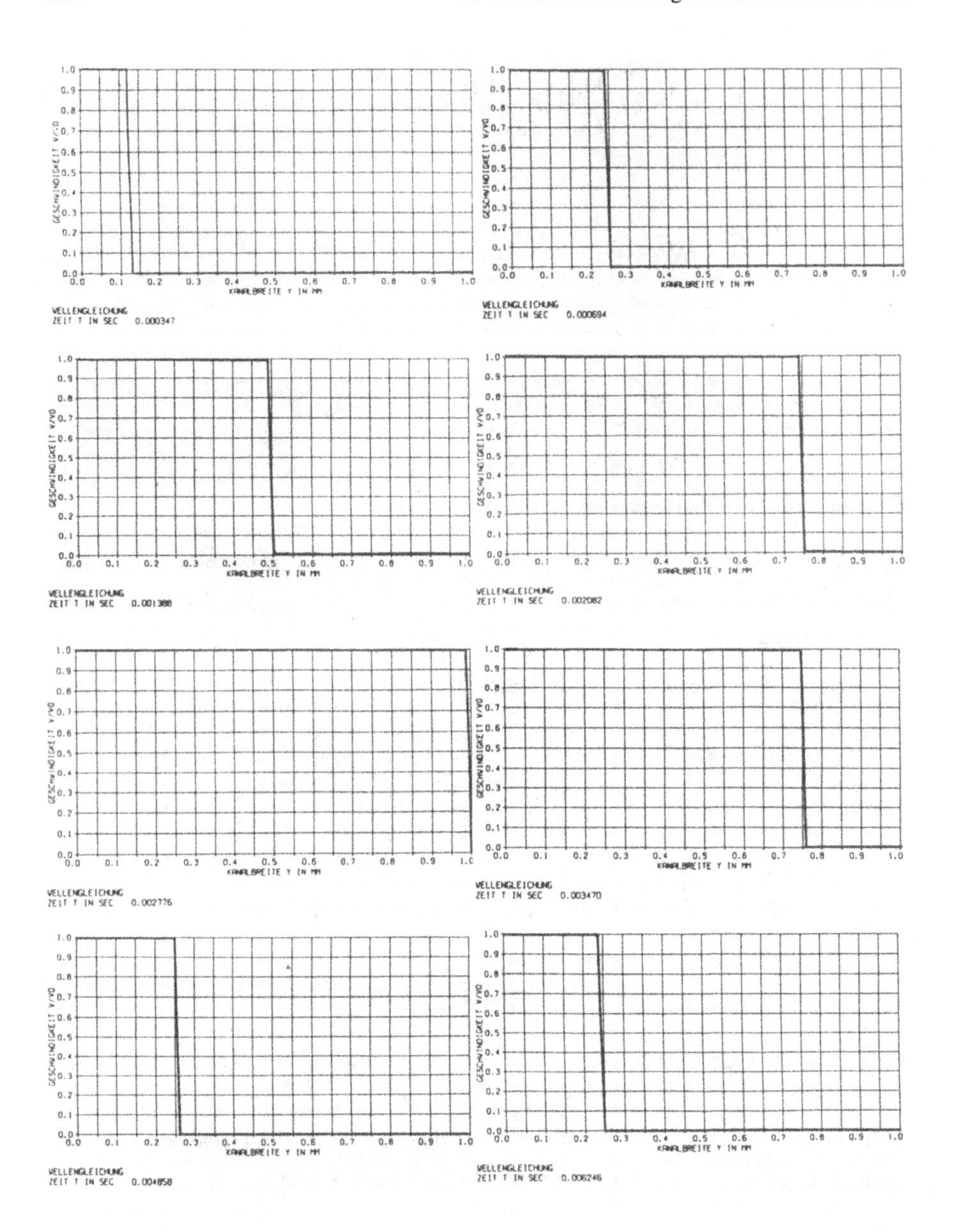

Abb. 10.5: Zeitliche Entwicklung der Lösung für den Wellenfall.

$$\frac{1}{D}\frac{\lambda\ddot{\chi}+\dot{\chi}}{\chi}=\frac{\psi''}{\psi}=-k^2 \qquad (10.3.17)$$

und somit:

$$\frac{1}{c^2}\ddot{\chi}+\frac{1}{D}\dot{\chi}+k^2\chi=0\,, \tag{10.3.18}$$

was wir mit folgendem Ansatz lösen:

$$\chi=\exp(mt). \tag{10.3.19}$$

Als charakteristische Gleichung entsteht:

$$m^2+\frac{c^2}{D}m+c^2k^2=0 \tag{10.3.20}$$

mit den zwei Lösungen:

$$m_\pm=-\frac{c^2}{2D}\pm\sqrt{\left(\frac{c^2}{2D}\right)^2-c^2k^2}=-\frac{1}{2\lambda}\left(1\mp\sqrt{1-4\lambda^2\frac{n^2\pi^2}{H^2}c^2}\right) \tag{10.3.21}$$

d. h.:

$$\chi=A_n^+\exp(m_+t)+A_n^-\exp(m_-t). \tag{10.3.22}$$

Dabei haben wir bereits von der Lösung der noch verbliebenen zweiten Dgl. aus Gleichung (10.3.17) Gebrauch gemacht. Wie in den vorherigen Abschnitten gilt nämlich:

$$\psi''+k^2\psi=0 \quad\Rightarrow\quad \psi=A\sin(ky)+B\cos(ky). \tag{10.3.23}$$

Indem wir wieder die Randbedingungen (10.1.20) auswerten, entsteht:

$$B=0\;,\;k=\frac{n\pi}{H}\;,\quad n=1,2,3,\cdots \tag{10.3.24}$$

und somit ist:

$$w(y,t)=\sum_{n=1}^{\infty}\left[A_n^+\exp(m_+t)+A_n^-\exp(m_-t)\right]\sin\left(\frac{n\pi}{H}y\right). \tag{10.3.25}$$

Dabei haben wir o.B.d.A. die Konstante A gleich 1 gesetzt. Die Beziehung (10.3.25) passen wir nun an die Anfangsbedingungen aus (10.1.21) an. Es folgen zwei Gleichungen für die noch verbliebenen Koeffizienten $A_n^\pm$:

$$\sum_{n=1}^{\infty}\left(A_n^+ + A_n^-\right)\sin\left(\frac{n\pi}{H}y\right)=-\upsilon_s(y)=-V_0\left(1-\frac{y}{H}\right) \tag{10.3.26}$$

und:

$$\sum_{n=1}^{\infty}\left(m_+ A_n^+ + m_- A_n^-\right)\sin\left(\frac{n\pi}{H}y\right) = 0\,. \tag{10.3.27}$$

Mit der FOURIERreihe aus Gleichung (10.2.8) ergibt sich so:

$$A_n^+ + A_n^- = -V_0\frac{2}{\pi n}\,,\quad m_+ A_n^+ + m_- A_n^- = 0 \tag{10.3.28}$$

bzw.:

$$A_n^+ = \frac{m_-}{m_+ - m_-}\frac{2V_0}{\pi\, n}\,,\quad A_n^- = -\frac{m_+}{m_+ - m_-}\frac{2V_0}{\pi\, n}\,. \tag{10.3.29}$$

Diese Formeln setzen wir in Gleichung (10.3.25) ein und beachten noch die Darstellung (10.1.18). So finden wir schließlich das folgende Strömungsfeld:

$$\upsilon(y,t) = V_0\left(1-\frac{y}{H}\right) - \tag{10.3.30}$$

$$\frac{2V_0}{\pi}\exp\left(-\frac{t}{2\lambda}\right)\sum_{n=1}^{\infty}\frac{1}{n}\left(\cosh\left(\frac{t}{2\lambda}\sqrt{1-4\lambda^2\frac{n^2\pi^2}{H^2}c^2}\right)+\right.$$

$$\left.\sqrt{1-4\lambda^2\frac{n^2\pi^2}{H^2}c^2}^{\,-1}\sinh\left(\frac{t}{2\lambda}\sqrt{1-4\lambda^2\frac{n^2\pi^2}{H^2}c^2}\right)\right)\sin\left(\frac{n\pi}{H}y\right).$$

Diese Lösung werden wir nun weiter untersuchen und, wenn möglich, vereinfachen. Insbesondere interessieren wir uns dafür, ob sich die Randstörung wie im NAVIER-STOKES Fall unendlich schnell in allen Punkten zwischen den beiden Platten bemerkbar macht oder ob sie sich, wie im oben diskutierten Wellenfall, mit endlicher Geschwindigkeit ausbreitet.

Zunächst sei bemerkt, dass Gleichung (10.3.30) nur dann auf Wellenlösungen führt, falls gilt:

$$\sqrt{1-4\lambda^2\frac{n^2\pi^2}{H^2}c^2} = \mathrm{i}\sqrt{4\lambda^2\frac{n^2\pi^2}{H^2}c^2-1}\quad \text{mit}\quad 4\lambda^2\frac{n^2\pi^2}{H^2}c^2 \geq 1\,. \tag{10.3.31}$$

Für $n=1$ und mit den obigen Daten für Polyisobutylen in Decalin folgt:

$$4\lambda^2 \frac{\pi^2}{H^2} c^2 = 4\pi^2 \frac{D\lambda}{H^2} = \frac{9{,}4 \cdot 10^{-3}\,\mathrm{m}^2}{H^2} \geq 1\,. \tag{10.3.32}$$

Diese Beziehung ist nur für $H \leq 9{,}7\,\mathrm{cm}$ erfüllt, ansonsten ist zu vermuten, dass $\upsilon(x,y)$ an einer beliebigen Stelle für $t > 0$ ungleich Null wird. Im folgenden betrachten wir ausschließlich den Fall $H < 9{,}7\,\mathrm{cm}$. Wegen

$$\cosh(\mathrm{i}\alpha) = \cos(\alpha)\,,\quad \sinh(\mathrm{i}\alpha) = \mathrm{i}\sin(\alpha) \tag{10.3.33}$$

folgt aus obiger Strömungslösung:

$$\upsilon(y,t) = V_0\left(1 - \frac{y}{H}\right) - \tag{10.3.34}$$

$$\frac{2V_0}{\pi}\exp\left(-\frac{t}{2\lambda}\right)\sum_{n=1}^{\infty}\frac{1}{n}\left(\cos\left(\frac{t}{2\lambda}\sqrt{4\lambda^2\frac{n^2\pi^2}{H^2}c^2 - 1}\right) + \right.$$

$$\left.\frac{1}{\sqrt{4\lambda^2\frac{n^2\pi^2}{H^2}c^2 - 1}}\sin\left(\frac{t}{2\lambda}\sqrt{4\lambda^2\frac{n^2\pi^2}{H^2}c^2 - 1}\right)\right)\sin\left(\frac{n\pi}{H}y\right).$$

Übung 10.3.1: ***Strömungsfeld eines MAXWELLfluids***

Beweise die Gleichungen (10.3.30/34) und erläutere, so prägnant wie möglich, die „Zutaten" zu ihrer Erstellung.

Diese Gleichung lässt sich vereinfachen, wenn man den folgenden Spezialfall betrachtet. Zunächst ist:

$$4\pi^2\frac{\lambda D}{H^2} = \frac{9{,}4 \cdot 10^{-3}\,\mathrm{m}^2}{H^2} = \begin{cases} 9400 & \text{für } H = 1\,\mathrm{mm} \\ 94 & \text{für } H = 1\,\mathrm{cm} \\ 0{,}94 & \text{für } H = 10\,\mathrm{cm}. \end{cases} \tag{10.3.35}$$

Demnach kann man den Summand 1 in den Wurzeltermen aus Gleichung (10.3.34) für $H \leq 1\,\mathrm{mm}$ vernachlässigen und mit den Additionstheoremen (10.3.11) sowie

$$\sin(\alpha)\sin(\beta) = \tfrac{1}{2}\left[\cos(\alpha - \beta) - \cos(\alpha + \beta)\right] \tag{10.3.36}$$

folgt:

$$\upsilon(y,t) = V_0\left(1 - \frac{y}{H}\right) - \tag{10.3.37}$$

$$\frac{V_0}{\pi}\exp\left(-\frac{t}{2\lambda}\right)\left\{\sum_{n=1}^{\infty}\frac{1}{n}\left(\sin\left[\frac{n\pi}{H}(y-ct)\right]+\sin\left[\frac{n\pi}{H}(y+ct)\right]\right)+\right.$$

$$\left.\frac{1}{2\pi}\frac{H}{\sqrt{\lambda D}}\sum_{n=1}^{\infty}\frac{1}{n^2}\left(\cos\left[\frac{n\pi}{H}(y-ct)\right]-\cos\left[\frac{n\pi}{H}(y+ct)\right]\right)\right\}.$$

Für diesen Spezialfall lassen sich die auftretenden FOURIERreihen zurück übersetzen und zwar mit Hilfe der bereits in Übung 10.2.1 eingeführten Funktion $f(\xi)$ sowie der nachstehend erklärten Funktion $g(\xi)$:

$$g(\xi) = \frac{1}{12}\left(2 - \frac{6}{H}[\xi - 2nH] + \frac{3}{H^2}[\xi - 2nH]^2\right) \tag{10.3.38}$$

für $2nH < \xi < 2(n+1)H$ sowie

$$g(\xi) = \frac{1}{12}\left(2 + \frac{6}{H}[\xi + 2nH] + \frac{3}{H^2}[\xi + 2nH]^2\right) \tag{10.3.39}$$

für $-2(n+1)H < \xi < -2nH$, welche die folgende FOURIERentwicklung besitzt:

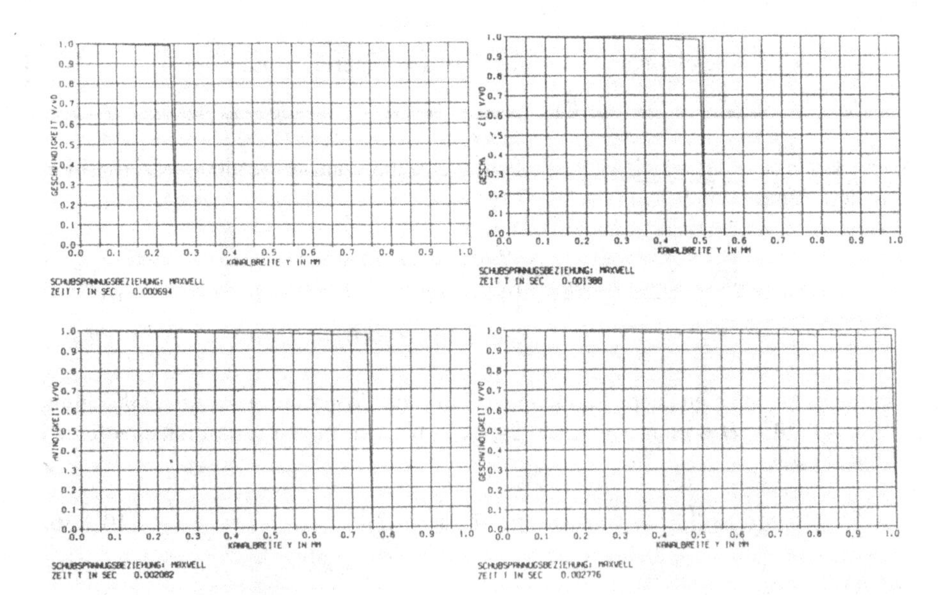

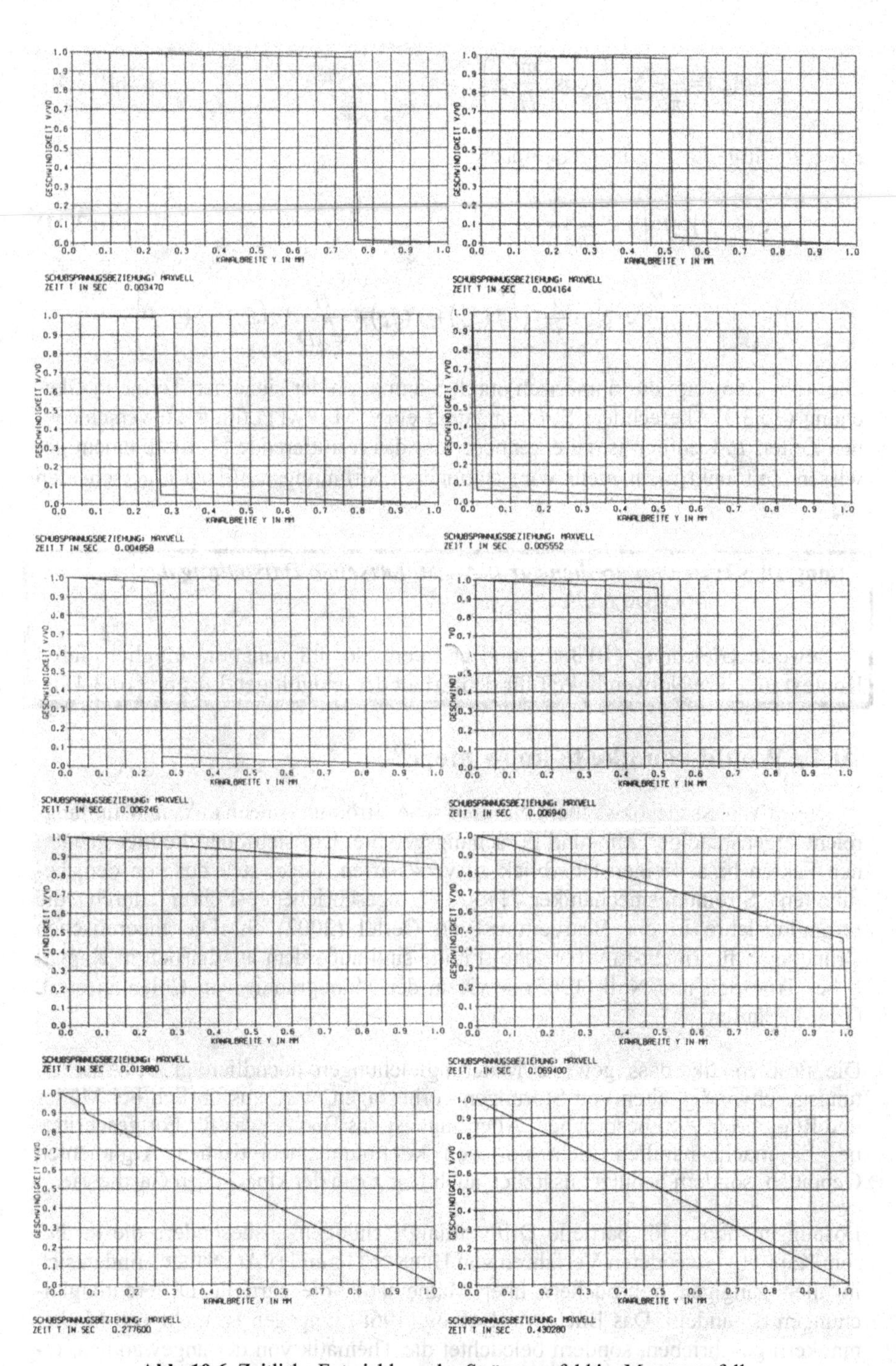

Abb. 10.6: Zeitliche Entwicklung des Strömungsfeld im MAXWELLfall.

$$g(\xi) = \frac{1}{\pi^2} \sum_{n=1}^{\infty} \frac{1}{n^2} \cos\left(\frac{n\pi}{H} \xi\right). \tag{10.3.40}$$

Die endgültige Lösung lautet demnach:

$$\upsilon(y,t) = V_0 \left(1 - \frac{y}{H}\right) - \tag{10.3.41}$$

$$\frac{V_0}{2} \exp\left(-\frac{t}{2\lambda}\right) \left\{ f(\xi_-) + f(\xi_+) + \frac{H}{\sqrt{\lambda D}} \big(g(\xi_-) - g(\xi_+)\big) \right\}.$$

Die Abb. 10.6 zeigt das numerisch durch Summation der einzelnen Terme in Gleichung (10.3.37) berechnete Strömungsfeld eines MAXWELLfluids zu verschiedenen Zeiten t. Deutlich ist zu erkennen, dass das resultierende Profil ab einem gewissen Zeitpunkt nicht mehr vom stationären Strömungsprofil zu unterscheiden ist.

Übung 10.3.2: ***FOURIERreihen zur D'ALEMBERTschen Darstellung des MAXWELLfalles***

Beweise Gleichung (10.3.40) und erläutere, so prägnant wie möglich, ihren Kontext und ihre Notwendigkeit für den Erhalt der endgültigen Lösung (10.3.41).

10.4 Would you like to know more?

Die NEWTONsche bzw. nicht-NEWTONsche Strömungsmechanik sind umfangreiche eigenständige Lehr- und Forschungsgebiete. Um sich über die hier gebotenen Fakten hinaus einen Überblick zu verschaffen, bietet sich der von dem berühmten Strömungsmechaniker PRANDTL geschriebene Führer durch die Strömungslehre in der Bearbeitung von Oertel (2002) an. Die theoretischen Grundlagen für (nicht-NEWTONsche) Fluide sind außerdem ausführlich in Kapitel F bei Truesdell und Noll (1965) sowie in der Monographie von Coleman et al. (1966) erläutert.

Die Problematik, dass gewisse Materialgleichungen unendlich große Ausbreitungsgeschwindigkeiten von Störungen vorhersagen, wird ausführlich bei Müller und Ruggieri (1998) besprochen. Allerdings ist das Buch etwas für Fortgeschrittene. Es macht nämlich nicht nur von kontinuumstheoretischen Argumenten Gebrauch, sondern benutzt zusätzlich auch Konzepte der kinetischen Gastheorie.

Lösungsmethoden für partielle Differentialgleichungen, insbesondere die in diesem Kapitel verwendeten Verfahren von BERNOULLI und D'ALEMBERT finden sich in allen gängigen Lehrbüchern über Mathematik, die partielle Differentialgleichungen behandeln. Das Buch von Butkov (1968) hingegen ist nicht von Mathematikern geschrieben, sondern beleuchtet die Thematik von der angewandten, rechentechnischen Seite.

Plaste und Elaste aus Schkopau

Ostdeutscher Reklameslogan

11. Einführung in die zeitunabhängige Plastizitätstheorie

11.1 Ein konkretes Problem

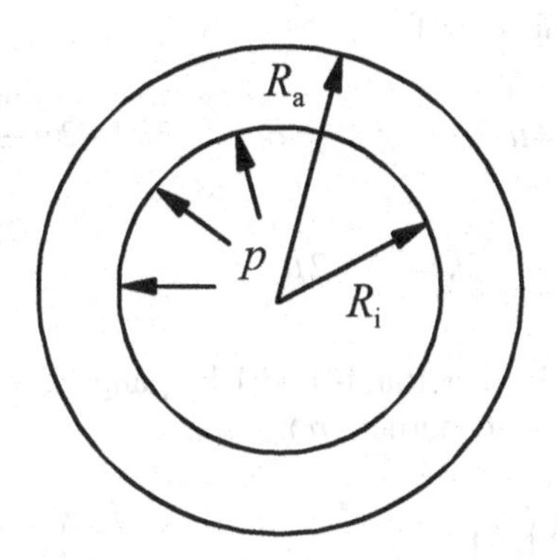

Abb. 11.1: Hohlkugel unter Innendruck mit Abmaßen.

Im folgenden betrachten wir eine metallische Hohlkugel, den Kessel, welcher unter einem sehr hohen Innendruck stehen soll. De facto soll ein Druck erreicht werden, der groß genug ist, das Metall zum plastischen Fließen zu bringen. Wir erinnern an Übung 2.6.5, wonach gemäß VON MISES der Spannungszustand σ_{Mises} dazu gerade den folgenden Wert erreichen muss:

$$\sigma_{\text{Mises}}^2 \equiv \frac{3}{2} \underset{(x)}{\Sigma}_{ij} \underset{(x)}{\Sigma}_{ij} = \sigma_{\text{f}}^2 \tag{11.1.1}$$

mit der (materialabhängigen) Fließspannung σ_{f} sowie dem Spannungsdeviator $\underset{(x)}{\Sigma}_{ij}$:

$$\underset{(x)}{\Sigma}_{ij} = \underset{(x)}{\sigma}_{ij} - \frac{1}{3} \underset{(x)}{\sigma}_{kk} \delta_{ij} \,. \tag{11.1.2}$$

Wenn wir den Innendruck p langsam von Null aufwärts steigern, so ist anschaulich klar, dass sich ab einem Minimaldruck $p_{\min}$ zuerst an der Innenfläche beim Radius R_i eine plastifizierte Kugelfläche ausbilden wird. Erhöht man den Druck weiter auf den Wert p_ρ, so wird die plastifizierte Zone radialsymmetrisch wachsen und schließlich eine Kugelschale vom Radius ρ einnehmen. Unser Ziel ist es,

W.H. Müller, *Streifzüge durch die Kontinuumstheorie*,
DOI 10.1007/978-3-642-19870-0_11, © Springer-Verlag Berlin Heidelberg 2011

die Drücke $p_{\min}$ und p_ρ zu berechnen und eine Wachstumsgleichung für ρ anzugeben.

11.2 Die radialsymmetrische Lösung

Man erinnere sich an die Ergebnisse aus Abschnitt 9.5, wonach man für die linear-elastische Lösung für die nichtverschwindenden Spannungen und Verschiebungen bei einem vollkommen kugelsymmetrischen Problem in physikalischen Kugelkoordinaten schreiben darf:

$$\sigma_{<rr>} = 3kA - 4\mu\frac{B}{r^3}\ ,\quad \sigma_{<\vartheta\vartheta>} = \sigma_{<\varphi\varphi>} = 3kA + 2\mu\frac{B}{r^3}\ , \tag{11.2.1}$$

$$u_{<r>} = Ar + \frac{B}{r^2}\ ,\quad 3k = 3\lambda + 2\mu\ .$$

Bei Beachtung entsprechender Rand- und Übergangsbedingungen ergibt sich für das anstehende Problem (Innendruck p):

$$\sigma_{<rr>} = -p\frac{\left(\frac{R_\mathrm{a}}{r}\right)^3 - 1}{\left(\frac{R_\mathrm{a}}{R_\mathrm{i}}\right)^3 - 1}\ ,\quad \sigma_{<\vartheta\vartheta>} = \sigma_{<\varphi\varphi>} = p\frac{\frac{1}{2}\left(\frac{R_\mathrm{a}}{r}\right)^3 + 1}{\left(\frac{R_\mathrm{a}}{R_\mathrm{i}}\right)^3 - 1}\ , \tag{11.2.2}$$

$$u_{<r>} = \frac{p}{E}\left[(1-2\nu)r + \frac{(1+\nu)R_\mathrm{a}^3}{2r^2}\right]\frac{1}{\left(\frac{R_\mathrm{a}}{R_\mathrm{i}}\right)^3 - 1}\ ,\quad R_\mathrm{i} \le r \le R\ .$$

Übung 11.2.1: ***Lineare Spannungs-Dehnungslösung für unter Druck stehende Hohlkugel***

Man verifiziere die Gleichungen (11.2.1 / 2) und gebe alle zu ihrer Ableitung nötigen Annahmen an. Auf Ergebnisse früher bearbeiteter Übungen kann dabei zurückgegriffen werden. Man zeige insbesondere, dass gelten muss:

$$3kA = p\frac{1}{\left(\frac{R_\mathrm{a}}{R_\mathrm{i}}\right)^3 - 1}\ ,\quad 3kA = 4\mu\frac{B}{R_\mathrm{a}^3}\ . \tag{11.2.3}$$

Mit diesen Ergebnissen wird nun die VON MISESsche Fließbedingung ausgewertet. Wir beginnen mit der Berechnung des Spannungsdeviators, für den wir auf Gleichung (2.6.11) aufbauend in Kugelkoordinaten auch schreiben dürfen:

$$\Sigma_{<ij>} = \frac{p}{2}\frac{\left(\frac{R_a}{r}\right)^3}{\left(\frac{R_a}{R_i}\right)^3 - 1}\begin{bmatrix} -2 & 0 & 0 \\ 0 & 1 & 0 \\ 0 & 0 & 1 \end{bmatrix}, \tag{11.2.4}$$

da:

$$\tfrac{1}{3}\left(\sigma_{<rr>} + \sigma_{<\vartheta\vartheta>} + \sigma_{<\varphi\varphi>}\right) = 3kA = p\frac{1}{\left(\frac{R_a}{R_i}\right)^3 - 1}. \tag{11.2.5}$$

Dieses Ergebnis wird nun in die Fließbedingung aus Gleichung (2.6.20) eingesetzt. Es resultiert:

$$\sigma_{\text{Mises}}^2 = \tfrac{3}{2}\Sigma_{<ij>}\Sigma_{<ij>} = \tfrac{3}{2}p^2\left[\frac{\left(\frac{R_a}{r}\right)^3}{\left(\frac{R_a}{R_i}\right)^3 - 1}\right]^2\left(1 + \tfrac{1}{2}\right) \Rightarrow \tag{11.2.6}$$

$$\sigma_{\text{Mises}} = \tfrac{3}{2}p\frac{\left(\frac{R_a}{r}\right)^3}{\left(\frac{R_a}{R_i}\right)^3 - 1} = \sigma_{\text{Mises}}(p,r).$$

Die erste Frage ist die: An welcher Stelle r wird für einen festen Druckwert p die VON MISESsche Vergleichsspannung am größten? Offenbar ist das an der Stelle $r = R_i$ der Fall, denn dort ist nach Gleichung (11.2.6) der Zähler am größten. Damit wird am inneren Rand auch zuallererst der kritische Materialwert σ_f erreicht und Gleichung (11.2.6) ermöglicht es uns, den kleinsten Druck p_{min} zu berechnen, bei dem Fliessen erstmalig auftritt:

$$\sigma_{\text{Mises}}(p = p_{\text{min}}, r = R_i) = \sigma_f \quad \Rightarrow \tag{11.2.7}$$

$$p_{\text{min}} = \tfrac{2}{3}\sigma_f\left(\frac{R_i}{R_a}\right)^3\left[\left(\frac{R_a}{R_i}\right)^3 - 1\right] = \tfrac{2}{3}\sigma_f\left[1 - \left(\frac{R_i}{R_a}\right)^3\right].$$

Aus Gleichung $(11.2.2)_3$ berechnen wir nun die zugehörigen Verschiebungen innen und außen:

$$u_{<r>}^{\text{min}}\Big|_{R_i} = u_{<r>}(p = p_{\text{min}}, r = R_i) = \frac{p_{\text{min}}}{E}\left[1 - 2\nu + \tfrac{1+\nu}{2}\left(\frac{R_a}{R_a}\right)^3\right]\frac{R_i}{\left(\frac{R_a}{R_i}\right)^3 - 1} =$$

$$\frac{2\sigma_f}{3E}\left[(1 - 2\nu)\left(\frac{R_a}{R_i}\right)^3 + \tfrac{1+\nu}{2}\right]R_i, \tag{11.2.8}$$

$$u_{<r>}^{\min}\Big|_{R_a} = u_{<r>}\left(p = p_{\min}, r = R_a\right) = \frac{p_{\min}}{E}\left[1 - 2\nu + \tfrac{1+\nu}{2}\right]\frac{R_a}{\left(\frac{R_a}{R_i}\right)^3 - 1} =$$

$$\frac{\sigma_f}{E}(1-\nu)\left(\frac{R_i}{R_a}\right)^3 R_a \,.$$

Es sei bemerkt, dass man das Fließkriterium im vollständig kugelsymmetrischen Fall alternativ auch folgendermaßen schreiben kann:

$$\sigma_f = \sigma_{<\vartheta\vartheta>} - \sigma_{<rr>} \,. \tag{11.2.9}$$

Um dies zu zeigen, starten wir von Gleichung (11.2.1) und schreiben:

$$\tfrac{1}{3}\sigma_{<kk>} = \tfrac{1}{3}\left(\sigma_{<rr>} + \sigma_{<\vartheta\vartheta>} + \sigma_{<\varphi\varphi>}\right) = \tfrac{1}{3}\left(\sigma_{<rr>} + 2\sigma_{<\vartheta\vartheta>}\right) = 3kA \,. \tag{11.2.10}$$

Damit wird für den Deviator in Kugelkoordinaten entsprechend Gleichung (11.1.2):

$$\Sigma_{<ij>} = \tfrac{1}{3}\left(\sigma_{<\vartheta\vartheta>} - \sigma_{<rr>}\right)\begin{bmatrix} 2 & 0 & 0 \\ 0 & -1 & 0 \\ 0 & 0 & -1 \end{bmatrix} \tag{11.2.11}$$

und wegen (11.1.1) schließlich:

$$\sigma_{\text{Mises}}^2 = \tfrac{3}{2}\Sigma_{<ij>}\Sigma_{<ij>} = \tfrac{3}{2}\left(\sigma_{<\vartheta\vartheta>} - \sigma_{<rr>}\right)^2\left(\tfrac{4}{9} + \tfrac{1}{9} + \tfrac{1}{9}\right) = \tag{11.2.12}$$

$$\left(\sigma_{<\vartheta\vartheta>} - \sigma_{<rr>}\right)^2 = \sigma_f^2 \,.$$

Mit Gleichung (11.2.1) folgt dann:

$$\sigma_f = 6\mu\frac{B}{r^3} = 4\mu\frac{B}{R_i^3}\tfrac{3}{2}\left(\frac{R_i}{r}\right)^3 . \tag{11.2.13}$$

Also gilt wegen Gleichung (11.2.3):

$$\sigma_f = \tfrac{3}{2}p\frac{\left(\frac{R_i}{r}\right)^3}{1 - \left(\frac{R_i}{R_a}\right)^3} , \tag{11.2.14}$$

und das ist natürlich identisch mit Gleichung (11.2.6). Wir wenden uns nun dem nächsten in der Einleitung geschilderten Problem zu, das darin besteht, die Entwicklung, respektive das Wachstum der plastifizierten Zone zu beschreiben, wenn wir den Druck über den kritischen Initialwert $p_{\min}$ stetig weiter erhöhen. Aus

Symmetriegründen erwarten wir, dass sich die plastifizierte Kugelschale kugelsymmetrisch radial von innen kommend vergrößert und zwar auf den Radius ρ. Wir suchen den dazu nötigen Druck p_ρ und die in der Kugel entstehende Spannungsverteilung. Außerhalb bleibt die Kugel offenbar elastisch. Es gilt die entsprechend übertragene Lösung aus Gleichung (11.2.1):

$$\sigma_{<rr>} = 3k\widetilde{A}^* - 4\mu \frac{B^*}{r^3} \ , \ \sigma_{<\vartheta\vartheta>} = \sigma_{<\varphi\varphi>} = 3k\widetilde{A}^* + 2\mu \frac{B^*}{r^3} \ , \tag{11.2.15}$$

$$u_{<r>} = \widetilde{A}^* r + \frac{B^*}{r^2} \ , \ 3k = 3\lambda + 2\mu \ , \ \rho \le r \le R_\mathrm{a} .$$

Aufgrund der Forderung verschwindenden Drucks an der Außenwand muss gelten:

$$4\mu \frac{B^*}{R_\mathrm{a}^3} = 3k\widetilde{A}^* = A^* . \tag{11.2.16}$$

Indem wir dieses Ergebnis in die Gleichungen für die Spannungen (11.2.15) einsetzen, entsteht:

$$\sigma_{<rr>} = A^*\left[1 - \left(\frac{R_\mathrm{a}}{r}\right)^3\right] = -A^*\left[\left(\frac{R_\mathrm{a}}{r}\right)^3 - 1\right] , \tag{11.2.17}$$

$$\sigma_{<\vartheta\vartheta>} = \sigma_{<\varphi\varphi>} = A^*\left[\frac{1}{2}\left(\frac{R_\mathrm{a}}{r}\right)^3 + 1\right] .$$

Die verbliebene Konstante A^* bestimmen wir aus der Überlegung, dass an der Stelle $r = \rho$ gerade die Fließgrenze erreicht sein muss. Da die Situation nach wie vor vollständig kugelsymmetrisch ist, können wir das Fließkriterium in der Form nach Gleichung (11.2.9) verwenden und finden, dass:

$$\sigma_\mathrm{f} = \sigma_{<\vartheta\vartheta>} - \sigma_{<rr>} = A^* \frac{3}{2}\left(\frac{R_\mathrm{a}}{\rho}\right)^3 \ \Rightarrow \ A^* = \frac{2}{3}\sigma_\mathrm{f}\left(\frac{\rho}{R_\mathrm{a}}\right)^3 . \tag{11.2.18}$$

Damit in Gleichung (11.2.17) gegangen, entsteht:

$$\sigma_{<rr>} = -\frac{2}{3}\sigma_\mathrm{f}\left(\frac{\rho}{R_\mathrm{a}}\right)^3\left[\left(\frac{R_\mathrm{a}}{r}\right)^3 - 1\right] , \tag{11.2.19}$$

$$\sigma_{<\vartheta\vartheta>} = \sigma_{<\varphi\varphi>} = \frac{2}{3}\sigma_\mathrm{f}\left(\frac{\rho}{R_\mathrm{a}}\right)^3\left[\frac{1}{2}\left(\frac{R_\mathrm{a}}{r}\right)^3 + 1\right] \ , \ \rho \le r \le R_\mathrm{a} .$$

Man beachte, dass es sich bei $\sigma_{<rr>}$ um eine Druck-, bei $\sigma_{<\vartheta\vartheta>}$ und $\sigma_{<\varphi\varphi>}$ hingegen um Zugspannungen handelt. Auch die Verschiebungen im elastischen Gebiet können nun mit Hilfe von Gleichung $(11.2.15)_3$ ermittelt werden:

$$u_{<r>} = \left(\tilde{A}^* + \frac{B^*}{r^3}\right) r = \left(\frac{A^*}{3k} + 4\mu \frac{B^*}{R_\mathrm{a}^3} \frac{1}{4\mu}\left(\tfrac{R_\mathrm{a}}{r}\right)^3\right) r = \tag{11.2.20}$$

$$A^*\left(\tfrac{1}{3k} + \tfrac{1}{4\mu}\left(\tfrac{R_\mathrm{a}}{r}\right)^3\right) r$$

oder mit Gleichung (11.2.18):

$$u_{<r>} = \frac{2\sigma_\mathrm{f}}{3E}\left(\tfrac{\rho}{R_\mathrm{a}}\right)^3\left(1 - 2\nu + \tfrac{1+\nu}{2}\left(\tfrac{R_\mathrm{a}}{r}\right)^3\right) r \ , \quad \rho \le r \le R_\mathrm{a} , \tag{11.2.21}$$

denn es gilt:

$$3k = 3\lambda + 2\mu = \frac{E}{1-2\nu} \ , \quad \mu = \frac{E}{2(1+\nu)} . \tag{11.2.22}$$

Das Problem ist aber nur halb gelöst, kennen wir bis jetzt doch nur die Spannungen im elastischen Bereich. Um die Spannungen im plastifizierten Gebiet $R_\mathrm{i} \le r \le \rho$ zu bestimmen, argumentieren wir wie folgt. Auch hier herrscht *vollkommende* Kugelsymmetrie. Mithin gilt:

$$\sigma_{<rr>} \ne 0 \ , \quad \sigma_{<\vartheta\vartheta>} = \sigma_{<\varphi\varphi>} \ne 0 \ , \quad \sigma_{<r\vartheta>} = \sigma_{<r\varphi>} = \sigma_{<\vartheta\varphi>} = 0 \tag{11.2.23}$$

und:

$$\sigma_{<rr>} = f(r) \ , \quad \sigma_{<\vartheta\vartheta>} = \sigma_{<\varphi\varphi>} = g(r) . \tag{11.2.24}$$

Wir erinnern an die Impulsbilanz in Kugelkoordinaten aus Gleichung (5.6.2). Offenbar sind dann die φ und die ϑ-Komponente identisch erfüllt und die r-Komponente reduziert sich bei Vernachlässigung der Volumenkraft auf:

$$\frac{\partial \sigma_{<rr>}}{\partial r} + \tfrac{1}{r}\left(2\sigma_{<rr>} - \sigma_{<\vartheta\vartheta>} - \sigma_{<\varphi\varphi>}\right) = 0 , \tag{11.2.25}$$

bzw.:

$$\frac{\mathrm{d}\sigma_{<rr>}}{\mathrm{d}r} = \tfrac{2}{r}\left(\sigma_{<\vartheta\vartheta>} - \sigma_{<rr>}\right) . \tag{11.2.26}$$

Glücklicherweise ist die Klammer auf der rechten Seite dieser Differentialgleichung gemäß dem VON MISESschen Fließkriterium konstant (vgl. Gleichung (11.2.9)), nämlich gleich σ_f , und wir können sofort integrieren:

$$\sigma_{<rr>} = 2\sigma_\mathrm{f} \ln(r) + C \,. \tag{11.2.27}$$

Die Integrationskonstante C bestimmen wir aus der Forderung nach Stetigkeit des Kraftflusses an der Grenze zur elastischen Zone bei $r = \rho$ (vgl. Gleichung (11.2.19)):

$$\sigma_{<rr>}\big|_{r=\rho} = 2\sigma_\mathrm{f} \ln(\rho) + C = -\tfrac{2}{3}\sigma_\mathrm{f}\left(\tfrac{\rho}{R_\mathrm{a}}\right)^3\left[\left(\tfrac{R_\mathrm{a}}{\rho}\right)^3 - 1\right] \tag{11.2.28}$$

$$\Rightarrow \quad \sigma_{<rr>} = -2\sigma_\mathrm{f} \ln\left(\tfrac{\rho}{r}\right) - \tfrac{2}{3}\sigma_\mathrm{f}\left[1 - \left(\tfrac{\rho}{R_\mathrm{a}}\right)^3\right] \,, \quad R_\mathrm{i} \le r \le \rho \,.$$

Wir stellen fest, dass es sich bei der Radialspannung um eine *Druckspannung* handelt, die mit wachsendem Abstand immer weniger negativ wird. Mit Hilfe des Fließkriteriums und unter Beachtung der Kugelsymmetrie folgt im Bereich $R_\mathrm{i} \le r \le \rho$:

$$\sigma_{<\vartheta\vartheta>} = \sigma_{<\varphi\varphi>} = \sigma_\mathrm{f} + \sigma_{<rr>} = \sigma_\mathrm{f}\left\{1 - 2\ln\left(\tfrac{\rho}{r}\right) - \tfrac{2}{3}\left[1 - \left(\tfrac{\rho}{R_\mathrm{a}}\right)^3\right]\right\} . \tag{11.2.29}$$

Wir stellen fest, dass es sich hierbei, zumindest für Radialabstände r, die in der Nähe von ρ liegen, um *Zugspannungen* handelt, die mit wachsendem Abstand vom Innenraum immer weiter ansteigen. Wenden wir uns nun der Frage zu, welcher Druck p_ρ notwendig ist, um plastisches Fließen bis zum Radius ρ zu ermöglichen. Dazu werten wir die Gleichung (11.2.28) einfach an der Stelle $r = R_\mathrm{i}$ aus:

$$\sigma_{<rr>}\big|_{R_i} = -2\sigma_\mathrm{f} \ln\left(\tfrac{\rho}{R_\mathrm{i}}\right) - \tfrac{2}{3}\sigma_\mathrm{f}\left[1 - \left(\tfrac{\rho}{R_\mathrm{a}}\right)^3\right] = -p_\rho \,, \tag{11.2.30}$$

denn dort muss aufgrund des dort herrschenden Kraftflusses die Radialspannung ja stetig übergehen. Mithin ist:

$$p_\rho = 2\sigma_\mathrm{f} \ln\left(\tfrac{\rho}{R_\mathrm{i}}\right) + \tfrac{2}{3}\sigma_\mathrm{f}\left[1 - \left(\tfrac{\rho}{R_\mathrm{a}}\right)^3\right] . \tag{11.2.31}$$

Wir fassen zusammen: Wenn wir den Druck stetig von p_min auf p_ρ erhöhen, so bilden sich folgende Spannungen in der Hohlkugel aus:

(a) im plastifizierten Bereich:

$$\sigma_{<rr>} = -2\sigma_{\mathrm{f}} \ln\left(\frac{\rho}{r}\right) - \frac{2}{3}\sigma_{\mathrm{f}}\left[1 - \left(\frac{\rho}{R_{\mathrm{a}}}\right)^3\right], \tag{11.2.32}$$

$$\sigma_{<\vartheta\vartheta>} = \sigma_{<\varphi\varphi>} = \sigma_{\mathrm{f}}\left\{1 - 2\ln\left(\frac{\rho}{r}\right) - \frac{2}{3}\left[1 - \left(\frac{\rho}{R_{\mathrm{a}}}\right)^3\right]\right\}, \quad R_{\mathrm{i}} \le r \le \rho ;$$

(b) im linear-elastischen Bereich:

$$\sigma_{<rr>} = -\frac{2}{3}\sigma_{\mathrm{f}}\left(\frac{\rho}{R_{\mathrm{a}}}\right)^3\left[\left(\frac{R_{\mathrm{a}}}{r}\right)^3 - 1\right], \tag{11.2.33}$$

$$\sigma_{<\vartheta\vartheta>} = \sigma_{<\varphi\varphi>} = \frac{2}{3}\sigma_{\mathrm{f}}\left(\frac{\rho}{R_{\mathrm{a}}}\right)^3\left[\frac{1}{2}\left(\frac{R_{\mathrm{a}}}{r}\right)^3 + 1\right], \quad \rho \le r \le R_{\mathrm{a}} .$$

Wir wollen nun den soeben erreichten Druck p_ρ wieder auf Null absenken. Dabei müssen sich die Spannungen ändern, teilweise abbauen, in jedem Fall umlagern, und zwar dergestalt, dass Kräftegleichgewicht und Stetigkeit des Kraftflusses an den Übergängen gewährleistet ist. Die Behauptung ist, dass sich folgendes ergibt

(a) im Innenbereich:

$$\sigma_{<rr>} = \frac{2}{3}\sigma_{\mathrm{f}}\left(-\frac{p_\rho}{p_{\min}}\left[1 - \left(\frac{R_{\mathrm{i}}}{r}\right)^3\right] + 3\ln\left(\frac{r}{R_{\mathrm{i}}}\right)\right) < 0 , \tag{11.2.34}$$

$$\sigma_{\langle\vartheta\vartheta\rangle} = \sigma_{\langle\varphi\varphi\rangle} = \frac{2}{3}\sigma_{\mathrm{f}}\left(\frac{3}{2} + 3\ln\left(\frac{r}{R_{\mathrm{i}}}\right) - \frac{p_\rho}{p_{\min}}\left[1 + \frac{1}{2}\left(\frac{R_{\mathrm{i}}}{r}\right)^3\right]\right), \quad R_{\mathrm{i}} \le r \le \rho ;$$

(b) im Aussenbereich:

$$\sigma_{<rr>} = -\frac{2}{3}\sigma_{\mathrm{f}}\left(\left(\frac{\rho}{R_{\mathrm{i}}}\right)^3 - \frac{p_\rho}{p_{\min}}\right)\left(\left(\frac{R_{\mathrm{i}}}{r}\right)^3 - \left(\frac{R_{\mathrm{i}}}{R_{\mathrm{a}}}\right)^3\right), \tag{11.2.35}$$

$$\sigma_{<\vartheta\vartheta>} = \sigma_{<\varphi\varphi>} = \frac{2}{3}\sigma_{\mathrm{f}}\left(\left(\frac{\rho}{R_{\mathrm{i}}}\right)^3 - \frac{p_\rho}{p_{\min}}\right)\left(\frac{1}{2}\left(\frac{R_{\mathrm{i}}}{r}\right)^3 + \left(\frac{R_{\mathrm{i}}}{R_{\mathrm{a}}}\right)^3\right), \quad \rho \le r \le R_{\mathrm{a}} .$$

Die Kontraktion der Außenschicht komprimiert die innere Schicht, es verbleiben entsprechende Restspannungen, und das ist gut so, denn es stärkt die Struktur. Man spricht vom *Autofrettageprozeß*.

Übung 11.2.2: ***Eigenspannungsverteilung***

Man verifiziere die Gleichungen (11.2.34/35) und gehe dabei wie folgt vor. In einem ersten Schritt formuliere man alle Übergangs- und Randbedingungen und zeige mit Hilfe der obigen Lösung, dass diese allesamt erfüllt sind. Danach analysiere man in einem zweiten Schritt das Kräftegleichgewicht in beiden Bereichen und weise nach, dass die obigen Lösungen die Impulsbilanz jeweils identisch erfüllen. Dabei ist die Eigenschaft der Kugelsymmetrie auszunutzen. Im berühmten Buch von Hill (1998) wird behauptet, dass man die obige Lösung durch Subtraktion des elastischen Spannungsfeldes nach Gleichung (11.2.2) mit der Druckwahl $p = p_\rho$ von den Spannungen gemäß den Gleichungen (11.2.32) und (11.2.33) erhält. Können Sie dieses bestätigen und erklären, warum man so vorgehen darf, um die Spannungen nach Entlastung zu berechnen?

11.3 Die PRANDTL-REUSS-Gleichungen

Die Grundgleichungen der zeitunabhängigen Plastizitätstheorie nach PRANDTL und REUSS werden als Ratengleichungen (in Form von Spannungs- bzw. Dehnungsinkrementen, im folgenden angedeutet durch einen Punkt über dem Symbol) formuliert. Man startet von der Annahme, dass die linearen Dehnraten sich *additiv* in elastische und plastische Anteile aufteilen lassen (im folgenden wird in kartesischen Koordinaten gearbeitet, ohne das explizit über ein (x) am Symbol zu kennzeichnen):

$$\dot{\varepsilon}_{ij} = \dot{\varepsilon}_{ij}^{\text{el}} + \dot{\varepsilon}_{ij}^{\text{pl}} . \tag{11.3.1}$$

Ludwig PRANDTL wurde am 4. Februar 1875 in Freising geboren und starb am 15. August 1953 in Göttingen. Er studierte Ingenieurwesen in München und wurde nach seiner Graduierung erst Assistent und später Schwiegersohn des berühmten Mechanikers August FÖPPL. Im Jahre 1900 beendete er sein Doktorat mit einer Arbeit über Stabilitätstheorie und ging kurzzeitig in die Industrie (MAN). 1900 schließlich nimmt er einen Ruf an den Lehrstuhl für Ingenieurmechanik an der Technischen Hochschule in Hannover an. Kurz danach im Jahre 1904 wird er Professor für Angewandte Mechanik an der Universität Göttingen. 1925 wird er Leiter des dortigen Kaiser-Wilhelm-Instituts für Strömungsmechanik, dem heutigen Max-Planck-Institut. Er ist der Entwickler fundamentaler Ideen in der Strömungsmechanik, so z. B. der Grenzschichttheorie, und sein Name lebt in der nach ihm bekannten PRANDTLzahl fort.

Das HOOKEsche Gesetz wird ebenfalls in inkrementeller Form notiert wie folgt:

$$\dot{\sigma}_{ij} = C_{ijkl}\dot{\varepsilon}_{kl}^{\text{el}} = C_{ijkl}\left(\dot{\varepsilon}_{kl} - \dot{\varepsilon}_{kl}^{\text{pl}}\right). \tag{11.3.2}$$

Des weiteren wird eine sog. *assoziierte Fließregel* postuliert, wonach sich die plastischen Dehnraten durch Gradientenbildung aus einer skalaren Funktion ϕ berechnen lassen:

$$\dot{\varepsilon}_{kl}^{\mathrm{pl}} = \dot{\lambda} \frac{\partial \phi}{\partial \sigma_{kl}} . \tag{11.3.3}$$

Endre A. REUSS wurde am 1. Juli 1900 in Budapest geboren und starb am 10. Mai 1968 ebenda. Er arbeitete am Fachbereich für Angewandte Mechanik der Technischen Universität Budapest. Sein Name ist uns nicht nur aus der Plastizität bekannt, sondern auch aus der Homogenisierungstheorie, die dem Auffinden effektiver mechanischer Materialeigenschaften heterogener Körper dient.

Darin ist $\dot{\lambda}$ ein die Zeitabhängigkeit in sich tragender, zunächst unbekannter Faktor, für den im eindimensionalen Zugversuch (nach Einsetzen des plastischen Fließens also überhalb der ersten Fließspannung) gelten soll:

$$\dot{\sigma} = \dot{\lambda} h \quad \text{mit} \quad \sigma \geq \sigma_{\mathrm{f},0} , \tag{11.3.4}$$

mit einer skalaren, ebenfalls unbekannten Funktion h und derjenigen Spannung $\sigma_{\mathrm{f},0}$ bei der zum allerersten Mal plastisches Fließen einsetzt. Das VON MISES Kriterium aus Gleichung (11.1.1) wird im folgenden in leicht veränderter Form für die Fließfunktion konkret verwendet, es wird nämlich gesetzt:

$$\phi = \phi(\sigma, \sigma_{\mathrm{f}}) = \tfrac{1}{2} \Sigma_{rs} \Sigma_{rs} - \tfrac{1}{3} \sigma_{\mathrm{f}}^2 = 0 . \tag{11.3.5}$$

Wir müssen die sog. *Konsistenzbedingung* garantieren, was ein kapriziöser Ausdruck dafür ist, dass die Fließbedingung inkrementell zu allen Zeitpunkten identisch erfüllt sein soll:

$$\dot{\phi} = 0 \quad \Rightarrow \quad \dot{\phi}(\sigma, \sigma_{\mathrm{f}}) = \frac{\partial \phi}{\partial \sigma_{ij}} \dot{\sigma}_{ij} + \frac{\partial \phi}{\partial \sigma_{\mathrm{f}}} \dot{\sigma}_{\mathrm{f}} \equiv 0 . \tag{11.3.6}$$

Damit wird speziell mit der Annahme der VON MISES Plastizität (11.1.1) und unter Beachtung der Definitionsgleichung für den Spannungsdeviator (11.1.2):

$$\frac{\partial \phi}{\partial \sigma_{ij}} = \frac{\partial \phi}{\partial \Sigma_{rs}} \frac{\partial \Sigma_{rs}}{\partial \sigma_{ij}} = \Sigma_{rs} \left(\delta_{ri} \delta_{sj} - \tfrac{1}{3} \delta_{ni} \delta_{nj} \delta_{rs} \right) = \Sigma_{ij} \tag{11.3.7}$$

sowie aus Gleichung (11.3.5):

$$\frac{\partial \phi}{\partial \sigma_{\mathrm{f}}} = -\tfrac{2}{3} \sigma_{\mathrm{f}} . \tag{11.3.8}$$

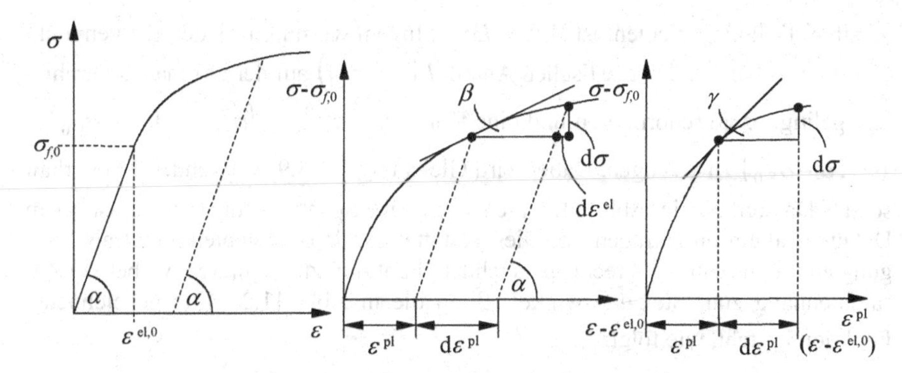

Abb. 11.2: Nichtlineare Spannungs-Dehnungskurve.

Die experimentell im eindimensionalen Zugversuch bestimmte Spannungs-Dehnungskurve wird verwendet, um den sog *Elastizitätsmodul E* sowie den *plastischen Tangentenmodul* E_{T} zu ermitteln. Der Elastizitätsmodul soll die elastischen Eigenschaften des Werkstoffes erfassen, und er entspricht im eindimensionalen Spannungs-Dehnungsdiagramm zunächst einmal der Steigung der für den HOOKEschen Bereich charakteristischen Gerade (Abb. 11.2). Der plastische Tangentenmodul hingegen soll die plastischen Eigenschaften des Werkstoffes widerspiegeln. Er hängt mit der Steigung an einen Punkt im nichtlinearen Abschnitt der Spannungs-Dehnungskurve zusammen, ist dieser aber nicht genau gleich, wie wir noch sehen werden. Im Gegensatz zum Elastizitätsmodul muss er daher als Differentialquotient definiert werden, und er ändert sich im allgemeinen von Punkt zu Punkt. Praktisch geht man bei einer gegebenen Spannungs-Dehnungscharakteristik eines Metalles so vor, dass man den HOOKEschen Bereich von der gesamten Kurve subtrahiert, so dass nurmehr der nichtlineare Teil der Spannungs-Dehnungskurve zu sehen ist und zwar angefangen von der Initialfließspannung $\sigma_{\mathrm{f},0}$ bis zu einem beliebigen Wert σ. Somit erhält man einen Plot der Größe $\sigma - \sigma_{\mathrm{f},0}$ über $\varepsilon - \varepsilon^{\mathrm{el},0}$ (Abb. 11.2, Mitte) und wir definieren:

$$E = \frac{\sigma_{\mathrm{f},0}}{\varepsilon^{\mathrm{el},0}} . \tag{11.3.9}$$

Die Abb. 11.2 (Mitte) zeigt außerdem, was passiert, wenn man bei einer Spannung oberhalb der Initialfließspannung plötzlich entlastet. Man läuft dann i. w. auf einer Gerade parallel zur HOOKEschen Gerade zurück und schneidet die Abszisse an einem von Null verschiedenem Punkt: $\varepsilon^{\mathrm{pl}}$. Dieser Punkt kennzeichnet die verbleibende plastische Dehnung und die totale Dehnung ε ist einfach die Summe aus elastischem und plastischem Dehnungsanteil $\varepsilon = \varepsilon^{\mathrm{el}} + \varepsilon^{\mathrm{pl}}$ (also die aufintegrierte, eindimensionale Form von Gleichung (11.3.1)). Ebenso findet man in einem Nachbarpunkt als verbleibende Dehnung $\mathrm{d}\varepsilon^{\mathrm{pl}}$ und das zugehörige elastische (reversible) Dehnungselement ist $\mathrm{d}\varepsilon^{\mathrm{el}} = E\mathrm{d}\sigma$. Indem wir nun für jeden Kurvenpunkt ($\varepsilon - \varepsilon^{\mathrm{el},0}$, $\sigma - \sigma_{\mathrm{f},0}$) den elastischen Anteil $E(\sigma - \sigma_{\mathrm{f},0})$ auf der Ordinate subtrahieren, gelingt es zu renormieren und eine Kurve $\left(\varepsilon - \varepsilon^{\mathrm{el},0} - E(\sigma - \sigma_{\mathrm{f},0}), \sigma - \sigma_{\mathrm{f},0}\right) = \left(\varepsilon^{\mathrm{pl}}, \sigma - \sigma_{\mathrm{f},0}\right)$ zu erzeugen. Dabei wird Gleichung (11.3.9) verwendet. Man erhält so die Darstellung in Abb. 11.2 rechts, wo die Spannung über der plastischen Dehnung allein aufgetragen ist. Dies gestattet es, den Tangentenmodul als Steigung an die in Abb. 11.2 rechts gezeichnete Funktion zu definieren, wobei ein Zusammenhang zum Steigungswinkel β an die in Abb. 11.2 Mitte gezeichneten Funktion besteht, wie folgt:

$$E_{\mathrm{T}} \sim \tan(\gamma) \quad \Rightarrow \quad E_{\mathrm{T}} = \frac{\mathrm{d}\sigma}{\mathrm{d}\varepsilon^{\mathrm{pl}}} = \frac{\dot{\sigma}}{\dot{\varepsilon}^{\mathrm{pl}}} \quad \text{und} \tag{11.3.10}$$

$$\tan(\beta) \sim \frac{\mathrm{d}\sigma}{\mathrm{d}\varepsilon^{\mathrm{el}} + \mathrm{d}\varepsilon^{\mathrm{pl}}} = \frac{\mathrm{d}\sigma/\mathrm{d}\varepsilon^{\mathrm{pl}}}{1 + \dfrac{\mathrm{d}\sigma/\mathrm{d}\varepsilon^{\mathrm{pl}}}{\mathrm{d}\sigma/\mathrm{d}\varepsilon^{\mathrm{el}}}} = \frac{E_{\mathrm{T}}}{1 + E_{\mathrm{T}}/E} = \frac{E_{\mathrm{T}} E}{E + E_{\mathrm{T}}}.$$

Somit ist der Unterschied zwischen $\tan(\beta)$ und $\tan(\gamma)$ hinfällig, wenn $E_{\mathrm{T}}/E << 1$ gilt. Beachtet man nun noch, dass gilt:

$$\Sigma_{rs}\sigma_{rs} = \Sigma_{rs}\left(\Sigma_{rs} + \tfrac{1}{3}\sigma_{nn}\delta_{rs}\right) = \Sigma_{rs}\Sigma_{rs} + \tfrac{1}{3}\sigma_{nn}\Sigma_{rr} = \Sigma_{rs}\Sigma_{rs} \tag{11.3.11}$$

und nimmt außerdem an, dass die plastisch dissipierte Energie im Eindimensionalen gleich der dissipierten Energie im Mehrdimensionalen ist (dabei ist $\sigma \equiv \sigma_{\mathrm{f}}$ die im Moment anliegende eindimensionale Spannung im plastischen Bereich, also die aktuelle Fließspannung):

$$\sigma\, \dot{\varepsilon}^{\mathrm{pl}} \equiv \sigma_{\mathrm{f}}\, \dot{\varepsilon}^{\mathrm{pl}} = \sigma_{ij}\dot{\varepsilon}_{ij}^{\mathrm{pl}}, \tag{11.3.12}$$

so lässt sich die Größe h aus Gleichung (11.3.4) identifizieren:

$$\dot{\sigma} = E_{\mathrm{T}}\dot{\varepsilon}^{\mathrm{pl}} = E_{\mathrm{T}}\frac{\sigma_{ij}\dot{\varepsilon}_{ij}^{\mathrm{pl}}}{\sigma_{\mathrm{f}}} = \dot{\lambda}E_{\mathrm{T}}\frac{\sigma_{ij}\dfrac{\partial\phi}{\partial\sigma_{ij}}}{\sigma_{\mathrm{f}}} = \dot{\lambda}E_{\mathrm{T}}\frac{\sigma_{ij}\Sigma_{ij}}{\sigma_{\mathrm{f}}} = \tag{11.3.13}$$

$$\dot{\lambda}E_{\mathrm{T}}\frac{\Sigma_{ij}\Sigma_{ij}}{\sigma_{\mathrm{f}}} = \dot{\lambda}\tfrac{2}{3}\frac{E_{\mathrm{T}}\sigma_{\mathrm{f}}^2}{\sigma_{\mathrm{f}}} = \dot{\lambda}\tfrac{2}{3}E_{\mathrm{T}}\sigma_{\mathrm{f}} \quad \Rightarrow \quad h = \tfrac{2}{3}E_{\mathrm{T}}\sigma_{\mathrm{f}}.$$

Mithin darf man an Stelle von Gleichung (11.3.4) schreiben:

$$\dot{\sigma} = \dot{\lambda}\tfrac{2}{3}E_{\mathrm{T}}\sigma_{\mathrm{f}}, \tag{11.3.14}$$

eine Gleichung, die – für bekanntes und festes $\dot{\lambda}$ – die Zeitunabhängigkeit der hier vorgestellten Theorie deutlich werden lässt. Im folgenden wird $\dot{\lambda}$ identifiziert. Man startet von der Konsistenzbedingung (11.3.6) und setzt sukzessive die soeben abgeleiteten Gleichungen (11.3.3 / 7 / 8 / 14) ein:

$$0 = \frac{\partial \phi}{\partial \sigma_{ij}} \dot{\sigma}_{ij} + \frac{\partial \phi}{\partial \sigma_{\mathrm{f}}} \dot{\sigma} = \Sigma_{ij} \dot{\sigma}_{ij} - \tfrac{2\sigma_{\mathrm{f}}}{3} \dot{\sigma} = \Sigma_{ij} C_{ijkl} \left(\dot{\varepsilon}_{ij} - \dot{\varepsilon}_{ij}^{\mathrm{pl}} \right) - \tag{11.3.15}$$

$$\tfrac{2\sigma_{\mathrm{f}}}{3} \dot{\sigma} = \Sigma_{ij} C_{ijkl} \left(\dot{\varepsilon}_{kl} - \dot{\lambda} \frac{\partial \phi}{\partial \sigma_{kl}} \right) - \dot{\lambda} \tfrac{4E_{\mathrm{T}}}{9} \sigma_{\mathrm{f}}^2 = \Sigma_{ij} C_{ijkl} \left(\dot{\varepsilon}_{kl} - \dot{\lambda} S_{kl} \right) - \dot{\lambda} \tfrac{4E_{\mathrm{T}}}{9} \sigma_{\mathrm{f}}^2 .$$

Mithin folgt als Endergebnis:

$$\dot{\lambda} = \frac{\Sigma_{rs} C_{rstu} \dot{\varepsilon}_{tu}}{\Sigma_{op} C_{opmn} \Sigma_{mn} + \frac{4}{9} E_{\mathrm{T}} \sigma_{\mathrm{f}}^2} \Rightarrow \dot{\varepsilon}_{kl}^{\mathrm{pl}} = \frac{\Sigma_{rs} C_{rstu} \Sigma_{kl} \dot{\varepsilon}_{tu}}{\Sigma_{op} C_{opmn} \Sigma_{mn} + \frac{4}{9} E_{\mathrm{T}} \sigma_{\mathrm{f}}^2}, \tag{11.3.16}$$

was in Gleichung (11.3.2) eingesetzt auf folgendes Resultat führt:

$$\dot{\sigma}_{ij} = \left(C_{ijkl} - \frac{C_{ijrs} \Sigma_{rs} \Sigma_{uv} C_{uvkl}}{\Sigma_{op} C_{opmn} \Sigma_{mn} + \frac{4}{9} E_{\mathrm{T}} \sigma_{\mathrm{f}}^2} \right) \dot{\varepsilon}_{kl} . \tag{11.3.17}$$

Dies sind die PRANDTL-REUSS Gleichungen für ein Material mit linear-elastisch *anisotropem* Verhalten. Man schreibt kurz:

$$\dot{\sigma}_{ij} = C_{ijkl}^{\mathrm{ep}} \, \dot{\varepsilon}_{kl} \tag{11.3.18}$$

mit der sog. *elastisch-plastischen Steifigkeitsmatrix*:

$$C_{ijkl}^{\mathrm{ep}} = C_{ijkl} - \frac{C_{ijrs} \Sigma_{rs} \Sigma_{uv} C_{uvkl}}{\Sigma_{op} C_{opmn} \Sigma_{mn} + \frac{4}{9} E_{\mathrm{T}} \sigma_{\mathrm{f}}^2} . \tag{11.3.19}$$

Mithin muss man in jedem inkrementellen Lastschritt ein (differentielles) Problem lösen, das den LAMÉ-NAVIERschen Gleichungen aus Abschnitt 6.2 mathematisch gesehen entspricht. Für ein bzgl. des linear-elastischen Anteils isotropes Material vereinfachen sich die Gleichungen unter Verwendung der Beziehung

$$C_{ijkl} = \lambda \delta_{ij} \delta_{kl} + \mu \left(\delta_{ik} \delta_{jl} + \delta_{il} \delta_{jk} \right) \tag{11.3.20}$$

wie folgt (man beachte die Spurfreiheit $S_{rr} = 0$ sowie die Symmetrie $S_{ij} = S_{ji}$ des Spannungsdeviators):

$$C_{ijrs} \Sigma_{rs} \Sigma_{uv} C_{uvkl} = \lambda \delta_{ij} \Sigma_{rr} \Sigma_{uv} C_{uvkl} + \mu \left(\Sigma_{ij} + \Sigma_{ji} \right) \mu \left(\Sigma_{kl} + \Sigma_{lk} \right) =$$

$$4\mu^2 \Sigma_{ij}\Sigma_{kl} = \Sigma_{op} C_{opmn} \Sigma_{mn} = \lambda \Sigma_{oo} \Sigma_{mn} + \mu\left(\Sigma_{nm} + \Sigma_{mn}\right)\Sigma_{mn} = \tag{11.3.21}$$

$$2\mu \Sigma_{mn}\Sigma_{mn} = \tfrac{4}{3}\mu\sigma_{\mathrm{f}}^2$$

also:

$$\dot{\sigma}_{ij} = \left(C_{ijkl} - \frac{9\mu^2 \Sigma_{ij}\Sigma_{kl}}{\left(3\mu + E_T\right)\sigma_{\mathrm{f}}^2} \right) \dot{\varepsilon}_{kl} = \left(C_{ijkl} - \frac{3\mu \Sigma_{ij}\Sigma_{kl}}{\left(1 + \frac{E_T}{3\mu}\right)\sigma_{\mathrm{f}}^2} \right) \dot{\varepsilon}_{kl} \,. \tag{11.3.22}$$

Abschließend sei nochmals darauf hingewiesen, dass man für die Fließspannung nach VON MISES auch schreiben darf (vgl. Gleichung (11.1.1)):

$$\sigma_{\mathrm{f}}\left(\varepsilon^{\mathrm{pl}}\right) = \sqrt{\tfrac{3}{2}\Sigma_{ij}\Sigma_{ij}} \,. \tag{11.3.23}$$

Für die *äquivalente plastische Dehnungsrate* ergibt sich hingegen mit Hilfe der Gleichungen (11.3.7 / 10 / 14 / 13):

$$\dot{\varepsilon}_{kl}^{\mathrm{pl}}\dot{\varepsilon}_{kl}^{\mathrm{pl}} = \dot{\lambda}^2 \frac{\partial\phi}{\partial\sigma_{kl}}\frac{\partial\phi}{\partial\sigma_{kl}} = \dot{\lambda}^2 \Sigma_{kl}\Sigma_{kl} = \dot{\lambda}^2 \tfrac{2}{3}\sigma_{\mathrm{f}}^2 = \tfrac{2}{3}\frac{\dot{\sigma}^2}{E_{\mathrm{T}}^2\sigma_{\mathrm{f}}^2}\sigma_{\mathrm{f}}^2 = \tfrac{3}{2}\left(\dot{\varepsilon}^{\mathrm{pl}}\right)^2$$

$$\Rightarrow \quad \dot{\varepsilon}^{\mathrm{pl}} = \sqrt{\tfrac{2}{3}\dot{\varepsilon}_{kl}^{\mathrm{pl}}\dot{\varepsilon}_{kl}^{\mathrm{pl}}} \tag{11.3.24}$$

also gerade der inverse Vorfaktor wie bei der Vergleichsspannung (11.1.1). Man kann den letzten Ausdruck noch nach der „Zeit“ integrieren:

$$\varepsilon_{\mathrm{äq}}^{\mathrm{pl}} = \int \dot{\varepsilon}^{\mathrm{pl}}\,\mathrm{d}t = \int \sqrt{\tfrac{2}{3}\dot{\varepsilon}_{kl}^{\mathrm{pl}}\dot{\varepsilon}_{kl}^{\mathrm{pl}}}\,\mathrm{d}t \tag{11.3.25}$$

und so die sich im Laufe der Belastung ansammelnde *äquivalente plastische Dehnung* berechnen.

Übung 11.3.1: ***Eindimensionaler plastisch fließender Zugstab***

Ein unter eindimensionalem Spannungszustand (in x_1-Richtung) stehender schlanker Zugstab wird über die Initialfließspannung hinausgehend mit einer zeitlich veränderlichen, monoton ansteigenden Spannungsrate $\dot{\sigma}$ belastet. Man nehme an, dass es sich um ein elastisch isotropes Material handelt und zeige, dass gilt:

$$\dot{\varepsilon}_{11} = \frac{1}{3k} \frac{\lambda + \mu - \dfrac{\mu/3}{1+E_{\mathrm{T}}/(3\mu)}}{\mu\left(1 - \dfrac{1}{1+E_{\mathrm{T}}/(3\mu)}\right)} \dot{\sigma} , \tag{11.3.26}$$

$$\dot{\varepsilon}_{22} = \dot{\varepsilon}_{33} = -\frac{1}{3k} \frac{\lambda + \dfrac{2\mu/3}{1+E_{\mathrm{T}}/(3\mu)}}{2\mu\left(1 - \dfrac{1}{1+E_{\mathrm{T}}/(3\mu)}\right)} \dot{\sigma} .$$

Man erläutere durch explizites Integrieren nach der Zeit für den Fall $E_{\mathrm{T}} = \text{const.}$, warum man von zeitunabhängiger, inkrementeller Plastizität spricht. Was ergibt sich für den Fall eines elastisch ideal-plastischen Materials für die Dehnraten? Man zeige außerdem, dass sich für die plastischen Dehnraten sowie für die äquivalente plastische Dehnung ergibt:

$$\dot{\varepsilon}_{ij}^{\mathrm{pl}} = \frac{\dot{\sigma}}{2E_{\mathrm{T}}} \begin{bmatrix} 2 & 0 & 0 \\ 0 & -1 & 0 \\ 0 & 0 & -1 \end{bmatrix} , \quad \dot{\varepsilon}^{\mathrm{pl}} = \frac{\dot{\sigma}}{E_{\mathrm{T}}} . \tag{11.3.27}$$

Man integriere auch hier explizit nach der Zeit für den Fall $E_{\mathrm{T}} = \text{const.}$

Übung 11.3.2: ***Plastische Dehnraten für den Fall der Hohlkugel***

Man begründe über die PRANDTL-REUSS-Gleichungen, dass die plastischen Dehnungsraten generell spurfrei sind, also gilt:

$$\dot{\varepsilon}_{kk}^{\mathrm{pl}} = 0 . \tag{11.3.28}$$

Was hat dieses Ergebnis mit Inkompressibilität zu tun? Spezialisiere nun die PRANDTL-REUSS Gleichungen auf den Fall der in Abschnitt 11.2 untersuchten, unter Innendruck plastifizierenden Hohlkugel und zeige, dass für $R_i \leq r \leq \rho$:

$$\dot{\varepsilon}_{<rr>}^{\mathrm{pl}} = \tfrac{2}{3}\left[\frac{\partial \dot{u}_{<r>}}{\partial r} - \frac{\dot{u}_{<r>}}{r}\right] , \quad \dot{\varepsilon}_{<\vartheta\vartheta>}^{\mathrm{pl}} = \dot{\varepsilon}_{<\varphi\varphi>}^{\mathrm{pl}} = -\tfrac{1}{3}\left[\frac{\partial \dot{u}_{<r>}}{\partial r} - \frac{\dot{u}_{<r>}}{r}\right] . \tag{11.3.29}$$

Zu diesem Zweck sei daran erinnert, dass im Hohlkugelfall ideale Plastizität ohne Verfestigung angenommen wurde:

$$E_{\mathrm{T}} = 0 \tag{11.3.30}$$

und dass kinematische Bedingungen in der Form (6.2.29) anzusetzen sind, diese allerdings vorab sinngemäß auf totale *Dehnraten* übertragen werden müssen. Bestätige schließlich mit Hilfe der Gleichungen (11.3.29) durch direktes Nachrechnen die allgemein gültige Gleichung (11.3.28) und zeige außerdem, dass im Falle der Hohlkugel für die äquivalente plastische Dehnung gilt:

$$\varepsilon_{\text{äq}}^{\text{pl}} = \int_{t(p_{\min})}^{t(p_\rho)} \sqrt{\tfrac{2}{3}\dot{\varepsilon}_{<kl>}^{\text{pl}}\dot{\varepsilon}_{<kl>}^{\text{pl}}}\,\mathrm{d}t = \sqrt{\tfrac{2}{3}} \int_{t(p_{\min})}^{t(p_\rho)} \sqrt{\left(\dot{\varepsilon}_{<rr>}^{\text{pl}}\right)^2 + \left(\dot{\varepsilon}_{<\vartheta\vartheta>}^{\text{pl}}\right)^2 + \left(\dot{\varepsilon}_{<\varphi\varphi>}^{\text{pl}}\right)^2}\,\mathrm{d}t =$$

$$\varepsilon_{\text{äq}}^{\text{pl}} = \tfrac{2}{3} \int_{t(p_{\min})}^{t(p_\rho)} \left[\frac{\partial \dot{u}_{<r>}}{\partial r} - \frac{\dot{u}_{<r>}}{r}\right]\mathrm{d}t = \quad , R_i \leq r \leq \rho . \tag{11.3.31}$$

Wie könnte man dieses Ergebnis weiter auswerten? Man erinnere sich nun an das HOOKEsche Gesetz für den isotropen Fall und zeige unter Verwendung der additiven Zerlegung der Dehnungsraten nach Gleichung (11.3.1), dass gelten muss:

$$\sigma_{<ij>} = \lambda \varepsilon_{<kk>}^{\text{el}}\, \delta_{<ij>} + 2\mu \varepsilon_{<ij>}^{\text{el}} = \tag{11.3.32}$$

$$\lambda\left[\varepsilon_{<kk>} - \varepsilon_{<kk>}^{\text{pl}}\right] \delta_{<ij>} + 2\mu\left[\varepsilon_{<ij>} - \varepsilon_{<ij>}^{\text{pl}}\right].$$

Man bilde die Spur dieser Gleichung und schließe unter Verwendung der Tatsache vollständiger Kugelsymmetrie und unter Beachtung der kinematischen Gleichungen (6.2.29) auf folgende Differentialgleichung für die Radialkomponente der Verschiebung:

$$\frac{\mathrm{d}u_{<r>}}{\mathrm{d}r} + 2\frac{u_{<r>}}{r} = \frac{1-2\nu}{E}\left[\sigma_{<rr>} + 2\sigma_{<\vartheta\vartheta>}\right] , \; R_i \leq r \leq \rho . \tag{11.3.33}$$

Man integriere unter Verwendung der Ausdrücke für die Spannungen im plastischen Gebiet nach Gleichung (11.2.32) und zeige durch Anpassen der resultierenden Integrationskonstante an die Lösung für die Radialverschiebung im elastischen Bereich nach Gleichung (11.2.21), dass gilt:

$$u_{<r>} = \frac{2(1-2\nu)\sigma_{\mathrm{f}}}{3E}\left[\frac{3}{2}\frac{1-\nu}{1-2\nu}\left(\frac{\rho}{r}\right)^3 - \left[1-\left(\frac{\rho}{R_a}\right)^3\right] + \ln\left(\frac{r}{\rho}\right)^3\right] r \; , \quad R_i \leq r \leq \rho . \tag{11.3.34}$$

11.4 Would you like to know more?

Auch die Plastizitätstheorie, insbesondere die hier nicht behandelte zeitabhängige, sog. visko-plastische Verformung, also das „Kriechen“, ist ein lebendiges Lehr- und Forschungsgebiete. Einen sehr guten Einstieg in die zeitunabhängige Plastizität bietet das schon erwähnte klassische Lehrbuch von Hill (1998). Das hier angesprochene Problem der Autofrettage von Hochdruckbehältern wird im Kapitel 6 bei Betten (2002) umfassender angegangen. Hier findet sich auch ein erster Einstieg in die zeitabhängige Plastizität: Kapitel 10.

Vom kontinuumsmechanischen Standpunkt gesehen, wird die Plastizitätstheorie bei Khan und Huang (1995) umfassend aufgerollt. Schließlich geht das Buch von Houlsby und Puzrin (2006) weit über die klassische Beschreibung der plastischen Deformation von Metallen hinaus. Hier finden sich auch bodenmechanische Anwendungen, und es wird besonderer Wert auf thermodynamische Zusammenhänge gelegt. Auch das Buch von Maugin (1992) kann man in gleichem Zusammenhang konsultieren.

Freund Hein schließlich doch zu begegnen, lässt sich nicht vermeiden, aber mit der Entropie können wir zumindest seine Stärke ermitteln, haben wenigstens eines seiner Geheimnisse gelüftet, und rufen ihm ein trotziges Dennoch! zu.

Anonymus

12. Entropie

12.1. Entropie in Bilanzform

Die Entropie und der zweite Hauptsatz der Thermodynamik gehören zu den physikalisch-technischen Konzepten, über die gerne viel Mystisches geschrieben wird. Das liegt wohl einerseits daran, dass die Entropie und die ihr zugeordnete Entropieproduktion relativ schwer fassbare, da abstrakte Größen sind, für die wir kein Bauchgefühl haben, anders als bei der Masse, der Geschwindigkeit oder sogar der inneren Energie und dem Wärmeübergang. Andererseits berührt die Entropie auch sehr grundsätzliche Eigenheiten unserer physikalischen Welt, nämlich ihre Vergänglichkeit und Irreversibilität, und so etwas ruft schnell Philosophen, Phantasten, Propheten und Ähnliche auf den Plan.

Diesen wollen wir uns natürlich möglichst nicht anschließen! Ganz im Gegenteil: Wir werden in diesem Kapitel zeigen, dass die Entropie ein für den Ingenieur überaus nützliches Werkzeug darstellt. Es hilft uns nämlich erstens dabei, die Anzahl nötiger kalorimetrischer Messungen zur Bestimmung der inneren Energie erheblich einzuschränken. Zweitens gelingt es mit der Entropie, die mögliche Form von Materialgleichungen, wie beispielsweise dem Wärmefluss und dem Spannungstensor, von Zustandsvariablen einzugrenzen, und drittens wird es über die Entropie möglich, den Grad der Irreversibilität eines Prozesses zu quantifizieren.

Constantin CARATHÉODORY wurde am 13. September 1873 in Berlin geboren und starb am 2. Februar 1950 in München. Er stammte zwar aus einer Diplomatenfamilie, interessierte sich aber dennoch vornehmlich für Mathematik und Ingenieurwissenschaft. So schloss er an der École Militaire de Belgique in Brüssel ein Ingenieurstudium ab und begab sich 1895 zunächst als Bauingenieur im Offiziersrang in das Osmanische Reich nach Mytilene (Lesbos), um dort das Straßennetz ausbauen zu helfen. Er führte auch Messungen im Eingang der Cheops-Pyramide durch, die er auch veröffentlichte und fasste, so sagt man, zur großen Überraschung seiner Familie den Entschluss, sich künftig ausschließlich mit der Mathematik zu beschäftigen. Deshalb ging er 1901 an die Universitäten von Berlin und Göttingen. Er avancierte schnell und folgte zahlreichen Rufen im In- und Ausland. Es ist so nicht verwunderlich, dass er fließend auf Griechisch, Französisch, Deutsch, Englisch, Italienisch und Türkisch kommunizieren konnte.

W.H. Müller, *Streifzüge durch die Kontinuumstheorie*,
DOI 10.1007/978-3-642-19870-0_12, © Springer-Verlag Berlin Heidelberg 2011

Die Frage ist jedoch, wie wir die Entropie einführen, insbesondere in einem Buch über Kontinuumstheorie, dem ein gewisser Duktus eigen sein muss. Wir können und wollen nicht mit den Maschinen, insbesondere mit dem CARNOTprozess beginnen, so wie man es gewöhnlich in einem Kurs über Technische Thermodynamik macht, wenn man die Entropie erstmalig vorstellt. Wir erwarten jedoch, dass der Leser darüber ein wenig weiß, und wenn dem nicht so ist, sich dieses Wissen aneignet. Hierzu werden an gegebener Stelle einige Literaturhinweise gegeben. In diesem Buch folgen wir stattdessen einem Weg, wie ihn Carl ECKART (1940) aufbauend auf den Schriften von Constantin CARATHÉODORY gegangen ist: Wir starten vom ersten Hauptsatz der Thermodynamik in der lokal-regulären Form nach Gleichung (6.5.5). Darin teilen wir zunächst analog zu Gleichung (11.1.2) den Spannungstensor in Druck- und Deviatoranteil auf:

$$\sigma_{ij} = -p\delta_{ij} + \Sigma_{ij} \ , \quad p = -\tfrac{1}{3}\sigma_{kk} \tag{12.1.1}$$

um zu finden, dass:

$$\rho\frac{\mathrm{d}u}{\mathrm{d}t} = -\frac{\partial q_j}{\partial x_j} - p\frac{\partial \upsilon_i}{\partial x_i} + \Sigma_{ji}\frac{\partial \upsilon_i}{\partial x_j} \,. \tag{12.1.2}$$

Nicolas Léonard Sadi CARNOT wurde am 1. Juni 1796 in Paris geboren und starb am 24. August 1832 ebenda. Er begann bereits 1812 an der École Polytechnique in Paris zu studieren, verließ sie aber 1814, um Ingenieuroffizier zu werden. Er war jedoch republikanischer Gesinnung, was im Militär zu Schwierigkeiten führte und so bat er 1819 um seine einstweilige Entlassung. Nun widmete er sich der Wissenschaft, insbesondere den Dampfmaschinen und ihrem Wirkungsgrad, was in der berühmten Schrift *Réflexions sur la puissance motrice du feu et sur les machines propres à développer cette puissance* kulminierte. Ende 1826 trat CARNOT wieder in den militärischen Dienst ein, nur um 1828 seine Uniform endgültig abzulegen. Seine Gesundheit war angeschlagen und im Juni 1832 erkrankte er an Scharlach und „Gehirnfieber". Mit nur 36 Jahren starb CARNOT schließlich während einer Cholera-Epidemie.

Indem wir noch die Massenbilanz in der Form (6.5.7) beachten, lässt sich dieses Ergebnis umschreiben in:

$$\rho\left(\frac{\mathrm{d}u}{\mathrm{d}t} + p\frac{\mathrm{d}\upsilon}{\mathrm{d}t}\right) = -\frac{\partial q_j}{\partial x_j} + \Sigma_{ji}\frac{\partial \upsilon_i}{\partial x_j} \,. \tag{12.1.3}$$

Bei der spezifischen inneren Energie nehmen wir nun an, dass sie von lediglich *zwei* Variablen abhängt, so wie es auch in Abschnitt 6.5 geschehen ist. Allerdings wählen wir aus Gründen, die gleich klar werden, für diese beiden Variablen zwei „mechanische Größen", nämlich den Druck und das spezifische Volumen:

$$u = u(p,\upsilon) \Rightarrow \frac{\mathrm{d}u}{\mathrm{d}t} = \left.\frac{\partial u}{\partial p}\right|_{\upsilon} \frac{\mathrm{d}p}{\mathrm{d}t} + \left.\frac{\partial u}{\partial \upsilon}\right|_{p} \frac{\mathrm{d}\upsilon}{\mathrm{d}t} . \tag{12.1.4}$$

Dies ergibt für die Klammer auf der linken Seite von Gleichung (12.1.3):

$$\frac{\mathrm{d}u}{\mathrm{d}t} + p\frac{\mathrm{d}\upsilon}{\mathrm{d}t} = \left.\frac{\partial u}{\partial p}\right|_{\upsilon} \frac{\mathrm{d}p}{\mathrm{d}t} + \left(\left.\frac{\partial u}{\partial \upsilon}\right|_{p} + p\right)\frac{\mathrm{d}\upsilon}{\mathrm{d}t} . \tag{12.1.5}$$

Es ist nun das Ziel, diesen Ausdruck als ein einziges totales Differential zu schreiben. Das ist immer möglich, denn dabei hilft ein Satz aus der Mathematik weiter, der auf EULER zurückgeht und als *Methode des integrierenden Faktors* bekannt ist. Zur Erinnerung: EULER betrachtete die Differentialgleichung

$$f(x,y) + g(x,y)\frac{\mathrm{d}y}{\mathrm{d}x} = 0 , \tag{12.1.6}$$

wobei $f(x,y)$ und $g(x,y)$ beliebige stetig differenzierbare Funktionen der Variablen x und y sind. Er multiplizierte nun diese Gleichung mit einer noch zu bestimmenden Funktion $\mu(x,y)$ – dem integrierenden Faktor –, so dass:

$$\mu(x,y)f(x,y) + \mu(x,y)g(x,y)\frac{\mathrm{d}y}{\mathrm{d}x} = 0 , \tag{12.1.7}$$

wobei er forderte, dass gilt:

$$\frac{\partial \varphi}{\partial x} = \mu(x,y)f(x,y) \ , \quad \frac{\partial \varphi}{\partial y} = \mu(x,y)g(x,y) \tag{12.1.8}$$

und er die Funktion $\varphi(x,y)$ als *Potentialfunktion* bezeichnete. Der Name macht unmittelbar Sinn, denn es lässt sich dann Gleichung (12.1.7) sofort in die nachstehende Form bringen:

$$\frac{\partial \varphi}{\partial x}\mathrm{d}x + \frac{\partial \varphi}{\partial y}\mathrm{d}y \equiv \mathrm{d}\varphi , \tag{12.1.9}$$

und das lässt sich sofort integrieren. In der Mathematik ist es nun ein gewisses Problem, für eine gegebene Differentialgleichung den integrierenden Faktor wirklich zu finden. Man mag ihn als Lösung der folgenden partiellen Differentialgleichung suchen:

$$\frac{\partial \mu f}{\partial y} = \frac{\partial \mu g}{\partial x} \tag{12.1.10}$$

suchen, wie sie aus Gleichung (12.1.8) bei Beachtung des Satzes von SCHWARZ sofort folgt. Es ist unmöglich, diese partielle Differentialgleichung allgemein zu lösen. Da man im konkreten Fall aber nur eine spezielle Lösung $\mu(x,y)$ benötigt, versucht man mit speziellen Ansätzen für $\mu(x,y)$ weiterzukommen. Solche Ansätze könnten beispielsweise lauten:

$$\mu = \mu(x)\ ,\quad \mu = \mu(y)\ ,\quad \mu = \mu(xy)\ ,\quad \mu = \mu\left(\tfrac{x}{y}\right)\ , \text{etc.,} \tag{12.1.11}$$

und sie sind dann nützlich, wenn sie die partielle Differentialgleichung (12.1.10) in eine gewöhnliche überführen. Offenbar funktioniert diese Vorgehensweise auch nur dann, wenn man die Funktionen $f(x,y)$ und $g(x,y)$ explizit kennt, was bei unserem physikalisch begründeten Problem (12.1.5) – außer für den Fall des idealen Gases – aber nicht der Fall ist. Wir beenden jetzt den mathematische Exkurs und wenden das Gelernte nun, so gut es geht, auf Gleichung (12.1.5) an. Es entspricht:

$$x \to p\ ,\quad y \to \upsilon\ ,\quad f \to \left.\frac{\partial u}{\partial p}\right|_{\upsilon}\ ,\quad g \to \left.\frac{\partial u}{\partial \upsilon}\right|_{p} + p\ . \tag{12.1.12}$$

Hermann Amandus SCHWARZ wurde am 25. Januar 1843 in Hermsdorf, Schlesien geboren und starb am 30. November 1921 in Berlin. An der heutigen Technischen Universität Berlin begann er das Studium der Chemie, wechselte aber bald zur Mathematik. Er promovierte 1864 und wurde bald Assistent an der Universität Halle. 1869 ging er an die Technischen Hochschule Zürich, 1875-1892 war er an der Universität Göttingen, um dann Nachfolger von WEIERSTRASS an der Universität in Berlin zu werden, wo er bis 1917 wirkte. Man sagt, dass SCHWARZ zwar eng umrissene Probleme bevorzugte, die Lösungsmethoden dann aber so ausweitete, dass sie weit über den Spezialfall hinausreichten.

Wir multiplizieren (12.1.5) mit dem integrierenden Faktor $1/T = 1/T(p,\upsilon)$ und bezeichnen das dabei resultierende Potential mit dem Symbol $s = s(p,\upsilon)$:

$$\frac{\mathrm{d}s}{\mathrm{d}t} = \frac{1}{T}\left[\left.\frac{\partial u}{\partial p}\right|_{\upsilon}\frac{\mathrm{d}p}{\mathrm{d}t} + \left(\left.\frac{\partial u}{\partial \upsilon}\right|_{p} + p\right)\frac{\mathrm{d}\upsilon}{\mathrm{d}t}\right]. \tag{12.1.13}$$

Die Wahl der Symbole ist nicht zufällig. In der Tat entspricht, wie wir in Übung 12.1.1 sehen werden, T der absoluten Temperatur und s ist die spezifische Entropie. Wir setzen das Ergebnis in Gleichung (12.1.3) ein und finden:

$$\rho T\frac{\mathrm{d}s}{\mathrm{d}t} = -\frac{\partial q_j}{\partial x_j} + \Sigma_{ji}\frac{\partial \upsilon_i}{\partial x_j}\,. \tag{12.1.14}$$

Einfaches Umformen führt auf:

$$\rho\frac{\mathrm{d}s}{\mathrm{d}t}=-\frac{\partial q_j/T}{\partial x_j}-\frac{q_j}{T^2}\frac{\partial T}{\partial x_j}+\frac{\Sigma_{ji}}{T}\frac{\partial \upsilon_i}{\partial x_j}. \tag{12.1.15}$$

Übung 12.1.1: ***Der integrierende Faktor im Fall des idealen Gases***

In der statistischen Mechanik von Vielteilchensystemen gelingt es für den Fall idealer Gasteilchen die sog. *Zustandssumme* analytisch zu ermitteln und mit ihrer Hilfe die innere Energie U als Funktion des Druckes p und des Gasvolumens V bis auf eine Konstante zu errechnen (vgl. etwa Münster (1969), §1.9):

$$U=\zeta pV+U_0\ ,\ \zeta=\left\{\begin{matrix}\frac{3}{2} & & 1-\\ \frac{5}{2} & \text{für} & 2-\\ 3 & & \text{viel}-\end{matrix}\right\}\text{atomige Teilchen}\ . \tag{12.1.16}$$

Dabei ist ζ eine Zahl, die auf den „Typ“ und die damit verbundene Anzahl von Freiheitsgraden der Bewegung der idealen Gaspartikel hinweist. Man verwende dieses Ergebnis im Kontext mit Gleichung (12.1.13), um den integrierenden Faktor $T^{-1}(p,\upsilon)$ für den Fall des idealen Gases zu ermitteln. Konkret gehe man dabei so vor, dass man Potenzansätze in folgender durch Gleichung (12.1.11) inspirierter Form ausprobiert:

$$\tfrac{1}{T}=ap^b\ ,\ \tfrac{1}{T}=a\upsilon^b\ ,\ \tfrac{1}{T}=a(p\upsilon)^b\ ,\ \tfrac{1}{T}=a\left(\tfrac{p}{\upsilon}\right)^b. \tag{12.1.17}$$

Man zeige, dass alle diese Ansätze auf Widersprüche führen, bis auf den dritten mit der Wahl $b=-1$. Somit schließen wir *aus mathematischen Gründen* auf:

$$p\upsilon=aT\ . \tag{12.1.18}$$

Nun erinnere man sich an die empirisch durch Versuche von BOYLE, GAY-LUSSAC und AMONTONS gefundene thermische Zustandsgleichung für ideale Gase (6.4.1) und schließe, dass es sich bei dem integrierenden Faktor in der Tat um die (absolute) Temperatur handeln muss und dass für den noch offen gebliebenen Faktor a gilt:

$$a=\tfrac{R}{M}\,. \tag{12.1.19}$$

Die Gleichung (12.1.15) lässt sich im Hinblick auf (3.7.3) und unter Beachtung der Massenbilanz $(3.8.3)_1$ als lokale Bilanz der Entropie in regulären Punkten interpretieren:

$$\frac{\partial\rho s}{\partial t}+\frac{\partial}{\partial x_j}\left(\rho s\upsilon_i+\frac{q_j}{T}\right)=-\frac{q_j}{T^2}\frac{\partial T}{\partial x_j}+\Sigma_{ji}\frac{\partial\upsilon_i}{\partial x_j} \tag{12.1.20}$$

bzw. wir können die Gleichung (12.1.15) auch über ein materielles System integrieren und dabei die Gleichung (3.8.20) sowie den GAUSSschen Satz (3.4.2) beachten, so dass wir auf folgende globale Bilanz kommen:

$$\frac{\mathrm{d}}{\mathrm{d}t}\iiint_{V(t)}\rho s\,\mathrm{d}V = -\oint\!\!\oint_{\partial V(t)}\frac{q_j}{T}n_j\mathrm{d}A + \iiint_{V(t)}\left(-\frac{q_j}{T^2}\frac{\partial T}{\partial x_j}+\Sigma_{ji}\frac{\partial \upsilon_i}{\partial x_j}\right)\mathrm{d}V\ . \qquad (12.1.21)$$

Der erste Term nach dem Gleichheitszeichen stellt offenbar den nichtkonvektiven *Zufluss an Entropie* dar und der zweite Term ist die *Entropieproduktion*, denn wir können weder die Entwicklung von Wärmefluss, Temperatur- als auch von Spannungsdeviator und Geschwindigkeitsgradient im Körpervolumen kontrollieren (vgl. Abschnitt 3.3 zur Festlegung des Unterschieds zwischen Produktion und Zufuhr). Diese werden sich vielmehr unter Vorgabe von Anfangs- und Randvorgaben entwickeln.

Die „hergeleiteten" Entropiebilanzen (12.1.15, 20, 21) ergaben sich im Wesentlichen aus der Annahme, dass der thermodynamische Prozess durch die beiden mechanischen, sog. *Zustandsvariablen* Druck p und (spezifisches) Volumen υ gesteuert ist. Dieses gilt es nun in zweierlei Hinsicht zu relativieren. Erstens gibt es ja nun den integrierenden Faktor $T(p,\upsilon)$ und an Stelle der beiden mechanischen Variablen ist es nunmehr möglich, einen der beiden durch eine thermodynamische Größe, nämlich die Temperatur T, zu substituieren. Als mögliche Sätze von Zustandsvariablen empfehlen sich somit (p,T) oder (υ,T). Eine solche Wahl hat bisweilen Vorteile, die wir noch erkennen werden, wenn es um die experimentelle Bestimmung der inneren Energie für nicht-ideale Materialien in der Nähe des thermodynamischen Gleichgewichts geht. Selbstverständlich setzt man bei der Substitution voraus, dass man eine Messvorschrift für die Temperatur besitzt, wie das auch im Fall des Drucks und des Volumens relativ einfach zu machen ist. Die Messvorschrift für die Temperatur ist allerdings nicht trivial und nicht unmittelbar evident.

Damit hat auch die zweite Relativierung des Ansatzes der beiden mechanischen Zustandsvariablen zu tun. Es ist nämlich keineswegs selbstverständlich, dass die spezifische innere Energie nur von zwei Zustandsvariablen abhängt. Diese Wahl ist wohl ausreichend, wenn es sich um Prozesse handelt, die nahe am thermodynamischen Gleichgewicht sind. In einem einkomponentigen Stoff im thermodynamischen Gleichgewicht ist der lokale Zustand in der Tat durch die Angabe von zwei Variablen, etwa Volumen und Druck, vollständig beschreibbar.

Ein solches Vorgehen ist Gegenstand der sog. $p\mathrm{d}\upsilon$-Thermodynamik, die überraschenderweise für eine Quantifizierung des Leistungsverhaltens auch schnell arbeitender Wärmekraftmaschinen dem Ingenieur meistens genügt. Dass diese Methode funktioniert, ist erstaunlich, denn bei solchen Prozessen treten sicher Gradienten des Drucks und der Geschwindigkeit (oder auch der Temperatur) auf, die möglicherweise wieder für die Zustandsbeschreibung wichtig sind, und die betreffenden Prozesse können auch nicht einfach umgekehrt werden, sondern verlaufen in zeitlicher Richtung irreversibel. In der Tat ist es nun so, dass auch in der Technik Prozesse auftreten, zu deren Beschreibung die $pd\upsilon$-Thermodynamik nicht ausreicht. Beispiele hierfür sind etwa Wärmeleitprobleme.

Es ist daher zu vermuten, dass i. A. die innere Energie im thermodynamischen Nichtgleichgewicht von weiteren, über Druck und Volumen (bzw. Temperatur) hinausgehenden Variablen abhängt. Die Frage ist jedoch, von welcher Form diese Abhängigkeit ist und wie man diese messen muss, insbesondere im Zusammenhang mit der nicht-mechanischen, primadonnahaften Größe Temperatur? In der Tat wäre es mathematisch ohne Probleme möglich, das oben geschilderte Verfahren des integrierenden Faktors auf mehr als zwei Variable zu verallgemeinern. Ein solches Vorgehen würde jedoch schnell zu einem unphysikalischen Formalismus erstarren, mit welchem dem Ingenieur nicht geholfen ist.

In der Literatur haben sich nun zwei Wege abgezeichnet, dieser Problematik phänomenologisch zu begegnen. Der erste ist der Weg der sog. *Thermodynamik irreversibler Prozesse*, kurz TIP, den wir weiter oben in der von ECKART aufgezeigten Form bereits beschritten haben. Hier ist die sog. Hypothese vom lokalen Gleichgewicht essentiell: Obwohl in den betrachteten Prozessen Geschwindigkeits- und Temperaturgradienten, also Nichtgleichgewichtsphänomene, eine wesentliche Rolle spielen, ist der Zustand eines materiellen Teilchens und der zu seiner Beschreibung nötigen Zustandsfunktionen, wie u. a. der spezifischen inneren Energie, lediglich durch Druck und spezifisches Volumen (bzw. als Ersatz die Temperatur) gekennzeichnet, jedenfalls wenn es sich um ein wärmeleitend-viskoses Gas bzw. eine Flüssigkeit handelt[†]. Wir werden gleich sehen, wie die TIP vorgeht, um über die Entropiebeziehungen (12.1.15 / 20 / 21) einschränkende Aussagen über die mögliche mathematische Form von Materialfunktionen wie der spezifischen inneren Energie, dem Wärmefluss und dem Spannungsdeviator zu gewinnen. Somit wird in der TIP die Entropie nicht aus reinem Selbstzweck eingeführt, sondern sie erweist uns einen *Dienst*, indem sie uns hilft, die Vermessung von Materialfunktionen auf das Notwendige zu beschränken. Außerdem, auch das werden wir sehen, erlaubt sie eine quantitative Interpretation des Zustandes eines Systems im Sinne von Ordnung resp. Unordnung und der Schwierigkeit der Umkehrbarkeit thermodynamischer Prozesse. Auch das ist nützlich für die Technik und bewahrt uns vor Schwafelei.

[†] Zur Beschreibung des Verhaltens von Festkörpern muss die Dehnung bzw. ihre Spur mit eingebracht werden, und es empfiehlt sich womöglich mit einem anderen als dem linearen Dehnungsmaß zu arbeiten. Dies wird hier nicht weiter ausgeführt.

Bernard David COLEMAN wurde 1930 geboren. Er erwarb seinen B.S. an der Indiana University im Jahre 1951. 1952 und 1953 folgten der M.S. und der Ph.D. an der Yale University. Er wurde auf diverse Professuren in Mathematik, Biologie und Chemie berufen. Seit Juli 1988 ist er J. Willard GIBBS Professor of Thermomechanics an der Rutgers University. Einer seiner wesentlichen Beiträge besteht in einer rationalen Auswertemethode des Entropieprinzips, das unter dem Namen COLEMAN-NOLL-Verfahren in der einschlägigen Literatur bekannt ist.

Der zweite Weg, der in rationaler Formulierung die gleichen Ziele verfolgt wie die TIP, sind (Material-) Theorien des thermodynamischen Nichtgleichgewichts, wie sie von Pionieren wie COLEMAN, TRUESDELL oder NOLL erstmalig formuliert wurden und in den Büchern von Haupt (2002) oder Müller (1973, 1985) zusammengestellt sind. In diesem Buch für Anfänger werden wir diese Theorien nicht näher ausführen. Nur soviel sei gesagt: Eine ihrer wesentlichen Grundlagen besteht in dem sog. *Entropieprinzip*, das wiederum als eine Abstraktion der Gleichung (12.1.21) aufgefasst werden kann. Das Entropieprinzip setzt erstens voraus, dass die Entropie eine bilanzierbare Größe ist, was durch eine globale Gleichung folgender Form zum Ausdruck kommt:

$$\frac{\mathrm{d}}{\mathrm{d}t}\iiint\limits_{V(t)}\rho s\,\mathrm{d}V = -\oint\!\!\!\oint\limits_{\partial V(t)}\phi_j n_j \mathrm{d}A + \iiint\limits_{V(t)} z\,\mathrm{d}V + \iiint\limits_{V(t)}\sigma\,\mathrm{d}V\,. \tag{12.1.22}$$

Walter NOLL wurde am 7. Januar 1925 in Berlin geboren. 1946 begann er ein Ingenieurmathematikstudium an der Technischen Universität Berlin, das er nach einem Auslandsaufenthalt in Paris 1951 mit dem Diplom abschloss. Danach war er für vier Jahre wissenschaftlicher Assistent am Lehrstuhl für Technische Mechanik von Istvan SZABO. Seine Begeisterung für Mathematik überwog, und er entschloss sich 1953, in die U.S.A. zu gehen und zwar zu TRUESDELL an die Indiana University in Bloomington, wo er seinen Ph.D. in Applied Mathematics1954 machte. 1955 immigrierte er vollständig, verbrachte das Jahr an der University of Southern California und wurde 1956 schließlich Professor am Mathematics Department der Carnegie Mellon University. Dort emeritierte er 1993. Seine großen Leistungen liegen im Grenzgebiet zwischen Mathematik und Mechanik, insbesondere in der formal-rationalen Formulierung der letzteren.

Darin sind sowohl die spezifische Entropie s, der Entropieflussvektor ϕ_j, die Volumenzufuhr an Entropie z als auch die Entropieproduktion σ (unbekannte) Materialfunktionen eines geeignet zu definierenden Variablensatzes. M. a. W: Der Entropieflussvektor ist nicht a priori gleich q_j/T und die Volumenzufuhr nicht gleich $\rho r/T$ (r: spezifische Strahlungsdichte). Dieses muss sich im Rahmen der Auswertung des Entropieprinzips erst ergeben. Bei der Auswertung ist zweitens eine wesentliche Forderung, dass die Entropieproduktion für alle thermodynamisch zulässigen Prozesse positiv-semidefinit ist:

$$\sigma \geq 0\,. \tag{12.1.23}$$

Dieses mag man als den zweiten Hauptsatz der Thermodynamik bezeichnen. Drittens ist der Entropiefluss an ruhenden wärmedurchlässigen Wänden als stetig anzusehen:

$$[\![\phi_j]\!]\, e_j = 0 . \tag{12.1.24}$$

Dieses zu fordern, ist zur Einführung der (absoluten) Temperatur im Sinne einer Messgröße wichtig.

Übung 12.1.2: ***Die Entropie des idealen Gases***

Man starte von den Gleichungen (12.1.5 / 13) und kombiniere sie zur sog. GIBBSschen Gleichung:

$$T\mathrm{d}s = \mathrm{d}u + p\,\mathrm{d}\upsilon , \tag{12.1.25}$$

wobei die spezifische Entropie s, die spezifische innere Energie u und der Druck p jeweils Funktionen von zwei Veränderlichen sein können, nämlich (p,υ) oder (p,T) oder (υ,T). Man wähle nun speziell die thermische und die kalorische Zustandsgleichung des idealen Gases nach (6.4.1) und (6.5.2) und integriere die Gleichung (12.1.25) zwischen einem Referenzzustand „0“ und einem aktuellen Zustand. Es ist zu zeigen, dass für die spezifische Entropie des idealen Gases gilt:

$$s - s_0 = \zeta \tfrac{R}{M} \ln\!\left(\tfrac{T}{T_0}\right) + \tfrac{R}{M} \ln\!\left(\tfrac{\upsilon}{\upsilon_0}\right) , \quad s - s_0 = (\zeta + 1) \tfrac{R}{M} \ln\!\left(\tfrac{T}{T_0}\right) - \zeta \tfrac{R}{M} \ln\!\left(\tfrac{p}{p_0}\right) ,$$

$$s - s_0 = \zeta \tfrac{R}{M} \ln\!\left(\tfrac{p}{p_0}\right) + (\zeta + 1) \tfrac{R}{M} \ln\!\left(\tfrac{\upsilon}{\upsilon_0}\right), \tag{12.1.26}$$

je nachdem, welche Wahl der Zustandsvariablen zur Beschreibung eines Problems besonders günstig ist.

12.2 Die Entropiekonzept als Maß für (Un-) Ordnung und (Ir-) Reversibilität

Neben seiner auf die Form von Materialgleichungen restriktiven Wirkung, birgt das Entropiekonzept die bestechende Möglichkeit in sich, den Ordnungszustand eines Systems und den Grad der Irreversibilität einer Prozessführung zu quantifizieren. Beides wollen wir anhand von einfachen Beispielen besser verstehen.

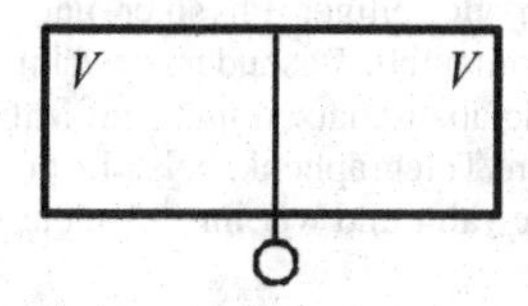

Abb. 12.1: Durch einen Schieber abgetrennte Kammerhälften.

Wir betrachten zunächst die in Abb. 12.1 dargestellte, durch einen Schieber in zwei gleichgroße Volumina V getrennte, nach außen adiabat abgeschirmte Gaskammer. In der einen Hälfte soll sich ein durch den Anfangsdruck p_A und die Anfangstemperatur T_A eindeutig gekennzeichnetes ideales Gas befinden. Sein spezifisches Volumen ist nach der thermischen Zustandsgleichung für ideale Gase (6.4.1) dann nämlich durch

$$\upsilon_A = \frac{R}{M} \frac{T_A}{p_A} \tag{12.2.1}$$

gegeben. Nun entfernen wir den Schieber. Ein turbulenter Strömungsvorgang setzt ein, und nach einiger Zeit kommt das ideale Gas durch interne Reibungsvorgänge wieder zur Ruhe. Offenbar ist dieser Vorgang irreversibel, denn „von selbst" wird das Gas sich nicht wieder in der ursprünglichen Hälfte sammeln. Wir wollen berechnen, um wieviel die Entropie nach diesem Prozess gestiegen ist. Da die Masse konstant ist, können wir genauso gut die Änderung der spezifischen Entropie berechnen und dabei Gleichung (12.1.26) nutzen. Jede der angegebenen Darstellungen kann im Prinzip verwendet werden, wobei der aktuelle Zustand durch Größen nach Eintreten von Ruhe und der 0-Zustand durch Größen am Anfang gegeben ist. Letztere sind vorgegeben, erstere müssen wir noch errechnen. Durch Anwendung des globalen Energiesatzes (vgl. die Ausführungen in Abschnitt 7.2 und in der Übung 7.2.1) auf das gesamte Volumen findet man:

$$T_E = T_A \, , \tag{12.2.2}$$

d. h. die Temperatur ändert sich nicht. Man mag das dahingehend interpretieren, dass sich das ideale Gas einerseits bei Volumenvergrößerung abkühlt und andererseits durch die Reibung wieder erwärmt. Beide Effekte sind jedoch gleich stark. Man spricht in diesem Zusammenhang auch vom sog. JOULE-THOMSON-Effekt. Für den Enddruck liefert dann die ideale Gasgleichung (6.4.1):

$$p_E = \tfrac{1}{2} p_A \, . \tag{12.2.3}$$

William THOMSON, 1. Baron KELVIN, genannt LORD KELVIN oder auch KELVIN OF LARGS wurde am 26. Juni 1824 in Belfast, Irland geboren und starb am 17. Dezember 1907 in Netherhall bei Largs, Schottland. THOMSON besuchte die Glasgow University bereits im zarten Alter von zehn Jahren. 1841 ging er nach Cambridge und erhielt seinen B.A. im Jahre 1845. 1846 wurde er Professor of Natural Philosophy an der University of Glasgow, wo er für den Rest seiner Karriere verblieb. Er war ein extrem vielseitiger Physiker und arbeitete sowohl theoretisch als auch experimentell. Besonders erwähnenswert ist sein Versuch, das Alter der Erde abzuschätzen und sein Mitwirken am Bau des ersten transatlantischen Telegraphenkabels. Er publizierte mehr als 600 Arbeiten, wurde 1851 in die Royal Society gewählt und war ihr Präsident von 1890 bis 1895.

Also wird sich die spezifische Entropie erhöhen und zwar nach $(12.1.26)_2$ um:

$$s_{\mathrm{E}} - s_{\mathrm{A}} = \zeta \tfrac{R}{M} \ln(2) . \tag{12.2.4}$$

Dass sich die Entropie *erhöht*, macht Sinn, denn der Vorgang ist ja irreversibel und wir erwarten anschaulich gesprochen eine Erniedrigung des Ordnungszustandes. Und in der Tat: Der Ordnungszustand muss sich erniedrigen, denn das Gas kann sich nach Entfernung des Schiebers ja in einem doppelt so großem Bereich ausbreiten. Das erklärt auch den Faktor 2 in Gleichung (12.2.4) und sie ist sofort im wahrscheinlichkeitstheoretischen Sinne nach BOLTZMANN zu interpretieren, der für die Entropie die berühmte Formel

$$S = k \ln(W) \tag{12.2.5}$$

angegeben hat, wonach W mit der Wahrscheinlichkeit der Realisierung von Systemzuständen zusammenhängt.

Wir wollen die Argumentation nun leicht erweitern und denken uns die bislang leere Kammerhälfte auch mit idealem Gas vom gleichen Typ gefüllt. Der Einfachheit halber sei der Schieber wärmedurchlässig, d. h. die Temperatur in beiden Hälften muss eingangs jeweils gleich T_{A} sein. Nur der Druck in der zweiten Kammerhälfte soll sich um einen positiven Faktor α unterscheiden und gleich αp_{A} sein. Wieder wird der Schieber herausgezogen, beide Gase durchmischen sich turbulent aufgrund des Druckunterschiedes, und aufgrund innerer Reibungsvorgänge tritt irgendwann wieder Ruhe ein. Wieder soll berechnet werden, um wieviel sich der Ordnungszustand, also die Entropie, geändert hat. Auch diesmal ist anschaulich klar, dass die Ordnung abgenommen, die Entropie also zugenommen haben muss, denn schließlich beobachtet man nicht, dass sich die Gase spontan in zwei Bereiche unterschiedlichen Druckzustands wieder entmischen.

Für die Rechnung ist zunächst einmal wichtig festzustellen, dass sich die Massen in beiden Kammerhälften unterscheiden: Wenn man die ideale Gasgleichung auf den Anfangszustand beider Teilhälften anwendet, so muss die Masse in der Kammer mit dem Druck αp_{A} sich um den Faktor α von der Masse m in der anderen Kammerhälfte unterscheiden. Wendet man nun den globalen Energiesatz auf die gesamte Kammer an, so ergibt sich wieder das Resultat (12.2.2), d. h. die Temperatur ändert sich durch die Durchmischung wieder nicht. Für den Enddruck findet man aus der idealen Gasgleichung:

$$p_{\mathrm{E}} = \tfrac{1+\alpha}{2} p_{\mathrm{A}} . \tag{12.2.6}$$

Für $\alpha = 0$ ist man somit wieder beim alten Fall angekommen. Mit Gleichung $(12.1.26)_3$ folgt unter Berücksichtigung der beiden unterschiedlichen Massen somit die folgende Entropieänderung:

$$\Delta S = S_{\mathrm{E}} - S_{\mathrm{A}} = m \tfrac{R}{M} \left[\ln\left(\tfrac{2}{1+\alpha}\right) + \alpha \ln\left(\tfrac{2\alpha}{1+\alpha}\right) \right] . \tag{12.2.7}$$

Dass dieser Ausdruck für alle möglichen Werte $0 \le \alpha < \infty$ stets positiv wird, ist nicht unmittelbar ersichtlich. Der praktische Ingenieur jedoch scheut und verachtet den allgemeinen mathematischen Beweis und löst das Problem graphisch: Wie Abb. 12.2 deutlich zeigt, ist der Entropiezuwachs *stets* positiv. Für den Wert $\alpha = 1$ ist er gerade Null, wie man es bei gleichem Druck in beiden Kammern auch erwartet.

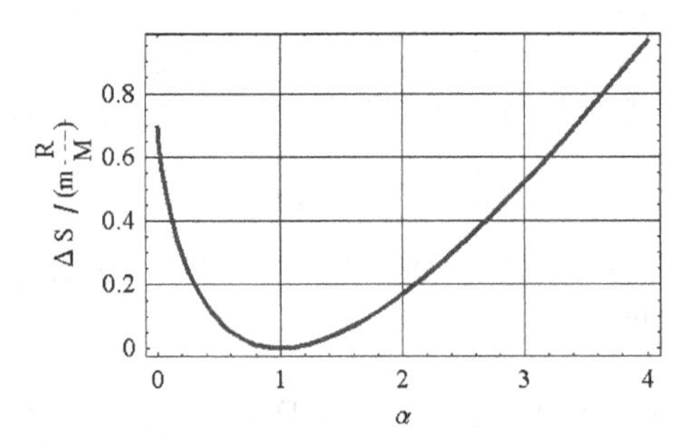

Abb. 12.2: Entropiezuwachs beim Durchmischen zweier Gase mit unterschiedlichem Anfangsdruck (siehe Text).

In einem nächsten Schritt füllen wir die beiden Kammerhälften mit zwei idealen Gasen unterschiedlichen Typs 1 bzw. 2. Dabei sollen der Einfachheit halber der Anfangsdruck und die Anfangstemperatur jeweils gleich sein. Wie man durch Anwendung der idealen Gasgleichung feststellt, hat dies zur Folge, dass die Massen in beiden Kammern zu den Molekulargewichten in folgendem Verhältnis stehen müssen:

$$\frac{m_1}{m_2} = \frac{M_1}{M_2} . \tag{12.2.8}$$

Wir ziehen nun wieder den Schieber und die beiden Gase werden ineinander diffundieren und sich schließlich homogen mischen. Der Grund hierfür ist diesmal *nicht* ein Druckunterschied. Auch ein Temperaturunterschied kann *nicht* verantwortlich gemacht werden. Wie eine tiefere Analyse im Rahmen einer Mischungstheorie zeigen würde, basiert die treibende Kraft auf unterschiedlichen, sog. *chemischen Potentialen* in beiden Kammerhälften, welche die Homogenisierung erzwingen. Wir wollen dies hier nicht weiter vertiefen, sondern phänomenologisch aus dem Bauch argumentieren, dass die Natur Zustände höherer Unordnung bevorzugt und berechnen den zugehörigen Zuwachs an Entropie mit Hilfe von Gleichung $(12.1.26)_3$ zu:

$$\Delta S = S_E - S_A = (N_1 + N_2) k \ln(2) . \tag{12.2.9}$$

Bei der Herleitung wurde die thermische Zustandsgleichung in der Form $(6.4.10)_1$ angesetzt, Gleichung (12.2.8) beachtet und außerdem verwendet, dass:

$$m_{1,2} = N_{1,2} M_{1,2} \mu_{\mathrm{H}} , \tag{12.2.10}$$

mit den beiden Teilchenzahlen $N_{1,2}$ sowie der Masse des Wasserstoffatoms μ_{H}. Offenbar wächst die Entropie linear, umso mehr Teilchen sich vermischen. Das macht Sinn, denn die Möglichkeit Unordnung zu schaffen, wird mit wachsender Teilchenzahl steigen. Andererseits führt Gleichung (12.2.9) sofort zu einem Problem, denn sie gilt in genau derselben Form, wenn man zwei Gase gleichen Typs unter gleicher Temperatur und gleichem Druck in die Kammerhälften sperrt und dann den Schieber zieht. Makroskopisch kann man dann den Ausgangs- und den Endzustand nicht unterscheiden und doch tut Gleichung (12.2.9) so, als sei dies möglich. Dieses Dilemma ist unter dem Namen GIBBSches Paradox in der Literatur bekannt. Man behauptet, dass quantenmechanische Argumente nötig wären, es zu erklären. Aber selbst wenn dies so wäre, trübt es unser Zutrauen in die Formeln (12.1.26) für die Entropieänderung ein wenig, aber trotzdem sollte es unseren gerade eben erst gewachsenen Glauben in die Nützlichkeit und Interpretierbarkeit der Entropie nicht zunichte machen. Wir wenden uns zur Bestärkung zwei weiteren komplexen Beispielen zu.

Im ersten geht es um die Berechnung der Entropiedifferenz des in Abschnitt 7.2 behandelten schwingenden Kolbens im Erdschwerefeld. Der Einfachheit halber vernachlässigen wir in den Gleichungen (7.2.22) die Masse des Gases m_{G}, den Außendruck p_0 und die spezifische Wärme c_ε des Kolbens. Dann wird:

$$z_{\mathrm{E}} = \frac{m_{\mathrm{K}} g + p_{\mathrm{A}} A \zeta}{(\zeta+1) m_{\mathrm{K}} g} z_{\mathrm{A}} , \quad T_{\mathrm{E}} = \frac{m_{\mathrm{K}} g + p_{\mathrm{A}} A \zeta}{(\zeta+1) p_{\mathrm{A}} A} T_{\mathrm{A}} . \tag{12.2.11}$$

Dieses können wir nun in Gleichung (12.1.26)1 einsetzen und den Unterschied in den spezifischen Entropien (und aufgrund der homogenen Verhältnisse somit auch die Entropiedifferenz) berechnen. Wir definieren folgenden positiven Faktor

$$0 \le x = \frac{m_{\mathrm{K}} g}{p_{\mathrm{A}} A} < \infty , \tag{12.2.12}$$

und finden so:

$$\Delta S = S_{\mathrm{E}} - S_{\mathrm{A}} = Nk\left[\zeta \ln\left(\frac{x+\zeta}{\zeta+1}\right) + \ln\left(\frac{x+\zeta}{\zeta+1}\frac{1}{x}\right)\right] . \tag{12.2.13}$$

Dass dieser Zuwachs für alle möglichen Werte von x stets positiv ist, unabhängig von der Wahl von ζ, ist wieder schwierig zu sehen, und wir helfen uns erneut mit einer graphischen Lösung: Abb. 12.3.

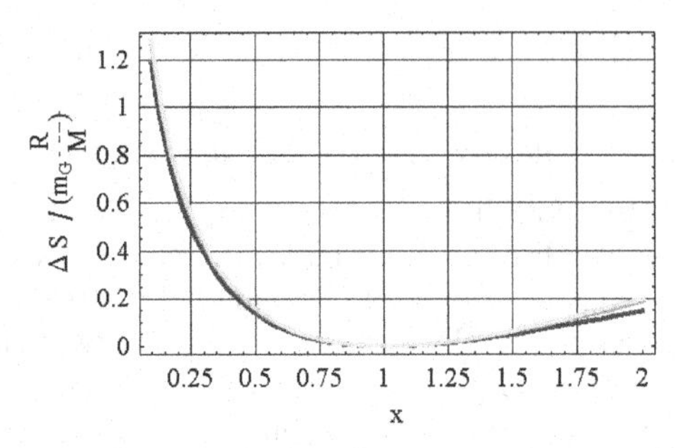

Abb. 12.3: Entropiezuwachs beim adiabat abgeschlossenen Zylinder mit fallendem schwerem Kolben über einem Gas (siehe Text).

Man erkennt, dass die Kurven stets positiv sind und für die möglichen Wahlen von ζ fast zusammenfallen. Ferner ergibt sich für $x=1$ die Entropiedifferenz Null. Auch das leuchtet ein, denn dann besteht für den Kolben kein Grund sich überhaupt zu bewegen. Mithin führt auch ein leichter Unterschied zwischen Gas- und Kolbendruck zu nahezu keinem Entropiezuwachs. Das bekräftigt den Status unserer alternativen Rechnung mit Hilfe der Adiabatengleichung aus Abschnitt 7.2. Die Adiabatengleichung (6.5.29) ist ja eine Konsequenz der $p\mathrm{d}\upsilon$-Thermodynamik, die, wie weiter oben besprochen, ja quasi reversibel ist.

Das zweite Beispiel fußt auf Übung 7.2.1 und untersucht den Entropiezuwachs beim turbulenten Durchmischen zweier eingangs unter unterschiedlichem Druck aber gleicher Temperatur stehender Gase, ebenfalls in Form einer Übung.

Übung 12.2.1: ***Entropiezuwachs nach Durchmischen des Inhalts zweier Druckkammern***

Man zeige mit den Ergebnissen (7.2.29) aus Übung 7.2.1 und unter Verwendung der beiden folgenden positiven, dimensionslosen Parameter

$$0 \leq x = \frac{V_2^{\mathrm{st}}}{V_1^{\mathrm{st}}} < \infty \quad , \quad 0 \leq y = \frac{N_2}{N_1} < \infty \tag{12.2.14}$$

durch Einsetzen in Gleichung $(12.1.26)_1$, dass für den Entropieunterschied gilt:

$$\Delta S = S_{\mathrm{E}} - S_{\mathrm{A}} = N_1 k \left[\ln \tfrac{1+x}{1+y} + y \ln \tfrac{y(1+x)}{x(1+y)} \right] , \tag{12.2.15}$$

je nachdem, welche Wahl der Zustandsvariablen zur Beschreibung eines Problems besonders günstig ist. Man zeige in Form einer Graphik (vgl. Abb. 7.2), dass dieser Ausdruck für alle möglichen Wahlen von x und y immer positiv ist. Man diskutiere die anschauliche Bedeutung verschwindender Entropieproduktion. Was lässt sich sagen, falls der trennende Kolben adiabat wäre?

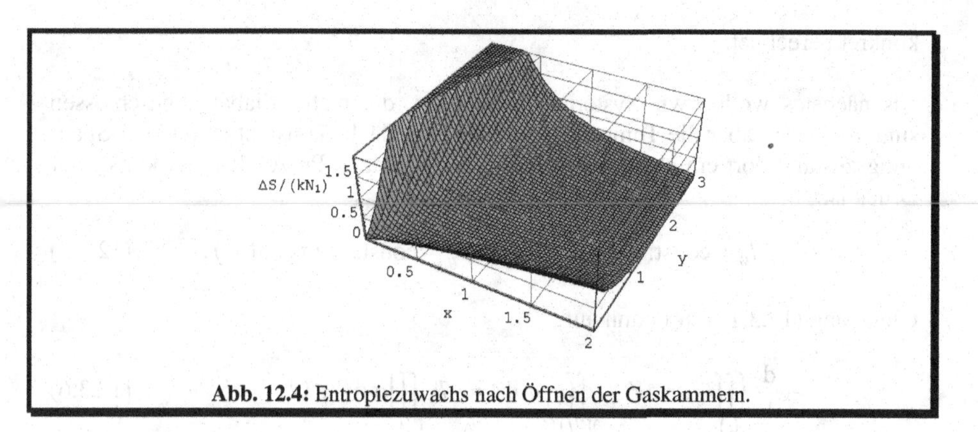

Abb. 12.4: Entropiezuwachs nach Öffnen der Gaskammern.

12.3 Globale Eigenschaften der Entropieungleichung: Die Verfügbarkeit (Availability)

Wir starten im folgenden mit der globalen Entropiebilanz (12.1.22), wobei wir annehmen wollen, dass der Entropiefluss durch q_j/T gegeben ist und keinerlei Entropiezufuhr aufgrund von Strahlung vorliegt. Dann lässt sich schreiben:

$$\frac{\mathrm{d}}{\mathrm{d}t}\iiint_{V(t)}\rho\, s\,\mathrm{d}V + \oiint_{\partial V(t)}\frac{q_j}{T}n_j\mathrm{d}A = \iiint_{V(t)}\sigma\,\mathrm{d}V \geq 0\,. \tag{12.3.1}$$

Betrachten wir als erstes ein über seine Hülle adiabat abgeschlossenes System, für das also per Definition gilt:

$$q_j \equiv 0 \quad \text{auf} \quad \partial V(t)\,, \tag{12.3.2}$$

so folgt aus (12.3.1), dass die Entropie während eines in diesem System ablaufenden Prozesses nur wachsen kann, ohne dass man klären muss, was im Inneren im Detail passiert, denn es gilt offenbar:

$$\Delta S = S_\mathrm{E} - S_\mathrm{A} = \iiint_{V(t_\mathrm{E})}\rho\, s\,\mathrm{d}V - \iiint_{V(t_\mathrm{A})}\rho\, s\,\mathrm{d}V = \int_{t_\mathrm{A}}^{t_\mathrm{E}}\iiint_{V(t)}\sigma\,\mathrm{d}V\mathrm{d}t \geq 0\,. \tag{12.3.3}$$

Hierfür haben wir im vorigen Abschnitt einige explizite Beispiele geliefert und die Entropieproduktion

$$\Sigma = \int_{t_\mathrm{A}}^{t_\mathrm{E}}\iiint_{V(t)}\sigma\,\mathrm{d}V\mathrm{d}t \tag{12.3.4}$$

konkret berechnet.

Als nächstes wollen wir Systeme untersuchen, die nicht adiabat abgeschlossen sind, bei denen aber die Temperatur auf der Oberfläche konstant ist und der Spannungszustand dort ein ebenfalls während der gesamten Prozesslaufzeit konstanter Druck ist:

$$T = T_0 = \text{const.} \quad \text{und} \quad \sigma_{ij} = -p_0 \delta_{ij} = \text{const.} \quad \text{auf} \quad \partial V(t)\,. \tag{12.3.5}$$

Gleichung (12.3.1) führt dann auf:

$$-\frac{\mathrm{d}}{\mathrm{d}t} \iiint\limits_{V(t)} T_0 \rho\, s\, \mathrm{d}V - \oiint\limits_{\partial V(t)} q_j n_j \mathrm{d}A = -T_0 \iiint\limits_{V(t)} \sigma\, \mathrm{d}V \leq 0\,. \tag{12.3.6}$$

Den Wärmefluss eliminieren wir hieraus mit dem Energiesatz (3.8.20), der sich im hier vorliegenden Fall schreibt (man beachte insbesondere die Beziehungen (7.2.8) und (7.2.11)):

$$\frac{\mathrm{d}}{\mathrm{d}t}\left(U + E_{\text{kin}} + E_{\text{pot}} + p_0 V\right) = -\oiint\limits_{\partial V(t)} q_j n_j \mathrm{d}A \tag{12.3.7}$$

mit:

$$U = \iiint\limits_{V(t)} \rho\, u\, \mathrm{d}V \;, \quad E_{\text{kin}} = \iiint\limits_{V(t)} \frac{\rho}{2} \boldsymbol{v}^2\, \mathrm{d}V \;, \quad E_{\text{pot}} = \iiint\limits_{V(t)} \rho \varphi\, \mathrm{d}V\,. \tag{12.3.8}$$

Es resultiert somit:

$$\frac{\mathrm{d}}{\mathrm{d}t}\left(U + E_{\text{kin}} + E_{\text{pot}} + p_0 V - \iiint\limits_{V(t)} T_0 \rho\, s\, \mathrm{d}V \right) = -T_0 \iiint\limits_{V(t)} \sigma\, \mathrm{d}V \leq 0\,. \tag{12.3.9}$$

Es ist üblich, die sog. *Verfügbarkeit* oder *Availability* des Systems einzuführen:

$$\mathfrak{A} = U + E_{\text{kin}} + E_{\text{pot}} + p_0 V - \iiint\limits_{V(t)} T_0 \rho\, s\, \mathrm{d}V \tag{12.3.10}$$

und offenbar versucht die Availability, in solch' einem System ein Minimum anzunehmen:

$$\Delta \mathfrak{A} = \mathfrak{A}_{\text{E}} - \mathfrak{A}_{\text{A}} = -T_0 \Sigma \leq 0\,. \tag{12.3.11}$$

In chemischen Experimenten mit offen stehenden, d. h. einem konstanten Luftdruck p_0 ausgesetzten Behältern, wo weder kinetische noch potentielle Energien sich bemerkbar machen, reduziert sich die Availability auf folgenden Ausdruck:

$$\mathfrak{A} = \iiint_{V(t)} \rho\left(u - T_0 s + p_0 \upsilon\right) \mathrm{d}V . \tag{12.3.12}$$

Dies wird gern mit der sog. GIBBSschen freien Energie (auch freie Enthalpie genannt) verwechselt, die wie folgt definiert ist:

$$G = \iiint_{V(t)} \rho\left(u - Ts + p\upsilon\right) \mathrm{d}V . \tag{12.3.13}$$

Der Unterschied besteht darin, dass hier das im Inneren des Systems jeweils *lokal* herrschende Temperatur- und Druck*feld* einzusetzen ist und nicht die während des Prozesses als konstant angenommenen entsprechenden Werte auf der Systemoberfläche. Trotzdem hört man Verfahrenstechniker oft salopp sagen, dass die GIBBSsche freie Energie in einem offenen System versucht, ein Minimum anzunehmen.

Auch abgeschlossene Systeme, d. h. Reaktionsbehälter mit unveränderlichem Volumen werden in der Chemie oft verwendet, wobei man bei ihrer mathematischen Analyse auch hier wieder kinetische und potentielle Energien während der Prozessführung vernachlässigt. Für solche Fälle vereinfacht sich Gleichung (12.3.10) zu:

$$\mathfrak{A} = \iiint_{V} \rho\left(u - T_0 s\right) \mathrm{d}V . \tag{12.3.14}$$

Dieser Ausdruck wird fälschlicherweise oft mit der sog. freien Energie gleichgesetzt, die folgendermaßen definiert ist:

$$F = \iiint_{V} \rho\left(u - Ts\right) \mathrm{d}V . \tag{12.3.15}$$

Trotz des offensichtlichen Unterschiedes zur Gleichung (12.3.14) hört man aus den Reihen der Verfahrenstechnik allzu oft den Satz, die freie Energie eines geschlossenen Systems nähme ein Minimum ein.

12.4 Reduktion der Form der Materialfunktionen für ein viskoses wärmeleitendes Fluid

Das Konzept der Entropie in Kombination mit der GIBBSschen Gleichung kann wie wir nun sehen werden, dazu verwendet werden, den Aufwand an kalorimetrischen Messungen zur Bestimmung der spezifischen inneren Energie als Funktion von zwei Zustandsvariablen deutlich zu verringern. Für kalorimetrische Messungen ist es günstig, im Zustandsvariablenpaar auf jedem Fall die Temperatur mit dabei zu haben. Konkret wählen wir daher (υ, T). In der Tat wird $u = u(T, \upsilon)$ nicht direkt gemessen, sondern über seine Ableitungen, wie es schon die Ausführungen im Abschnitt 6.5 andeuten. Wir schreiben:

$$u = u(T,\upsilon) \quad \Rightarrow \quad \mathrm{d}u(T,\upsilon) = \left.\frac{\partial u}{\partial T}\right|_{\upsilon} \mathrm{d}T + \left.\frac{\partial u}{\partial \upsilon}\right|_{T} \mathrm{d}\upsilon\,. \tag{12.4.1}$$

In der Tat können wir für viskos-wärmeleitende Gase und Flüssigkeiten also die spezifische innere Energie per Integration bis auf eine additive Konstante bestimmen, wenn wir nur die Ableitungen auf der rechten Seite der zweiten Gleichung (experimentell) ermitteln:

$$u(T,\upsilon) = \int \left.\frac{\partial u}{\partial T}\right|_{\upsilon} \mathrm{d}T + \int \left.\frac{\partial u}{\partial \upsilon}\right|_{T} \mathrm{d}\upsilon + \text{const.} \tag{12.4.2}$$

Diese Ableitungen lassen sich nämlich mit den in Abschnitt 6.5 eingeführten spezifischen Wärmen verknüpfen, und diese kennt man durch Vermessung von Temperaturänderungen bei kontrollierter Energiezufuhr in das System. In der Tat ist die erste Ableitung die bereits in Gleichung (6.5.12) eingeführte spezifische Wärme bei konstantem Volumen. Die zweite Ableitung werden wir mit den spezifischen Wärmen bei konstantem Volumen und bei konstantem Druck sowie der thermischen Zustandsgleichung in Verbindung bringen. Um zu sehen wie, starten wir vom 1. Hauptsatz für langsame Prozesse nach Gleichung (6.5.10) und ersetzen $\mathrm{d}\upsilon$ über die thermische Zustandsgleichung ($p = p(\upsilon,T) \;\Rightarrow\; \upsilon = \upsilon(T,p)$), so dass:

$$\mathrm{d}\upsilon(p,T) = \left.\frac{\partial \upsilon}{\partial T}\right|_{p} \mathrm{d}T + \left.\frac{\partial \upsilon}{\partial p}\right|_{T} \mathrm{d}p\,. \tag{12.4.3}$$

Dies führt auf:

$$-\frac{1}{\rho}\frac{\partial q_j}{\partial x_j}\mathrm{d}t = \left(c_\upsilon + \left(\left.\frac{\partial u}{\partial \upsilon}\right|_{T} + p\right)\left.\frac{\partial \upsilon}{\partial T}\right|_{p}\right)\mathrm{d}T + \left(\left.\frac{\partial u}{\partial \upsilon}\right|_{T} + p\right)\left.\frac{\partial \upsilon}{\partial p}\right|_{T} \mathrm{d}p\,. \tag{12.4.4}$$

Für $\mathrm{d}p = 0$ steht auf der linken Seite die (zugeführte) spezifische Wärme bei konstantem Druck und für diese gilt dann offenbar:

$$c_p = c_\upsilon + \left(\left.\frac{\partial u}{\partial \upsilon}\right|_{T} + p\right)\left.\frac{\partial \upsilon}{\partial T}\right|_{p} \quad \Rightarrow \quad \left.\frac{\partial u}{\partial \upsilon}\right|_{T} = \frac{c_p - c_\upsilon}{\left.\frac{\partial \upsilon}{\partial T}\right|_{p}} - p\,. \tag{12.4.5}$$

Aus (12.4.2) folgt somit:

$$u(T,\upsilon) = \int c_\upsilon \mathrm{d}T + \int \left[\frac{c_p - c_\upsilon}{\left.\frac{\partial \upsilon}{\partial T}\right|_{p}} - p\right]\mathrm{d}\upsilon + \text{const.} \tag{12.4.6}$$

und diese Gleichung zeigt explizit, dass die innere Energie in der Tat bei bekannten spezifischen Wärmen konstanten Volumens und konstanten Drucks sowie der thermischen Zustandsgleichung ermittelbar ist. Es sei darauf hingewiesen, dass die spezifischen Wärmen *für jedes Datenpaar* υ, T bekannt sein müssen. D. h. bis zum jetzigen Zeitpunkt führt kein Weg daran vorbei, die spezifischen Wärmen für jedes Datenpaar aus kalorimetrischen Messungen für jedes Gas / Flüssigkeit experimentell zu bestimmen. Das ist ein erheblicher Aufwand und experimentell nicht trivial, denn wir müssen z. B. darauf achten, dass die zugeführte Wärme wirklich der betreffenden Substanz und nicht dem Behälter, der Umgebung, etc. zugeführt wird.

Wenn wir nun jedoch das Konzept der Entropie im Zusammenhang mit der GIBBSschen Gleichung anwenden, reduziert sich dieser Messaufwand dramatisch. Wir starten mit Gleichung (12.1.25) und schreiben:

$$\mathrm{d}s(T,\upsilon)=\frac{1}{T}\big(\mathrm{d}u(T,\upsilon)+p\,\mathrm{d}\upsilon\big) \quad \Rightarrow \tag{12.4.7}$$

$$\left.\frac{\partial s}{\partial T}\right|_{\upsilon}\mathrm{d}T+\left.\frac{\partial s}{\partial \upsilon}\right|_{T}\mathrm{d}\upsilon=\frac{1}{T}\left[\left.\frac{\partial u}{\partial T}\right|_{\upsilon}\mathrm{d}T+\left(\left.\frac{\partial u}{\partial \upsilon}\right|_{T}+p\right)\mathrm{d}\upsilon\right].$$

Indem wir die entsprechenden Terme auf beiden Seiten vergleichen, finden wir, dass gelten muss:

$$\left.\frac{\partial s}{\partial T}\right|_{\upsilon}=\frac{1}{T}\left.\frac{\partial u}{\partial T}\right|_{\upsilon}\,,\quad \left.\frac{\partial s}{\partial \upsilon}\right|_{T}=\frac{1}{T}\left(\left.\frac{\partial u}{\partial \upsilon}\right|_{T}+p\right). \tag{12.4.8}$$

Wir bilden nun vom ersten Ausdruck die Ableitung nach υ und vom zweiten in Bezug auf T. Die Reihenfolge beider Ableitungen ist nach dem Satz von SCHWARZ bei stetig differenzierbaren Funktionen vertauschbar, und von dieser Eigenschaft wollen wir hier ausgehen. Damit schließt man auf:

$$\left.\frac{\partial u}{\partial \upsilon}\right|_{T}=-p+T\left.\frac{\partial p}{\partial T}\right|_{\upsilon}. \tag{12.4.9}$$

In Kombination mit Gleichung (12.4.5) schließen wir, dass es nun nicht länger nötig ist, beide spezifischen Wärmen für alle spezifischen Volumina bei einer konstanter Temperatur zu kennen bzw. zu messen, da $\left.\frac{\partial u}{\partial \upsilon}\right|_{T}$ bereits vollständig aus der als bekannt vorausgesetzten thermischen Zustandsgleichung $p=p(\upsilon,T)$ bestimmt werden kann.

Das ist aber noch nicht alles, was man aus dem Entropiekonzept und der GIBBSschen Gleichung schließen kann. Wenn wir nämlich Gleichung (12.4.9) nach T differenzieren, folgt:

$$\frac{\partial^2 u}{\partial T \partial \upsilon} = T \frac{\partial^2 p}{\partial T^2}\bigg|_{\upsilon} \equiv \frac{\partial c_{\upsilon}}{\partial \upsilon}\bigg|_{T} \Rightarrow c_{\upsilon}(\upsilon, T) = \int T \frac{\partial^2 p}{\partial T^2}\bigg|_{\upsilon} \mathrm{d}\upsilon + f(T). \quad (12.4.10)$$

Das zeigt, dass die Abhängigkeit der spezifischen Wärme bei konstantem Volumen c_{υ} vom spezifischen Volumen per Integration aus der thermischen Zustandsgleichung folgt. Also schließen wir, dass es ausreicht, c_{υ} für *ein* spezifisches Volumen υ bei *allen* Temperaturen T zu messen, um die letzte Unbekannte $f(T)$, die nur von der Temperatur T abhängt, festzulegen.

Wir wenden uns abschließend in diesem Abschnitt noch der rechten Seite der Gleichung (12.1.15) zu, und zwar insbesondere der Entropieproduktion σ, für die wir nach Gleichung (12.1.23) schreiben dürfen:

$$T\sigma = -\frac{q_j}{T}\frac{\partial T}{\partial x_j} + \Sigma_{ji}\frac{\partial \upsilon_i}{\partial x_j} \geq 0\,. \quad (12.4.11)$$

Die Positiv-Semidefinitheit der Ungleichung erfüllt man in der TIP dadurch, dass man die sog. *Flüsse* (das sind hier der Wärmefluss und der Spannungsdeviator) in *linearer* Weise zu den treibenden *Kräften* (das sind hier der Temperaturgradient und die deviatorischen Anteile des Geschwindigkeitsgradienten) folgendermaßen in Beziehung setzt:

$$q_j = -\kappa \frac{\partial T}{\partial x_j} \;, \quad \Sigma_{ji} = \mu\left(\frac{\partial \upsilon_i}{\partial x_j} + \frac{\partial \upsilon_j}{\partial x_i} - \tfrac{2}{3}\frac{\partial \upsilon_k}{\partial x_k}\delta_{ij}\right). \quad (12.4.12)$$

Dabei wurde der Symmetrie und Spurfreiheit des Spannungsdeviators Rechnung getragen. Die Wärmeleitfähigkeit κ und die Scherviskosität μ, die wir schon aus den Gleichungen (6.6.1) und (6.3.1) her kennen, sind dem Entropieprinzip gemäß zwei *positive* (eventuell temperaturabhängige) Größen. M. a. W.: Das Entropieprinzip hilft dabei, die mögliche Form von Materialfunktionen *einzuschränken*.

Andererseits kann man Gleichung (12.4.11) auch dazu nutzen, um auszurechnen, wie groß die lokale Entropieproduktion – also der Grad an lokaler Irreversibilität – ist, jedenfalls dann, wenn man die Materialfunktionen für den Wärmefluss und den Spannungsdeviator als gegeben voraussetzt und die Temperatur- und Geschwindigkeitsverteilung in dem betreffenden System als Funktion der Zeit bekannt sind. Gerade letzteres ist i. a. aber oft nicht der Fall, insbesondere dann, wenn es sich um turbulente Strömungsvorgänge handelt, so wie wir sie in den Beispielen aus Abschnitt 12.2 besprochen haben. Interessanterweise war es dort möglich, die zeitlich und örtlich *integrierte* Entropieproduktion (12.3.4) aus dem Anfangs- und Endzustand des Systems zu berechnen. Beides waren jeweils homogene *Gleichgewichtszustände*, und konkrete Ergebnisse sind in den Gleichungen (12.2.4 7 9 / 13) zusammengestellt.

Für *stationäre* Vorgänge aber ist es manchmal möglich, σ explizit zu berechnen. Ein Beispiel hierfür ist der in Übung 7.4.1 dargestellte Fall der stationären planparallelen Plattenströmung. Ohne den in der Übung geforderten Beweis zu führen, sei bemerkt, dass für die Geschwindigkeitsverteilung im laminaren Fall in kartesischen Koordinaten gilt:

$$\upsilon_i = \left(V \frac{x_2}{h}, 0, 0 \right). \tag{12.4.13}$$

Mit dem NAVIER-STOKES Gesetz folgt dann für den Spannungsdeviator und den Geschwindigkeitsgradienten:

$$\Sigma_{ji} = \begin{pmatrix} 0 & \mu \frac{V}{h} & 0 \\ \mu \frac{V}{h} & 0 & 0 \\ 0 & 0 & 0 \end{pmatrix}, \quad \frac{\partial \upsilon_i}{\partial x_j} = \begin{pmatrix} 0 & \frac{V}{h} & 0 \\ 0 & 0 & 0 \\ 0 & 0 & 0 \end{pmatrix}. \tag{12.4.14}$$

Damit ist es bereits möglich, den mechanischen Anteil der Entropieproduktion zu berechnen:

$$\Sigma_{ji} \frac{\partial \upsilon_i}{\partial x_j} = \mu \left(\frac{V}{h} \right)^2, \tag{12.4.15}$$

den thermischen jedoch noch nicht. Hierzu müssen wir noch die Wärmeleitungsgleichung, also den 1. Hauptsatz (7.5.1) für den interessierenden Fall lösen. Strahlungszufuhr r gibt es nicht, der Wärmefluss ist durch das FOURIERsche Wärmeleitungsgesetz gegeben, und die Zeitableitung der spezifischen inneren Energie verschwindet vollständig aufgrund der Stationarität und des Ansatzes (7.4.7) für die Geschwindigkeit:

$$\frac{\mathrm{d}u}{\mathrm{d}t} = \frac{\partial u}{\partial t} + \upsilon_i \frac{\partial u}{\partial x_i} = 0, \tag{12.4.16}$$

denn die innere Energie könnte aufgrund ihrer Abhängigkeit von Dichte und Temperatur ja höchstens eine Funktion der Höhe x_2 sein aber υ_2 ist ja gleich Null. Also folgt:

$$-\kappa \frac{\mathrm{d}^2 T}{\mathrm{d}x_2^2} = \mu \left(\frac{V}{h} \right)^2. \tag{12.4.17}$$

Offenbar genügen isotherme Verhältnisse dieser Differentialgleichung nicht. Vielmehr wollen wir annehmen, dass die sowohl die obere als auch die untere Platte auf einem konstanten Temperaturniveau T_0 gehalten werden. Wie man leicht nachprüft, lautet die Lösung dann:

$$T = T_0 + \frac{\mu}{2\kappa} V^2 \frac{x_2}{h}\left(1 - \frac{x_2}{h}\right). \tag{12.4.18}$$

Damit ist es nun leicht möglich, die gesamte lokale Entropieproduktion σ gemäß Gleichung (12.4.11) zu berechnen:

$$T\sigma = \left[\frac{\mu}{4\kappa}\frac{V^2}{T}\left(1 - \frac{2x_2}{h}\right)^2 + 1\right]\mu\left(\frac{V}{h}\right)^2 \geq 0 . \tag{12.4.19}$$

Offenbar ist der thermische Anteil der Entropieproduktion im Gegensatz zum mechanischen vom Ort abhängig. Um zu untersuchen, in welcher Höhe die lokale Entropieproduktion maximal ist, ist es ratsam, folgende Parameter einzuführen:

$$0 \leq \bar{x} = \frac{x_2}{h} \leq 1 \ , \ 0 \leq \alpha = \frac{\mu}{2\kappa}\frac{V^2}{T_0} < \infty \ , \ \sigma_0 = \frac{\mu}{T_0}\left(\frac{V}{h}\right)^2 . \tag{12.4.20}$$

Dann wird für die dimensionslose Temperatur:

$$\bar{T}(\bar{x}) \equiv \frac{T(x)}{T_0} = 1 + \alpha\bar{x}(1 - \bar{x}) \tag{12.4.21}$$

und für die dimensionslose Entropieproduktion:

$$\bar{\sigma}(\bar{x}) \equiv \frac{\sigma(x)}{\sigma_0} = \frac{1 + \frac{\alpha}{2} + \alpha\bar{x}(\bar{x} - 1)}{\left[1 + \alpha\bar{x}(1 - \bar{x})\right]^2} . \tag{12.4.22}$$

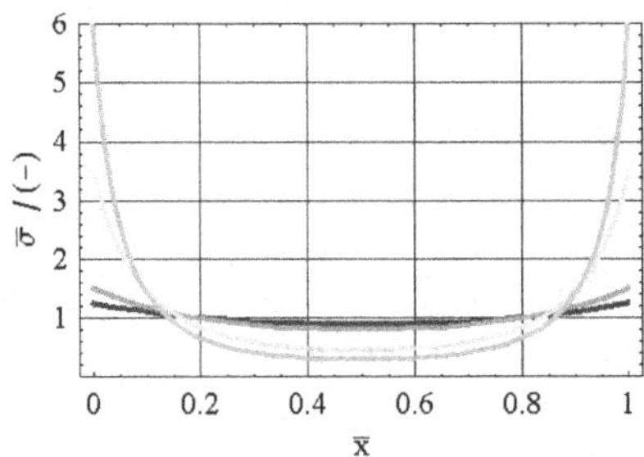

Abb. 12.5: Lokale Entropieproduktion bei der planparallelen Plattenströmung (siehe Text).

In Abb. 12.5 ist diese Funktion über $\bar{x}$ für $\alpha = 0{,}5, 1, 5$ und 10 dargestellt. Sie ist symmetrisch, wie man es aufgrund der gleichgroßen Temperaturen an der unteren und der oberen Platte auch erwartet. Auf halber Höhe ist sie jeweils minimal, um zu den Platten hin auf maximale Werte anzusteigen. Dies ist verständlich, denn dort ist der Temperaturgradient besonders stark, und in der Mitte ist er Null. Je größer α, desto mehr entfernt sich die Entropieproduktion von dem konstanten Wert σ_0. Auch das macht Sinn, denn mit fallendem α steigt der Einfluss der Plattentemperaturen, und das homogenisiert die Entropieproduktion.

Es ist interessant zu bemerken, dass in die Entropieproduktion über den Faktor α die beiden Materialparameter eingehen, die man hinter der Produktion von Entropie anschaulich auch vermuten würde, nämlich die Scherviskosität und die Wärmeleitfähigkeit. Offenbar ist ihr Einfluss trotz der linearen Materialansätze für die viskosen Spannungen und den Wärmefluss hochgradig nichtlinear.

12.5 Would you like to know more?

Eine erste Einführung in das Entropiekonzept vom Standpunkt der CARNOTmaschinen und Ingenieurthermodynamik diskreter Systeme findet man beispielsweise in Çengel und Boles (1998), Kapitel 5 und 6, Müller (1994), Kapitel 4 oder Müller und Müller (2009), Kapitel 4. Will man mehr um die kontinuumstheoretischen Aspekte des Entropieprinzips wissen, so kann man bei Müller (1973), Kapitel 4 und Müller (1985), Kapitel 5 nachschlagen. Das letztgenannte Buch kann man auch konsultieren, um CARATHÉODORYs Beitrag zum Entropiebegriff besser zu würdigen (Abschnitt 5.1.3.3) und um den Availabilitybegriff in einem umfassenderen Kontext zu erfassen (Abschnitt 7.2.2). Den traditionelle Weg des Verfahrenstechnikers und physikalischen Chemikers, der stattdessen von der Minimierung HELMHOLTZscher und GIBBSscher Funktionen redet, findet man z. B. bei Moore und Hummel (1973), pp. 102. Die Monographie von Müller und Weiss (2005) präsentiert eine umfassende Darstellung über nahezu alle Aspekte des Entropiebegriffes, kontinuumstheoretisch oder statistisch, für Gase, Flüssigkeiten und Festkörper. Auch die Availability ist dort umfassend abgehandelt: Abschnitte 7.5 /6.

Die statistische Mechanik und die Entropie der sog. grosskanonischen Gesamtheit werden bei Münster (1969) und Tolman (1979) behandelt. Die zuletzt genannte Monographie geht dabei recht schnell auch auf quantenmechanische Aspekte ein. Um die kinetische Gastheorie und ihren Entropiebegriff kennenzulernen, so wie beides von MAXWELL und insbesondere BOLTZMANN bis hin zur BOLTZMANNgleichung und dem berühmten H-Theorem vorangetrieben wurde, studiert man am besten die Bibel zu diesem Thema, d. h. das Buch von Chapman und Cowling (1939). Immer eine gute Hilfe bietet auch Becker (1975), in diesem Zusammenhang speziell das Kapitel II.

Um mehr über die klassische Thermodynamik irreversibler Prozesse (TIP) zu wissen, liest man am besten die Bücher von de Groot (1960) oder de Groot und Mazur (1984). Auch Becker (1975) gewährt hier einen ersten Einblick: Kapitel VII. Die sog. *Rationale Thermodynamik*, also über die TIP hinausgehende Erweiterungen, findet z. B. ihre Begründung in dem Buch von Truesdell (1969).

Das elektromagnetische Prinzip von SIEMENS und
die Verbrennungsmotoren von OTTO und DIESEL
haben die Welt mehr verändert als die
Theorien von MARX und LENIN.

Eberhard von KUENHEIM

13. Grundlagen der elektrodynamischen Feldtheorie

13.1 Vorbemerkungen

Als Ingenieurstudent lernt man die Grundlagen der Elektrodynamik, also i. w. die vier MAXWELLschen Gleichungen, normalerweise nicht in der Form, wie wir sie weiter unten angeben werden. Ein Grund hierfür liegt darin, dass weder der typische Elektrotechniker der Praxis noch der typische Physiker oder Kontinuumstheoretiker die Aufgabe haben, eine Materialtheorie aufzubauen, die es sich zum Ziel setzt, neben den schon bekannten fünf Feldern der Thermomechanik, also der Massendichte $\rho(\boldsymbol{x},t)$, der Geschwindigkeit $\boldsymbol{v}(\boldsymbol{x},t)$ und der Temperatur $T(\boldsymbol{x},t)$ noch zusätzlich die (unbekannten) Felder der Elektrodynamik, nämlich die *elektrische Ladungsdichte* $q(\boldsymbol{x},t)$ und den *Stromdichtevektor* $\boldsymbol{j}(\boldsymbol{x},t)$ in Verbindung mit der *elektrischen Feldstärke* $\boldsymbol{E}(\boldsymbol{x},t)$ und der *magnetischen Flussdichte* (*Induktion*) $\boldsymbol{B}(\boldsymbol{x},t)$ in allen Punkten $\boldsymbol{x}$ eines materiellen Kontinuums zu allen Zeiten t seiner Bewegung zu bestimmen. Man hilft sich hier i. a. mit einfachsten Materialansätzen oder studiert vornehmlich Probleme, bei denen die mögliche Bewegung der Materie nicht von Bedeutung ist. In solchen Fällen sind die vier MAXWELLschen Gleichungen in nachstehender Form völlig ausreichend, wie man sie z. B. in dem in Deutschland verbreiteten Buch von Becker und Sauter (1973) auf St. 142. Gleichung (7.1.4) finden kann. Die Autoren schreiben: „ ... so erhalten wir die vier bemerkenswert symmetrisch gebauten Grundgleichungen:[†]

$$\nabla \times \boldsymbol{H} = \frac{\partial \boldsymbol{D}}{\partial t} + \boldsymbol{g} \ , \ \nabla \cdot \boldsymbol{D} = \rho \ , \tag{13.1.1}$$

$$\nabla \times \boldsymbol{E} = -\frac{\partial \boldsymbol{B}}{\partial t} \ , \ \nabla \cdot \boldsymbol{B} = 0$$

als die endgültige Form der MAXWELL-Gleichungen für ruhende Medien“. Dabei fällt zunächst einmal auf, dass die Gleichungen für *ruhende* Medien gelten sollen. Wie aber lauten die Gleichungen allgemein, nämlich in Anwesenheit von bzw. für *bewegte* Materie? Dieses soll u. a. hier geklärt werden. Unter anderem deshalb,

---

[†] Becker und Sauter verwenden die Symbole ρ und $\boldsymbol{g}$ für die (freie) elektrische Ladungsdichte und den Stromdichtevektor freier Ladungsträger. Beide Symbole wurden im vorliegenden Text bereits vergeben und werden daher im Folgenden in q_f und $\boldsymbol{j}_f$ umbenannt.

W.H. Müller, *Streifzüge durch die Kontinuumstheorie*,
DOI 10.1007/978-3-642-19870-0_13, © Springer-Verlag Berlin Heidelberg 2011

weil darüber hinaus die Notwendigkeit besteht, zu verstehen, warum man eigentlich zwei „elektrische“ Felder, nämlich $\boldsymbol{E}(\boldsymbol{x},t)$ und $\boldsymbol{D}(\boldsymbol{x},t)$, und auch zwei „magnetische“ Felder, nämlich $\boldsymbol{B}(\boldsymbol{x},t)$ und $\boldsymbol{H}(\boldsymbol{x},t)$, benötigt. Anders ausgedrückt: Es ist nötig, wenigstens prinzipielle, voneinander unabhängige Messvorschriften für diese vier Felder anzugeben.

Schon jetzt sei angemerkt, dass wir in der Tat auch bei unseren Ausführungen von der elektrischen Feldstärke $\boldsymbol{E}(\boldsymbol{x},t)$ und der magnetischen Induktion $\boldsymbol{B}(\boldsymbol{x},t)$ als primären Feldgrößen ausgehen werden. Jedoch werden wir von den in obigen Gleichungen auftretenden Felder $\boldsymbol{D}(\boldsymbol{x},t)$ und $\boldsymbol{H}(\boldsymbol{x},t)$, die man in der gängigen Literatur zur Elektrodynamik als *elektrische Verschiebung* sowie *magnetische Feldstärke* bezeichnet, nicht sofort ausgehen. Bei diesen in Gleichung (13.1.1) auftretenden Feldern handelt es sich nämlich genauer gesagt um das *Ladungs-* bzw. um das *Strompotential in Materie*, und diese werden wir mit den Symbolen $\boldsymbol{\mathfrak{D}}$ und $\boldsymbol{\mathfrak{H}}$ bezeichnen, um sie vom allgemeinen Ladungs- und Strompotential $\boldsymbol{D}$ und $\boldsymbol{H}$ zu unterscheiden.

Der Grund hierfür liegt darin, dass in den MAXWELLschen Gleichungen in der Form (13.1.1) ρ die *freie Ladungsdichte* (weiter unten als $q_{\mathrm{f}}(\boldsymbol{x},t)$ bezeichnet) und $\boldsymbol{g}$ die *Stromdichte freier Ladungsträger* (im folgenden $\boldsymbol{j}_{\mathrm{f}}(\boldsymbol{x},t)$) darstellen. In einer allgemeinen Materialtheorie ist es jedoch günstiger, zunächst die *gesamte Ladungsdichte* $q(\boldsymbol{x},t)$ und die *gesamte Stromdichte* $\boldsymbol{j}(\boldsymbol{x},t)$ zu betrachten und diese erst später aufzuteilen, wobei die freie Ladungsdichte und die freie Stromdichte dann nur einer von vielen Anteilen sind. Diese Strategie hat dann aber auch andere „erzeugende“ Felder zur Folge, für die wir die Symbole $\boldsymbol{D}(\boldsymbol{x},t)$ und $\boldsymbol{H}(\boldsymbol{x},t)$ verwenden und die wir aus noch zu klärenden Gründen als *Ladungs-* bzw. *Strompotential* bezeichnen. An dieser Stelle sei bereits nochmals darauf hingewiesen, dass dieselben Symbole in der üblichen Literatur zur Elektrodynamik (etwa bei Becker und Sauter) für die oben erwähnten Ladungs- und Strompotentiale *in Materie* verwendet werden, also für $\boldsymbol{\mathfrak{D}}(\boldsymbol{x},t)$ und $\boldsymbol{\mathfrak{H}}(\boldsymbol{x},t)$. Dies ist oft verwirrend.

Hendrik Antoon LORENTZ wurde am 18. Juli 1853 in Arnheim geboren und starb am 4. Februar 1928 in Haarlem. 1870 ging er an die Universität Leiden, um Mathematik und Physik zu studieren. Danach kehrte wieder in seine Heimatstadt zurück und fand dort 1871 eine Anstellung als Lehrer. Dies gab ihm genug Zeit, an seiner Dissertation zu arbeiten, die er 1875 vollendete. Im Jahre 1878 wurde er schließlich Professor für theoretische Physik an der Universität Leiden, der er der Rest seines Lebens treu blieb. Seine großen Leistungen liegen im Gebiet der theoretischen Physik, insbesondere des Elektromagnetismus des Lichtes und der Materie. Für seine Erklärung des ZEEMAN-Effektes erhielt er zusammen mit ZEEMAN 1902 den Nobelpreis.

An gegebener Stelle werden wir Zusammenhänge zwischen $\boldsymbol{D}(\boldsymbol{x},t)$ und $\boldsymbol{\mathcal{D}}(\boldsymbol{x},t)$ sowie $\boldsymbol{H}(\boldsymbol{x},t)$ und $\boldsymbol{\mathcal{H}}(\boldsymbol{x},t)$ herleiten, die es erlauben, die eine Notation in die andere umzurechnen. Dieses muss möglich sein, denn alle Schreibweisen sind letztendlich äquivalent, und es gibt nur eine Theorie des Elektromagnetismus, die letztlich MAXWELL zu verdanken ist. Außerdem werden wir Bedingungen zwischen $\boldsymbol{E}(\boldsymbol{x},t)$ und $\boldsymbol{D}(\boldsymbol{x},t)$ einerseits sowie $\boldsymbol{B}(\boldsymbol{x},t)$ und $\boldsymbol{H}(\boldsymbol{x},t)$ andererseits angeben, die sog. MAXWELL-LORENTZ-Ätherrelationen. An der in diesem Buch bevorzugten Formulierung haben viele Forscher gearbeitet, und wir werden sie zu gegebener Zeit erwähnen.

Ferner sei gesagt, dass wir oft E_i, D_i, B_i, H_i, etc. schreiben werden. Damit meinen wir die Komponenten der entsprechenden elektromagnetischen Vektorfelder in Bezug auf ein kartesisches Koordinatensystem, dessen Achsen im Beobachtersystem ruhen. damit deutet sich aber auch schon an, dass wir auch das Transformationsverhalten aller dieser Felder sowie der MAXWELLschen Gleichungen bei Beobachterwechsel diskutieren werden müssen.

13.2 Der Erhaltungssatz für den magnetischen Fluss

In Analogie zur allgemeinen Bilanz einer über ein materielles Volumen *ohne* singuläre Fläche erklärten Felddichte $\underset{V}{\psi}$ in Gleichung (3.3.7) formulieren wir folgende allgemeine Bilanz für eine vektorielle Flussdichte γ_i, die über einer offenen materiellen Fläche S † erklärt ist, welche *nicht* von einer singulären Linie L durchzogen ist und die in Abb. 13.1 veranschaulicht ist:

$$\frac{\mathrm{d}}{\mathrm{d}t}\iint\limits_{S}\gamma_i n_i \,\mathrm{d}S = -\oint\limits_{\partial S}\phi_i\tau_i \,\mathrm{d}l + \iint\limits_{S}(p_i + s_i)\, n_i \,\mathrm{d}S \,. \tag{13.2.1}$$

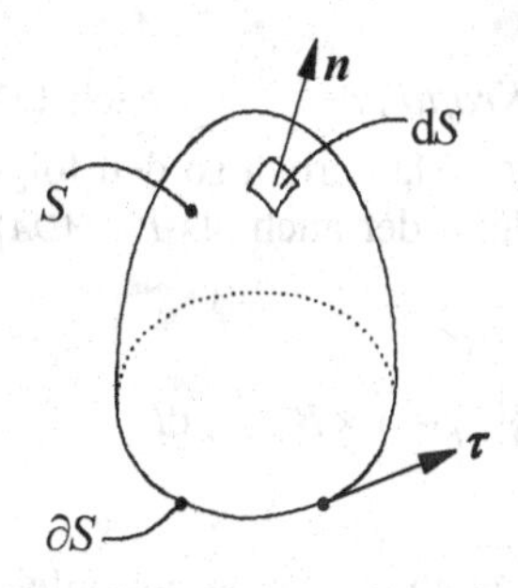

Abb. 13.1: Offene materielle Fläche ohne singuläre Linie.

† Aus didaktischen Gründen, die in Abschnitt 13.4 deutlich werden, bezeichnen wir die Fläche hier mit dem Symbol S und nicht wie in Abschnitt 3.3 mit dem Symbol A.

Wir nennen in völliger Analogie zu Abschnitt 3.3 die Vektorgröße ϕ_i den Fluss der Größe γ_i über den geschlossenen Rand (Linie) ∂S. Ferner bezeichnen p_i und s_i die vektoriellen Produktions- und Zufuhrdichten pro Flächeneinheit der Größe γ_i in der Fläche S.

Michael FARADAY wurde am 22. September 1791 in Newington, Surrey geboren und starb am 25. August 1867 in Hampton Court Green, Middlesex. Er kam aus einfachsten Verhältnissen, wurde Lehrling und entwickelte sich in autodidaktischer Weise zu einem der bedeutendsten Experimentatoren aller Zeiten. Ob er nun mehr Physiker oder Chemiker war, sei dahingestellt. Fest steht, dass er sich mit chemischen Verbindungen beschäftigte, sich optische und elektrische Versuche ausdachte, rekordierte, interpretierte und auch zur Erbauung der Öffentlichkeit vorführte. Man darf mit Fug' und Recht feststellen, dass er für die experimentelle Erforschung der elektromagnetischen Phänomene das war, was MAXWELL von theoretischer Seite her darstellte.

Wir greifen nun den folgenden Abschnitten vor und argumentieren zunächst formal, d. h. ohne uns um Messvorschriften zu kümmern, die den elektromagnetischen Feldern E_i und B_i zugrunde liegen, und sagen so: Theoretische Überlegungen, Naturbeobachtungen und gezielte Laborexperimente durch tüchtige Wissenschaftler und Entdecker wie FARADAY, MAXWELL und LORENTZ haben gezeigt, dass man im Falle des magnetischen Flusses schreiben muss:

$$\gamma_i \to B_i \ , \quad \phi_i \to E_i + (\boldsymbol{\upsilon} \times \boldsymbol{B})_i \ , \quad p_i \to 0 \ , \quad s_i \to 0 \ . \tag{13.2.2}$$

Es handelt sich aufgrund der verschwindenden Produktionsdichte beim magnetischen Fluss also offenbar um eine *Erhaltungsgröße*. Ferner nennt man die Kombination

$$\mathfrak{E}_i = E_i + (\boldsymbol{\upsilon} \times \boldsymbol{B})_i \tag{13.2.3}$$

auch die *elektromotorische Kraftdichte*, bzw. nach LORENTZ den Anteil $(\boldsymbol{\upsilon} \times \boldsymbol{B})_i$ darin auch *LORENTZkraftdichte*. Man erhält so den folgenden globalen Erhaltungssatz für den magnetischen Fluss, der auch als *FARADAYsches Induktionsgesetz* bekannt ist:

$$\frac{\mathrm{d}}{\mathrm{d}t} \iint_S B_i n_i \,\mathrm{d}S = -\oint_{\partial S} \left[E_i + (\boldsymbol{\upsilon} \times \boldsymbol{B})_i\right] \tau_i \,\mathrm{d}l \ . \tag{13.2.4}$$

Dieses Ergebnis lässt sich auch auf eine geschlossene Fläche $S \to \partial V$ mit $\partial S \to 0$ anwenden, die ein Raumvolumen V umschließt:

$$\frac{\mathrm{d}}{\mathrm{d}t} \oiint_{\partial V} B_i n_i \,\mathrm{d}A = 0 \quad \Rightarrow \quad \oiint_{\partial V} B_i n_i \,\mathrm{d}A = \mathrm{const.}_t \ . \tag{13.2.5}$$

Der Gesamtfluss durch die geschlossene Fläche ist also eine Erhaltungsgröße in der Zeit, nämlich gleich einer Konstante. Diese Konstante jedoch muss Null sein, denn irgendwann wurde das Magnetfeld ja „angeschaltet" und zuvor war der Fluss gleich Null. Wir schließen somit auf:

$$\oiint_{\partial V} B_i n_i \, \mathrm{d}A = 0 \tag{13.2.6}$$

und formen weiter mit dem GAUSSschen Satz um, wobei wir annehmen, dass im Inneren des Volumens V die magnetische Flussdichte keinerlei Unstetigkeiten aufweist:

$$\iiint_V \frac{\partial B_i}{\partial x_i} \, \mathrm{d}V = 0 \,. \tag{13.2.7}$$

Mit den üblichen Argumenten schließen wir weiter auf die lokale Gleichung

$$\frac{\partial B_i}{\partial x_i} = 0 \,, \tag{13.2.8}$$

und dies ist bereits die vierte MAXWELLsche Gleichung aus (13.1.1). Wir wenden uns nun wieder dem FARADAYschen Induktionsgesetz nach Gleichung (13.2.4) zu. In einem ersten Schritt wandeln wir die linke Seite mit Hilfe des in der nachstehenden Übung bewiesenen Transporttheorems um:

$$\frac{\mathrm{d}}{\mathrm{d}t} \iint_S B_i n_i \, \mathrm{d}S = \iint_S \left[\frac{\partial B_i}{\partial t} + \upsilon_i \frac{\partial B_k}{\partial x_k} \right] n_i \, \mathrm{d}S + \oint_{\partial S} (\boldsymbol{B} \times \boldsymbol{\upsilon})_i \, \tau_i \, \mathrm{d}l \,. \tag{13.2.9}$$

Der zweite Anteil im Flächenintegral verschwindet gemäß der MAXWELLschen Gleichung (13.2.8), entsprechende Stetigkeitseigenschaften an die magnetische Flussdichte vorausgesetzt. Ferner hebt sich das Linienintegral aufgrund der Antisymmetrieeigenschaft $\boldsymbol{B} \times \boldsymbol{\upsilon} = -\boldsymbol{\upsilon} \times \boldsymbol{B}$ des Kreuzproduktes mit dem zweiten Term auf der rechten Seite von Gleichung (13.2.4) heraus, so dass verbleibt:

$$\iint_S \frac{\partial B_i}{\partial t} n_i \, \mathrm{d}S + \oint_{\partial S} E_i \, \tau_i \, \mathrm{d}l = 0 \,. \tag{13.2.10}$$

Den zweiten Anteil wandeln wir nun mit Hilfe des STOKESschen Satzes um (für einen Beweis und die zu seiner Gültigkeit nötigen Voraussetzungen siehe die nachstehende Übung). Dabei nehmen wir an, dass das elektrische Feld E_i auf der Fläche S keinerlei Singularitäten aufweist:

$$\iint_S \left[\frac{\partial B_i}{\partial t} + (\nabla \times \boldsymbol{E})_i \right] n_i \, \mathrm{d}S = 0 \,. \tag{13.2.11}$$

Somit lässt sich wieder auf eine lokale Beziehung schließen, nämlich auf die dritte MAXWELLsche Gleichung aus (13.1.1):

$$\frac{\partial B_i}{\partial t} + (\nabla \times \boldsymbol{E})_i = 0 \,. \tag{13.2.12}$$

Übung 13.2.1: ***Der STOKESsche Satz***

Man skizziere einen Beweis für den Satz von STOKES, wonach für stetig differenzierbare Vektorfelder gilt:

$$\oint_{\partial S} \boldsymbol{\gamma} \cdot \mathrm{d}\boldsymbol{x} = \iint_S \nabla \times \boldsymbol{\gamma} \cdot \mathrm{d}A \,. \tag{13.2.13}$$

Dabei bezeichnet $\mathrm{d}\boldsymbol{x}$ ein Linienelement längs des Randes ∂S der offenen Fläche S (vgl. Abb. 13.2) und ∇ ist der Nablaoperator. Man beginne mit dem Beweis in der Ebene für ein kleines Flächenstück $\Delta S = \Delta x_1 \Delta x_2$, übertrage das Ergebnis ins Dreidimensionale und diskutiere dann den Fall beliebig berandeter offener Flächen.

Man untersuche in diesem Zusammenhang die Voraussetzungen, um nachzuprüfen, ob es sich bei dem Kraftfeld $\boldsymbol{\gamma}$ um eine konservative, also durch Ortsableitung aus einem Potential herleitbare Vektorgröße handelt. Man studiere und begründe dazu folgende Argumentationskette:

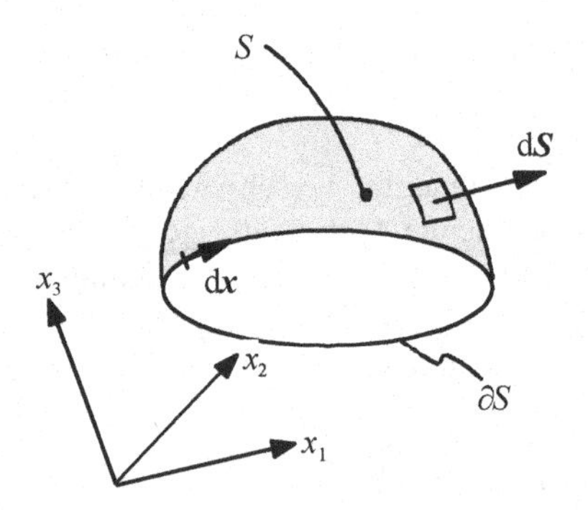

Abb. 13.2: Zum STOKESschen Satz.

Wenn $\nabla \times \boldsymbol{\gamma} = \boldsymbol{0}$, dann Wegunabhängigkeit gemäß $\oint_{\partial S} \boldsymbol{\gamma} \cdot \mathrm{d}\boldsymbol{x} = 0$, dann $\boldsymbol{\gamma} \cdot \mathrm{d}\boldsymbol{x} = \gamma_1 \mathrm{d}x_1 + \gamma_2 \mathrm{d}x_2 + \gamma_3 \mathrm{d}x_3 = -\mathrm{d}\varphi(\boldsymbol{x},t)$, dann $\gamma_i = -\partial\varphi/\partial x_i$, dann aber auch $\nabla \times \boldsymbol{\gamma} = \boldsymbol{0}$, was den logischen Kreis schließt. Man erörtere diese Schlussfolgerungen explizit am Beispiel des COULOMBfeldes einer ruhenden Punktladung, bzw. des Gravitationsfeldes um eine Punktmasse $\gamma = A\,x/|x|^3$ mit einer Konstanten A und dem vom Kraftzentrum wegweisenden Ortsvektor $x = (x_1, x_2, x_3)$. Ist es von Bedeutung, dass bei $x = 0$ eine Singularität vorliegt? Wie lautet in diesem Fall das Potential?

Übung 13.2.2: ***Transporttheorem für vektorielle Flächendichten***

Es gilt die folgende Transportgleichung für eine vektorielle Flächendichte zu beweisen:

$$\frac{\mathrm{d}}{\mathrm{d}t}\iint_S \gamma_i n_i\,\mathrm{d}A = \iint_S \left[\frac{\partial \gamma_i}{\partial t} + \upsilon_i \frac{\partial \gamma_k}{\partial x_k}\right] n_i\,\mathrm{d}A + \oint_{\partial S} (\gamma \times \upsilon)_i\,\tau_i\,\mathrm{d}l\,. \tag{13.2.14}$$

Man gehe beim Beweis wie folgt vor. In einem ersten Schritt argumentiere man, dass:

$$\frac{\mathrm{d}}{\mathrm{d}t}\iint_{S(t)} \gamma_i(x,t)\,\mathrm{d}S_i = \tag{13.2.15}$$

$$\iint_S [\gamma_i(x(X,t),t)]^{\bullet}\,\mathrm{d}S_i + \iint_S \gamma_i(x,t)\,[\mathrm{d}S_i(x(X,t),t)]^{\bullet}$$

mit dem gerichteten Flächenelement in LAGRANGEscher Darstellung:

$$\mathrm{d}S_i = n_i\,\mathrm{d}S \;\;,\;\; x = x(X,t)\,. \tag{13.2.16}$$

In einem zweiten Schritt zeige man, dass gelten muss:

$$[\mathrm{d}S_i(x(X,t),t)]^{\bullet} = \left[-\frac{\partial \upsilon_j}{\partial x_i} + \frac{\partial \upsilon_m}{\partial x_m}\delta_{ij}\right]\mathrm{d}S_j\,. \tag{13.2.17}$$

Zu diesem Zweck ist das gerichtete Flächenelement durch ein Kreuzprodukt zwischen zwei infinitesimalen mitgeschleppten Linienstücken $\mathrm{d}\overset{(1)}{x}$, $\mathrm{d}\overset{(2)}{x}$ darzustellen:

$$\mathrm{d}A_i = \left(\mathrm{d}\overset{(1)}{x} \times \mathrm{d}\overset{(2)}{x}\right)_i = \varepsilon_{ijk}\,\mathrm{d}\overset{(1)}{x}_j\,\mathrm{d}\overset{(2)}{x}_k\,, \tag{13.2.18}$$

nach der Zeit zu differenzieren und zunächst nachzuweisen, dass:

$$(\mathrm{d}x_i)^{\bullet} = \frac{\partial \upsilon_i}{\partial x_j} \mathrm{d}x_j \,. \tag{13.2.19}$$

In diesem Zusammenhang sei erneut an die LAGRANGEsche Beschreibung der Bewegung $\boldsymbol{x} = \boldsymbol{x}(\boldsymbol{X}, t)$ erinnert. Man setze die Ergebnisse in Gleichung (13.2.15) ein, forme geeignet algebraisch um, erinnere schließlich noch, dass:

$$\delta_{il}\delta_{jm} - \delta_{jl}\delta_{im} = \varepsilon_{ijk}\varepsilon_{klm} \tag{13.2.20}$$

sowie an den STOKESschen Satz aus Übung 13.2.1.

Abschließend sei in diesem Abschnitt nochmals darauf hingewiesen, dass es sich bei den Flächen S bzw. ∂V um *materielle* Gebilde handeln *kann*, also um solche, die sich mit der Geschwindigkeit eventuell vorhandener, von elektromagnetischen Feldern durchströmter Materie mitbewegen. Die Größe $\boldsymbol{\upsilon}$ aus dem Transporttheorem (13.2.14) ist dann nichts anderes als die lokale Geschwindigkeit dieser Materie. Interessanterweise sind die beiden lokalen MAXWELLschen Gleichungen (13.2.8/12) *unabhängig* von diesem Bewegungsvorgang und die Felder E_i und B_i sind dementsprechend auch in Bezug auf einen *mitbewegten* Beobachter zu messende Größen. Damit wollen wir uns im folgenden eingehender beschäftigen.

13.3 Elektrische Ladungen, Ströme, elektrische Feldstärke und magnetische Induktion

So wie die Masse ist auch die elektrische Ladung eine ursprüngliche, „primitive" Größe, die wir nicht weiter „analysieren" wollen. Die Einführung dieses Begriffes ist nötig, um gewisse Naturerscheinungen zu quantifizieren. Erklären können wir diese damit letztlich aber nicht. Vielmehr versuchen wir lediglich, einen möglichst weitreichenden, in sich abgeschlossenen und widerspruchsfreien Rahmen zu schaffen, der mathematisch erfasst werden kann und Vorhersagen erlaubt, die dann im Experiment zu überprüfen sind.

Konkret geht es im Zusammenhang mit $\boldsymbol{E}$ und $\boldsymbol{B}$ zunächst einmal um zwei Beobachtungen, bei denen *Kraftwirkungen* auftreten, die man quantifizieren will. Reibt man z. B. eine Styroporkugel mit einem Fusselfliess, so gelingt es danach, mit ihr kleine Papierschnitzel anzuziehen. Wir interpretieren diese Erscheinung dahingehend, dass wir durch die Reibung negativ geladene Elektronen von der Kugel entfernen, so dass effektiv eine positive Restladung auf ihr zurückbleibt. Diese erzeugt im Raum um die Kugel ein elektrisches Feld $\boldsymbol{E}$, welches wiederum die Papierschnitzel polarisiert und anzieht. Elektrische Ladungen Q messen wir zu Ehren ihres Entdeckers in *Coulomb* (C). Ein Coulomb ist jedoch eine riesige

Ladungsmenge, wenn man bedenkt, dass ein Elektron lediglich ein Ladungsquantum von $1{,}602 \cdot 10^{-19}\,\mathrm{C}$ mitbringt.

Charles Augustin de COULOMB wurde am 14. Juni 1736 in Angoulême geboren und starb am 23. August 1806 in Paris. Seine erste Ausbildung erhält er in Paris, er tritt dem militärischen Ingenieurcorps bei und geht für neun Jahre auf die Insel Martinique, wo er Baukonstruktionen zu beaufsichtigen hat, was ihn in ersten Kontakt mit Problemen der Materialwissenschaft und der Strukturmechanik bringt. Es wird gesagt, dass ihm sein Aufenthalt in Übersee gesundheitlich schadete, und so zieht er sich 1789 beim Ausbruch der Französischen Revolution auf das Altenteil ins französische Hinterland zurück, um weitere naturwissenschaftliche Studien zu treiben. Dem Mechaniker ist COULOMB hauptsächlich durch sein Reibungsgesetz bekannt. Neben der Mechanik jedoch haben es ihm die damals neuen Wissenszweige Elektrizität und Magnetismus besonders angetan. Berühmtheit erlangt er daher insbesondere auch durch seine experimentelle Entdeckung des quadratischen Abstandsgesetzes zur Anziehung und Abstoßung elektrischer Ladungen, analog zur Gravitation.

Wir wollen den Betrag und die Richtung des elektrischen Feldes dadurch messen, dass wir eine Probeladung bekannter Stärke Q in der Nähe der Styroporkugel anbringen und die resultierende Kraft $\boldsymbol{F}$ nach Betrag und Richtung vermessen. Damit definieren wir den Ausdruck:

$$\boldsymbol{E} = \frac{\boldsymbol{F}}{Q} . \tag{13.3.1}$$

Als zweites betrachten wir nun einen ruhenden Eisenmagneten und streuen in seiner Umgebung Eisenfeilspäne aus. Wir beobachten, dass sich diese auszurichten beginnen, und nehmen an, dass sie sich an der Richtung der Feldlinien der magnetischen Flussdichte $\boldsymbol{B}$ orientieren. Nun lassen wir in der Umgebung des Magneten einen Elektronenstrahl von gewisser elektrischer Ladung Q einfliegen, also einen „Schwarm" von Probeladungen. Wir beobachten, dass sich dieser Strahl keineswegs geradlinig bewegt, sondern von seiner ursprünglichen Richtung abgelenkt wird. Die Ursache für diese Ablenkung deuten wir als Kraftwirkung und stellen fest, dass diese umso stärker ist, je größer die Geschwindigkeit der Elektronen wird und dass sie senkrecht zum Geschwindigkeitsvektor steht. Sie steht außerdem senkrecht auf den durch die Eisenfeilspäne angedeuteten magnetischen Flusslinien. Nun nutzen wir diese Tatsachen, um eine Messvorschrift für die magnetische Flussdichte abzuleiten und zwar für Größe und Richtung des Vektors $\boldsymbol{B}$, und zwar über die zu messenden Größen Kraftvektor $\boldsymbol{F}$, Menge an sich bewegender Ladung Q sowie Geschwindigkeitsvektor $\boldsymbol{v}$ derselben, wobei gilt:

$$\frac{\boldsymbol{F}}{Q} = \boldsymbol{v} \times \boldsymbol{B} . \tag{13.3.2}$$

Wirken das elektrische Feld $\boldsymbol{E}$ und die magnetische Induktion $\boldsymbol{B}$ gemeinsam, so ist die Gesamtkraft pro Einheitsladung gegeben durch:

$$\frac{\boldsymbol{F}}{Q} = \boldsymbol{E} + \boldsymbol{\upsilon} \times \boldsymbol{B} \equiv \boldsymbol{\mathfrak{E}} , \tag{13.3.3}$$

und diese Größe haben wir in Gleichung (13.2.3) bereits als Zufluss der magnetischen Induktion über den Flächenrand verwendet und damit neu interpretiert. Natürlich sind die geschilderten Versuche mehr oder weniger idealisierende Gedankenexperimente aber sie helfen, uns an elektromagnetische Felder zu gewöhnen, für die wir, anders als bei den mechanischen Grundgrößen wie Kraft oder Masse, im Laufe unserer biologischen Evolution nur sehr wenig Gefühl entwickelt haben. Der Praktiker misst $\boldsymbol{E}$ und $\boldsymbol{B}$ selbstverständlich so nicht.

Übung 13.3.1: ***Messverfahren für E und B; elektrische Grundeinheiten***

Man konsultiere ein naturwissenschaftlich-technisches Lexikon bzw. Lehrbücher der Elektrotechnik und erläutere wie gestandene Elektroingenieure die Felder $\boldsymbol{E}$ und $\boldsymbol{B}$ messen. Es ist darauf zu achten, dass diese Messvorschriften unabhängig von der Messung von $\boldsymbol{D}$ und $\boldsymbol{H}$ sind und nicht mit Materialeigenschaften verquickt werden sollten. Erläutere anhand der obigen Ausführungen, warum sich die folgenden Einheiten ergeben:

$$\dim[\boldsymbol{E}] = \frac{\mathrm{N}}{\mathrm{C}} \;, \; \dim[\boldsymbol{B}] = \frac{\mathrm{Ns}}{\mathrm{Cm}} . \tag{13.3.4}$$

In Vorbereitung auf weiter unten durchgeführte Energiebetrachtungen für das elektromagnetische Feld sei an den folgenden Schulversuch mit einem Plattenkondensator mit nahezu homogenem elektrischen Feld E erinnert, wonach die Arbeit W eine Ladung der Stärke Q^+ von der negativen zur positiven, im Abstand d befindlichen Seite zu bringen, gegeben ist durch:

$$W = Q^+ U \;, \; E = \frac{U}{d} . \tag{13.3.5}$$

Man nennt U die *elektrische Spannung* bzw. das elektrische Potential und motiviere so die folgende allgemeine Beziehung, die völlig analog zum Begriff des aus der Mechanik bekannten konservativen Kraftfeldes ist und für den Fall homogener Verhältnisse mit Gleichung $(13.3.5)_2$ perfekt harmoniert:

$$E_i = -\frac{\partial U}{\partial x_i} . \tag{13.3.6}$$

Die Einheit der elektrischen Spannung ist das *Volt* (V). Man zeige mit Hilfe der übrigen Ergebnisse dieser Übung, dass dann gelten muss:

$$\dim[U] = \frac{\mathrm{J}}{\mathrm{C}} = \mathrm{V} \,, \dim[\boldsymbol{E}] = \frac{\mathrm{J}}{\mathrm{Cm}} = \frac{\mathrm{V}}{\mathrm{m}} \,, \dim[\boldsymbol{B}] = \frac{\mathrm{Js}}{\mathrm{Cm}^2} = \frac{\mathrm{Vs}}{\mathrm{m}^2} . \tag{13.3.7}$$

Es sei nun daran erinnert, dass ein elektrischer Strom I in *Ampere* (A) gemessen wird und physikalisch nichts anders als geflossene Ladung pro Zeiteinheit bedeutet. Man schließe aufgrund dieser Erkenntnis, dass:

$$\dim[I] = \frac{\mathrm{C}}{\mathrm{s}} = \mathrm{A}\ ,\ \dim[\boldsymbol{E}] = \frac{\mathrm{J}}{\mathrm{Cm}} = \frac{\mathrm{V}}{\mathrm{m}}\ ,\ \dim[\boldsymbol{B}] = \frac{\mathrm{J}}{\mathrm{Am}^2}\ . \tag{13.3.8}$$

13.4 Erhaltungssatz für die Gesamtladung

Der zweite Satz von MAXWELLschen Gleichungen beruht auf dem Erhaltungssatz für die Ladung innerhalb eines materiellen Volumens, das durch eine singuläre Fläche A in Bereiche ∂V^+ und ∂V^- aufgeteilt ist, so wie in der Abb. 13.3 dargestellt. Innerhalb von V^+ und V^- ist die (skalare, auf das Volumen bezogene) Ladungsdichte durch q (in $\mathrm{C/m^3}$) gegeben, auf der singulären Fläche hingegen durch die Ladungsdichte $\underset{A}{q}$ (pro Flächeneinheit in $\mathrm{C/m^2}$). Die Gesamtladung ist somit in der Nomenklatur der Gleichung (3.3.6) gegeben durch:

$$Q = \iiint\limits_{V^+ \cup V^-} q(\boldsymbol{x},t)\,\mathrm{d}V + \iint\limits_{A} \underset{A}{q}(\boldsymbol{x},t)\,\mathrm{d}S\,. \tag{13.4.1}$$

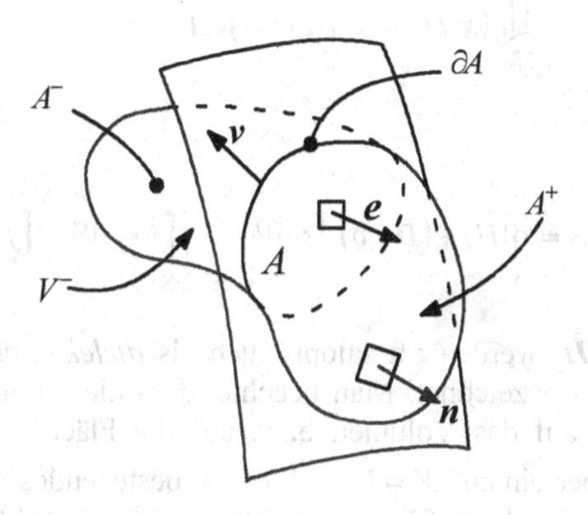

Abb. 13.3: Materielles Volumen geschnitten von singulärer Fläche.

Die Gesamtladung kann sich zeitlich ändern und zwar dadurch, dass über die Oberflächen $A^+ \cup A^- \cup \partial A$ Ströme fließen. Wir beschreiben diese gerichteten Größen durch nicht konvektive flächen- bzw. linienförmig verteilte Stromdichtevektoren $\boldsymbol{j}$ (in $\mathrm{C}/(\mathrm{m}^2 s)$) und $\underset{L}{\boldsymbol{j}}$ (in $\mathrm{C}/(\mathrm{m}s)$) und gelangen so zu dem folgenden Erhaltungssatz für die Ladung in Form einer Bilanz:

$$\frac{\mathrm{d}}{\mathrm{d}t} Q = J \quad \Leftrightarrow \tag{13.4.2}$$

$$\frac{\mathrm{d}}{\mathrm{d}t}\left[\iiint\limits_{V^+ \cup V^-} q(\boldsymbol{x},t)\,\mathrm{d}V + \iint\limits_{A} \underset{A}{q}(\boldsymbol{x},t)\,\mathrm{d}S\right] = -\iint\limits_{A^+ \cup A^-} j_i n_i\,\mathrm{d}A - \oint\limits_{\partial A} \underset{L}{j}_i \nu_i\,\mathrm{d}l\,.$$

Die Minuszeichen auf der rechten Seite sind letztlich reine Konvention. Sie lassen sich allerdings aus der Anschauung heraus motivieren, denn die Gesamtladung in einem materiellen Volumen wird sich verringern, wenn die Ströme über die Oberfläche aus dem Inneren Ladung heraustragen.

Es sei außerdem nochmals betont, dass es weder Volumenzufuhr noch -produktion von Ladungen gibt. Dies lehrt die Erfahrung, und mathematisch gesprochen bedeutet dies (vgl. die Ausführungen des Abschnitts 3.3), dass gilt:

$$\underset{V}{p} = 0 \;,\; \underset{A}{p} = 0 \;,\; \underset{V}{s} = 0 \;,\; \underset{A}{s} = 0\,. \tag{13.4.3}$$

Die Gleichung (13.4.2) wird nun formal gelöst, indem man in Bezug auf die *gesamten* Ladungen und die *gesamten* Ströme zwei vektorielle „Potentiale“, das *Ladungspotential* $\boldsymbol{D}$ und das *Strompotential* $\boldsymbol{H}$ einführt wie folgt (vgl. Abb. 13.3):

$$\oiint\limits_{\partial V} D_i n_i\,\mathrm{d}A = \iiint\limits_{V^+ \cup V^-} q(\boldsymbol{x},t)\,\mathrm{d}V + \iint\limits_{A} \underset{A}{q}(\boldsymbol{x},t)\,\mathrm{d}A \tag{13.4.4}$$

und (vgl. Abb. 13.4):

$$\frac{\mathrm{d}}{\mathrm{d}t}\iint\limits_{S} D_i n_i\,\mathrm{d}S = \oint\limits_{\partial S}\left[H_i + (\boldsymbol{D}\times\boldsymbol{v})_i\right]\tau_i\,\mathrm{d}l - \iint\limits_{S^+ \cup S^-} j_i n_i\,\mathrm{d}S - \int\limits_{L} \underset{L}{j}_i \nu_i\,\mathrm{d}l\,. \tag{13.4.5}$$

Die Größen $\boldsymbol{D}$ und $\boldsymbol{H}$ werden oft salopp auch als *dielektrische Verschiebung* und *magnetisches Feld* bezeichnet. Man beachte, dass die Ladung Q nach Gleichung (13.4.2) durch auf das Volumen bzw. auf die Fläche bezogene skalare Dichten erfasst und über ein aus $V = V^+ \cup V^- \cup A$ bestehendes materielles Volumen bilanziert wurde. An der (offenen) singulären Fläche A können die Felder der volumenbezogenen Ladungsdichte q springen, sich also unstetig verhalten. Der Strom J dagegen wurde durch vektorielle auf die Flächen- bzw. auf die Linieneinheit bezogene Stromdichten erfasst. Die auf die Fläche bezogenen Stromvektorfelder werden sich beim Übergang von A^+ zu A^- unstetig verhalten, d. ∂A.

Analoge Bemerkungen gelten im Zusammenhang mit Gleichung (13.4.5) und Abb. 13.4. Man beachte außerdem, dass die offene singuläre Linie L einen Teil des Randes ∂A darstellt. Erweitert man also die offenen Flächen S^+ und S^- dergestalt, dass sie sich auf A^+ und A^- vergrößern, dann bilden sie zusammen mit der dann ebenfalls geschlossenen Linie $L \to \partial A$ ein geschlossenes Volumen ∂V. Von diesem Grenzprozess werden wir gleich noch Gebrauch machen. Es sei abschließend noch daran erinnert, dass sich sowohl die singuläre Linie als auch die singuläre Fläche mit einer ihr eigenen, von der materiellen Geschwindigkeit der Teilchen unabhängigen Geschwindigkeit $\boldsymbol{w}$ bewegen dürfen. Es sind also nicht unbedingt materielle Gebilde.

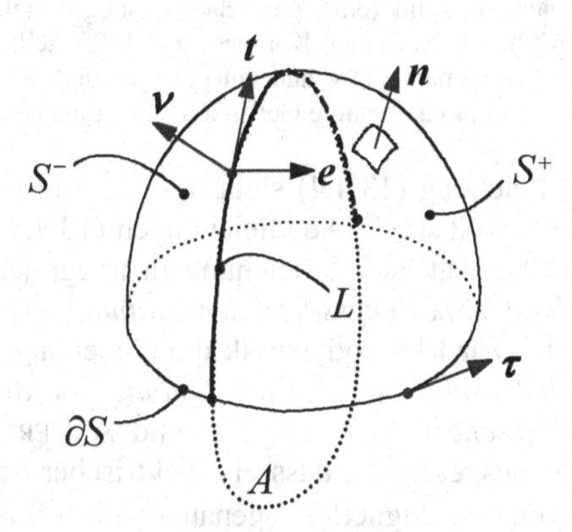

Abb. 13.4: Offene Fläche *S* durchzogen von singulärer Linie *L*.

Die Gleichung (13.4.5) lässt sich auch folgendermaßen interpretieren: Die zeitliche Änderung des aus dem Ladungspotential $\boldsymbol{D}$ resultierenden Flusses, $\iint_S D_i n_i \, \mathrm{d}S$, über die offene Fläche S ist gegeben durch den Fluss dieser Größe $\oint_{\partial S} \left[H_i + (\boldsymbol{D} \times \boldsymbol{v})_i\right] \tau_i \, \mathrm{d}l$ über die Hülle ∂S sowie durch die Zufuhren aus den Stromdichten $\iint_{S^+ \cup S^-} j_i n_i \, \mathrm{d}A$ bzw. $\int_L j_{\underset{L}{i}} \nu_i \, \mathrm{d}l$ über die offene Fläche $S = S^+ \cup S^- \cup L$.

Wir können außerdem wie schon angedeutet die zweite Gleichung auf den Fall einer geschlossenen Fläche spezialisieren. Dann verschwindet das Integral $\oint_{\partial S} \left[H_i + (\boldsymbol{D} \times \boldsymbol{v})_i\right] \tau_i \, \mathrm{d}l$, da $\partial S \to 0$ gilt. Ferner wird:

$$\iint_S \to \oiint_{\partial V} \, , \quad \iint_{S^+ \cup S^-} \to \iint_{\partial V^+ \cup \partial V^-} \, , \quad \int_L \to \oint_{\partial A} \, , \tag{13.4.6}$$

und wir schließen daraus, dass:

$$\frac{\mathrm{d}}{\mathrm{d}t} \oiint_{\partial V} D_i n_i \, \mathrm{d}A = - \iint_{\partial V^+ \cup \partial V^-} j_i n_i \, \mathrm{d}A - \oint_{\partial A} \underset{L}{j}_i \nu_i \, \mathrm{d}l \, . \tag{13.4.7}$$

Hans Christian ØRSTED wurde am 14. August 1777 in Rudkøbing geboren und starb am 9. März 1851 in Kopenhagen. Im Alter von zwölf Jahren half er bereits in der Apotheke seines Vaters aus, was ihn wohl der Chemie im speziellen und den Naturwissenschaften im allgemeinen näher brachte. So studierte er dann Naturwissenschaften und Pharmazie an der Universität Kopenhagen und erhielt 1806 dort eine Professur für Chemie und Physik. ØRSTED entdeckte mancherlei: 1819 isolierte erstmals Piperidin (ein organisches Lösungsmittel), 1820 die magnetische Wirkung des elektrischen Stromes auf einen Kompass und 1825 stellte er erstmals Aluminium her. Außerdem war er als Freimaurer aktiv und ein guter Freund des Märchenerzählers Hans Christian ANDERSEN, vielleicht um auf andere Gedanken zu kommen.

In Kombination mit Gleichung (13.4.4) stellt man also fest, dass die Ladungsbilanz (13.4.2) identisch erfüllt wird. Die Gleichungen (13.4.4/5) repräsentieren die erste und die zweite MAXWELLsche Gleichung in integraler Form, und sie sind physikalisch als *globale Erhaltungssätze der Ladung* interpretierbar. Man bezeichnet in der Literatur zur Elektrodynamik die Gleichung (13.4.4) oft auch bereits als *COULOMB's Erhaltungssatz von der Ladung* und die Gleichung (13.4.5) als das *ØRSTED-AMPÈREsche Gesetz*. ØRSTED und AMPÈRE hatten nämlich um 1820 experimentell herausgefunden, dass ein elektrischer Strom (genauer gesagt $\boldsymbol{j}$ bzw. $\underset{L}{\boldsymbol{j}}$) stets von einem Magnetfeld (genauer gesagt vom Feld $\boldsymbol{H}$) begleitet ist. Die zugehörigen Messvorschriften werden im nächsten Abschnitt noch im Detail untersucht.

André Marie AMPÈRE wurde am 20. Januar 1775 in Polémieux bei Lyon geboren und starb am 10. Juni 1836 in Marseille. Er genoss keine Schulbildung, sondern war reiner Autodidakt. Von 1799 bis 1801 diente er als Mathematiklehrer an der École Centrale in Lyon und verfasste 1802 ein mathematisches Werk zur Spieltheorie, eine Arbeit zur theoretischen Mechanik sowie eine Abhandlung über partielle Differentialgleichungen. Letztere machte ihn zum Mitglied in der französischen Académie. Das Interesse an Mathematik erlahmte jedoch und AMPÈRE wandte sich den Naturwissenschaften zu. Nach einem Ausflug in die Chemie, begann er 1820, angeregt durch ØRSTEDs Versuche, physikalische Experimente mit stromdurchflossenen Leitern und den resultierenden Kräften auf Magnetnadeln. Seine Hypothese war, dass jeder Magnetismus seine Ursache in elektrischen Strömen habe und Ströme Magnetfelder erzeugen, und er verfeinerte sie, indem er annahm, dass jeder Magnet viele Moleküle enthält, die jeweils einen kleinen Kreisstrom erzeugen.

Man sollte sich aber bereits jetzt fragen, warum überhaupt die Felder $\boldsymbol{D}$ und $\boldsymbol{H}$ eingeführt werden und man nicht mit dem Erhaltungssatz (13.4.2) zufrieden ist. Der Grund besteht darin, dass man in Bezug auf einen geeignet gewählten Beobachter einfache algebraische Relationen zwischen den Feldern $\boldsymbol{D}$ und $\boldsymbol{H}$ auf der einen und den Feldern $\boldsymbol{E}$ und $\boldsymbol{B}$ auf der anderen Seite angeben kann, wohingegen die Relationen zwischen q und $\boldsymbol{j}$ sowie $\boldsymbol{E}$ und $\boldsymbol{B}$ komplexe Differentialbeziehungen sind. Darauf werden wir weiter unten bei den sog. MAXWELL-LORENTZ-Ätherrelationen noch zu sprechen kommen.

Abschließend sollen noch die aus den Gleichungen (13.4.4/5) folgenden *lokalen* MAXWELLschen Gleichungen in *regulären* Punkten hergeleitet werden. Wenn wir annehmen, dass im Inneren des Volumens V *keine* singuläre Fläche vorhanden ist, so kann man ohne Umschweife in Gleichung (13.4.4) den GAUSSschen Satz in der üblichen Form anwenden und schreiben:

$$\iiint_V \frac{\partial D_i}{\partial x_i}\,\mathrm{d}V = \iiint_V q(\boldsymbol{x},t)\,\mathrm{d}V \;\Rightarrow\; \frac{\partial D_i}{\partial x_i} = q\,. \tag{13.4.8}$$

Wenn eine singuläre Fläche A vorhanden ist, so greift das sinngemäß übertragene Pillendosenargument aus Abschnitt 3.7 und man erhält stattdessen in einem Punkt dieser Fläche, welche durch die Normale $\boldsymbol{e}$ gekennzeichnet ist (vgl. Abb. 13.3):

$$[\![D_i]\!]e_i = \underset{A}{q}\,. \tag{13.4.9}$$

Ferner gilt bei regulären offenen Flächen die folgende aus (13.4.5) folgende Gleichung:

$$\frac{\mathrm{d}}{\mathrm{d}t}\iint_S D_i n_i\,\mathrm{d}A = \oint_{\partial S}\left[H_i + (\boldsymbol{D}\times\boldsymbol{\upsilon})_i\right]\tau_i\,\mathrm{d}l - \iint_S j_i n_i\,\mathrm{d}A\,. \tag{13.4.10}$$

Anwendung des Transporttheorems nach Gleichung (13.2.14) liefert für die linke Seite:

$$\frac{\mathrm{d}}{\mathrm{d}t}\iint_S D_i n_i\,\mathrm{d}A = \iint_S\left[\frac{\partial D_i}{\partial t} + \upsilon_i\frac{\partial D_k}{\partial x_k}\right]n_i\,\mathrm{d}A + \oint_{\partial S}(\boldsymbol{D}\times\boldsymbol{\upsilon})_i\,\tau_i\,\mathrm{d}l\,. \tag{13.4.11}$$

Also folgt nach Anwendung des STOKESschen Satzes in der Form nach Gleichung (13.2.13) durch Kombination beider Gleichungen und unter Beachtung der Beziehung $(13.4.8)_2$ lokal in regulären Punkten:

$$-\frac{\partial D_i}{\partial t} + (\nabla\times\boldsymbol{H})_i = j_i + q\upsilon_i\,. \tag{13.4.12}$$

Die Anwendung eines zum Pillendosenargument analogen Verfahrens einer Schleife um die singuläre Linie L führt auf die folgende lokale Gleichung in singulären Punkten:

$$(\boldsymbol{n}\times[\![\boldsymbol{H}]\!])_i + [\![D_i]\!]\underset{A}{\upsilon}_\perp = \underset{L}{j}_i + \underset{A}{q}\,w_i\,, \tag{13.4.13}$$

wobei w_i die Geschwindigkeit der singulären Fläche bezeichnet und ansonsten die Ausführungen und Bezeichnungen bei Gleichung (3.4.11) anzuwenden sind.

Übung 13.4.1: ***Die MAXWELLschen Gleichungen in regulären und in singulären Punkten***

Man erläutere im Detail, wie sich die Gleichungen (13.4.8/9) aus den globalen Bilanzen ergeben und verwende zu diesem Zweck den GAUSSschen Satz ohne bzw. mit Erweiterung auf singuläre Flächen (vgl. zur Erinnerung Übung 3.4.1). Man zeige weiter, dass sich aus dem Erhaltungssatz für den magnetischen Fluss, also die magnetische Induktion, gemäß den Gleichungen (13.2.6) in singulären Punkten schreiben lässt:

$$[\![B_i]\!] e_i = 0 \,. \tag{13.4.14}$$

Ohne Beweis sei gesagt, dass sich das Transporttheorem (13.2.9) für den Fall einer offenen Fläche $S = S^+ \cup S^- \cup L$ mit singulärer, sich mit der von den materiellen Teilchen unabhängigen Geschwindigkeit w_i bewegenden Linie L wie folgt erweitern lässt:

$$\frac{\mathrm{d}}{\mathrm{d}t}\iint_S \gamma_i n_i \,\mathrm{d}S = \tag{13.4.15}$$

$$\iint_{S^+\cup S^-}\left[\frac{\partial \gamma_i}{\partial t} + \upsilon_i \frac{\partial \gamma_k}{\partial x_k}\right] n_i \,\mathrm{d}S + \int_{\partial S} (\boldsymbol{\gamma}\times\boldsymbol{\upsilon})_i \,\tau_i \,\mathrm{d}l - \int_L ([\![\boldsymbol{\gamma}]\!]\times \boldsymbol{w})_i \, t_i \,\mathrm{d}l \,.$$

Sei ferner in Analogie zur Gleichung (3.3.6) die zu S gehörige allgemeine globale Bilanzgleichung für die vektorielle Flussdichte γ_i gegeben durch:

$$\frac{\mathrm{d}}{\mathrm{d}t}\iint_S \gamma_i n_i \,\mathrm{d}S = \tag{13.4.16}$$

$$-\oint_{\partial S} \phi_i \,\tau_i \,\mathrm{d}l + \iint_{S^+\cup S^-} (p_i + s_i)\, n_i \,\mathrm{d}S + \int_L \left(\underset{L}{p}_i + \underset{L}{s}_i\right) \nu_i \,\mathrm{d}l \,.$$

Man interpretiere diese Gleichung verbal im Sinne von Flüssen, Zufuhren und Produktionen. Ferner gilt dann (ebenfalls ohne Beweis) in singulären Punkten der Linie:

$$\left(\boldsymbol{n}\times [\![\boldsymbol{\gamma}\times\boldsymbol{\upsilon}+\boldsymbol{\phi}]\!]\right)_i - [\![\gamma_i]\!] \underset{A}{\upsilon}_{\perp} = -[\![\gamma_j]\!] n_j w_i + \underset{L}{p}_i + \underset{L}{s}_i \,. \tag{13.4.17}$$

Man identifiziere nun für den Fall des Strompotentials nach Gleichung (13.4.5) die zugehörigen Größen $\boldsymbol{\gamma}$, $\boldsymbol{\phi}$, etc. und zeige die Gültigkeit der Sprungbilanz (13.4.13).

Als nächstes soll in entsprechender Weise mit Hilfe des FARADAYschen Gesetzes nach Gleichung (13.2.4) gezeigt werden, dass in singulären Punkten der Linie L gelten muss:

$$\left(\boldsymbol{n}\times [\![\boldsymbol{E}]\!]\right)_i - [\![B_i]\!]\upsilon_{\underset{A}{\perp}}=0 . \tag{13.4.18}$$

Schließlich soll ausgehend von Gleichung (13.4.2) mit Hilfe des REYNOLDSschen Transporttheorems für Volumina gezeigt werden, dass in regulären Punkten eines Volumens gilt:

$$\frac{\partial q}{\partial t}+\frac{\partial}{\partial x_i}\left(j_i+q\upsilon_i\right)=0 . \tag{13.4.19}$$

Übung 13.4.2: ***Eine Anwendung der Sprungbilanz für das elektrische Feld***

Man nehme an, dass die Elektronen in einem Metall, also einem elektrisch leitfähigen Werkstoff i. w. frei verschiebbar sind. Man betrachte nun eine Ladung q vor einem Metallkörper. Unter welchem Winkel treffen die Linien des elektrischen Feldes $\boldsymbol{E}$ auf die Oberfläche dieses Körpers? Man zerteile zur Lösung den Vektor $\boldsymbol{E}$ in Normal- und Tangentialanteil wie folgt:

$$\boldsymbol{E} = E_n\boldsymbol{n} + E_t\boldsymbol{t} . \tag{13.4.20}$$

Man interpretiere den Vektor $\boldsymbol{E}$ im Sinne des Abschnittes 13.3 als auf die Metallelektronen wirkende Kraft, schließe auf die Richtung der einsetzenden Bewegung und nehme außerdem an, dass die Kraft zu schwach ist, die Elektronen aus der Metalloberfläche herauszureißen.

Man betrachte in einem zweiten Schritt eine Punktladung vor einer (unendlich grossen) ebenen Metallfläche und skizziere den Verlauf der Feldlinien vor und hinter der Wand. Was lässt sich durch Anwendung der Sprungbilanz (13.4.18) und unter Verwendung des vorherigen Ergebnisses für den Eintrittswinkel der $\boldsymbol{E}$-Feldlinien auf der Metalloberfläche über das elektrische Feld hinter der Wand aussagen? Man erläutere in diesem Zusammenhang auch das aus dem Lexikon bekannte Prinzip des FARADAYschen Käfigs, also das vollständige Verschwinden / Abschirmen elektromagnetischer Felder durch (geschlossenen) Metallgitter. Wie könnte man also sich vor „giftigem", krebsauslösenden Elektrosmog einfach schützen?

13.5 Prinzipielle Messung des Ladungs- und Strompotentials

Wir betrachten als erstes eine ruhende punktförmige Ladung der Stärke Q_0 (etwa ein Elektron), deren Ladungspotential uns interessiert. Aus Symmetriegründen ist es vernünftig anzunehmen, dass das interessierende $\boldsymbol{D}$-Feld zeitunabhängig ist und (komponentenweise) überall auf einer (gedachten) Kugelschale mit Radius r um die Punktladung denselben Wert hat (siehe Abb. 13.5, links):

$$\boldsymbol{D} = D_{\langle r\rangle}(r)\boldsymbol{e}_r + D_{\langle \vartheta\rangle}(r)\boldsymbol{e}_\vartheta + D_{\langle \varphi\rangle}(r)\boldsymbol{e}_\varphi . \tag{13.5.1}$$

Paul Adrien Maurice DIRAC wurde am 8. August 1902 in Bristol geboren und starb am 20. Oktober 1984 in Tallahassee. Seine Berühmtheit erlang er vor allem durch wesentliche Beiträge zur Quantenmechanik und Quantenelektrodynamik, zur Theorie des Elektrons und der Antimaterie. Als Brite hatte DIRAC eine stoische Natur und sprach nur das Nötigste. Viele Anekdoten zeugen davon, z. B. die folgende: When DIRAC made a rare error in an equation on the blackboard during a lecture one day, a courageous student raised his hand: "Professor DIRAC," he declared, "I do not understand equation 2." When DIRAC continued writing, the student, assuming that he had not been heard, raised his hand again and repeated his remark. Again DIRAC merely continued writing ... "Professor DIRAC," another student finally interjected, "that man is asking a question." "Oh?" DIRAC replied. "I thought he was making a statement."

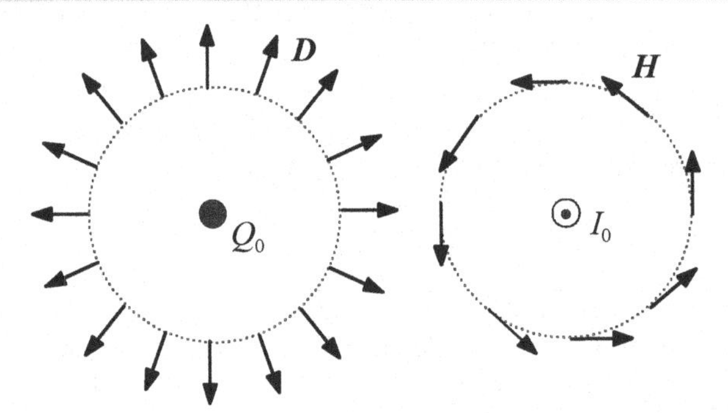

Abb. 13.5: D-Feld um eine Punktladung und H-Feld um einen Stromfaden.

Aufgrund der perfekten Kugelsymmetrie ist es sinnvoll anzunehmen, dass $D_{\langle\varphi\rangle}(r) = D_{\langle\vartheta\rangle}(r)$. Mehr erfahren wir darüber allerdings im Moment nicht, sondern aufgrund der Orthogonalität der Basisvektoren lässt sich lediglich die Komponente $D_{\langle r\rangle}$ mit Hilfe der DIRACschen Deltafunktion $q = Q_0\delta(r)$ aus der Grundgleichung (13.4.4) ermitteln:

$$\oiint\limits_{\partial V} D_i n_i \,\mathrm{d}A \equiv \oiint\limits_{\partial V} D_{\langle r\rangle}\,\mathrm{d}A = Q_0 \iiint\limits_{V} \delta(r)\,\mathrm{d}V \Rightarrow \tag{13.5.2}$$

$$D_{\langle r\rangle} \oiint\limits_{\partial V} \mathrm{d}A = Q_0 \Rightarrow D_{\langle r\rangle} = \frac{Q_0}{4\pi r^2} .$$

Bei messbarer Ladung sowie messbarem Abstand stellt die Gleichung (13.5.2) eine Messvorschrift für das Ladungspotential dar. Wie bereits gesagt, erfahren wir über die beiden anderen Komponenten im Moment nichts weiter. Wir werden weiter unten jedoch sehen, dass sie sich zu Null eichen lassen. Zusammenfassend stellen wir fest, dass ausgedehnte Ladungsverteilungen im Prinzip durch Summen über Punktladungen darstellbar sind, und hinsichtlich $\boldsymbol{D}$ gilt dann das Superpositionsprinzip für Vektoren.

Wir betrachten nun einen zeitlich unveränderlichen elektrischen Strom in einem ruhenden (unendlich langen) Draht. Es interessiert das sich um den Draht zylindersymmetrisch einstellende, ebenfalls zeitunabhängige Feld $\boldsymbol{H}$ für das wir in Zylinderkoordinaten schreiben:

$$\boldsymbol{H} = H_{\langle r\rangle}\boldsymbol{e}_r + H_{\langle\vartheta\rangle}\boldsymbol{e}_\vartheta + H_{\langle z\rangle}\boldsymbol{e}_z . \tag{13.5.3}$$

Wir werden weiter unten sehen, dass sich die Radialkomponente zu Null eichen lässt, was mit der Erfahrung übereinstimmt, wonach Ströme nur Wirbelfelder entfachen können, also ist:

$$H_{\langle r\rangle} = 0 . \tag{13.5.4}$$

Da der Stromfaden außerdem unendlich lang ist, ist die z -Richtung ohne Belang, und es muss gelten:

$$H_{\langle z\rangle} = 0 . \tag{13.5.5}$$

Aus Gründen der Zylindersymmetrie gilt entlang der in der Abb. 13.5 rechts dargestellten Peripherie der Kreisfläche:

$$H_{\langle\vartheta\rangle} = H_{\langle\vartheta\rangle}(r) . \tag{13.5.6}$$

Schließlich schreiben wir für den Stromfaden mit der DIRACschen Deltafunktion:

$$\boldsymbol{j} = I_0\delta(r)\boldsymbol{e}_z . \tag{13.5.7}$$

Damit vereinfacht sich das ØRSTED-AMPÈREsche Gesetz aus Gleichung (13.4.5) zu ($\boldsymbol{\tau} \equiv \boldsymbol{e}_\vartheta$, $\boldsymbol{n} \equiv \boldsymbol{e}_z$):

$$0 = \oint\limits_{\partial S} H_i\,\tau_i\,\mathrm{d}l - \iint\limits_{S} j_i n_i\,\mathrm{d}A \quad\Rightarrow \tag{13.5.8}$$

$$H_{\langle\vartheta\rangle}\oint\limits_{\partial S}\mathrm{d}l = I_0\iint\limits_{S}\delta(r)\,\mathrm{d}A \quad\Rightarrow\quad H_{\langle\vartheta\rangle} = \frac{I_0}{2\pi r} .$$

Bei experimentell bestimmbarer Stromstärke I_0 und Abstand r ist dies unsere Messvorschrift für das Strompotential $\boldsymbol{H}$. Der Einfluss mehrerer Ströme ist gemäß dem Superpositionsprinzip zu behandeln.

Übung 13.5.1: ***Einheiten und Messverfahren für D und H***

Man zeige mit Hilfe der obigen Gedankenexperimente, dass man für die Einheiten des Ladungs- und des Strompotentials schreiben darf:

$$\dim\left[\boldsymbol{D}\right] = \frac{\mathrm{C}}{\mathrm{m}^2} = \frac{\mathrm{As}}{\mathrm{m}^2} \;,\; \dim\left[\boldsymbol{H}\right] = \frac{\mathrm{A}}{\mathrm{m}} = \frac{\mathrm{C}}{\mathrm{ms}} \,. \tag{13.5.9}$$

Ferner konsultiere man ein Lehrbuch der Elektrotechnik, und erläutere die in der Praxis zur Bestimmung beider Größen verwendeten Methoden. Dabei achte man auf Abgrenzung und Unabhängigkeit von den technischen Messvorschriften für $\boldsymbol{E}$ und $\boldsymbol{B}$.

Abschließend zu diesem Abschnitt über die prinzipielle punktweise Vermessung des $\boldsymbol{D}$ und des $\boldsymbol{H}$-Feldes sei noch folgendes gesagt. Bei der Motivation des kugelsymmetrischen Ansatzes für das $\boldsymbol{D}$-Feld um eine Punktladung, nämlich insbesondere, dass in diesem Fall nur die radiale Komponente $D_{\langle r\rangle}(r)$ von Bedeutung ist, ebenso wie beim zylindersymmetrischen Ansatz für $\boldsymbol{H}$ um einen unendlich langen Stromfaden, wo nur die Tangentialkomponente $H_{\langle\vartheta\rangle}(r)$ existiert, sind wir sehr heuristisch vorgegangen.

Es lässt sich jedoch auch etwas formaler argumentieren, wodurch diese Ansätze völlig plausibel werden und zwar wie folgt. In der Tat ist es nämlich so, dass das $\boldsymbol{D}$-Feld nur bis auf ein vektorielles Wirbelfeld $\boldsymbol{Z}$, also $\nabla\times\boldsymbol{Z}$, und das $\boldsymbol{H}$-Feld nur bis auf ein Gradientenfeld ζ, also $\nabla\zeta$, eindeutig bestimmt sind. Wir schreiben:

$$\boldsymbol{D}' = \boldsymbol{D} + \nabla\times\boldsymbol{Z} \;,\; \boldsymbol{H}' = \boldsymbol{H} + \nabla\zeta \,. \tag{13.5.10}$$

Wenn wir diese Ausdrücke in das COULOMBsche bzw. in das ØRSTED-AMPÈREsche Gesetz (13.4.4/5) einsetzen, so ändern sich die MAXWELLschen Gleichungen dadurch nicht, denn für die darin auftretenden Ausdrücke lässt sich schreiben:

$$\oiint_{\partial V} \boldsymbol{D}'\cdot\boldsymbol{n}\,\mathrm{d}A = \oiint_{\partial V} \boldsymbol{D}'\cdot\boldsymbol{n}\,\mathrm{d}A + \oiint_{\partial V} \nabla\times\boldsymbol{Z}\cdot\boldsymbol{n}\,\mathrm{d}A \,, \tag{13.5.11}$$

und

$$\oint_{\partial S} \boldsymbol{H}' \cdot \boldsymbol{\tau} \, \mathrm{d}l = \oint_{\partial S} \boldsymbol{H} \cdot \boldsymbol{\tau} \, \mathrm{d}l + \oint_{\partial S} \nabla\zeta \cdot \boldsymbol{\tau} \, \mathrm{d}l , \qquad (13.5.12)$$

woraus nach Anwendung des GAUSSschen bzw. des STOKESschen Satzes wird (wir wollen o.B.d.A. voraussetzen, dass es sich bei $\nabla \times \boldsymbol{Z}$ und bei $\nabla\zeta$ um stetige Felder handelt):

$$\oiint_{\partial V} \nabla \times \boldsymbol{Z} \cdot \boldsymbol{n} \, \mathrm{d}A = \oiint_{\partial V} \varepsilon_{ijk} \frac{\partial Z_k}{\partial x_j} n_i \, \mathrm{d}A = \iiint_V \varepsilon_{ijk} \frac{\partial^2 Z_k}{\partial x_i \partial x_j} \, \mathrm{d}V \equiv 0 , \qquad (13.5.13)$$

da $\varepsilon_{ijk} \dfrac{\partial^2 Z_k}{\partial x_i \partial x_j} = 0$ und:

$$\oint_{\partial S} \nabla\zeta \cdot \boldsymbol{\tau} \, \mathrm{d}l = \oint_{\partial S} \frac{\partial \zeta}{\partial x_i} \cdot \tau_i \, \mathrm{d}l = \iint_S \varepsilon_{ijk} \frac{\partial^2 \zeta}{\partial x_j \partial x_k} \, \mathrm{d}A_i \equiv 0 , \qquad (13.5.14)$$

da $\varepsilon_{ijk} \, \partial^2 \zeta / \partial x_j \partial x_k = 0$. Mithin wählen wir die Felder $\boldsymbol{Z}$ und ζ so, dass in den Gleichungen (13.5.1/3) gilt:

$$D'_{\langle\varphi\rangle} = 0 \; , \; D'_{\langle\vartheta\rangle} = 0 \; , \; H'_{\langle\vartheta\rangle} = 0 . \qquad (13.5.15)$$

Übung 13.5.2: ***Eichung von D und H***

Man zeige mit Hilfe der obigen Gleichungen, dass die Felder $\boldsymbol{Z}$ und ζ folgendermaßen gewählt werden müssen, um zu erreichen, dass im Falle des $\boldsymbol{D}$-Feldes um eine Punktladung lediglich eine radiale Komponente $D_{\langle r\rangle}(r)$ und im Falle des $\boldsymbol{H}$-Feldes um einen unendlich langen Stromfaden eine tangentiale Komponente $H_{\langle\vartheta\rangle}(r)$ verbleibt:

$$Z_{\langle r\rangle} = \text{beliebig} \; , \; Z_{\langle\varphi\rangle} = \frac{1}{r} \int r D_{\langle\vartheta\rangle} \, \mathrm{d}r + C_\varphi \; , \qquad (13.5.16)$$

$$Z_{\langle\vartheta\rangle} = -\frac{1}{r} \int r D_{\langle\varphi\rangle} \, \mathrm{d}r + C_\vartheta \; , \; \zeta = -\int H_{\langle r\rangle} \, \mathrm{d}r + C_r$$

mit beliebigen Konstanten C_φ, C_ϑ und C_r. Man zeige durch Nachrechnen der allgemeinen Darstellung der Rotation eines Vektorfeldes in Kugelkoordinaten sowie des Gradienten eines Skalarfeldes in Zylinderkoordinaten (bitte die Rechenregeln aus Kapitel 4 anwenden!) vor dem Beweis, dass aufgrund der vollkommenen Kugel- bzw. Zylindersymmetrie gelten muss (Achtung: $\boldsymbol{Z}$ wurde in physikalischen Koordinaten geschrieben):

$$\nabla \times \boldsymbol{Z} = -\boldsymbol{e}_\vartheta \frac{1}{r}\frac{\partial\left(rZ_{\langle\varphi\rangle}\right)}{\partial r} + \boldsymbol{e}_\varphi \frac{1}{r}\frac{\partial\left(rZ_{\langle\vartheta\rangle}\right)}{\partial r}, \quad \nabla\zeta = \boldsymbol{e}_r \frac{\partial\zeta}{\partial r}. \tag{13.5.17}$$

13.6 Zerlegung der totalen Ladungsdichte, Begriff der Polarisation, Umschreibung des COULOMBschen Gesetzes

Es ist in der Elektrodynamik üblich, die totale Volumenladungsdichte q additiv in *freie* Ladungsdichte q^{f} und *Scheinladungsdichte* bzw. *Polarisationsladungsdichte* q^{P} zu zerlegen:

$$q = q^{\mathrm{f}} + q^{\mathrm{P}}. \tag{13.6.1}$$

Scheinladungen entstehen in sog. *dielektrischen* Materialien. Diese „polarisieren", wenn sie einem elektrischen Feld $\boldsymbol{E}$ ausgesetzt sind. Man darf sich das so vorstellen, wie in Abb. 13.6 angedeutet. Unter der Kraftwirkung des $\boldsymbol{E}$-Feldes werden Ladungen innerhalb der Moleküle getrennt, und es entstehen elektrische Dipole. „Schneiden" wir nun im kontinuumstheoretischen Sinne mit den Systemgrenzen ∂V durch diese Dipole, so ergibt sich zusätzlich zu den freien Ladungen ein Ladungsbeitrag. Man spricht von *Scheinladungen*, denn diese entstehen erst durch den Schnitt mit den Systemgrenzen, quasi als Oberflächenladungsbeitrag. Um diesen Beitrag mathematisch beschreiben zu können, definieren wir den sog. Polarisationsvektor $\boldsymbol{P}$ (oder kurz die *Polarisation*) als das Produkt aus der Zahldichte n_{P} an Dipolen (in $1/\mathrm{m}^3$) mit dem Dipolmoment $\boldsymbol{p}$. Das Dipolmoment ist nichts anderes als das Produkt zwischen der im Dipol getrennten Ladungsmenge e (positiv gezählt in C) und dem Abstandsvektor $\boldsymbol{\delta}$ (in m) vom negativen zum positiven Ladungszentrum des Dipols (man beachte die Analogie zum Kräftepaar der Mechanik) so dass:

$$\boldsymbol{P} = n_{\mathrm{P}}\boldsymbol{p} = n_{\mathrm{P}}e\boldsymbol{\delta}. \tag{13.6.2}$$

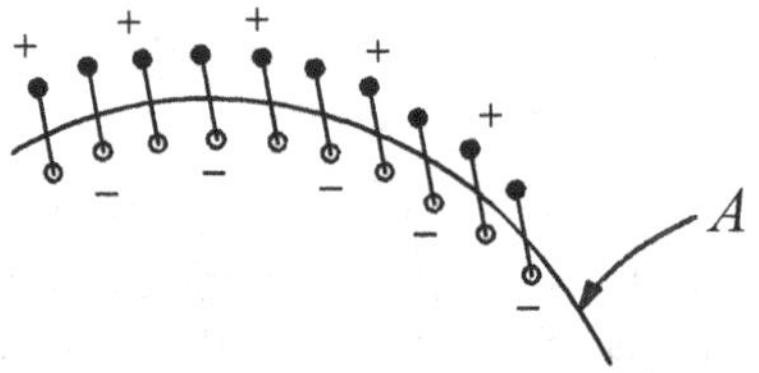

Abb. 13.6: Schnitt durch die Oberfläche eines polarisierten, dielektrischen Materials.

Mithin ist die Einheit der Polarisation $\mathrm{C/m^2}$, was mit unserer Anschauung einer Oberflächenladungsdichte übereinstimmt, und für die Gesamtladung nach Gleichung (13.4.1) lässt sich schreiben:

$$Q = \iiint_{V^+ \cup V^-} q \, \mathrm{d}V + \iint_A q_A \, \mathrm{d}A = \iiint_{V^+ \cup V^-} q^{\mathrm{f}} \, \mathrm{d}V - \oiint_{\partial V} P_i n_i \, \mathrm{d}A + \iint_A q_A \, \mathrm{d}A . \tag{13.6.3}$$

Das negative Vorzeichen beim Polarisationsbeitrag ergibt sich aus der Anschauung (vgl. Abb. 13.6), denn beim Durchstoßen positiver Dipolmomente durch ∂V verbleibt in V ein negativer Ladungsbeitrag. Außerdem ist bei der Berechnung das Skalarprodukt $\boldsymbol{P} \cdot \boldsymbol{n}$ maßgebend, denn ein tangential zur Oberfläche stehender Dipol liefert netto überhaupt keinen Beitrag. Stetigkeit der Polarisation auf der Oberfläche vorausgesetzt, lässt sich in (13.6.3) der GAUSSsche Satz anwenden und wir finden, dass:

$$Q = \iiint_{V^+ \cup V^-} \left(q^{\mathrm{f}} - \frac{\partial P_i}{\partial x_i} \right) \mathrm{d}V + \iint_A q_A \, \mathrm{d}A . \tag{13.6.4}$$

Mit diesen Beziehungen gehen wir in das COULOMBsche Gesetz nach Gleichung (13.4.4) und finden:

$$\oiint_{\partial V} \left(D_i + P_i \right) n_i \, \mathrm{d}A = \iiint_{V^+ \cup V^-} q^{\mathrm{f}} \, \mathrm{d}V + \iint_A q_A \, \mathrm{d}A \tag{13.6.5}$$

oder auch:

$$\iiint_V \frac{\partial}{\partial x_i} \left(D_i + P_i \right) \mathrm{d}V = \iiint_{V^+ \cup V^-} q^{\mathrm{f}} \, \mathrm{d}V + \iint_A q_A \, \mathrm{d}A . \tag{13.6.6}$$

Man definiert nun das sog. *Ladungspotential in Materie* $\mathfrak{D}(\boldsymbol{x},t)$ durch:

$$\mathfrak{D}_i = D_i + P_i . \tag{13.6.7}$$

Mithin ist das COULOMBsche Gesetz auch schreibbar als:

$$\oiint_{\partial V} \mathfrak{D}_i \, n_i \, \mathrm{d}A = \iiint_{V^+ \cup V^-} q^{\mathrm{f}} \, \mathrm{d}V + \iint_A q_A \, \mathrm{d}A \tag{13.6.8}$$

oder auch:

$$\iiint_V \frac{\partial \mathfrak{D}_i}{\partial x_i} \, \mathrm{d}V = \iiint_{V^+ \cup V^-} q^{\mathrm{f}} \, \mathrm{d}V + \iint_A q_A \, \mathrm{d}A . \tag{13.6.9}$$

Also gilt in regulären Punkten des Volumens:

$$\frac{\partial \mathcal{D}_i}{\partial x_i} = q^{\mathrm{f}} \tag{13.6.10}$$

und in Punkten der singulären Fläche S :

$$[\![\mathcal{D}_i]\!] e_i = \underset{A}{q} , \tag{13.6.11}$$

und darüber hinaus lässt sich wegen (13.6.4) und (13.6.1) schreiben:

$$q^{\mathrm{P}} = -\frac{\partial P_i}{\partial x_i} , \quad q = q^{\mathrm{f}} - \frac{\partial P_i}{\partial x_i} . \tag{13.6.12}$$

13.7 Zerlegung der totalen Ströme, Begriff der Magnetisierung, Umschreibung des ØRSTED-AMPÈREschen Gesetzes

In Analogie zur Ladung zerlegen wir auch die Gesamtstromdichte in die *Stromdichte* der *freien* Ladungen, die *Polarisierungs-* sowie die *Magnetisierungsstromdichte*:

$$j_i = j_i^{\mathrm{f}} + j_i^{\mathrm{P}} + j_i^{\mathrm{M}} . \tag{13.7.1}$$

Für den Strom der freien Ladungen bei einer offenen materiellen Fläche (der Einfachheit halber soll diese keine singuläre Linie besitzen) gilt natürlich:

$$J^{\mathrm{f}} = \iint\limits_S j_i^{\mathrm{f}} n_i \, \mathrm{d}S . \tag{13.7.2}$$

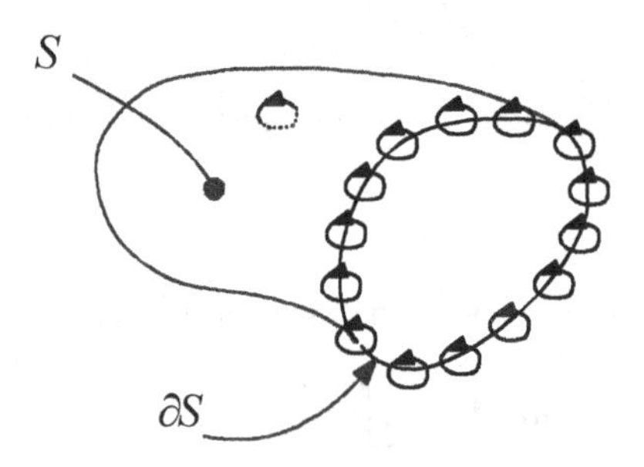

Abb. 13.7: Zum Magnetisierungsstrom.

Der Polarisierungsstrom entsteht, wenn sich die Polarisationsladung auf der offenen Fläche der Abb. 13.7 mit der Zeit ändert:

$$J^{\mathrm{P}} = \iint_S j_i^{\mathrm{P}} n_i \,\mathrm{d}S = \frac{\mathrm{d}}{\mathrm{d}t} \iint_S P_i n_i \,\mathrm{d}S \,. \tag{13.7.3}$$

Schließlich kann der Rand ∂S so wie in Abb. 13.7 angedeutet, magnetische Dipole durchstoßen. Nach einer auf AMPÈRE zurückgehenden Vorstellung darf man sich diese als atomare Ringströme vorstellen. In der Tat erzeugt ein ringförmig geschlossener Strom der Stärke I, der eine gerichtete Fläche $\boldsymbol{A}$ umschließt, einen magnetischen Dipol mit der Stärke $\boldsymbol{m} = I\boldsymbol{A}$. Diese Beobachtung gestattet es, das magnetische Feld, welches von um ein Atom kreisenden Elektronen erzeugt wird, als das Feld eines elementaren magnetischen Dipols zu interpretieren, und genau solche Ströme meinen wir, wenn wir vom Magnetisierungsstrom sprechen. Wir schreiben:

$$J^{\mathrm{M}} = \iint_S j_i^{\mathrm{M}} n_i \,\mathrm{d}S = \oint_{\partial S} n^{\mathrm{M}} m_i \tau_i \,\mathrm{d}l = \oint_{\partial S} n^{\mathrm{M}} I A_i \tau_i \,\mathrm{d}l = \oint_{\partial S} M_i \tau_i \,\mathrm{d}l \,, \tag{13.7.4}$$

wobei n^{M} die Dichte der Elementarströme bezeichnet und $\boldsymbol{M}$ die Magnetisierung genannt wird. Mithin schreibt sich das ØRSTED-AMPÈREsche Gesetz (13.4.5) als:

$$\frac{\mathrm{d}}{\mathrm{d}t} \iint_S (D_i + P_i)\, n_i \,\mathrm{d}A = \tag{13.7.5}$$

$$\oint_{\partial S} \left[H_i - M_i + (\boldsymbol{D} \times \boldsymbol{v})_i\right] \tau_i \,\mathrm{d}l - \iint_{S^+ \cup S^-} j_i^{\mathrm{f}} n_i \,\mathrm{d}A - \int_L j_i^L \nu_i \,\mathrm{d}l \,.$$

Man mag sich fragen, warum die Ringströme denn nur die Linie ∂S durchstoßen und nicht auch die Fläche S selber. In der Tat geschieht auch das (vgl. Abb. 13.7), nur dass die Ströme dann ein- *und* austreten, was insgesamt keinen Beitrag zum Magnetisierungsstrom gibt. Wir verwenden nun das Transporttheorem in der Form nach Gleichung (13.2.14) und erhalten weiter:

$$\iint_S \left[\frac{\partial (D_i + P_i)}{\partial t} + \upsilon_i \frac{\partial (D_k + P_k)}{\partial x_k} \right] n_i \,\mathrm{d}S + \int_{\partial S} \left[(\boldsymbol{D} + \boldsymbol{P}) \times \boldsymbol{v} \right]_i \tau_i \,\mathrm{d}l -$$

$$\int_L \left(\left[\!\left[(\boldsymbol{D} + \boldsymbol{P}) \times \boldsymbol{v} \right]\!\right] \times \boldsymbol{w} \right)_i t_i \,\mathrm{d}l = \oint_{\partial S} \left[H_i - M_i + (\boldsymbol{D} \times \boldsymbol{v})_i \right] \tau_i \,\mathrm{d}l - \tag{13.7.6}$$

$$\iint_{S^+ \cup S^-} j_i^{\mathrm{f}} n_i \,\mathrm{d}A - \int_L j_i^L \nu_i \,\mathrm{d}l \,.$$

Wir definieren das Strompotential in Materie als:

$$\mathcal{H}_i = H_i - M_i - (\boldsymbol{P} \times \boldsymbol{\upsilon})_i \tag{13.7.7}$$

und können unter Verwendung der Gleichung (13.6.10) weiter umformen:

$$\iint\limits_S \left[\frac{\partial \mathcal{D}_i}{\partial t} + \upsilon_i q^{\mathrm{f}} \right] n_i \,\mathrm{d}S - \int\limits_L \left([\![(\boldsymbol{\mathcal{D}} + \boldsymbol{P}) \times \boldsymbol{\upsilon}]\!] \times \boldsymbol{w} \right)_i t_i \,\mathrm{d}l = \tag{13.7.8}$$

$$\oint\limits_{\partial S} \mathcal{H}_i \tau_i \,\mathrm{d}l - \iint\limits_{S^+ \cup S^-} j_i^{\mathrm{f}} n_i \,\mathrm{d}A - \int\limits_L j_i^L \nu_i \,\mathrm{d}l \,.$$

Mithin folgt in regulären Punkten der Fläche:

$$-\frac{\partial \mathcal{D}_i}{\partial t} + (\nabla \times \boldsymbol{\mathcal{H}})_i = j_i^{\mathrm{f}} + q^{\mathrm{f}} \upsilon_i \,, \tag{13.7.9}$$

und das entspricht – für ruhende Materie – genau der Form, wie sie im Becker-Sauter angegeben war: Gleichung (13.1.1).

13.8 Die Maxwell-Lorentz-Äther Relationen

Wir fassen zusammen: Die Maxwellschen Gleichungen, z. B. in der Form für reguläre Punkte:

$$\nabla \cdot \boldsymbol{B} = 0 \;, \quad \frac{\partial \boldsymbol{B}}{\partial t} + \nabla \times \boldsymbol{E} = \boldsymbol{0} \,, \tag{13.8.1}$$

$$\nabla \cdot \boldsymbol{D} = q \;, \quad -\frac{\partial \boldsymbol{D}}{\partial t} + \nabla \times \boldsymbol{H} = \boldsymbol{j} + q\boldsymbol{\upsilon}$$

repräsentieren zwei Gruppen partieller Differentialgleichungen für die Felder $\boldsymbol{E}$, $\boldsymbol{B}$, $\boldsymbol{D}$ und $\boldsymbol{H}$, also für zwölf Unbekannte, und für weitere vier Felder, nämlich die der Strom- und Ladungsdichte $\boldsymbol{j}$ und q, respektive Derivate davon in Form der Polarisation und Magnetisierung. Bei den Maxwellschen Gleichungen selbst handelt es sich jedoch nur um acht Gleichungen, und es ist müßig zu sagen, dass das System damit stark unterbestimmt ist. Gelänge es nun zunächst einmal Verbindungen zwischen den Feldern $\boldsymbol{E}$ und $\boldsymbol{B}$ einerseits und den Feldern $\boldsymbol{D}$ und $\boldsymbol{H}$ andererseits anzugeben, so wäre der Gordische Knoten teilweise gelöst. Wir müssten in einem zweiten Schritt dann „nur noch" Materialgleichungen für die vier unbekannten Felder Ladungsdichte (ein Skalarfeld) und die Stromdichte (ein Vektorfeld) angeben, d. h. diese (zum Beispiel) mit $\boldsymbol{E}$ und $\boldsymbol{B}$ in Verbindung setzen.

In der Tat gibt es nun solche Beziehungen zwischen $\boldsymbol{E}$ und $\boldsymbol{B}$ einerseits und den Feldern $\boldsymbol{D}$ und $\boldsymbol{H}$ andererseits. Sie werden Maxwell-Lorentz-Äther Relationen genannt. Allerdings hängt ihre konkrete mathematische Form vom Bezugssystem ab, und sie können, wie wir noch sehen werden, eine recht komplexe algebraische Gestalt annehmen.

Es stellt sich jedoch heraus, dass sie in einem *Inertialsystem* eine besonders einfache Form haben. Hier gilt folgendes:

$$\boldsymbol{D} = \varepsilon_0 \boldsymbol{E} \;,\; \boldsymbol{H} = \frac{1}{\mu_0} \boldsymbol{B} . \tag{13.8.2}$$

Die beiden Größen ε_0 und μ_0 heißen dielektrische Konstante bzw. Permeabilitätskonstante des Vakuums und man hat durch Messungen wie in den Abschnitten 13.3 und 13.5 beschrieben, in einem „ruhenden" irdischen Laborsystem (das in recht guter Näherung ein Inertialsystem darstellt) herausgefunden, dass gilt:

$$\varepsilon_0 = 8{,}85 \cdot 10^{-12} \frac{\mathrm{As}}{\mathrm{Vm}} \;,\; \mu_0 = 12{,}6 \cdot 10^{-7} \frac{\mathrm{Vs}}{\mathrm{Am}} . \tag{13.8.3}$$

Heinrich Rudolf HERTZ wurde 22. Februar 1857 in Hamburg geboren und starb am 1. Januar 1894 in Bonn. Obwohl seine Familie aus Juristen besteht, widmet er sein Leben der Physik und Mathematik. 1877 geht er nach München, um dort Ingenieurwesen zu studieren, entdeckt jedoch bald, dass seine wahre Neigung mehr den reinen Wissenschaften gilt. Er wendet sich daher nach Berlin und studiert bei den berühmten Physikern HELMHOLTZ und KIRCHHOFF. Nach dem mit summa cum laude abgeschlossenen Doktorat im Bereich der Elektrodynamik wird HERTZ 1880 bei HELMHOLTZ Assistent. Er betreibt optische Experimente, beginnt sich mit der Natur der NEWTONschen Ringe zu beschäftigen und formuliert dazu ein Berechnungsverfahren zur Beschreibung der Spannungsentwicklung und Deformation von in Kontakt stehenden elastischen Körpern, die sog. Theorie der HERTZschen Pressung.

Was passiert, wenn wir diese Beziehungen in (13.8.1) einsetzen, wird in der folgenden Übung untersucht.

Übung 13.8.1: ***Die Vakuumlösungen der MAXWELLschen Gleichungen nach Heinrich HERTZ***

Man setze die MAXWELL-LORENTZ-Äther Relationen (13.8.2) in die Gleichungen (13.8.1) ein, spezialisiere auf den Fall des „Vakuums" (ladungs- und stromfreier Raum) und zeige, dass gilt:

$$\nabla \cdot \boldsymbol{B} = 0 \;,\; \frac{\partial \boldsymbol{B}}{\partial t} + \nabla \times \boldsymbol{E} = \boldsymbol{0} , \tag{13.8.4}$$

$$\nabla \cdot \boldsymbol{E} = 0 \;,\; -\frac{\partial \boldsymbol{E}}{\partial t} + c^2 \nabla \times \boldsymbol{B} = \boldsymbol{0}$$

mit der Vakuumlichtgeschwindigkeit $c = (\varepsilon_0 \mu_0)^{-1/2} \approx 3 \cdot 10^8 \,\frac{\text{m}}{\text{s}}$. Man entkoppele die Gleichungen durch geeignetes Nachdifferenzieren sowie ineinander Einsetzen und schließe auf die folgenden Gleichungen vom Wellentyp:

$$\frac{\partial^2 \boldsymbol{E}}{\partial t^2} = c^2 \Delta \boldsymbol{E} \;,\quad \frac{\partial^2 \boldsymbol{B}}{\partial t^2} = c^2 \Delta \boldsymbol{B} \,, \text{ mit } \Delta = \nabla \cdot \nabla \,. \tag{13.8.5}$$

Was für Wellen breiten sich hier aus und wie geschieht dies? Warum waren die Forscher des neunzehnten Jahrhunderts über diese Entdeckung überaus erstaunt?

Jean-Baptiste BIOT wurde am 21. April 1774 in Paris geboren und starb 3. Februar 1862 ebenda. 1797 wurde er Professor für Mathematik an der École Centrale in Beauvais, im Jahr 1800 Professor der Physik am Collège de France in Paris, sowie 1809 Professor der Astronomie. Mit dem schon erwähnten Forscher GAY-LUSSAC unternahm er eine Fahrt mit einem Wasserstoffballon in 4000 m Höhe. BIOT war auch Geodät und dehnte bis dato durchgeführten Meridianmessungen um ein Erhebliches aus. Er entdeckte auch die Doppelbrechung von Glimmermineralen, weshalb das Mineral BIOTit nach ihm benannt wurde.

Übung 13.8.2: ***Das COULOMBsche Gesetz in traditioneller Form und die Definitionsgleichung des Amperes (BIOT-SAVART-Gesetz)***

Ausgehend von den Ergebnissen aus Abschnitt 13.5, also:

$$\boldsymbol{D} = D_{<r>}(r)\,\boldsymbol{e}_r \;, \text{ mit } D_{<r>} = \frac{Q_0}{4\pi r^2} \tag{13.8.6}$$

soll mit Hilfe der MAXWELL-LORENTZ-Ätherrelationen unter Beachtung der Argumentationen aus Abschnitt 13.3 gezeigt werden, dass dann für die Kraftwirkung der felderzeugenden Ladung Q_0 auf eine Probeladung Q gilt:

$$\boldsymbol{F} = \frac{1}{4\pi\varepsilon_0}\frac{Q_0 Q}{r^2}\boldsymbol{e}_r \equiv \frac{1}{4\pi\varepsilon_0}\frac{Q_0 Q}{r^3}\boldsymbol{r} \,. \tag{13.8.7}$$

Man interpretiere dieses Resultat als das aus der Schule bekannte COULOMBsche Gesetz. Ferner betrachte man nun in analoger Weise den Fall des Magnetfeldes und der Ströme, und weise nach, dass für den Betrag der Kraft pro Längeneinheit zwischen zwei parallel gespannten, unendlich langen Drähten gilt:

$$F = \frac{\mu_0}{2\pi}\frac{I_0 I}{r} \,. \tag{13.8.8}$$

Man argumentiere dabei entsprechend der Ausführungen der Abschnitte 13.3 und 13.5 und zeige, dass in der Gleichung (13.8.8) I_0 die Stromstärke in dem das $\boldsymbol{H}$-Feld erzeugenden Draht bezeichnet und I die Stromstärke des Drahtes repräsentiert, in dem man durch das aus den MAXWELL-LORENTZ-Ätherrelationen resultierende $\boldsymbol{B}$-Feld eine Kraftwirkung spürt.

Man erläutere wie Gleichung (13.8.8) bei der SI-Definition des Stromeinheit Ampere verwendet wird. Gleichung (13.8.8) wird manchmal auch BIOT-SAVART-Gesetz genannt. Wie kann man diese Gleichung vektoriell schreiben, bzw. in welche Richtung zeigt die Kraft pro Längeneinheit?

Félix SAVART wurde am 30. Juni 1791 in Charleville-Mézières, Ardennen geboren und starb am 16. März 1841 in Paris. Er war eigentlich Mediziner, doch wie so mancher Arzt dachte er im Prinzip naturwissenschaftlich. Neben dem Elektromagnetismus interessierten ihn in der Physik besonders die mechanischen Schwingungen. In diesem Zusammenhang baute er eine trapezförmige Violine, vornehmlich um Töne näher zu untersuchen, weniger zum Musizieren, denn ihr Klang war angeblich schaurig.

13.9 Transformationsverhalten der elektro-magnetischen Feldgrößen

Für die mechanischen Grundgrößen wie beispielsweise Masse oder Kraft haben wir im Laufe unserer biologischen Evolution ein funktionierendes Bauchgefühl hinsichtlich ihrer Wirkung und physikalischen Bedeutung entwickelt. Somit ergaben sich auch die in den Abschnitten 8.3 ff. vorgestellten Transformationsregeln in wahrhaft natürlicher Weise. Bei den elektrodynamischen Größen ist dies leider nicht so. Wir werden versuchen, so gut es geht, an die für mechanische Größen erarbeiteten Regeln anzuschließen, aber das ist eben nur bis zu einer gewissen Grenze möglich. Darüber hinaus bleibt nichts weiter übrig, als Transformationseigenschaften zu postulieren, und zwar mit soviel Motivation wie möglich.

Ladung ist wie die Masse eine der Materie eigene, ursprüngliche Größe, die sich letztlich durch Zählung von Elementareinheiten ergibt. Folglich sehen wir die Ladung auch als einen Euklidischen Tensor 0. Stufe an, also einen objektiven Skalar. Zu vermuten, dass es sich um einen axialen Skalar handelt, ist müßig, denn ein Einfluß von Spiegelungen auf die Ladung wurde nicht beobachtet. Ferner sind, wie in Abschnitt 13.3 bereits erläutert, das elektrische Feld $\boldsymbol{E}$ und die magnetische Induktion $\boldsymbol{B}$ in Kombination durch ihre Kraftwirkung auf ruhende bzw. bewegte Ladungen messtechnisch definiert. Mithin ist die Frage, wie sich diese Größen bei Beobachterwechsel gemäß EUKLIDischer Transformationen (vgl. Abschnitt 8.2)

$$x_i' = O_{ij}' \, x_j + b_i' \tag{13.9.1}$$

verhalten, leicht zu beantworten, nämlich entsprechend der Volumenkraft aus Gleichung (8.5.1). Aufgrund der Tatsache, dass Ladungen also objektive Tensoren 0. Stufe (also EUKLIDische Skalare) und Kräfte objektive Tensoren 1. Stufe, d. h. EUKLIDische Vektoren sind (siehe auch die Gleichung (8.5.1)), folgt in Verbindung mit Gleichung (13.3.3) die Transformationsregel:

$$\mathfrak{E}'_i = O'_{ij}\ \mathfrak{E}_j \quad \Rightarrow \quad \mathfrak{E}'_i + (\boldsymbol{v}' \times \boldsymbol{B}')_i = O'_{il}\left[\mathfrak{E}_l + (\boldsymbol{v} \times \boldsymbol{B})_l\right]. \tag{13.9.2}$$

Wohlgemerkt: Die gesamte Summe aus elektrischer Feldstärke $\boldsymbol{E}$ und LORENTZ-anteil $\boldsymbol{v} \times \boldsymbol{B}$ transformiert sich wie ein EUKLIDischer Vektor, d. h. aber nicht notwendigerweise ihre einzelnen Anteile! Von der Geschwindigkeit $\boldsymbol{v}$ wissen wir bereits, dass sie sich *nicht* wie ein EUKLIDischer Vektor transformiert: Gleichung (8.3.18). Das Kreuzprodukt hingegen transformiert sich wie ein *axialer* Tensor 3. Stufe: Gleichung (8.3.27). Damit legt Gleichung (13.9.2) die Vermutung nahe, dass die magnetische Flussdichte diesen axialen Charakter kompensieren muss, und das geht nur, wenn sie bei ihrem Transformationsgesetz die Größe $\det(\boldsymbol{O}')$ einbringt. Nota bene, das bedeutet nicht unbedingt, dass sie sich wie ein axialer EUKLIDischer Vektor transformieren muss. Ihre Transformationsformel könnte komplizierter sein, nur müsste sie eben die Determinante der Drehmatrix enthalten†. Mehr können wir aus der Kraftgleichung (13.9.2) nicht herauslesen.

Wir müssen das Transformationsverhalten der magnetische Flussdichte also aus einer anderen Beziehung motivieren, und da bleiben letztlich nur die MAXWELL-schen Gleichungen übrig, die wir allerdings so weit es geht versuchen wollen, nicht in ihrer Differentialform (13.8.1) heranzuziehen. Wir argumentieren vielmehr „physikalisch", indem wir postulieren, dass der magnetische Fluss $\mathrm{d}\Phi = B_i n_i\ \mathrm{d}S$ durch ein Flächenelement ein objektiver Skalar ist. Also (aufgrund des axialen Charakters des Normalenvektors nach Gleichung (8.5.4)) muss es sich bei der magnetischen Flussdichte um einen axialen EUKLIDischen Vektor handeln:

$$B'_i = \det(\boldsymbol{O}')\, O'_{ij} B_j\,. \tag{13.9.3}$$

Es sei jedoch bemerkt, dass diese Argumentation lax, eben physikalisch motiviert und letztlich postuliert ist. Wir hätten nämlich stattdessen von den globalen Beziehungen (13.2.6/7) ausgehen und für den Gesamtfluss Φ durch eine geschlossenen Hülle schreiben können:

$$\Phi = \oiint_{\partial V} B_i n_i\ \mathrm{d}A = \iiint_V \frac{\partial B_i}{\partial x_i}\,\mathrm{d}V \equiv 0\,. \tag{13.9.4}$$

Die Null auf der rechten Seite macht es unmöglich zu beurteilen, ob $\boldsymbol{B}$ axialen Charakter hat oder nicht, denn sie gibt uns keine weitere Hilfestellung auf das

† Weiter unten werden wir sehen, dass die magnetische Feldstärke $\boldsymbol{H}$ ein solch' kompliziertes Transformationsverhalten besitzt.

Transformationsverhalten von Φ ausgedrückt durch andere Größen, deren Transformationsverhalten bekannt ist. Also wenden wir uns der linken Seite der Gleichung (13.9.4) zu: Φ soll ja per Postulat nichtaxial skalar sein. Das Hüllenintegral legt dann vielleicht nahe, dass $\boldsymbol{B}$ der Transformationsvorschrift (13.9.3) genügt, das Volumenintegral hingegen deutet aufgrund des skalaren Charakters des Volumenelements nach Gleichung (8.4.2) auf nichtaxiales Transformationsverhalten hin.

Die Kombination der Beziehungen (13.9.2) und (13.9.3) sowie die Beachtung der Transformationsvorschrift für die Geschwindigkeit nach Gleichung (8.3.18) führt auf das folgende Transformationsverhalten des elektrischen Feldes:

$$E'_i = O'_{il}\left(E_l - \varepsilon_{lbn} O'_{jb}\left[\Omega'_{jk}\left(x'_k - b'_k\right) + \dot{b}'_j\right] B_n\right). \tag{13.9.5}$$

Wir schließen daraus, dass sich das elektrische Feld *nicht* wie ein objektiver Vektor transformiert.

Übung 13.9.1: ***Das elektrische Feld als nichtobjektiver Vektor***

Man beweise die Gleichung (13.9.5) und beachte dabei insbesondere die Gleichungen $(8.3.18)_2$ und (8.3.27).

Wir haben bereits festgestellt, dass es sich bei der Ladung um einen objektiven Skalar handelt. Ebenso postulieren wir, dass nichtkonvektive Ströme objektive Größen darstellen, denn sie sind letztlich Ladungen, die pro Zeit- und Flächeneinheit transportiert werden. In Analogie zum Wärmeflussvektor nach Gleichung (8.6.5) fordern wir, dass:

$$j'_i = O'_{ij} j_j . \tag{13.9.6}$$

Damit ist das Transformationsverhalten des Ladungs- und des Strompotentiales festgeschrieben. Aus dem COULOMBschen Gesetz nach Gleichung (13.4.8) folgt wieder aufgrund der Objektivität der Ladungsdichte, dass auch das Ladungspotential ein objektiver Vektor sein muss:

$$D'_i = O'_{ij} D_j . \tag{13.9.7}$$

Damit in das ØRSTEDsche Gesetz (13.4.12) gegangen, schließen wir auf:

$$H'_i - \left(\boldsymbol{v}' \times \boldsymbol{D}'\right)_i = \det\left(\boldsymbol{O}'\right) O'_{il}\left[H_l - \left(\boldsymbol{v} \times \boldsymbol{D}\right)_l\right]. \tag{13.9.8}$$

Das Strompotential $\boldsymbol{H}$ allein ist also *kein* objektiver Vektor, die Kombination $\boldsymbol{H} - \boldsymbol{v} \times \boldsymbol{D}$ jedoch hat axial objektiven Vektorcharakter. Wir untersuchen dies im Detail in der folgenden Übung:

Übung 13.9.2: ***Das Ladungspotential als objektiver und das magnetische Feld als nichtobjektiver Vektor***

Es ist im Detail zu erläutern, wie Gleichung (13.9.7) entsteht. Man benutze dazu zunächst die Beziehung:

$$q' = q\,, \tag{13.9.9}$$

die Gleichung für die Euklidische Transformation (13.9.1) sowie das (lokale) COULOMBsche Gesetz in der Form nach Gleichung $(13.4.8)_2$. Man verwende nun die Gleichung (13.9.6) und die folgende Definitionsgleichung für den *Gesamtstromfluss* (= nicht-konvektiver plus konvektiver Anteil):

$$J_i = j_i + q\upsilon_i \tag{13.9.10}$$

im Zusammenhang mit den Gleichungen $(8.3.18)_2$, um zu zeigen, dass:

$$J_i' = O_{ij}' J_j + q\left[\Omega_{ik}'\left(x_k' - b_k'\right) + \dot{b}_i'\right]. \tag{13.9.11}$$

Der Gesamtstromfluss ist also kein objektiver Vektor. Man zeige schließlich mit Hilfe des ØRSTEDschen Gesetzes nach Gleichung (13.4.12) die Gültigkeit von Gleichung (13.9.7) und auch von:

$$H_i' = \det(\boldsymbol{O}')\, O_{il}'\left(H_l + \varepsilon_{lbn} O_{jb}'\left[\Omega_{jk}'\left(x_k' - b_k'\right) + \dot{b}_j'\right] D_n\right). \tag{13.9.12}$$

Mithin transformiert sich das Strompotential in höchst komplexer Weise, und ist keineswegs ein axial objektiver Vektor. Mit Hilfe der Gleichung (13.9.5) diskutiere man Entsprechungen und Unterschiede zum Transformationsverhalten des elektrischen Kraftfeldes $\boldsymbol{E}$.

Aufgrund der skalaren Eigenschaft der Ladung, muss es sich beim Dipolmoment $\boldsymbol{p} = e\boldsymbol{\delta}$ um einen objektiven Vektor handeln, denn der Abstand zwischen zwei Punkten ist analog zu Gleichung (8.3.8) ja auch ein objektiver Vektor. Da die Dipoldichte n_{P} als Anzahl von Dipolen pro Volumeneinheit ein objektiver Skalar sein muss, folgt aufgrund von Gleichung (13.6.2) für die Polarisation:

$$P_i' = O_{ij}' P_j\,. \tag{13.9.13}$$

Um das Transformationsverhalten für die Magnetisierung herauszufinden, erinnern wir zunächst an die Vorstellung AMPÈRE's, dass ein magnetischer Dipol durch den Ausdruck $\boldsymbol{m} = I\boldsymbol{A}$ beschrieben wird und die Dipolstärke damit ein axial objetiver Vektor ist:

$$m_i' = \det(\boldsymbol{O}')\, O_{ij}' m_j\,, \tag{13.9.14}$$

denn der Strom I ist ja eine Ladung pro Zeit, also ein objektiver Skalar, und eine orientierte Fläche $\boldsymbol{A}$ transformiert sich wie ein axial objektiver Vektor. Gleiches gilt aufgrund der Grundgleichung $\boldsymbol{M} = n_{\mathrm{M}}\boldsymbol{m}$ dann auch für die Magnetisierung, denn die Zahldichte n_{M} magnetischer Dipole ist naturgemäß ein objektiver Skalar:

$$M'_i = \det(\boldsymbol{O}')\, O'_{ij} M_j\,. \tag{13.9.15}$$

Mit den Gleichungen (13.6.7) und (13.9.7/13) folgt, dass auch das Ladungspotential in Materie ein objektiver Vektor ist:

$$\mathfrak{D}'_i = O'_{ij}\, \mathfrak{D}_j\,. \tag{13.9.16}$$

Für das Strompotential in Materie hingegen folgt aus seiner Definitionsgleichung (13.7.7) in Kombination mit (13.6.7), (13.9.12/13/15) und (8.3.18):

$$\mathfrak{H}'_i = \det(\boldsymbol{O}')\, O'_{il}\left(\mathfrak{H}_l + \varepsilon_{lbn} O'_{jb}\left[\Omega'_{jk}\left(x'_k - b'_k\right) + \dot{b}'_j\right]\mathfrak{D}_n\right). \tag{13.9.17}$$

Man beachte, dass dies eine zum Transformationsverhalten des Strompotentials (13.9.12) völlig analoge Beziehung ist. D. h. man kann im Hinblick auf Gleichung (13.9.8) und Übung 13.9.2 sofort schließen, dass der Ausdruck

$$\mathfrak{H}'_i - \left(\boldsymbol{\upsilon}' \times \mathfrak{D}'\right)_i = \det(\boldsymbol{O}')\, O'_{il}\left[\mathfrak{H}_l - \left(\boldsymbol{\upsilon} \times \mathfrak{D}\right)_l\right] \tag{13.9.18}$$

ein axial objektiver Vektor ist.

Übung 13.9.3: ***Transformationsverhalten des Strompotentials in Materie***

Man beweise die Gleichungen (13.9.17/18).

Abschließend sei festgestellt, dass wir in Form der Transformationsgleichungen für die elektromagnetischen Feldgrößen, also (13.9.3/5-7/9/12), eigentlich postuliert haben, dass die MAXWELLschen Gleichungen (13.8.1) in einem gegenüber einem Inertialsystem beliebig bewegten EUKLIDischen System die gleiche Form ohne systemspezifische Zusatzterm annehmen. Es ist aber ein lehrreiches Erlebnis, dies explizit zu beweisen:

Übung 13.9.4: ***Zur Invarianz der MAXWELLschen Gleichungen***

Man zeige durch Heraustransformieren aus dem Inertialsystem mit Hilfe der Transformationsregeln für die Ladungsdichte, die Geschwindigkeit und die Stromdichte, dass aus der Gleichung für die Ladungserhaltung (13.4.19) in einem Euklidischen System folgt

$$\frac{\partial q'}{\partial t} + \frac{\partial}{\partial x'_i}\left(j'_i + q'\upsilon'_i\right) = 0 . \tag{13.9.19}$$

Bei der Behandlung der Zeitableitung ist es nützlich, zwischenzeitlich auf LAGRANGEsche Darstellung zu wechseln. Dieser Trick wurde schon einmal in Abschnitt 8.4 im Zusammenhang mit dem Nachweis der Forminvarianz der Massenbilanz im Abschnitt angewendet:

$$\frac{\partial q}{\partial t} + \upsilon_i \frac{\partial q}{\partial x_i} \equiv \left.\frac{\partial q}{\partial t}\right|_X . \tag{13.9.20}$$

Man verwende ferner die in diesem Abschnitt gelisteten Transformationsregeln für die elektromagnetischen Felder, starte von den im Inertialsystem etablierten

MAXWELLschen Gleichungen (13.8.1), transformiere sich in ein EUKLIDisches System hinein und zeige, dass gilt:

$$\frac{\partial B'_i}{\partial x'_i} = 0 \ , \quad \frac{\partial B'_i}{\partial t} + \varepsilon'_{ijk}\frac{\partial E'_k}{\partial x'_j} = 0 \ , \tag{13.9.21}$$

$$\frac{\partial D'_i}{\partial x'_i} = q' \ , \quad -\frac{\partial D'_i}{\partial t} + \varepsilon'_{ijk}\frac{\partial H'_k}{\partial x'_j} = j'_i + q'\upsilon'_i \ .$$

Auch hier ist bei der Behandlung der Zeitableitungen das Wechseln zu LAGRANGEschen Koordinaten hilfreich, wie z. B.:

$$\frac{\partial B_i}{\partial t} = \left.\frac{\partial B_i}{\partial t}\right|_X - \upsilon_k \frac{\partial B_i}{\partial x_k} . \tag{13.9.22}$$

13.10 Transformationsverhalten der MAXWELL-LORENTZ-Ätherrelationen und der MAXWELLschen Gleichungen

Wir wenden uns nun den MAXWELL-LORENTZ-Ätherrelationen aus Gleichung (13.8.2) zu. Sie gelten wie gesagt in einem Inertialsystem. Wenn wir uns aus diesem nun mit Hilfe der Gleichungen (13.9.4/6) bzw. (13.9.3/11) in ein EUKLIDisches System transformieren, so entsteht:

$$D'_i = \varepsilon_0\left(E'_i + \varepsilon'_{ijp}\left[\Omega'_{jk}\left(x'_k - b_k\right) + \dot{b}'_j\right]B'_p\right) \tag{13.10.1}$$

sowie:

$$H'_i = \tfrac{1}{\mu_0}\left(B'_i + \tfrac{1}{c^2}\varepsilon'_{ijr}\left[\Omega'_{jk}\left(x'_k - b'_k\right) + \dot{b}'_j\right]E'_r + \right. \tag{13.10.2}$$

$$\frac{1}{c^2}\varepsilon'_{ijr}\left[\Omega'_{jk}\left(x'_k-b'_k\right)+\dot{b}'_j\right]\varepsilon'_{rst}\left[\Omega'_{su}\left(x'_u-b'_u\right)+\dot{b}'_s\right]B'_t\Big).$$

Offenbar bleiben die MAXWELL-LORENTZ-Ätherrelationen beim Übergang vom Inertialsystem auf ein dagegen beliebig translatorisch und rotatorisch bewegtes EUKLIDisches System in ihrer einfachen Form (13.8.2) *nicht* erhalten, es treten vielmehr zahlreiche systemabhängige Anteile hinzu. Das ist im ersten Moment auch nicht verwunderlich, gab es dasselbe Problem doch auch schon im Zusammenhang mit der Form der Impulsbilanz, wo beim Übergang zwischen einem Inertialsystem, in dem es per Definition keine Zentrifugal-, CORIOLIS-, EULERbeschleunigung, etc. gibt, auf ein EUKLIDisches Bezugsystem zahlreiche systemabhängige Terme hinzutraten, nämlich genau die soeben erwähnten Beschleunigungen.

Allerdings gibt es trotzdem einen großen Unterschied. Spezialisieren wir das Ergebnis für EUKLIDische Transformationen nämlich auf die Untergruppe der GALILEItransformationen, also auf geradlinig gleichförmige Bewegungen mit (*zeitlich konstanter*) Relativgeschwindigkeit V_i gegenüber dem Inertialsystem gemäß:

$$x'_i = O'_{ij}x_j + V'_i t \quad \text{mit} \quad V'_i = \dot{b}'_i\,, \tag{13.10.3}$$

wobei O'_{ij} *nicht* zeitabhängig ist, so verschwinden in der Transformationsformel für die Beschleunigung gemäß Gleichung (8.3.45) alle systemabhängigen Terme und es verbleibt:

$$a'_i = O'_{ij}a_j\,, \tag{13.10.4}$$

womit feststeht, dass die Impulsbilanz im GALILEIsystem dieselbe Struktur ohne systemabhängige Terme hat wie im ursprünglichen Inertialsystem. Im neunzehnten Jahrhundert lag somit der (voreilige) Schluss nahe, dass alle GALILEIsysteme Inertialsysteme sind.

Dann jedoch kam die Elektrodynamik auf, und wenn man die Transformationsformeln für die MAXWELL-LORENTZ-Ätherrelationen (13.10.1/2) auf den Fall einer GALILEItransformation nach Gleichung (13.10.3) spezialisiert, dann ergibt sich:

$$D'_i = \varepsilon_0\left(E'_i + \varepsilon'_{ijk}V'_jB'_k\right) \tag{13.10.5}$$

sowie:

$$H'_i = \frac{1}{\mu_0}\left(\left[1-\frac{V'^2}{c^2}\right]\delta_{ij} + \frac{V'_iV'_j}{c^2}\right)B'_j + \varepsilon_0\varepsilon'_{ijk}V'_jE'_k\,. \tag{13.10.6}$$

Damit enthalten die MAXWELL-LORENTZ-Ätherrelationen im Gegensatz zur Impulsbilanz bei GALILEItransformation systemabhängige Terme und mithin sind GALILEIsysteme *keine* Inertialsysteme. Es stellt sich als nächstes die Frage, wie

man wohl transformieren muss, damit die MAXWELL-LORENTZ-Ätherrelationen ihre einfache Form beibehalten. Die Antwort darauf ist, dass man die LORENTZtransformation verwenden muss, und in der Tat sind LORENTZsysteme somit Inertialsysteme. Wie die LORENTZtransformationen genau aussehen, werden wir im nächsten Abschnitt untersuchen.

Übung 13.10.1: ***MAXWELL-LORENTZ-Ätherrelationen in EUKLIDischen Systemen***

Man beweise die Gültigkeit der Gleichungen (13.10.1/2) und starte zum Beweis bei den MAXWELL-LORENTZ-Ätherrelationen im Inertialsystem, Gleichung (13.8.2), gehe damit in die Transformationsvorschriften für das Ladungs- und das Strompotential gemäß den Gleichungen (13.9.6/11) und benutze schließlich noch die Transformationsformeln für das elektrische Feld und die magnetische Induktion gemäß (13.9.3/6) sowie die Gleichung (13.9.1).

Übung 13.10.2: ***Beschleunigung und MAXWELL-LORENTZ-Ätherrelationen bei GALILEItransformationen***

Man zeige zunächst, dass aus den Gleichungen (13.9.1) und (13.10.3) folgt:

$$O'_{ij} = \delta'_{ij} \ , \quad \dot{b}'_i = V'_i \ . \tag{13.10.7}$$

Man gehe damit in die Gleichungen (8.3.45) und (13.10.1/2) und beweise die Gültigkeit von (13.10.4-6).

13.11 Viererschreibweise der elektromagnetischen Felder

Wir nehmen von nun an noch die Zeit mit in die Gruppe der drei Raumkoordinaten auf. Um diese vier Koordinaten auch dimensionsmäßig gleich zu halten, multiplizieren wir die Zeit vorab noch mit der (konstanten) Lichtgeschwindigkeit c und erhalten in kartesischer Darstellung:

$$\boldsymbol{x} = \left(x^0, x^1, x^2, x^3\right) = x^A \boldsymbol{e}_A \ , \quad x^0 = ct \ , \quad A = 0,1,2,3 \ . \tag{13.11.1}$$

Dabei wurde von einem „in die Zukunft gerichteten" Einheitsvektor $\boldsymbol{e}_0$ Gebrauch gemacht und außerdem stillschweigend vereinbart, dass wir bei Verwendung großer, doppelt in einem Ausdruck vorkommenden Indizes (hier „ A ") die ursprüngliche EINSTEINsche Indexkonvention erweitern und automatisch von 0 bis 3 summieren, was den Zeitanteil inkludiert. Selbstverständlich kann ein Raum-Zeit-

Punkt auch durch einen anderen Beobachter „angepeilt" werden. Der Punkt selbst jedoch ist eindeutig, und es muss eine allgemeine, invertierbare Zeit-Raum-Transformation folgender Form geben:

$$x'^{B} = \widetilde{x}'^{B}\left(x^{A}\right). \tag{13.11.2}$$

Beispiele für eine solche Transformation sind die weiter oben angesprochenen EUKLIDischen bzw. GALILEItransformationen. Ihnen ist eigen, dass die 0-, also die Zeitkomponente, von den Ortsanteilen 1-3 vollständig entkoppelt. Bei der noch zu diskutierenden LORENTZtransformation ist dies jedoch nicht länger der Fall. Außerdem sei hervorgehoben, dass – wie man den Gleichungen (13.9.1) und (13.10.3) entnimmt – sowohl die EUKLIDische als auch die GALILEItransformation *linear* sind. Wir werden sehen, dass dies auch für die LORENTZtransformation gilt. Die allgemeine Zeit-Raumtransformation (13.11.2) jedoch darf auch nichtlinear sein.

Man wird sich ferner wundern, warum wir in den Gleichungen (13.11.1/2) offenbar eine ko-/kontravariante Schreibweise (mit großen Buchstaben) einführen, war doch eine Unterscheidung von ko- und kontravariant im dreidimensionalen Raum nicht möglich. Im Vierdimensionalen ist das jedoch anders, denn hier ist die Zeit-Raum-Metrik, die das vierdimensionale Linienelement bildet, nicht länger eine Einheitsmatrix. In einem durch Zeit- *und* kartesische Ortskoordinaten definierten Inertialsystem (diese Erweiterung ersetzt jetzt den dreidimensional kartesisch aufgespannten Ortsraum) schreibt sich das Linienelement nämlich so:

$$(\mathrm{d}s)^2 = -(\mathrm{d}ct)^2 + \left(\mathrm{d}x^1\right)^2 + \left(\mathrm{d}x^2\right)^2 + \left(\mathrm{d}x^3\right)^2 = g_{AB}\mathrm{d}x^A\mathrm{d}x^B\,, \tag{13.11.3}$$

wobei für die Zeit-Raummetrik des Inertialsystems gilt:

$$g_{AB} = g^{AB} = \begin{bmatrix} -1 & 0 & 0 & 0 \\ 0 & 1 & 0 & 0 \\ 0 & 0 & 1 & 0 \\ 0 & 0 & 0 & 1 \end{bmatrix}. \tag{13.11.4}$$

Wie man überhaupt auf ein vierdimensionales Linienelement kommt und wozu man es braucht, werden wir weiter unten motivieren. An dieser Stelle soll diese Vorbemerkung lediglich dabei helfen, in Analogie zu Gleichung (8.3.1) einen sogenannten *Welttensor* $\boldsymbol{F}$ $j+k$-Stufe durch sein ko-/kontravariantes Transformationsverhalten wie folgt zu definieren:

$$F'^{A_1A_2\cdots A_j}_{B_1B_2\cdots B_k} = \tag{13.11.5}$$

$$\left|\det\left(\frac{\partial x'}{\partial x}\right)\right|^{-w} \operatorname{sign}^{p}\left(\frac{\partial x'}{\partial x}\right)\frac{\partial x'^{A_1}}{\partial x^{C_1}}\cdots\frac{\partial x'^{A_j}}{\partial x^{C_j}}\frac{\partial x^{D_1}}{\partial x'^{B_1}}\cdots\frac{\partial x^{D_k}}{\partial x'^{B_k}}F^{C_1C_2\cdots C_j}_{D_1D_2\cdots D_k}\,.$$

Es sei darauf hingewiesen, dass die Funktionaldeterminante der Zeit-Raum-Transformation nach Gleichung (13.11.2) im Gegensatz zur EUKLIDischen Transformation (13.9.1) nicht gleich ± 1 sein muss (vgl. die Fußnote im Kontext zu den Gleichungen (8.3.1/2)). Der Faktor p in dieser Gleichung kann die Werte 0 und 1 annehmen. Den Exponenten w nennt man auch das *Gewicht* des Tensors. Ferner spricht man im Falle von $p=0$, $w=0$ von einem *absoluten* Tensor und, falls $p=1$, $w=0$ ist, von einem *axialen* Tensor. Im Falle $p=0$, $w \neq 0$ spricht man von einem sog. *relativen* Welttensor vom Gewicht w und bei $p=1$, $w \neq 0$ von einem relativen axialen Tensor vom Gewicht w. Für die Elektrodynamik sind, wie wir noch sehen werden, absolute Welttensoren 2. Stufe und relative Welttensoren 1. und 2. Stufe vom Gewicht 1 ganz besonders wichtig. Bei einer Welttensorgröße mit von Null verschiedenem Gewicht spricht man oft auch von einer *Tensordichte*, ohne dies hier mathematisch weiter ausführen zu wollen.

Wir fassen als erstes das elektrische Feld E_i und die magnetische Flussdichte B_i zu einem *absoluten antisymmetrischen kovarianten Welttensor zweiter Stufe* wie folgt zusammen:

$$\varphi_{AB} = \begin{bmatrix} 0 & -E_1/c & -E_2/c & -E_3/c \\ E_1/c & 0 & B_3 & -B_2 \\ E_2/c & -B_3 & 0 & B_1 \\ E_3/c & B_2 & -B_1 & 0 \end{bmatrix}. \tag{13.11.6}$$

Als Transformationsvorschrift notieren wir:

$$\varphi'_{CD} = \frac{\partial x^A}{\partial x'^C} \frac{\partial x^B}{\partial x'^D} \varphi_{AB}\,. \tag{13.11.7}$$

In ähnlicher Weise fassen wir nun die Ladungs- sowie die Stromdichte in folgendem kontravarianten Vierervektor zusammen:

$$\sigma^A = \left[cq,\quad j_1 + q\upsilon_1,\quad j_2 + +q\upsilon_2,\quad j_3 + q\upsilon_3\right]. \tag{13.11.8}$$

Seine Transformationsgleichung lautet:

$$\sigma'^B = \left|\det\left(\frac{\partial \boldsymbol{x}'}{\partial \boldsymbol{x}}\right)\right|^{-1} \frac{\partial x'^B}{\partial x^A} \sigma^A\,. \tag{13.11.9}$$

Es handelt sich also beim Ladungs-Strom Vektor um einen relativen kontravarianten Weltvektor vom Gewicht 1. Dass sich die Feldgrößen gerade so transformieren, ist letztlich durch Experimente aber auch durch die Anschauung motiviert, eben anhand der Mess- und Transformationsvorschriften, die wir in den Abschnitten 13.3-5 sowie 13.9 angegeben haben. Das soll in den folgenden beiden Übungen noch einmal untersucht und bestätigt werden. Es sei jedoch vorab bemerkt, dass dabei nicht klar werden wird, warum man den Vierervektor aus Gleichung (13.11.8) als relativen und nicht als absoluten Vektor einführt. Dies wird erst im Zusammenhang mit den MAXWELL-LORENTZ-Ätherrelationen in Viererschreibweise klar.

Übung 13.11.1: ***Viererschreibweise der elektromagnetischen Transformationsgleichungen im EUKLIDischen Fall***

Es sei an die EUKLIDische Transformation nach Gleichung (13.9.1) erinnert. Man ergänze sie um die Beziehung $ct' = ct$ und zeige zunächst, dass:

$$x'^B = \frac{\partial x'^B}{\partial x^A} x^A \;,\quad \frac{\partial x'^B}{\partial x^A} = \begin{bmatrix} 1 & 0 & 0 & 0 \\ \frac{V_1'}{c} & O_{11}' & O_{12}' & O_{13}' \\ \frac{V_2'}{c} & O_{21}' & O_{22}' & O_{23}' \\ \frac{V_3'}{c} & O_{31}' & O_{32}' & O_{33}' \end{bmatrix} \tag{13.11.10}$$

sowie:

$$x^A = \frac{\partial x^A}{\partial x'^C} x'^C \;,\quad \frac{\partial x^A}{\partial x'^C} = \begin{bmatrix} 1 & 0 & 0 & 0 \\ -\frac{V_1}{c} & O_{11}' & O_{21}' & O_{31}' \\ -\frac{V_2}{c} & O_{12}' & O_{22}' & O_{32}' \\ -\frac{V_3}{c} & O_{13}' & O_{23}' & O_{33}' \end{bmatrix}, \tag{13.11.11}$$

wobei:

$$\frac{\partial x'^B}{\partial x^A}\frac{\partial x^A}{\partial x'^C} = \delta_C^B \;,\quad V_i' = \Omega_{ij}'\left(x_j' - b_j'\right) + \dot{b}_i' \quad \text{mit} \quad V_i' = O_{ij}' V_j \tag{13.11.12}$$

eine Geschwindigkeitsgröße ist, die per Definition von Ort- und Zeitkoordinaten des EUKLIDischen Systems abhängt. Es ist beachtenswert, dass die Gleichungen (13.11.10/11) im Grenzfall $c \to \infty$ (oder physikalisch gesprochen $V_i' \ll c$) in solche mit der traditionellen EUKLIDische Transformationsmatrix $\boldsymbol{O}'$ ergänzt um die Beziehung $t' = t$ übergehen. Man zeige, dass aus (13.11.10-12) die GALILEItransformation einfach dadurch entsteht, dass man an (13.11.12) die Forderung nach *gleichförmiger* Bewegung stellt und daraufhin *einen* Term wegstreicht (welchen?). Man beachte ferner, dass sich Gleichung (13.11.11) aus (13.11.10) zunächst einmal durch Anwendung mathematischer Regeln zur Invertierung von Matrizen ergeben hat. Lässt sich die folgende Regel auch physikalisch interpretieren: „Die Umkehrung zur EUKLIDischen Transformation nach Gleichung (13.11.10/12) gelingt dadurch, dass man erstens alle gestrichenen Größen durch ungestrichene und umgekehrt ersetzt und zweitens $-V_i$ an Stelle von V_i schreibt?" Was genau ist dann O_{ij} ? Man zeige ferner, dass in diesem Zusammenhang folgende Transformationsregeln für die Winkelgeschwindigkeitsmatrix und den Winkelgeschwindigkeitsvektor gelten:

$$\Omega'_{ij} = -O'_{ik} O'_{jl} \Omega_{kl} \quad \text{mit der Definition} \quad \Omega_{kl} = \dot{O}_{km} O_{lm}\,, \tag{13.11.13}$$

$$\text{sowie } \omega'_i = -\det(\boldsymbol{O}')\, O'_{ik} \omega_k \quad \text{mit der Definition} \quad \omega_k = \varepsilon_{klm} \Omega_{lm}\,.$$

Man beachte hier auch die Bemerkungen nach Gleichung (8.2.7). Sind Winkelgeschwindigkeitsmatrix und Winkelgeschwindigkeitsvektor (axiale) EUKLIDische Tensoren?

Man spezialisiere nun die Gleichung (13.11.7) auf die EUKLIDische Transformation und zeige, dass die Transformationsvorschriften für die magnetische Induktion (13.9.3) und die elektrische Feldstärke (13.9.4) resultieren. Dazu ist es auch es auch nötig, die Inversionsgrundformel für Matrizen auf die Drehmatrix $\boldsymbol{O}'$ anzuwenden (nur so entsteht der Ausdruck $B'_i = \det(\boldsymbol{O}')\, O'_{ij} B_j$ aus (13.9.3)). Man spezialisiere nun die Gleichung (13.11.9) auf den Fall EUKLIDischer Transformationen und zeige, dass sich hieraus die Transformationsvorschriften für die Ladungs- und die Stromdichte ergeben: Gleichungen (13.9.8) sowie (13.9.10).

Übung 13.11.2: ***MAXWELLsche Gleichungen in Viererschreibweise: Teil I***

Weise mit Hilfe der Definitionsgleichung (13.11.6) nach, dass sich aus der folgenden Beziehung in Viererschreibweise (in kartesischen Koordinaten) die MAXWELLschen Gleichungen (13.2.8/12) ergeben:

$$\varepsilon^{ABCD} \frac{\partial \varphi_{CD}}{\partial x^B} = 0\,. \tag{13.11.14}$$

Dabei bezeichnet ε^{ABCD} den vollkommen antimetrischen Tensor 4. Stufe, der in völliger Analogie zu seinem dreidimensionalen Gegenstück (8.3.25) definiert ist und sich wie ein relativer axialer Welttensor 4. Stufe vom Gewicht 1 transformiert (vgl. die analoge Gleichung (8.3.27) im Dreidimensionalen):

$$\varepsilon'^{RSTU} = \det^{-1}\left(\frac{\partial \mathbf{x}'}{\partial \mathbf{x}}\right) \frac{\partial x'^R}{\partial x^A} \frac{\partial x'^S}{\partial x^B} \frac{\partial x'^T}{\partial x^C} \frac{\partial x'^U}{\partial x^D} \varepsilon^{ABCD}\,. \tag{13.11.15}$$

Man zeige damit und unter Beachtung der Transformationsgleichung (13.11.7), dass der erste Satz MAXWELLscher Gleichungen forminvariant ist, also in einem *beliebigen* Koordinatensystem gilt:

$$\varepsilon'^{ABCD} \frac{\partial \varphi'_{CD}}{\partial x'^{B}} = 0 . \tag{13.11.16}$$

Die Ladungsbilanz (13.4.19) lässt sich mit Hilfe der Definitionsgleichung (13.11.9) für den Viererstrom auch so schreiben:

$$\frac{\partial \sigma^{A}}{\partial x^{A}} = 0 . \tag{13.11.17}$$

Diese Gleichung lässt sich formal dadurch lösen, dass man einen antimetrischen Tensor $\eta^{AB} = -\eta^{BA}$ zweiter Stufe mit der folgenden Eigenschaft definiert:

$$\frac{\partial \eta^{AB}}{\partial x^{B}} = \sigma^{A} . \tag{13.11.18}$$

Es handelt sich somit bei η^{AB} offensichtlich um ein vierdimensionales Ladungs- / Strompotential. Der Zusammenhang zu den bereits bekannten Ladungs- und Strompotentialen D_i und H_i wird hergestellt über die Gleichung:

$$\eta^{AB} = \begin{bmatrix} 0 & cD_1 & cD_2 & cD_3 \\ -cD_1 & 0 & H_3 & -H_2 \\ -cD_2 & -H_3 & 0 & H_1 \\ -cD_3 & H_2 & -H_1 & 0 \end{bmatrix} . \tag{13.11.19}$$

Übung 13.11.3: ***MAXWELLsche Gleichungen in Viererschreibweise: Teil II***

Man weise mit Hilfe der Gleichungen (13.11.8/17/18) explizit nach, dass sich aus ihnen die MAXWELLschen Gleichungen (13.4.8/13) ergeben.

Übung 13.11.4: ***Transformationsgleichung für das vierdimensionale Ladungs-Strompotential***

Man weise mit Hilfe der allgemeinen Transformationsgleichung (13.11.5) von den Gleichungen (13.11.9) und (13.11.18) ausgehend nach, dass das Ladungs-

Strompotential ein relativer kontravarianter Welttensor 2. Stufe vom Gewicht $w = 1$ sein muss, d. h.:

$$\eta'^{AB} = \left|\det\left(\frac{\partial \boldsymbol{x}'}{\partial \boldsymbol{x}}\right)\right|^{-1} \frac{\partial x'^{A}}{\partial x^{C}} \frac{\partial x'^{B}}{\partial x^{D}} \eta^{CD} . \tag{13.11.20}$$

damit der zweite Satz MAXWELLscher Gleichungen in allen Systemen die gleiche Form hat:

$$\frac{\partial \eta'^{AB}}{\partial x'^{B}} = \sigma'^{A} . \tag{13.11.21}$$

Beim Beweis ist es nützlich, die folgende Identität zu beachten:

$$\frac{\partial}{\partial x^{B}}\left(\det\left(\frac{\partial \boldsymbol{x}'}{\partial \boldsymbol{x}}\right)\frac{\partial x^{B}}{\partial x'^{S}}\right) = 0 . \tag{13.11.22}$$

Die Identität wiederum gilt es unter Verwendung des Entwicklungssatzes für Determinanten (hier im Vierdimensionalen) zu beweisen:

$$\left(A^{-1}\right)^{AB} = \frac{\frac{1}{6}\varepsilon_{ARST}\varepsilon_{BCDE} A^{CR} A^{DS} A^{ET}}{\det(\boldsymbol{A})} . \tag{13.11.23}$$

Ferner spezialisiere man diese Gleichung auf den Fall EUKLIDischer Transformationen gemäß (13.11.10) und zeige, dass die Transformationsgleichungen (13.9.6/11) resultieren. Schließlich zeige man noch unter Beachtung der Transformationsgleichung (13.11.9), dass sich für die Ladungsbilanz (13.11.17) in einem beliebigen System schreiben lässt:

$$\frac{\partial \sigma'^{A}}{\partial x'^{A}} = 0 . \tag{13.11.24}$$

Dabei ist es erneut nützlich, die Identität (13.11.22) zu kennen.

13.12 Viererschreibweise der MAXWELL-LORENTZ-Ätherrelationen: Die LORENTZtransformation

Wir erinnern an die bereits in Gleichung (13.11.4) eingeführte sog. Zeit-Raummetrik g^{AB} und fordern, dass es sich bei ihr um einen *absoluten* kontravarianten Welttensor zweiter Stufe handeln soll, so dass gilt:

$$g'^{AB} = \frac{\partial x'^{A}}{\partial x^{C}} \frac{\partial x'^{B}}{\partial x^{D}} g^{CD} . \tag{13.12.1}$$

Aus Gründen, die gleich klar werden, bilden wir von dieser Gleichung die Determinante, um zu finden:

$$\det\left(g'^{AB}\right) = \det{}^2\left(\frac{\partial \mathbf{x}'}{\partial \mathbf{x}}\right)\det\left(g^{CD}\right). \tag{13.12.2}$$

Übung 13.12.1: ***Zeit-Raummetrik der EUKLIDISCHEN Transformation***

Man verwende das Ergebnis (13.11.10) für die Transformationsmatrix von einem Inertial- auf ein EUKLIDisches System im Zusammenhang mit der Transformationsgleichung (13.12.1) und zeige, dass für die Zeit-Raummetrik eines EUKLIDischen Systems gilt:

$$g'^{AB} = \begin{bmatrix} -1 & -\frac{V_1'}{c} & -\frac{V_2'}{c} & -\frac{V_3'}{c} \\ -\frac{V_1'}{c} & 1-\frac{V_1'V_1'}{c^2} & -\frac{V_1'V_2'}{c^2} & -\frac{V_1'V_3'}{c^2} \\ -\frac{V_2'}{c} & -\frac{V_2'V_1'}{c^2} & 1-\frac{V_2'V_2'}{c^2} & -\frac{V_2'V_3'}{c^2} \\ -\frac{V_3'}{c} & -\frac{V_3'V_1'}{c^2} & -\frac{V_3'V_2'}{c^2} & 1-\frac{V_3'V_3'}{c^2} \end{bmatrix}. \tag{13.12.3}$$

Man beachte, dass die Gleichung (13.12.3) im Grenzfall $V_i' \ll c$ in die Zeitraummetrik des Inertialsystems (13.11.4) übergeht. Das erscheint eigentlich wie ein Widerspruch, wissen wir doch, dass ein EUKLIDisches System nie – und auch nicht im Grenzfall – ein Inertialsystem ist. Man sagt daher auch zur Ablenkung, dass jede Zeit-Raummetrik im nicht-relativistischen Grenzfall „flach" wird.

Eigentlich kann man mit Gleichung (13.11.4) für die Zeit-Raummetrik des Inertialsystems auch noch $\det\left(g^{CD}\right) = -1$ setzen. Ein viel wichtigerer Punkt jedoch ist, dass damit im Hinblick auf die allgemeine Definitionsgleichung (13.11.5) es sich bei der Determinante der kontravarianten Zeit-Raummetrik um einen relativen Welttensor 0. Stufe (also einen relativen Skalar) vom Gewicht $w = -2$ handelt. Man spricht auch salopp von einer skalaren Dichte.

Mit ihrer Hilfe gelingt es, die MAXWELL-LORENTZ-Ätherrelationen aus Gleichung (13.8.2), die ja ursprünglich in einem Inertialsystem verifiziert wurden, folgendermaßen zu schreiben:

$$\eta^{CD} = \frac{1}{\mu_0}\left(-\det g^{MN}\right)^{-\frac{1}{2}} g^{CA} g^{DB} \varphi_{AB}. \tag{13.12.4}$$

Das bestätigt man durch einfaches Nachrechnen, wobei wir den Wert $\left(-\det g^{MN}\right)^{-\frac{1}{2}} = 1$ in der folgenden langen Formel gleich weggelassen haben:

$$\begin{bmatrix} 0 & cD_1 & cD_2 & cD_3 \\ -cD_1 & 0 & H_3 & -H_2 \\ -cD_2 & -H_3 & 0 & H_1 \\ -cD_3 & H_2 & -H_1 & 0 \end{bmatrix} = \frac{1}{\mu_0}\begin{bmatrix} -1 & 0 & 0 & 0 \\ 0 & 1 & 0 & 0 \\ 0 & 0 & 1 & 0 \\ 0 & 0 & 0 & 1 \end{bmatrix}\begin{bmatrix} 0 & -\frac{E_1}{c} & -\frac{E_2}{c} & -\frac{E_3}{c} \\ \frac{E_1}{c} & 0 & B_3 & -B_2 \\ \frac{E_2}{c} & -B_3 & 0 & B_1 \\ \frac{E_3}{c} & B_2 & -B_1 & 0 \end{bmatrix}\begin{bmatrix} -1 & 0 & 0 & 0 \\ 0 & 1 & 0 & 0 \\ 0 & 0 & 1 & 0 \\ 0 & 0 & 0 & 1 \end{bmatrix} =$$

$$\frac{1}{\mu_0}\begin{bmatrix} 0 & \frac{E_1}{c} & \frac{E_2}{c} & \frac{E_3}{c} \\ -\frac{E_1}{c} & 0 & B_3 & -B_2 \\ -\frac{E_2}{c} & -B_3 & 0 & B_1 \\ -\frac{E_3}{c} & B_2 & -B_1 & 0 \end{bmatrix}, \quad c^2 = \frac{1}{\varepsilon_0 \mu_0}. \tag{13.12.5}$$

Der Determinantenfaktor in Gleichung (13.12.4) erscheint auf den ersten Blick recht künstlich. Er ist es aber nicht, denn in einer Welttensorgleichung – und diesen Anspruch erheben wir auch bei den MAXWELL-LORENTZ-Ätherrelationen in der Form (13.12.3) – muss sowohl die Tensorstufe auf beiden Seiten gleich sein (hier Stufe 2) als auch das Gewicht stimmen, und das ist auf der linken Seite wegen Gleichung (13.11.8) gleich 1 und auf der rechten Seite wegen der Gleichungen (13.11.7) und (13.12.1/2) auch gleich $(-2)\left(-\frac{1}{2}\right) = +1$. Nur so folgt bei Verwendung der Gleichungen (13.11.7/19) und (13.12.1/2) aus Gleichung (13.12.4) bei Transformation in ein beliebiges System:

$$\eta'^{\,LM} = \frac{1}{\mu_0}\left(-\det g'^{UV}\right)^{-\frac{1}{2}} g'^{\,LR} g'^{\,MS} \varphi'_{RS}\,. \tag{13.12.6}$$

Wir wollen nun diejenigen Transformationen finden, unter denen die MAXWELL-LORENTZ-Ätherrelationen ihre einfache Form (13.8.2) bzw. (13.12.5) beibehalten. Dann muss die Größe $\boldsymbol{g}'$ in Gleichung (13.12.6) genau dieselben Komponenten haben wie $\boldsymbol{g}$ in Gleichung (13.11.4). Indem wir die Transformationsgleichungen (13.12.1) beachten, finden wir, dass gelten muss:

$$\begin{bmatrix} -1 & 0 & 0 & 0 \\ 0 & 1 & 0 & 0 \\ 0 & 0 & 1 & 0 \\ 0 & 0 & 0 & 1 \end{bmatrix}^{AB} = \frac{\partial x'^{\,A}}{\partial x^C}\frac{\partial x'^{\,B}}{\partial x^D}\begin{bmatrix} -1 & 0 & 0 & 0 \\ 0 & 1 & 0 & 0 \\ 0 & 0 & 1 & 0 \\ 0 & 0 & 0 & 1 \end{bmatrix}^{CD} \Leftrightarrow \tag{13.12.7}$$

$$\begin{bmatrix} -1 & 0 & 0 & 0 \\ 0 & 1 & 0 & 0 \\ 0 & 0 & 1 & 0 \\ 0 & 0 & 0 & 1 \end{bmatrix}^{CD} = \frac{\partial x^C}{\partial x'^{\,A}}\frac{\partial x^D}{\partial x'^{\,B}}\begin{bmatrix} -1 & 0 & 0 & 0 \\ 0 & 1 & 0 & 0 \\ 0 & 0 & 1 & 0 \\ 0 & 0 & 0 & 1 \end{bmatrix}^{AB}.$$

Diese beiden Darstellungen beinhalten die Transformation vom ursprünglichen Inertialsystem in das neue, dagegen bewegte Inertialsystem und umgekehrt. Die zweite Darstellung ist nützlich, um die Lorentztransformation begrifflich einfach herzuleiten. Davon gleich mehr. Man beachte, dass es sich bei den Elementen der Transformationsmatrizen $\partial x'/\partial x$ bzw. $\partial x/\partial x'$ um 16 Unbekannte handelt. Aufgrund der Symmetrie der Matrix (13.11.4) gibt es jedoch nur 10 Bestimmungsgleichungen. Mithin verbleiben 6 unbestimmte Parameter in der gesuchten Transformation. Diese lassen sich als relative translatorische Geschwindigkeitskomponenten $-V_i$ zwischen den beiden Systemursprüngen (auch *Boostgeschwindigkeit* genannt) sowie die drei Rotationswinkel zwischen ihren Achsen (also die unabhängigen Komponenten der Drehmatrix) interpretieren, wie wir nun näher untersuchen wollen. Da sowohl $\boldsymbol{g}$ als auch $\boldsymbol{g}'$ in der Form (13.11.4) Konstanten sind, muss die gesuchte Koordinatentransformation *linear* sein. Folgerichtig lösen wir das Problem in zwei Schritten: Im ersten transformieren wir uns aus dem ungestrichenen System durch einen Boost in ein Zwischeninertialsystem $\tilde{x}^B$, das dadurch gekennzeichnet ist, dass seine Raumachsen zu denen des ungestrichenen Systems *nicht* gedreht sind, es aber trotzdem einen linearen Zusammenhang folgender Form gibt:

$$x^A = \alpha_B^A \tilde{x}^B + \beta^A . \tag{13.12.8}$$

Den Vierervektor β^A setzen wir gleich Null, da die Ursprünge beider Koordinatensysteme zusammenfallen sollen. Wir nehmen nun an, dass der ungestrichene Beobachter ruht und der Ursprung des gestrichenen Beobachters sich ihm gegenüber mit der *konstanten* Geschwindigkeit $-V_i$ bewegt†. Selbstverständlich wird diese Geschwindigkeit mit den Metermaßen und auch mit den Uhren des unbewegten Beobachters ermittelt. Dann folgt wegen $\mathrm{d}\tilde{x}^i = 0$ (denn der Ursprung des Zwischensystems ist fest und wird nicht geändert) aus (13.12.8):

$$\mathrm{d}x^A = \alpha_B^A \mathrm{d}\tilde{x}^B \quad \Rightarrow \quad \begin{aligned} \mathrm{d}x^0 &= \alpha_0^0 \mathrm{d}\tilde{x}^0 \\ \mathrm{d}x^i &= \alpha_0^i \mathrm{d}\tilde{x}^0 . \end{aligned} \tag{13.12.9}$$

Um die Geschwindigkeit einzubringen, dividieren wir $\mathrm{d}x^i$ durch $\mathrm{d}x^0$ und beachten (13.11.1):

$$-\frac{V_i}{c} \equiv \frac{\mathrm{d}x^i}{\mathrm{d}x^0} = \frac{\alpha_0^i}{\alpha_0^0} . \tag{13.12.10}$$

† Das Minuszeichen in der Geschwindigkeit ist reine Willkür und wird in vielen Lehrbüchern auch nicht gesetzt. Wir schreiben es, um mit der in Abb. 8.1 angenommenen Richtung des Vektors $\boldsymbol{b}$, mit den Ausführungen nach Gleichung (13.10.3) sowie Übung 13.11.1 konsistent zu sein.

Eine zusätzliche Beziehung zwischen α_0^i und α_0^0 erhält man dadurch, dass man die Komponente $A=0$, $B=0$ in Gleichung (13.12.7)₂ auswertet:

$$-1=-\left(\alpha_0^0\right)^2+\sum_{i=1}^{3}\left(\alpha_0^i\right)^2 . \tag{13.12.11}$$

Die Lösung der Gleichungen (13.12.10/11) lautet:

$$\alpha_0^0=\gamma \ , \ \ \alpha_0^i=-\gamma\frac{V_i}{c} \ , \ \ \gamma=\frac{1}{\sqrt{1-V^2/c^2}} . \tag{13.12.12}$$

Die noch verbliebenen Gleichungen aus (13.12.7)₂ lassen sich mit

$$\alpha_j^i=\delta_j^i+\frac{V_iV_j}{V^2}(\gamma-1) \ , \ \ \alpha_j^0=-\gamma\frac{V_j}{c} \tag{13.12.13}$$

erfüllen. Also kommt man auf:

$$\begin{bmatrix} x^0 \\ x^1 \\ x^2 \\ x^3 \end{bmatrix}=\begin{bmatrix} \gamma & -\gamma\frac{V_1}{c} & -\gamma\frac{V_2}{c} & -\gamma\frac{V_3}{c} \\ -\gamma\frac{V_1}{c} & 1+\frac{V_1V_1}{V^2}(\gamma-1) & \frac{V_1V_2}{V^2}(\gamma-1) & \frac{V_1V_3}{V^2}(\gamma-1) \\ -\gamma\frac{V_2}{c} & \frac{V_2V_1}{V^2}(\gamma-1) & 1+\frac{V_2V_2}{V^2}(\gamma-1) & \frac{V_2V_3}{V^2}(\gamma-1) \\ -\gamma\frac{V_3}{c} & \frac{V_3V_1}{V^2}(\gamma-1) & \frac{V_3V_2}{V^2}(\gamma-1) & 1+\frac{V_3V_3}{V^2}(\gamma-1) \end{bmatrix}\begin{bmatrix} \tilde{x}^0 \\ \tilde{x}^1 \\ \tilde{x}^2 \\ \tilde{x}^3 \end{bmatrix} . \tag{13.12.14}$$

In einem zweiten Schritt drehen wir nun bei fester Zeitkoordinate $\tilde{x}^0=x'^0$ die Raumkoordinaten des Zwischensystems auf die des gestrichenen Systems:

$$\tilde{x}^i=O_{ij}x'_j\equiv O'_{ji}x'_j . \tag{13.12.15}$$

Das lässt sich auch in Viererschreibweise darstellen:

$$\begin{bmatrix} \tilde{x}^0 \\ \tilde{x}^1 \\ \tilde{x}^2 \\ \tilde{x}^3 \end{bmatrix}=\begin{bmatrix} 1 & 0 & 0 & 0 \\ 0 & O_{11} & O_{12} & O_{13} \\ 0 & O_{21} & O_{22} & O_{23} \\ 0 & O_{31} & O_{32} & O_{33} \end{bmatrix}\begin{bmatrix} x'^0 \\ x'^1 \\ x'^2 \\ x'^3 \end{bmatrix}, \tag{13.12.16}$$

und wir können diese Transformation einfach in Gleichung (13.12.14) einsetzen und ausmultiplizieren†:

† Man beachte, dass der der Unterschied zwischen ko- und kontravariant bei den Komponenten des Zeit-Raumvektors wichtig ist und in den folgenden Formeln streng beachtet wird. Bei karte-

$$x^{0} = \gamma x'^{0} - \gamma \frac{V_i}{c} O_{ik} x'^{k} , \qquad (13.12.17)$$

$$x^{j} = -\gamma \frac{V_j}{c} x'^{0} + \left[\delta_{jk} + (\gamma - 1) \frac{V_j V_k}{V^2} \right] O_{kl} x'^{l} .$$

Dies ist die berühmte LORENTZtransformation in allgemeinster Form, wie man sie nur selten in Lehrbüchern findet. Wir wenden nun wieder die Regel aus Übung 13.11.1 sinngemäß übertragen an und finden für die Umkehrung der Gleichung (13.12.17) dann relativ schnell, dass:

$$x'^{0} = \gamma x^{0} + \gamma \frac{V_k}{c} x^{k} , \qquad (13.12.18)$$

$$x'^{j} = O'_{ji} \left\{ \gamma \frac{V_i}{c} x^{0} + \left[\delta_{ik} + (\gamma - 1) \frac{V_i V_k}{V^2} \right] x^{k} \right\} .$$

Neben der Regel sind bei der Herleitung noch einige Hilfsformeln eingeflossen:

$$V'_i = O'_{ij} V_j \ , \ V'_i V'_i = V_k V_k \quad \Rightarrow \quad \gamma' = \gamma . \qquad (13.12.19)$$

An den Darstellungen (13.12.17/18) lässt sich sehr schön der Übergang zur GALILEItransformation nachvollziehen, indem man den Grenzfall $c \to \infty$ betrachtet:

$$x'^{0} = x^{0} \ , \ x'^{j} = V'_i t + O'_{ji} x^{i} \ , \ x^{j} = -V_j t + O_{jl} x'^{l} . \qquad (13.12.20)$$

Diese Darstellungen sind inklusive Vorzeichen in völligem Einklang mit Gleichung (13.10.3).

Übung 13.12.2: ***Weitere Untersuchungen zur LORENTZtransformation***

Man verifiziere durch Nachrechnen und zur Einstimmung die Richtigkeit der Lösung (13.12.11-14) sowie (13.12.17). Danach schreibe man (13.12.17) in Viererschreibweise um und invertiere die auftretende Vierermatrix direkt, um die Richtigkeit der Gleichungen (13.12.18) nachzuweisen und somit indirekt die physikalisch motivierte Inversionsregel zu bestätigen.

Eine abschließende Bemerkung zu diesem Abschnitt sei gestattet. Es ist völlig klar, dass die relativistischen Lehrbücher i. a. nicht den hier dargestellten Weg zur Herleitung der LORENTZtransformation einschlagen. Uns ging es hier jedoch um die Grundlagen der Elektrodynamischen Feldtheorie, und darum haben wir diesen

---

sischen Nicht-Zeit-Raumgrößen wie der Geschwindigkeit V_i oder der Drehmatrix O_{ij} ist dieser Unterschied ohne Belang. Infolgedessen ist bei diesen in den nachstehenden Formeln auch die für wahre Tensorgrößen wichtige Kreuzsummationsregel (vgl. die Bemerkung nach Gleichung (2.4.13), die sinngemäß übertragen auch im Vierdimensionalen gilt) außer Kraft, was die Schönheit der Formeln etwas schmälert.

Weg gewählt und bis ad nauseam zu Ende geführt. Die Relativisten argumentieren folgendermassen: Man betrachtet ein ruhendes und ein dagegen gleichförmig bewegtes System, bestehend aus kartesischen Achsen. Der Ursprung des bewegten Koordinatensystems fällt eingangs auf den Ursprung des ruhenden und die Ursprünge bewegen sich danach mit der konstanten, im ruhenden Koordinatensystem gemessenen Boostgeschwindigkeit $-V_i$ auseinander. Der Einfachheit halber sind die Raumachsen beider Systeme gegeneinander nicht verdreht. In dem Moment, wo beide Ursprünge übereinander liegen, wird ebenda ein Lichtblitz gezündet. Der ruhende Beobachter sieht, wie sich eine Lichtkugelwelle mit der Lichtgeschwindigkeit c ausbreitet[†]. Die Ausbreitung erfassen wir mathematisch durch die Gleichung einer Kugel vom Radius ct:

$$\left(x^1\right)^2 + \left(x^2\right)^2 + \left(x^3\right)^2 = (ct)^2 . \tag{13.12.21}$$

Etwas formaler erfassen wir das durch folgende Funktion der Zeit-Raumkoordinaten:

$$f(x) = -\left(x^0\right)^2 + \left(x^1\right)^2 + \left(x^2\right)^2 + \left(x^3\right)^2 \equiv 0 . \tag{13.12.22}$$

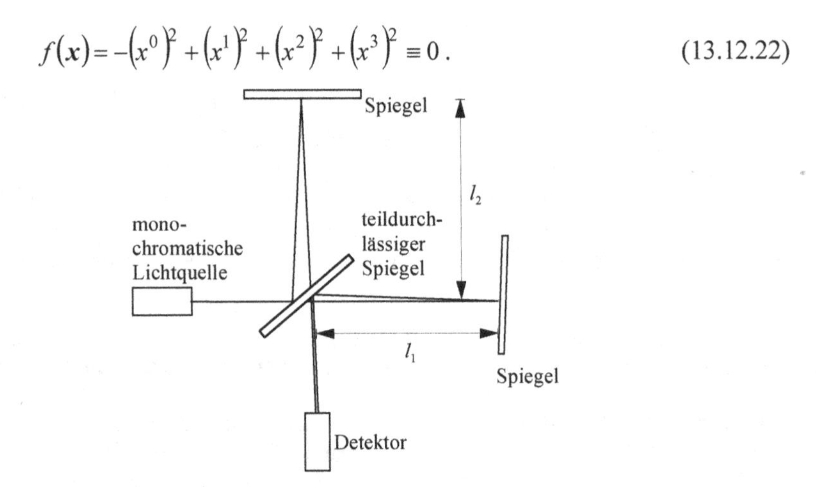

Abb. 13.8: Prinzipieller Aufbau des MICHELSON-MORLEY-Interferometers.

Man würde nun denken, dass der bewegte Beobachter keine Kugelwelle, sondern eine entsprechend seiner Bewegung „verformte“ Kugel sieht, nämlich derart, dass Licht in der Richtung, in welcher er sich gegenüber dem ruhenden Beobachter bewegt, zurückbleibt. Dies jedoch würde dem Ergebnis des MICHELSON-MORLEY-Versuchs widersprechen, den wir im Folgenden kurz umreißen. MICHELSON und MORLEY haben nämlich bei Drehung um 90° des nach ihnen benannten Interferometers festgestellt, dass die Lichtgeschwindigkeit innerhalb einer Genauigkeit von $\pm 5 \frac{\mathrm{km}}{\mathrm{s}}$ konstant bleibt: Abb. 13.8.

[†] Kugelförmig deshalb, weil man den Raum als isotrop ansieht.

Albert Abraham MICHELSON wurde am 19. Dezember 1852 in Strelno, Provinz Posen geboren und starb am 9. Mai 1931 in Pasadena, Kalifornien. Er begann 1869 auf der US-Marineakademie in Annapolis zu studieren machte 1873 einen Abschluss. Inspiriert durch Übersetzungen der Werke von Adolphe GANOT und dessen Ausführungen über einen universellen Äther, interessierte er sich Zeit Lebens insbesondere dafür, die Lichtgeschwindigkeit genau zu messen und die Existenz des Äthers nachzuweisen. Letzteres gelang ihm nie und trotzdem plagten ihn bis zum Schluss Zweifel an den eigenen Ergebnissen. Nach zweijährigem Studium in Europa verließ er 1881 die Marine, nahm 1883 eine Stelle als Professor der Physik an der Case School of Applied Science in Cleveland (Ohio) an, ging 1889 als Professor an der Clark University in Worcester (Massachusetts) und wird 1892 schließlich Professor und Leiter der Physikabteilung der neu gegründeten University of Chicago. 1907 war er der erste Amerikaner, dem der Nobelpreis für Physik verliehen wurde. Einen guten Einfluss auf MICHELSONs wissenschaftliche Entwicklung scheinen auch die CARTWRIGHTs aus der Fernsehserie Bonanza genommen zu haben, die in der Episode „Look to the Stars“ dem jungen Albert helfen, sich gegen einen rassistischen Lehrer zu behaupten. MICHELSON ist nämlich mosaischen Glaubens.

Edward Williams MORLEY wurde am 29. Januar 1838 in Newark, New Jersey geboren und starb am 24. Februar 1923 in West Hartford, Connecticut. 1860 schloss er sein Studium am Williams College ab. Von 1869 bis 1906 war er Professor der Chemie an der heutigen Case Western Reserve University. Als geschickter Experimentator kam er MICHELSON zupass: 1887 führten sie das nach ihnen benannte Experiment durch. Genau wie MICHELSON akzeptierte auch er das negative Ergebnis nicht wirklich. Ferner arbeitete MORLEY arbeitete auch an der genauen chemischen Zusammensetzung der Erdatmosphäre, der thermischen Ausdehnung von Festkörpern und der Messung der Lichtgeschwindigkeit in einem Magnetfeld.

Das Messprinzip kann man sich anschaulich folgendermaßen vorstellen: Zwei gleichschnelle Schwimmer (Lichtstrahlen mit der Geschwindigkeit c) legen feste Distanzen l_1 und l_2 in einem Fluss (dem Äther) zurück, der die Strömungsgeschwindigkeit V besitzt. Der erste schwimmt die Strecke l_1 einmal mit und einmal entgegen zur Strömung. Der andere schwimmt von einem Flussufer zum anderen hin und zurück, wobei die Distanz von Ufer zu gegenüberliegendem Ufer l_2 sein soll. Offenbar muss der zweite Schwimmer sich mit einem leichten Winkel zur Vertikale gegenüber der Strömungsrichtung bewegen, um jeweils genau gegenüber des Startpunkts am anderen Ufer anzukommen. Der Unterschied zwischen den Schwimmdauern zwischen erstem und zweitem Schwimmer beträgt näherungsweise:

$$\Delta t \approx \frac{2(l_1-l_2)}{c} + \frac{2l_1-l_2}{c}\left(\frac{V}{c}\right)^2, \qquad (13.12.23)$$

wobei angenommen wurde, dass die Strömungsgeschwindigkeit des Flusses V sehr viel kleiner als die Eigengeschwindigkeit c der Schwimmer ist. Übertragen wir nun das gewählte Bild auf die in Abb. 13.8 dargestellten Lichtstrahlen. Aufgrund des Laufzeitunterschiedes wird zwischen ihnen Interferenz auftreten, schon deshalb, weil man die Strecken l_1 und l_2 selbst bei sorgfältigster mechanischer Fertigung nie exakt gleich machen kann. Damit ist der Einfluss der Äthergeschwindigkeit V schwierig zu bewerten, es sei denn, man dreht die Apparatur nach dem ersten Versuch mit zugehörigem Interferenzmuster um 90°, so dass l_1 und l_2 ihre Rolle tauschen und folgender weiterer Laufzeitunterschied gegenüber dem ersten Experiment resultiert:

$$\Delta\hat{t} \approx \frac{2(l_2-l_1)}{c} + \frac{2l_2-l_1}{c}\left(\frac{V}{c}\right)^2 . \tag{13.12.24}$$

Insgesamt ergibt sich also ein Laufzeitunterschied von $\Delta t + \Delta\hat{t} = \frac{l_1+l_2}{c}\left(\frac{V}{c}\right)^2$, der proportional zum Quadrat der Äthergeschwindigkeit ist. Bei MICHELSON und MORLEY war $l_1 \approx l_2 = 11\,\text{m}$. Ferner muss man bedenken, dass die Erde mit der für irdische Verhältnisse gewaltigen Geschwindigkeit von ca. $30\frac{\text{km}}{\text{s}}$ um die Sonne kreist, was aber klein gegenüber der Lichtgeschwindigkeit mit ca. $3\cdot 10^5\,\frac{\text{km}}{\text{s}}$ ist. Somit ergibt sich ein optischer Wegunterschied von $\Delta d = c\left(\Delta t + \Delta\hat{t}\right) = \left(l_1 + l_2\right)\left(\frac{V}{c}\right)^2 \approx 2{,}2\cdot 10^{-7}\,\text{m}$. Dies muss man im Verhältnis zur Wellenlänge λ des eingestrahlten Lichtes, also etwa 500 nm, sehen, d. h. $\Delta d/\lambda \approx 0{,}44$. Ein derartiger Unterschied würde sich in einer deutlich sichtbaren Wechsel des Interferenzmusters manifestieren. Es wurde jedoch ein viel kleineres Verhältnis gemessen, etwa 0,01, was man dahingehend interpretierte, dass die Vakuumlichtgeschwindigkeit in allen Bezugssystemen den gleichen (maximalen) Wert besitzt, unabhängig vom Bewegungszustand des Beobachters.

Später hat man den Versuch wiederholt und auch berücksichtigt, dass die Erde relativ zum Zentrum der unserer Galaxis sich mit ca. $200\frac{\text{km}}{\text{s}}$ bewegt. Auch diese fast zehnmal größere Äthergeschwindigkeit kann das Licht nicht „beeindrucken". Und wenn wir ehrlich sind, es wäre misslich, wenn die Ausbreitungsgeschwindigkeit eines derart grundlegenden Objektes wie eines Lichtquants vom Bewegungszustand anderer ihn beobachtender Objekte abhinge. Die Folge wäre, dass die Kausalabfolge von Ereignissen in Gefahr geriete und die Welt an inneren Widersprüchen kranken und möglicherweise instabil würde.

Übung 13.12.3: ***Nachtrag zum MICHELSON-MORLEY-Experiment***

Man beweise die Richtigkeit der Gleichungen (13.12.23/24).

Nach diesem Exkurs schreiben wir also für den bewegten Beobachter analog zur Gleichung (13.12.22):

$$f(\boldsymbol{x}) = -\left(x'^0\right)^2 + \left(x'^1\right)^2 + \left(x'^2\right)^2 + \left(x'^3\right)^2 \equiv 0 \tag{13.12.25}$$

und folgern:

$$-\left(x'^0\right)^2+\left(x'^1\right)^2+\left(x'^2\right)^2+\left(x'^3\right)^2=-\left(x^0\right)^2+\left(x^1\right)^2+\left(x^2\right)^2+\left(x^3\right)^2 . \quad (13.12.26)$$

Von dem gemeinsamen Ursprung bei $\boldsymbol{x}=\boldsymbol{0}$ können wir uns auch noch befreien, einen neuen Referenzort $\boldsymbol{x}=\boldsymbol{x}_{\mathrm{R}}$ einführen, von dem der Blitz startet und schreiben:

$$\begin{aligned}&-\left(x'^0-x'^0_{\mathrm{R}}\right)^2+\left(x'^1-x'^1_{\mathrm{R}}\right)^2+\left(x'^2-x'^2_{\mathrm{R}}\right)^2+\left(x'^3-x'^3_{\mathrm{R}}\right)^2= \quad (13.12.27)\\&-\left(x^0-x^0_{\mathrm{R}}\right)^2+\left(x^1-x^1_{\mathrm{R}}\right)^2+\left(x^2-x^2_{\mathrm{R}}\right)^2+\left(x^3-x^3_{\mathrm{R}}\right)^2 .\end{aligned}$$

Das gilt auch bei infinitesimaler Nähe der Punkte:

$$\begin{aligned}&-\left(\mathrm{d}x'^0\right)^2+\left(\mathrm{d}x'^1\right)^2+\left(\mathrm{d}x'^2\right)^2+\left(\mathrm{d}x'^3\right)^2= \quad (13.12.28)\\&-\left(\mathrm{d}x^0\right)^2+\left(\mathrm{d}x^1\right)^2+\left(\mathrm{d}x^2\right)^2+\left(\mathrm{d}x^3\right)^2 .\end{aligned}$$

Damit sind wir wieder beim vierdimensionalen Linienelement aus Gleichung (13.11.3) angekommen und stellen fest, dass die Konstanz der Lichtgeschwindigkeit bewirkt, dass das vierdimensionale Linienelement gemäß der Nomenklatur im Zusammenhang mit Gleichung (13.11.5) ein absoluter Weltskalar ist:

$$\left(\mathrm{d}s'\right)^2=\left(\mathrm{d}s\right)^2 \quad \Leftrightarrow \quad g'_{AB}\mathrm{d}x'^A\mathrm{d}x'^B=g_{CD}\mathrm{d}x^C\mathrm{d}x^D . \quad (13.12.29)$$

Man beachte, dass sowohl die Komponenten von g_{CD} als auch von g'_{AB} durch die in Gleichung (13.11.4) gezeigte Matrix gegeben sind. Der Zeit-Raumvektor nach Gleichung (13.11.1) und auch seine Differentiale sind absolute Weltvektoren und daher folgt:

$$\mathrm{d}x^C\mathrm{d}x^D=\frac{\partial x^C}{\partial x'^A}\frac{\partial x^D}{\partial x'^B}\mathrm{d}x'^A\mathrm{d}x'^B . \quad (13.12.30)$$

Einsetzen in Gleichung (13.12.29) bringt:

$$g'_{AB}=\frac{\partial x^C}{\partial x'^A}\frac{\partial x^D}{\partial x'^B}g_{CD} . \quad (13.12.31)$$

Das ist die aus den MAXWELL-LORENTZ-Ätherrelationen folgende Gleichung (13.12.6), allerdings kovariant geschrieben, mit deren Hilfe wir die LORENTZtransformationen hergeleitet haben. Im Rückblick ist es nicht verwunderlich, dass auch über das Argument mit der Kugelförmigkeit des Lichtblitzes in allen gegeneinander durch einen Boost $-V_i$ hervorgehenden Systemen bei gleicher Ausbreitungsgeschwindigkeit c dieselben Gleichungen folgen, denn schließlich ist der Lichtblitz eine elektromagnetische Welle und bei der Gültigkeit der einfachen

MAXWELL-LORENTZ-Ätherrelationen folgt nach Übung 13.8.1 ja in beiden Systemen dieselbe Wellengleichung.

13.13 Energie und Impuls des elektromagnetischen Feldes

Unser Ziel ist es, die Wirkung der elektromagnetischen Felder in die Impuls- sowie in die Energiebilanz mit aufzunehmen. Im Falle der Impulsbilanz ergänzen wir die Volumenkraftdichte ρf_i einfach um die elektromagnetischen Kräfte $qE_i + [(\boldsymbol{j}+q\boldsymbol{\upsilon})\times \boldsymbol{B}]_i$ und schreiben in regulären Punkten:

$$\frac{\partial \rho \upsilon_i}{\partial t} + \frac{\partial}{\partial x_j}\left(\rho \upsilon_i \upsilon_j - \sigma_{ij}\right) = \rho f_i + qE_i + [(\boldsymbol{j}+q\boldsymbol{\upsilon})\times \boldsymbol{B}]_i \, . \tag{13.13.1}$$

Im Falle der Energie zeigen Experimente, dass die Leistung des elektromagnetischen Feldes (die sogenannte JOULEsche oder auch Wärme bzw. Wärmeproduktion aufgrund elektrischen Widerstandes) das Skalarprodukt zwischen Stromdichte $\boldsymbol{j}+q\boldsymbol{\upsilon}$ und elektrischem Feld $\boldsymbol{E}$ ist. Also gilt:

$$\frac{\partial}{\partial t}\rho\left(u+\tfrac{1}{2}\boldsymbol{\upsilon}^2\right)+\frac{\partial}{\partial x_j}\left[\rho\left(u+\tfrac{1}{2}\boldsymbol{\upsilon}^2\right)\upsilon_j + q_j - \sigma_{ij}\upsilon_i\right]= \tag{13.13.2}$$

$$\rho f_i \upsilon_i + \left(j_i + q\upsilon_i\right)E_i \, .$$

Mit anderen Worten, der Erhaltungscharakter der Größen Impuls und Energie ist in Frage gestellt, denn es gibt plötzlich *Produktionsterme*. Es gelingt jedoch, die MAXWELLschen Gleichungen derart umzuformen und mit der Impuls- bzw. der Energiebilanz zu verknüpfen, dass Energie- und Impulserhaltung evident wird. Wir starten zu diesem Zweck bei den MAXWELLgleichungen für reguläre Punkte in der Form (13.8.1), in die wir die MAXWELL-LORENTZ-Ätherrelationen aus Gleichung (13.8.2) einsetzen:

$$\frac{\partial B_i}{\partial x_i} = 0 \; , \quad \frac{\partial B_i}{\partial t} + \varepsilon_{ijk}\frac{\partial E_k}{\partial x_j} = 0 \, , \tag{13.13.3}$$

$$\varepsilon_0 \frac{\partial E_i}{\partial x_i} = q \; , \quad -\varepsilon_0 \frac{\partial E_i}{\partial t} + \frac{1}{\mu_0}\varepsilon_{ijk}\frac{\partial B_k}{\partial x_j} = j_i + q\upsilon_i \, .$$

Wir multiplizieren nun die zweite dieser Gleichungen mit $\frac{1}{\mu_0}B_i$ und die vierte mit $-E_i$. Beide Resultate werden danach summiert und die Produktenregel verwendet:

$$\frac{\partial}{\partial t}\tfrac{1}{2}\left(\boldsymbol{E}\cdot\varepsilon_0\boldsymbol{E}+\boldsymbol{B}\cdot\tfrac{1}{\mu_0}\boldsymbol{B}\right)+\frac{\partial}{\partial x_j}\left(\varepsilon_{jki}E_k\tfrac{1}{\mu_0}B_i\right)=-(j_i+q\upsilon_i)E_i\,. \qquad (13.13.4)$$

Aufgrund der MAXWELL-LORENTZ-Ätherrelationen kann man hierfür auch schreiben:

$$\frac{\partial}{\partial t}\tfrac{1}{2}(\boldsymbol{E}\cdot\boldsymbol{D}+\boldsymbol{B}\cdot\boldsymbol{H})+\frac{\partial}{\partial x_i}(\boldsymbol{E}\times\boldsymbol{H})_i=-(j_i+q\upsilon_i)E_i\,. \qquad (13.13.5)$$

John Henry POYNTING wurde am 9. September 1852 in Monton bei Manchester geboren und starb am 30. März 1914 in Birmingham. Er besuchte zunächst das Owen's College in Manchester und erhielt 1872 seinen Bachelor of Science. Danach ging er an das Trinity College in Cambridge und schloss 1876 dort mit dem Bachelor of Arts ab. Von 1880 bis 1914 war POYNTING Professor der Physik am Mason College in Birmingham. MAXWELL war einer seiner Lehrer gewesen und gleich ihm arbeitete er auf dem Gebiet der Elektrodynamik. Neben dem nach ihm benannten Vektor und dem dazugehörigen Erhaltungssatz, beschäftigte er sich mit der Wechselwirkung von solarer Strahlung mit interplanetarem Staub (POYNTING-ROBERTSON-Effekt). 1888 wurde er zum Fellow of the Royal Society gewählt, die ihm 1905 die Royal Medal verlieh.

Die linke Seite erweist sich also bis auf das Vorzeichen gleich der Produktionsdichte der Energie aufgrund elektromagnetischer Felder (JOULEsche Wärme, vgl. Gleichung (13.13.2)). Wir dürfen folglich ersetzen und schreiben:

$$\frac{\partial}{\partial t}\left[\rho\left(u+\tfrac{1}{2}\upsilon^2\right)+\tfrac{1}{2}(\boldsymbol{E}\cdot\boldsymbol{D}+\boldsymbol{B}\cdot\boldsymbol{H})\right]+ \qquad (13.13.6)$$

$$\frac{\partial}{\partial x_j}\left[\rho\left(u+\tfrac{1}{2}\upsilon^2\right)\upsilon_j+q_j-\sigma_{ij}\upsilon_i+(\boldsymbol{E}\times\boldsymbol{H})_j\right]=\rho f_i\upsilon_i\,.$$

Die Produktion auf der rechten Seite der Energiebilanz ist somit verschwunden und an ihre Stelle sind Ergänzungen in der Zeitableitung sowie im Divergenzterm getreten. Man nennt die Ausdrücke $\tfrac{1}{2}(\boldsymbol{E}\cdot\boldsymbol{D}+\boldsymbol{B}\cdot\boldsymbol{H})$ sowie $\boldsymbol{E}\times\boldsymbol{H}$ aus offensichtlichen Gründen die *Energiedichte* bzw. den *Energiefluss des elektromagnetischen Feldes*, bzw. spricht bei letzterem aus historischen Gründen auch vom sog. *POYNTING Vektor.*

Multiplikation von Gleichung $(13.13.3)_4$ mit $\varepsilon_{lin}B_n$ sowie von $(13.13.3)_3$ mit $-E_l$ und anschließende Summation beider Ergebnisse führt auf:

$$\frac{\partial}{\partial t}(\varepsilon_{lin}\varepsilon_0E_iB_n)-\varepsilon_{lin}\varepsilon_0E_i\frac{\partial B_n}{\partial t}+(\delta_{jl}\delta_{kn}-\delta_{jn}\delta_{lk})\tfrac{1}{\mu_0}B_n\frac{\partial B_k}{\partial x_j}- \qquad (13.13.7)$$

$$-\varepsilon_0 E_l \frac{\partial E_i}{\partial x_i} = -qE_l - \varepsilon_{lin}(j_i + q\upsilon_i)B_n .$$

Hieraus wird nun der Term $\partial B_n / \partial t$ mit Gleichung $(13.13.3)_2$ eliminiert:

$$\frac{\partial}{\partial t}(\varepsilon_{lin}\varepsilon_0 E_i B_n) + \frac{\partial}{\partial x_i}\left[\tfrac{1}{2}\left(\boldsymbol{E}\cdot\varepsilon_0\boldsymbol{E} + \boldsymbol{B}\cdot\tfrac{1}{\mu_0}\boldsymbol{B}\right)\delta_{li} - E_i\varepsilon_0 E_l - B_i\tfrac{1}{\mu_0}B_l\right] =$$

$$-qE_l - \varepsilon_{lin}(j_i + q\upsilon_i)B_n , \tag{13.13.8}$$

bzw. unter Verwendung der MAXWELL-LORENTZ-Ätherrelationen:

$$\frac{\partial}{\partial t}(\boldsymbol{D}\times\boldsymbol{B})_l + \frac{\partial}{\partial x_i}\left[\tfrac{1}{2}(\boldsymbol{E}\cdot\boldsymbol{D} + \boldsymbol{B}\cdot\boldsymbol{H})\delta_{li} - E_i D_l - B_i H_l\right] = \tag{13.13.9}$$

$$-qE_l - [(\boldsymbol{j} + q\boldsymbol{\upsilon})\times\boldsymbol{B}]_l .$$

Man erkennt, dass die linke Seite dieser Gleichung bis auf das Vorzeichen der Impulsproduktion des elektromagnetischen Feldes aus Gleichung (13.13.1) darstellt. Indem wir beide Gleichungen miteinander kombinieren, resultiert folgender Erhaltungssatz:

$$\frac{\partial}{\partial t}[\rho\upsilon_i + (\boldsymbol{D}\times\boldsymbol{B})_i] + \tag{13.13.10}$$

$$\frac{\partial}{\partial x_j}\left(\rho\upsilon_i\upsilon_j - \sigma_{ij} + \tfrac{1}{2}(\boldsymbol{E}\cdot\boldsymbol{D} + \boldsymbol{B}\cdot\boldsymbol{H})\delta_{ij} - E_i D_j - B_i H_j\right) = \rho f_i .$$

Wir stellen fest, dass es sich bei $\boldsymbol{D}\times\boldsymbol{B}$ um die *Impulsdichte des elektromagnetischen Feldes* handelt. Ferner entspricht $-\tfrac{1}{2}(\boldsymbol{E}\cdot\boldsymbol{D} + \boldsymbol{B}\cdot\boldsymbol{H})\delta_{ij} + E_i D_j + B_i H_j$ im Hinblick auf den schon bekannten mechanischen Spannungstensor σ_{ij} formal elektromagnetischen Spannungen und in der Tat spricht man bei dieser Größe auch vom *MAXWELLschen Spannungstensor*.

13.14 Einfachste Materialgleichungen in der Elektrodynamik

Es sei an die Gleichungen (13.6.7) und (13.7.7) erinnert, wo die materialabhängigen Größen Polarisation $\boldsymbol{P}$ und Magnetisierung $\boldsymbol{M}$ mit dem Ladungs- bzw. Strompotential $\boldsymbol{D}$ und $\boldsymbol{H}$ zu den Größen $\boldsymbol{\mathfrak{D}}$ und $\boldsymbol{\mathfrak{H}}$, den Ladungs- und Strompotentialen in Materie, verknüpft wurden. Letztere sind ebenfalls materialabhängig wie schon ihr Name andeutet:

$$\boldsymbol{\mathfrak{D}} = \boldsymbol{D} + \boldsymbol{P} \;,\; \boldsymbol{\mathfrak{H}} = \boldsymbol{H} - \boldsymbol{M} - (\boldsymbol{P}\times\boldsymbol{\upsilon}) . \tag{13.14.1}$$

Weiterhin gibt es nach Gleichung (13.7.1) noch eine weitere Materialfunktion, nämlich die Stromdichte der freien Ladungsträger $\boldsymbol{j}^{\mathrm{f}}$. Wir müssen diese Größen nun mit den Grundfeldern $\boldsymbol{E}$ und $\boldsymbol{B}$ in Verbindung setzen. Dies erfolgt allgemein mit Hilfe von Materialprinzipien im Rahmen einer Materialtheorie, die wir in voller Allgemeinheit hier nicht entwickeln werden. Vielmehr werden wir rein empirisch vorgehen und argumentieren im Falle der Polarisation wie folgt. Im Abschnitt 13.6 haben wir gelernt, dass sich die Moleküle eines sog. Dielektrikums bei Anwesenheit eines äußeren elektrischen Feldes $\boldsymbol{E}$ aufgrund seiner Kraftwirkung polarisieren. Es ist zu vermuten, dass in erster Näherung die Wirkung (also die Polarisation) linear zur Ursache (also zum elektrischen Feld) sein wird, so dass wir schreiben:

$$P_i = \varepsilon_0 \chi \, E_i \, . \tag{13.14.2}$$

Den (temperaturabhängigen) Proportionalitätskoeffizienten χ nennt man *elektrische Suszeptibilität*. Der Proportionalzusammenhang zwischen $\boldsymbol{P}$ und $\boldsymbol{E}$ gilt in der Form (13.14.2) nur für isotrope Materialien. Für anisotrope Werkstoffe ist es nötig, den *Suszeptibilitätstensor* $\boldsymbol{\chi}$ zu verwenden und zu schreiben:

$$P_i = \varepsilon_0 \chi_{ij} E_j \, . \tag{13.14.3}$$

Es sei darauf hingewiesen, dass auch diese Gleichung nur in den allereinfachsten Fällen gilt. Viele Materialien verhalten sich in Bezug auf die Polarisation nämlich extrem nichtlinear (etwa Seignettesalz oder Bariumtitanat) und die Belastungsgeschichte, also die zeitliche Entwicklung eines auf- und abschwellenden $\boldsymbol{E}$ -Feldes, wird wichtig (*Hysteresis*). Ferner ist die Wirkung des elektrischen Feld i. a. auch an die Wirkung der mechanischen Spannungen gekoppelt. Doch davon gleich mehr. Wir kombinieren zuvor Gleichung $(13.14.1)_1$ mit der MAXWELL-LORENTZ-Ätherrelation $(13.8.2)_1$ und schreiben:

$$\mathcal{D}_i = D_i + \varepsilon_0 \chi \, E_i = \varepsilon_0 (1 + \chi) E_i = \varepsilon_0 \varepsilon_{\mathrm{r}} E_i \, , \tag{13.14.4}$$

wobei die sogenannte *relative Dielektrizitätskonstante* $\varepsilon_{\mathrm{r}} = 1 + \chi$ eingeführt wurde, welche meist aus Schulversuchen am Plattenkondensator mit dielektrischen „Füllungen" bekannt ist. Im anisotropen Fall schreiben wir an Stelle von Gleichung (13.14.3) kurz und prägnant:

$$\mathcal{D}_i = \hat{\varepsilon}_{ij} E_j \tag{13.14.5}$$

mit dem *Dielektrizitätstensor* $\hat{\varepsilon}_{ij}$. Wenn nun auch noch mechanische Spannungen das Geschehen (linear) beeinflussen, so muss man schreiben:

$$\mathcal{D}_i = \hat{\varepsilon}_{ij} E_j + d_{ijk} \sigma_{jk} \, . \tag{13.14.6}$$

Natürlich ist dann auch das HOOKEsche Gesetz über die rein mechanische Form (6.2.1) hinaus zu erweitern (*Reziprozitätsprinzip*):

$$\sigma_{ij} = h_{ijk} E_k + C_{ijkl} \varepsilon_{kl} \, . \tag{13.14.7}$$

Ähnlich wie im Fall der Gleichung (13.14.2) gilt auch für die Magnetisierung in erster Näherung folgendes lineares Gesetz:

$$\boldsymbol{M} = -\frac{\chi_{\mathrm{M}}}{\mu_0} \boldsymbol{H} \, . \tag{13.14.8}$$

Für das Strompotential in Materie folgt somit:

$$\mu_0 [illegible] = \mu_0 \left(1 + \chi_{\mathrm{M}}\right) \boldsymbol{H} = \mu_{\mathrm{r}} \boldsymbol{B} \, . \tag{13.14.9}$$

Man nennt die Proportionalitätskonstante χ_{M} auch *magnetische Suszeptibilität*, bei der Abkürzung $\mu_{\mathrm{r}} = 1 + \chi_{\mathrm{M}}$ spricht man auch von der *relativen Permeabilität*. Zur Berechnung der magnetischen Suszeptibilität lassen sich u. a. auch atomistische Modelle verwenden.

Auch die freie Stromdichte $\boldsymbol{j}^{\mathrm{f}}$ genügt in erster Näherung einer linearen Beziehung wie folgt:

$$\boldsymbol{j}^{\mathrm{f}} = \frac{1}{r} \boldsymbol{E} \, , \tag{13.14.10}$$

denn eine Ursache für einen Stromfluss wird das elektrische Feld sein und dessen Wirkung (die freie Stromdichte) ist umso geringer, je größer der spezifische elektrische Widerstand r des betreffenden Materials ist. Wir multiplizieren nun diese Gleichung skalar mit $\mathrm{d}x_i$, wobei $|\mathrm{d}x_i| = \mathrm{d}l$ die Länge eines Stromfadens mit dem Querschnitt A ist. Ferner beachten wir die folgende Potentialbeziehung für das elektrische Feld:

$$E_i = -\frac{\partial U}{\partial x_i} \, . \tag{13.14.11}$$

Dann folgt:

$$-\frac{\partial U}{\partial x_i} A \, \mathrm{d}x_i = r j_i^{\mathrm{f}} A \, \mathrm{d}x_i \;\Rightarrow\; -\frac{\partial U}{\partial x_i} n_i A \, \mathrm{d}l = r j^{\mathrm{f}} A \, \mathrm{d}l \, . \tag{13.14.12}$$

Mit dem GAUSSschen Satz folgt bei Integration über den Stromleiter:

$$U_{\mathrm{aus}} - U_{\mathrm{ein}} = r l \; j^{\mathrm{f}} A = R I \, , \tag{13.14.13}$$

und das ist die aus der Schule bekannte Form des OHMschen Gesetzes.

Georg Simon OHM wurde am 16. März 1789 in Erlangen geboren und starb am 6. Juli 1854 in München. 1805 begann er als 16-Jähriger ein Studium der Mathematik, Physik und Philosophie an der Friedrich-Alexander-Universität in Erlangen. Aufgrund finanzieller Engpässe musste er dieses nach einem Jahr abbrechen und sich als Mathematiklehrer an einer Privatschule in der Schweiz verdingen. Mit 22 Jahren kehrte er nach Erlangen zurück, promovierte dort 1811 mit einer Arbeit über Licht und Farben und arbeitete dann drei Semester lang weiter als Privatdozent für Mathematik. Um zu überleben, ging er wieder in den Lehrerberuf zurück: 1813 Lehrer an der Realschule in Bamberg, 1817 Lehrer der Physik und Mathematik am Jesuitengymnasium (Dreikönigsgymnasium) in Köln und 1826 an der Kriegsschule in Berlin. Sein Hauptinteresse galt der damals noch recht unerforschten Elektrizität. Eine bessere Stelle erhielt er 1833 als Professor an der Königlich Polytechnischen Schule in Nürnberg, die er ab 1839 auch als Direktor leitete und die heute seinen Namen trägt. 1849 wurde er schließlich an die Universität München berufen, wo er zunächst eine außerordentliche, ab 1852 aber eine ordentliche Professur für Experimentalphysik innehatte. Welch' langer Weg für die ihm danach noch verbleibende kurze Zeit!

13.15 Would you like to know more?

Einen vollständigen Überblick über das Gebiet in der hier präsentierten rationalen Darstellung gibt Kapitel F des Handbuchartikels von Truesdell und Toupin (1965). In neuerer Zeit greift das Buch von Kovatz (2002) die Thematik erneut auf. Die gesamte Problematik der Unterschiedlichkeit des elektrischen Feldes und der elektrischen Verschiebung auf der einen sowie der magnetischen Induktion und der magnetischen Feldstärke auf der anderen Seite sowie ihrer Transformationseigenschaften und die MAXWELL-LORENTZ-Ätherrelationen sind hier in einer für Normalverbraucher verständlichen Weise umfassend zusammengestellt und beschrieben. Darüber hinaus finden sich in diesem Buch auch viele Übungsaufgaben mit Lösung, die bei Bearbeitung ein noch nachhaltigeres Verständnis des Stoffes gestatten.

Solche Bücher jedoch sind rar. Die Standardliteratur zur Elektrodynamik verschweigt die Unterschiede zwischen den Feldern und ihre Transformationseigenschaften, bzw. stellen sie nur verschwommen dar, so dass der Anfänger geneigt ist, die Invarianz der MAXWELLschen Gleichungen gelte nur für LORENTZtransformationen und sei ohne Relativitätstheorie überhaupt nicht zu verstehen. In diesem Zusammenhang sind die klassischen Lehrbücher von Becker und Sauter (1973), Jackson (1975) oder Landau und Lifschitz (1974, 1977) zu nennen. Man sollte sie lesen, wenn es darum geht, weitere Details und alternative Sichtweisen kennenzulernen, nachdem man die Grundlagen gut verstanden hat.

Hinsichtlich der vertieften Darstellung der Relativitätstheorie in Feldformulierung ist neben Einstein (1998) das Buch von Weinberg (1972) zu empfehlen. Man muss sich aber nicht wundern, wenn in letzterem bei der Darstellung der Elektrodynamik in Kapitel 2, Abschnitte 6-8 oder in Kapitel 5 Abschnitt 2 nicht von MAXWELL-LORENTZ-Ätherrelationen die Rede ist.

Mehr über Materialgleichungen in der Elektrodynamik und ihre Kopplung zu den mechanischen Feldern findet man im Buch von Maugin (1988).

Bildquellen

Robert HOOKE (Seite 1): Rita GREER, Oxford University

Claude Louis Marie Henri NAVIER (Seite 2): Public Domain

George Gabriel STOKES (Seite 2): Public Domain

Pierre Louis DULONG (Seit 3): Public Domain

EUKLID (Seite 3): Public Domain

Carl Henry ECKART (Seite 3): SIO Archives/UCSD

James Clerk MAXWELL (Seite 4): Public Domain

Jean Baptiste Joseph Baron de FOURIER (Seite 5): Public Domain

Gabriel LAMÉ (Seite 8); Public Domain

Adrien Marie LEGENDRE (Seite 9): Public Domain

Jean Marie Constant DUHAMEL (Seite 12): Public Domain

Franz NEUMANN (Seite 12): Public Domain

Alan Arnold GRIFFITH (Seite 13): Public Domain

PYTHAGORAS (Seite 16): Wikipedia-Benutzer Galilea unter CC-BY-SA 3.0

Albert EINSTEIN (Seite 17): Public Domain

Leopold KRONECKER (Seite 24): Public Domain

Mann mit Kontrabass (Seite 28): Public Domain

Christian Otto MOHR (Seite 34): Public Domain

Richard VON MISES (Seite 42): Smithsonian Institution

Osborne REYNOLDS (Seite 48): Public Domain

Isaac NEWTON (Seite 50): Public Domain

W.H. Müller, *Streifzüge durch die Kontinuumstheorie*,
DOI 10.1007/978-3-642-19870-0,

Augustin Louis CAUCHY (Seite 50): Public Domain

Carl Friedrich GAUSS (Seite 55): Public Domain

Joseph-Louis de LAGRANGE (Seite 59): Public Domain

Leonard EULER (Seite 60): Public Domain

Carl JACOBI (Seite 61): Public Domain

Elwin Bruno CHRISTOFFEL (Seite 66): Public Domain

Pierre Simon de LAPLACE (Seite 82): Public Domain

Siméon Denis POISSON (Seite 105): Public Domain

Lorenzo Romano Amedeo Carlo AVOGADRO (Seite 115): Public Domain

Ludwig BOLTZMANN (Seite 116): Public Domain

Joseph-Louis GAY-LUSSAC (Seite 117): Public Domain

John Prescott JOULE (Seite 117): Public Domain

Eduard GRÜNEISEN (Seite 121): Public Domain

Brook TAYLOR (Seite 129): Public Domain

Josiah Willard GIBBS (Seite 145): Public Domain

Galileo GALILEI (Seite 150): Public Domain

Tullio LEVI-CIVITA (Seite 159): Public Domain

Gaspard-Gustave de CORIOLIS (Seite 163): Public Domain

Jean le Rond D'ALEMBERT (Seite 171): Public Domain

Ernst MACH (Seite 172): Public Domain

Jean Bernard Léon FOUCAULT (Seite 172): Public Domain

Hans THIRRING (Seite 173): Nach Thirring, Hans: *Die Ideen der Relativitätstheorie*, Springer Berlin 1921

Gustav JAUMANN (Seite 179): Public Domain

James Gardner OLDROYD (Seite 197): Rheologica Acta, Volume 22, Number 1, 1-3, DOI: 10.1007/BF01679823, Springer Verlag http://www.springerlink.com/content/h8341124xu440w86/

Clifford Ambrose TRUESDELL (Seite 180): Mathematisches Forschungsinstitut Oberwolfach unter CC-BY-SA 2.0

Marius Sophus Lie (Seite 180): Public Domain

Johann Bernoulli (Seite 216): Public Domain

Ludwig Prandtl (Seite 237): DLR-Archiv

Endre A. REUSS (Seite 238): Lehrstuhl für Technische Mechanik, Technische Universität Budapest

Constatin CARATHÉODORY (Seite 247): Public Domain

Nicolas CARNOT (Seite 248): Public Domain)

Hermann SCHWARZ (Seite 250): Public Domain

Bernard COLEMAN (Seite 254): Springer Verlag

Walter NOLL (Seite 254): persönlicher Besitz von Walter NOLL

Lord KELVIN (Seite 256): Smithsonian Institution

Hendrik LORENTZ (Seite 272): Public Domain

Michael FARADAY (Seite 274): Public Domain

Charles Augustin de COULOMB (Seite 279): Public Domain

Hans Christian ØRSTEDT (Seite 284): Public Domain

André Marie AMPÈRE (Seite 284): Public Domain

Paul DIRAC (Seite 288): Public Domain

Heinrich HERTZ (Seite 297): Public Domain

Jean-Baptiste BIOT (Seite 298): Public Domain

Félix SAVART (Seite 299): Public Domain

Albert Abraham MICHELSON (Seite 319): Public Domain

Edward MORLEY (Seite 319): Public Domain

John Henry POYNTING (Seite 323): Public Domain

Georg Simon OHM (Seite 327): Public Domain

Literaturverzeichnis

Baehr, H.D., Kabelac, S. (2009) *Thermodynamik – Grundlagen und technische Anwendungen*. 14. aktualisierte Auflage, Springer-Verlag, Dordrecht, Heidelberg, London, New York.

Becker, R. (1975) *Theorie der Wärme*. Springer-Verlag, Berlin, Heidelberg, New York.

Becker, E., Bürger, W. (1975) *Kontinuumsmechanik*, Teubner Studienbücher Mechanik band 20. B.G. Teubner, Stuttgart.

Becker, R., Sauter, F. (1973) *Theorie der Elektrizität Band 1*, 21., völlig neubearbeitete Auflage, B.G. Teubner Verlag.

Bertram, A. (2008) *Elasticity and plasticity of large deformations*. 2nd Edition. Springer-Verlag, Berlin, Heidelberg.

Bertram, A., Svendsen, B. (2004) *Reply to Rivlins's material symmetry revisited or much ado about nothing*, GAMM-Mitt. **1**, pp. 88-93.

Betten, J. (2001) *Kontinuumsmechanik – Elastisches und inelastisches Verhalten isotroper und anisotroper Stoffe*. 2., erweiterte Auflage, Springer-Verlag, Berlin, Heidelberg.

Butkov, E. (1968) *Mathematical physics*. Addison-Wesley Publishing Company, Reading Massachusetts, Menlo Park, California, London, Sydney, Manila.

Çengel, Y.A., Boles, M.A. (1998) *Thermodynamics – An engineering approach*. 6. Auflage, McGraw Hill, Boston.

Chandrasekhar, S. (1981) *Hydrodynamic and hydromagnetic stability*, Dover Publications, Inc., New York.

Chapman, S., Cowling, T.G. (1939) *The mathematical theory of non-uniform gases*. Cambridge at the University Press.

Coleman, B.D., Markovitz, H., Noll, W. (1966) *Viscometric flows of non-newtonian fluids – Theory and experiment*. Springer Tracts in Natural Philosophy, Springer-Verlag, Berlin, Heidelberg, New York.

d'Alembert, J.L. (1967) *Traité de dynamique dans lequel les loix de l'équilibre & du mouvement des corps sont réduites au plus petit nombre possible, & démontrées d'une manière nouvelle, & ou l'on donne un principe général pour trouver le mouvement de plusieurs corps qui agissent les uns sur les autres, d' une manière quelconque*. David, Paris.

de Groot, S.R. (1960) *Thermodynamik irreversibler Prozesse*. BI Hochschultaschenbücher 18/18aBibliographisches Institut, Mannheim.

de Groot, S.R., Mazur, P. (1984) *Non-Equilibrium thermodynamics*. Dover Publications, Inc. New York.

Einstein, A. (1914) *Die formale Grundlage der allgemeinen Relativitätstheorie*. Sitzungsberichte der Königlich Preußischen Akademie der Wissenschaften (Berlin), pp. 1030-1085.

Einstein, A. (1983) *Über die spezielle und die allgemeine Relativitätstheorie*. Wissenschaftliche Taschenbücher 59. 21. Auflage, Vieweg Verlag, Braunschweig.

Eisenhart, L.P. (1947) *An introduction to differential geometry with use of the tensor calculus*. Princeton University Press.

Ericksen, J.L. (1960) *Appendix. Tensor fields*. In: Handbuch der Physik, (herausgegeben von S. Flügge). Band III/1 Prinzipien der klassischen Mechanik und Feldtheorie. Springer-Verlag, Berlin, Göttingen, Heidelberg.

Green, A.E. Zerna, W. (1968) *Theoretical elasticity*. Second edition. Dover Publications, Inc. New York.

Greve, R. (2003) *Kontinuumsmechanik – Ein Grundkurs für Ingenieure und Physiker*. Springer-Verlag, Berlin, Heidelberg, New York.

Gross, D., Seelig, T. (2007) *Bruchmechanik – Mit einer Einführung in die Mikromechanik*. 4. bearbeitete Auflage, Springer-Verlag, Berlin, Heidelberg, New York.

Hahn, H.G. (1976) *Bruchmechanik*. B.G. Teubner, Stuttgart.

Hahn, H.G. (1986) *Elastizitätstheorie*. B.G. Teubner, Stuttgart.

Hauger, W., Schnell, W., Gross, D. (1993) *Technische Mechanik Band 3: Kinetik*. 4. Auflage, Springer-Verlag, Berlin, Heidelberg, New York.

Haupt, P. (2002) *Continuum mechanics and theory of materials*. Second edition. Springer-Verlag, Berlin, Heidelberg, New York.

Hill, R. (1998) *The mathematical theory of plasticity*. Oxford Classic Texts in the Physical Sciences, Clarendon Press Oxford.

Houlsby, G.T., Puzrin, A.M. (2006) *Principles of hyperplasticity – An approach to plasticity theories based on thermodynamic principles*. Springer-Verlag, London.

Irgens, F. (2008) *Continuum mechanics*. Springer-Verlag, Berlin, Heidelberg.

Itskov, M. (2007) *Tensor algebra and tensor analysis for engineers with applications to continuum mechanics*. Springer-Verlag, Berlin, Heidelberg, New York.

Jackson, J.D. (1975) *Classical electrodynamics*. Second Edition. John Wiley & Sons, Inc., New York, London Sydney, Toronto.

Khan, A.S., Huang, S. (1995) *Continuum theory of plasticity*. John Wiley & Sons, Inc., New York, Chichester, Brisbane, Toronto, Singapore.

Kienzler, R., Schröder R. (2009) *Einführung in die Höhere Festigkeitslehre*. Springer, Dordrecht, Heidelberg, London, New York.

Koyré, A., Cohen, I.B., Whitman, A. (1972) *Issac Newton's Philosophiae Naturalis Principia Mathematica, the third edition (1726) with variant readings*. Volume I / //, Cambridge at the University Press.

Kneschke, A. (1965) *Differentialgleichungen und Randwertprobleme, Band I, Gewöhnliche Differentialgleichungen*. B.G. Teubner, Leipzig.

Kovatz, A. (2002) *Electromagnetic Theory*. Oxford Lecture Series in Mathematics and Its Applications, Oxford University Press.

Landau, L.D., Lifschitz, E.M. (1977) *Klassische Feldtheorie*. Lehrbuch der theoretischen Physik, Band II. 7., bearbeitete Auflage. Akademie Verlag, Berlin.

Landau, L.D., Lifschitz, E.M. (1978) *Hydrodynamik*. Lehrbuch der theoretischen Physik, Band VI. 3. Auflage. Akademie Verlag, Berlin.

Landau, L.D., Lifschitz, E.M. (1974) *Elekrodynamik der Kontinua*. Lehrbuch der theoretischen Physik, Band VIII. 3. Auflage. Akademie Verlag, Berlin.

Liu, I-S. (2010) *Continuum Mechanics*. Springer-Verlag, Berlin, Heidelberg, New York.

Love, A.E.H. (1944) *A treatise on the mathematical theory of elasticity*. Fourth edition, Dover Publications, New York.

Mach, E. (1976) *Die Mechanik – historisch-kritisch dargestellt.* Wissenschaftliche Buchgesellschaft Darmstadt.

Maugin, G.A. (1988) *Continuum mechanics of electromagnetic solids.* North-Holland, Amsterdam, New York, Oxford, Tokyo.

Maugin, G.A. (1992) *The thermomechanics of plasticity and fracture.* Cambridge Texts in Applied Mathematics, Cambridge University Press, Cambridge.

Meriam, J.L. (1978) *Engineering mechanics. Volume 2 – Dynamics.* John Wiley & Sons, New York, Santa Barbera, London, Sydney, Toronto.

Milne-Thomson, L.M. (1968) *Plane elastic systems.* Ergebnisse der Angewandten mathematik, second edition. Springer Verlag, Berlin, Heidelberg, New York.

Moore, W.J., Hummel D.O. (1973) *Physikalische Chemie.* Walter de Gruyter, Berlin, New York.

Müller, I., (1973) *Thermodynamik. Die Grundlagen der Materialtheorie.* Bertelsmann Universitätsverlag, Düsseldorf.

Müller, I. (1985) *Thermodynamics.* Pitman Advanced Publishing Program, Boston, London, Melbourne.

Müller, I., (1994) *Grundzüge der Thermodynamik mit historischen Anmerkungen.* 1. Auflage, Springer-Verlag, Berlin, Heidelberg, New York.

Müller, W.H., Ferber, F. (2008) *Technische Mechanik für Ingenieure.* 3., neu bearbeitete Auflage, Carl Hanser Verlag, München Wien.

Müller, I., Müller, W.H. (2009) *Fundamentals of thermodynamics and applications.* Springer-Verlag, Berlin, Heidelberg.

Müller, I., Ruggieri, T. (1998) *Rational extended thermodynamics.* Springer Tracts in Natural Philosophy, Springer-Verlag, New York.

Müller, I, Weiss, W. (2005) *Entropy and energy – A universal competition.* Springer-Verlag, Berlin, Heidelberg, New York.

Müller, W.H., Muschik, W. (1983) *Bilanzgleichungen offener mehrkomponentiger Systeme I. Massen- und Impulsbilanzen.* J. Non-Equilib. Thermodyn. **8**, pp. 29-46.

Münster, A. (1969) *Statistical thermodynamics. Volume I,* First English Edition, Springer-Verlag, Berlin, Heidelberg, New York, Academic Press, New York, London.

Mura, T. (1987) *Micromechanics of Defects in Solids* (second ed.). Martinus Nijhoff Publishers, Dordrecht, Netherlands.

Muschik, W., Müller, W.H. (1983) *Bilanzgleichungen offener mehrkomponentiger Systeme II. Energie- und Entropiebilanz.* J. Non-Equilib. Thermodyn. **8**, pp. 47-66.

Mußchelischwili, N.I. (1971) *Einige Grundaufgaben zur mathematischen Elastizitätstheorie*, Carl Hanser Verlag, München.

Newton, I.S. (1687) *Philosophiae naturalis principia mathematica.* Impression Anastaltique, Culture et Civilation, 115, Avenue Gabriel Lebon, Bruxelles 1965.

Oertel, H. (2002) *Prandtl – Führer durch die Strömungslehre.* 11., überarbeitete und erweiterte Auflage, Vieweg.

Özişik, M.N. (1989) *Boundary Value problems of heat conduction.* Dover Publications, Inc., Mineola, N.Y.

Reif., F. (1976) *Grundlagen der physikalischen Statistik und der Physik der Wärme.* Walter de Gruyter, Berlin, New York.

Schade H. (1970) *Kontinuumstheorie strömender Medien.* Springer-Verlag, Berlin, Heidelberg, New York.

Schade H., Neemann N. (2009) *Tensoranalysis.* 3., überarbeitete Auflage, de Gruyter, Berlin, New York.

Segel L.A. (1987) *Mathematics Applied to Continuum Mechanics.* Dover Publications, Inc., Mineola, N.Y.

Sokolnikoff, I.S. (1956) *Mathematical Theory of Elasticity.* McGraw-Hill Book Company, Inc., New York, Toronto, London.

Thirring, H. (1918) *Über die Wirkungen rotierender ferner Massen in der Einsteinschen Gravitationstheorie.* Physikalische Zeitschrift, pp. 33-39.

Thirring, H. (1921) *Berichtigung zu meiner Arbeit: "Über die Wirkungen rotierender ferner Massen in der Einsteinschen Gravitationstheorie".* Physikalische Zeitschrift, pp. 29-30.

Tolman, R.C. (1979) *The principles of statistical mechanics.* Nachdruck der Originalausgabe von 1938. Dover Publications, Inc., New York.

Truesdell, C. (1966) *The elements of continuum mechanics.* Springer-Verlag, Berlin, Heidelberg, New York.

Truesdell, C. (1969) *Rational thermodynamics*. McGraw-Hill, New York.

Truesdell, C., Noll, W. (1965) *The non-linear theories of mechanics*. In: Handbuch der Physik, (herausgegeben von S. Flügge). Band III/3. Springer-Verlag, Berlin, Göttingen, Heidelberg.

Truesdell, C., Toupin, R. (1960) *The classical field theories*. In: Handbuch der Physik, (herausgegeben von S. Flügge) Band III/1 Prinzipien der klassischen Mechanik und Feldtheorie. Springer-Verlag, Berlin, Göttingen, Heidelberg.

Weinberg, S. (1972) *Gravitation and cosmology: principles and applications of the general theory of relativity*. John Wiley & Sons, Inc. New York, London, Sydney, Toronto.

Whitney, E.D. (1965) *Electrical Resistivity and Diffusionless Phase Transformations of Zirconia at High Temperatures and Ultrahigh Pressures*, J. Electrochem. Soc., 112 (1), pp. 91-94.

Ziegler, F. (1985) *Technische Mechanik der festen und flüssigen Körper*. Springer Verlag, Berlin, Göttingen, Heidelberg.

Stichwortverzeichnis